The Backyard Astronomer's Guide

业余天文学家必备参考手册

天空的魔力

[加拿大] 特伦斯·迪金森　艾伦·戴尔 著

胡群群　林莉惠　任亚萍 译

湖南科学技术出版社

图书在版编目（CIP）数据

天空的魔力 / (加) 特伦斯等著 ; 胡群群, 林莉惠, 任亚萍译著.
-- 3版（修订本）. -- 长沙 : 湖南科学技术出版社, 2016.9
ISBN 978-7-5357-9015-6

Ⅰ. ①天… Ⅱ. ①特… ②胡… ③林… ④任… Ⅲ. ①
天文学 - 普及读物 Ⅳ. ①P1-49

中国版本图书馆CIP数据核字(2016)第187216号

Copyright @ 2008 by Terence Dickinson and Alan Dyer.All rights reserved.

Published by arrangement with Firefly Books Ltd.66 Leek Cres.Richmond Hill,Ontario
Canada L4B 1H1.www.fireflybooks.com

Photo credits are to appear,in translated form,exactly as they appear with each image,and the
front cover credit as on the copyright page.

Simplified Chinese Edition Copyright: 2010 Hunan Science & Technology Press

湖南科学技术出版社通过Firefly Books(U.S)有限公司获
得本书中文版独家出版发行权
非经书面同意，不得以任何形式任意重制、转载。
著作权登记号：图字18-2010-096

Tiankong De Moli

天空的魔力 第三版 修订版

著　　者	[加拿大] 特伦斯·迪金森　艾伦·戴尔	
译　　者	胡群群　林莉惠　任亚萍	
责任编辑	郑　英	
出版发行	湖南科学技术出版社有限责任公司	
地　　址	湖南省长沙市湘雅路276号	
邮　　编	410008	
网　　址	http://www.hnstp.com/	
印　　刷	长沙超峰印刷有限公司	
开　　本	889毫米×1194毫米　1/16	
印　　张	25	
版　　次	2016年9月第1版第1次印刷	
书　　号	ISBN 978-7-5357-9015-6	
定　　价	128.00元	

（版权所有·翻印必究）

前言 FOREWORD

学习天文知识，从现在开始吧！

你觉得人类的天性中包含了一种"天文学基因"吗？

我不知道这种基因是否真的存在，但是你必定会感到疑惑，为什么在特定的环境下，每个人都会被星星牢牢地吸引呢？就算那些工作最兢兢业业的城里人，这些生活在混凝土的世界里也浑然不觉的人们，当他们抬头面对缀满繁星的墨色天空时也会感到十分震惊。那里必定有什么东西能让任何看到它的人顿时安静下来。

我们现在生活的世界太过喧嚣，吵吵嚷嚷，眼花缭乱，充斥着各种各样的信息。我们之中太多的人一辈子都安于生活在这样的世界里，对日落之后的天空置若罔闻。迷人的夜色似乎总是平行于我们的世界。然而实际上，前者令后者相形见绌。但是对于很多人来说，他们仅有的一点儿天文学体验可能只是源于在那些远离社会文明的假期中不经意的一瞥，或是在北方的树林里，又或者是在沙漠或者在海上。

对天空的这种陌生感有的时候也挺有趣的。有个故事说的是一个人第一次清楚地看到了银河，他很焦急地想知道发生了什么事情——为什么天上有那么多烟！声明一下：就算是很有经验的业余天文爱好者也会上这个当。一次，我在一个漆黑无月的夜晚观测天空时，就曾把初升的银河错当成了正在飘过来的云朵，还准备把望远镜也收起来呢。另外的人则惊讶于一个月当中几乎每一天都能看到月亮，而且有时候白天也能看到星星。

夜空距离人们的现实生活十分遥远，这对每一个天文学爱好者来说几乎像文化障碍一般难以逾越。可想而知，研究天文学的科学：天体物理学是多么复杂得可怕，那需要多年的专业训练。事实上，即使是那些业余天文学爱好者研究的天文学知识也离普通人的常识十分遥远。对他们来说，要找到天体的初始位置已经是一项大挑战，更别说研究它们的运动轨迹了。

天文馆和科学博物馆能提供内容丰富甚至激动人心的各种节目。但是这些节目和表演的难度通常会由专业人士调节到观众可以接受的水平，而且模拟的太空旅行也总是那么照本宣科。即使是其中最好的节目也无法提供让你自己探索宇宙的机会，而本书是迄今为止我所见过的最好的书，可以帮你成为一个博学的业余天文爱好者。特伦斯和艾伦当了大半辈子的业余天文学家，而他们的工作也时常令他们有机会接触到那些尚在天文学门口徘徊而求助无门的初学者。他们合著的这本指南就是专为这些新手准备的，如果你也能感受到来自星星的吸引力，那么再没有比这儿更适合你的地方了。

罗伯特·伯韩
《天文学》杂志前总编

1

简介 INTRODUCTION

自从1991年《天空的魔力（第一版）》面市以来，业余天文学界在很多重要领域得到了长足发展。这就促成了2002年较大幅度的重新编写和设计。自那时起更为迅猛的发展推动了第三版的诞生以及另外一个极为重要的彻底翻修，此次翻修扩充更使其篇幅远远超出了原版的295页。

一直以来，设备的新发展往往是书籍版本变更的幕后原因，计算机化望远镜的普及以及中国作为一大望远镜制造商的参与都在一定程度上引领了设备的发展。更出人意料的是数码照相机的进化速度，更为天文摄影开辟了胶片时代根本无法企及的契机和境界。另外，可供选择的望远镜及其配件也越来越多，而且价格前所未有的优惠，所有这些都意味着书中的每一个章节都需要修改，而第13章天文摄影则需要彻底重写。

为了回复读者的各种询问，例如如何使用指南来对初级望远镜进行设置，以及使用和维护的程序等，我们特地增加了2个章节（第14章和第15章）。与此同时，书中增加了200多张照片和图示，分散在每个章节中，主次有序。书中给出的器械参考价格是平均美元零售价。

为了使本书保持整洁，令读者阅读连贯，自始至终我们都避免摘录过多的网址。若想寻找书中描述的公司或者产品，只需上谷歌搜索一下名字即可。最后，在本书的背面，我们添加了一张美丽又实用的银河彩图，它是由格伦·莱德鲁所摄。

本书所收录的设备照片均是在现场使用时或是在我们的工作室内拍摄的，我们真的有在使用这些设备，而不是商家的宣传照片。

在很多方面，本书可以算是合著者迪金森的另一部作品《夜观星空：天文观测实践指南》的续集，只是《夜观星空：天文观测实践指南》更注重为正宗的初学者提供参考资料。而《天空的魔力》旨在为天文爱好者提供较为深度的评注，指导与资源。我们诚挚邀请读者登录本书的网站（www.backyardastronomy.com），在那里可以找到更多、更新的资料以及其他内容丰富的网站链接。

特伦斯·迪金森
观夜天文台

艾伦·戴尔
泰勒斯科学世界

2

目　录

3

5

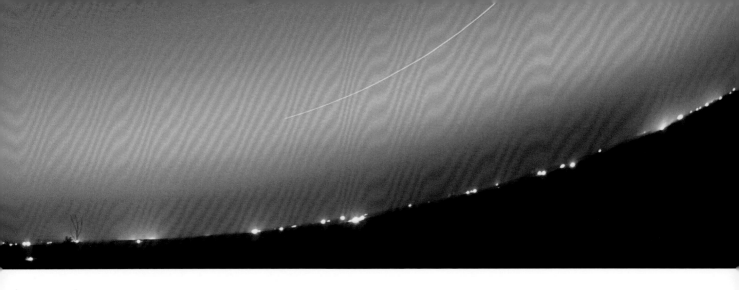

Part 3　先进技术与技巧

第1章 业余天文学步入成熟期

繁星闪烁的夜空总是令人神往。

那些黑暗中若隐若现的光点总是引起人类无限的遐想。

从古至今，一直如此。

在过去20年里，就有大批人选择了专注于星空观测，

业余天文学已成为一种休闲活动。

如今在北美有50多万的业余天文学爱好者。

当你的眼睛在接触到天文望远镜的目镜的一刹那间，

你通常会意识到这是多么奇妙的时刻，

你已经被它深深地吸引。

你会一眼清晰地看见土星那美丽炫目又宁静的带状环，

你也会看到在月球没有空气的低洼平原上一个远古时代

形成的环形山。

群星环绕的夜空鼓舞天文学家们从
市区自家的庭院，或者在远离城市
灯光的郊区僻静处进行个人的宇宙
探索。
艾伦·戴尔（摄）

等待黑夜降临

黄昏的微光渐渐淡去，天色开始变黑，林间营地里的天文望远镜开始了揭示宇宙奇观的任务。大多数的业余天文学者都聚集在这片野外的星空下，准备好了数个小时的星空探索。天文学曾经是少数怪人的癖好，如今成了不同年龄的人们的爱好。

艾伦·戴尔（摄）

研究星空的自然学家

美国19世纪的诗人和散文作家拉尔夫·瓦尔多·爱默生曾经写道："普通人对天上的星星一无所知。"当然，他说得比较在理，现在看来也几乎是正确的。然而，近年来熟知天文的人的数量却大量增长。天文学书籍、天文望远镜以及天文软件的销售达到前所未有的高峰。越来越多的人加入了职业学校，大学和天文馆开设了天文学方面课程的学习。夏季周末天文爱好者召开的关于天文观测和信息交流的聚会（参与者称之为"观星会"），现已吸引了数以万计的粉丝。这些信号准确无误地表明——天文学已经成为当代一项主流的兴趣和娱乐活动。

不无巧合的是，天文学兴趣增长的同时，我们对环境的关注也日益加深。我们居住在一个资源非常有限的地球，对自然界的接触越来越少。这个事实转变成人类急剧上升的观察和理解自然界的活动，包括观鸟、郊游、爬山、自驾游以及野营和自然摄影等。业余天文学也归为这一行列。业余天文学者是活跃在夜间的一群自然学家，他们被只有在黑色夜空里才能接触到的浩瀚宇宙的神秘所深深吸引。

近几十年来，城市里无处不在并日益增多的高楼霓虹灯和安全灯将天文爱好者所追寻的黑暗照亮得无处可寻。在许多地方，银河系飘闪过星罗棋布的夜空美景已永远消失。然而业余天文学却前所未有地兴盛。这是为什么呢？这也许是一个熟知的例证，人类偏向于忽略自己所在区域的历史遗迹和旅游景点，而试图参观遥远土地上的每个事物。许多人把星空视为一个充满魅力的异域，

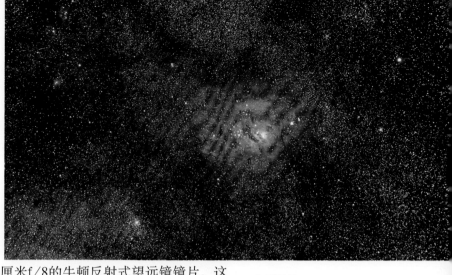

而不是我们的祖辈年轻时在路边偶尔看到的景色。

这当然是答案的一部分，再让我们了解下业余天文学在两代人中是如何转变的。在20世纪60年代，典型的业余天文学家通常是男性单身者，对物理、数学和光学有着浓厚的兴趣。高中时的周末，他总是按照《科学美国人》上的天文望远镜制作说明，用一套从艾德蒙科学公司购买的工具，反复打磨一个15.24厘米f/8的牛顿反射式望远镜镜片。这个4英尺（1英尺约等于0.30米，下同）长的天文望远镜安装在一个被亲切地称呼为"水管工的噩梦"的由管子连接而成的装置上。有时候，他不得不将天文望远镜隐藏起来，直到夜幕降临才将其拿出来，以避免邻居们的冷嘲热讽。

20世纪60年代，几乎没有实用的参考资料。大多数天文书籍都来自英国，而且实际上都由帕特里克·摩尔一个人编写。业余天文学就像是一个神秘的宗教，神秘得几乎没有人知道。

值得庆幸的是，这些都成了历史。当代天文学爱好者代表着社会上一个完整的分支，涵盖了不同性别、年龄和职业范围的人群。业余天文学最终已成为一项合法的娱乐活动，不再是穿着实验室服装的火箭科研者和科学怪人的专利，实际上它已成为一项重要的休闲活动。不像其他业余爱好那样能够靠购买获得经验，天文知识和经验需要时间来沉淀。事先提醒您：一旦你获得了这些知识和经验，天文学会让你上瘾。

产星星云

距离地球5000光年的礁湖星云，肉眼看上去非常的模糊，通过双筒望远镜观看非常清楚。

艾伦·戴尔（摄）

业余天文学现状

业余天文学已经变得越来越多元化。没有一个人能够掌握天文学领域的所有知识。天文学太广泛，它包含太多活动和选择。但是总体来看，业余天文学者可以轻松地划分为三类：观测者，技术爱好者和理论天文学者。理论天文学者是指通过书本杂志、讲座、论坛以及同其他爱好者交流获得天文知识的爱好者。理论天文学者通常是在物体不可观测方面的自学专家，例如宇宙学和天文学史方面的专家。

技术爱好者包括天文望远镜的制造者和技术方面的入迷者，尤其对计算机在天文图像处理和天文望远镜的运用，以及业余天文学装备相关的技术革新的探索者。技术爱好者也可能涉及工艺光学领域，虽然这类天文望远镜制作方法已经没有几十年前那样流行。随着今天大范围商业装备的供给，"自己组装"已经不再像从前那样是一项普遍的活动。

这本书旨在献给第三类：业余天文学者、观测者以及对天文怀有浓厚兴趣并且想通过天文望远镜探索宇宙的人。我们相信，宇宙观测是第一位的。探索天空，亲眼看见遥远的行星、星系、星座和星云——距离非常遥远，体积非常巨大的真实物体，这正是业余天文学家的快乐所在。

分享天空

虽然传统上是一个孤独的爱好，但是如今的业余天文学更多的是与家人和朋友共同欣赏。

艾伦·戴尔（摄）

红灯区

业余天文学很少有规章和程序，但是在观星会上用白灯照明却是个粗鲁的举动。为了保证夜间的视觉效果，红灯就是纪律。戴维斯堡附近的得克萨斯观星会（右图）是业余天文学者最向往的地方之一。

艾伦·戴尔（摄）

仰望星空

夜空中发生着许多重大事件，例如一颗彗星一闪而过，在夜空留下淡淡的烟迹。夜空每天都会呈现给我们新鲜和神奇的事物。

越陷越深

业余天文学可以让人由一次偶然的娱乐发展到终日的痴迷。一些业余天文学者把更多的时间和精力花费在这种业余爱好上，比其他所有事情都要多。他们是在山顶上和天文台里最投入的研究者。这些"专业业余者"是例外，但事实上的确是例外。这些真正的业余天文学者之所以选择了专业天文学者的领域，有可能是偶然，或者是因为科学院人才的缺乏，什么原因他们自己都忘记了。这批业余者，从最单纯的意义上讲，也是无需付费的研究人员。

过去这类充满激情的天文学者通常都是非常富裕的人，能够一心一意地对个人追求投入大量时间和努力。如今基本上已不存在这种情况。例如澳大利亚的罗伯特·埃文斯是3个教堂的牧师，有一个四个女儿的家庭，他绝对不是一个富裕和悠闲的人。然而从1980年开始，几乎每个晴朗的夜晚，他都在搜寻1亿光年外的星系中的超新星。10年里他发现了18颗，比同一时期一个大学研究小组发现的还多，而且这个小组使用的装备是特地为寻找超新星设置的。

同样的，许多近几年出现的明亮的彗星都是被委任的业余天文学家发现的。然而，坚持不懈的超新星和彗星搜寻者只代表了自称为业余天文学家的一个小分支。其中的绝大多数，至少99%是休闲的业余天文学家。即使这个称呼没有被广泛地采用，但是它准确地描述了大多数业余天文学家们在做些什么。他们外出欣赏夜空，从事着个人的宇宙探索，除了修身养性，没有科学目的。这是一种挑战，也是一种乐趣。

业余天文学在近几年前被简短地列入了《天文注释》里，加拿大皇家天文学会的渥太华中心的内部简讯写道："目标是探索奇怪的新现象，寻找新的星空物体和星云状物，大胆地探寻以前人类没有看到的地方……最重要的是寻找乐趣。"

汤姆·威廉斯，一位来自休斯敦（得克萨斯州）的专业药剂师和天文学爱好者，乐于区分大众的随意的观星者和少数业余的科学研究者。威廉斯指出一些和鸟类学的相似处："在北美有150万的观鸟者，但他们称自己为猎鸟者而

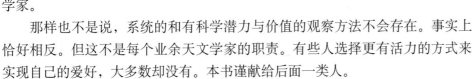

不是业余鸟类学家。真正的业余鸟类学家是牵涉到研究鸟类迁徙分析及其他问题的人，他们是所有观鸟者当中的千分之几。"他也同样指出："500万个天文爱好者当中，同样小比例的是科学性质的对研究做出了某些程度的贡献的业余天文学家。剩下的就是业余天文学者。这些活动大多数都是纯粹的娱乐，仅此而已。"然而让人迷惑的现象是——科学性的业余者和娱乐性的业余者，两个队伍都称自己为同一个名字：业余天文学家。

那样也不是说，系统的和有科学潜力与价值的观察方法不会存在。事实上恰好相反。但这不是每个业余天文学家的职责。有些人选择更有活力的方式来实现自己的爱好，大多数却没有。本书谨献给后面一类人。

🔭 追星故事

让天文迷的一些活动遭受挫折的不仅是小虫子的折磨。举一个例，威斯特彗星是一颗在20世纪从北纬中部能够看见的最明亮的彗星。1976年的3月初应该是观察它的最好时机，然而北美大多数地区的天气都非常糟糕。当时天文迷们都感到十分痛苦，当他们看见每晚夜空中的云朵，就知道彗星一直在那，却又遥不可及。在温哥华，几个年轻的爱好者对此难以忍受。"彗星正是最亮的时候。我们得采取些行动"，当时的温哥华马克米兰天文台的创始人和"大彗星追踪"策划者肯恩·休伊特·怀特回忆说。

他们租借了一部货车，开往山间的平地。天气预报报道了这里凌晨4点半

无云，这个时刻也是能够看到彗星的时刻，而温哥华还会继续下雨。"我们当中5个人把天文望远镜、相机和双筒望远镜装上了货车，"休伊特·怀特说，"队伍里另外1/6的人不得不早起工作，不情愿地待在原地。"

"从一开始就是个噩梦，一场遮掩视线的暴风雪。天气必须得好起来，我们告诉大家。我们开出了200英里（1英里约等于1.61千米，下同）以外，但是仍然在下雪。我们在一段危机四伏的山路上遭遇了生死一劫，最终逃了出来。然后，当我们经过海岸山脉的最高点时，天空神奇般地开始晴朗了。此刻正好是4∶30。我们立即停下了车，已经

星图视觉冲击

业余天文望远镜能让我们看到一些物体，例如由超新星爆炸之后飘散在宇宙中的面纱星云。长曝光照片向我们展示有着让人惊叹的色彩但肉眼看上去像幽灵般闪耀的物体。真正的兴奋来自于认识你能亲自发现或看到的天体的性质。
艾伦·戴尔（摄）

关注夜晚

你知道当你是一个业余天文学家时，当你走出屋外，你会不由自主地抬头查看夜空中有些什么。就这样，独特的猎户星座在一个月光照耀的夜晚，映入眼帘。
特伦斯·迪金森（摄）

空中之火

一束不停漂流的耀眼的极光，有节奏地发出红绿两种颜色。这是天空展示给人类最难忘的奇景之一。它位于我们天景中前十位的第八名。

特伦斯·迪金森（摄）

刚好错过

当稀有的景象出现在夜空时，比如飞过一颗闪耀的彗星，人们兴致盎然，即使是很有经验的业余天文学家也会变得有点疯狂，尤其是有云朵遮掩到他们一生只有一次观察机会的奇景时。

海尔·波普彗星（图）
肯恩·休伊特·怀特（摄）

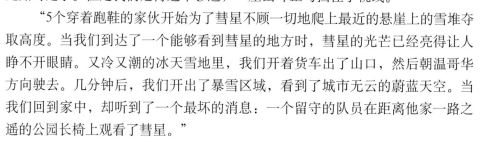

无路可走了。但是我们走得还不够远，一座山峰正巧挡住了视线。"

"5个穿着跑鞋的家伙开始为了彗星不顾一切地爬上最近的悬崖上的雪堆夺取高度。当我们到达了一个能够看到彗星的地方时，彗星的光芒已经亮得让人睁不开眼睛。又冷又潮的冰天雪地里，我们开着货车出了山口，然后朝温哥华方向驶去。几分钟后，我们开出了暴雪区域，看到了城市无云的蔚蓝天空。当我们回到家中，却听到了一个最坏的消息：一个留守的队员在距离他家一路之遥的公园长椅上观看了彗星。"

业余天文学家的另一个隶属分支：日食跟踪者。他们会花费无数个夜晚制订了周详的计划，组织一个日食跟踪探险队的一次旅行。他们会为了更方便地站在月亮的阴影下观看日食，要去到地球上偏远的地区。有时在异国他乡变化无常的气候条件下，以及遇上不可避免的小故障，他们半数的努力将以部分或者完全失败告终。在他们的征途中，挫折无时不在：漫天灰尘吹跑了帐篷，行李件丢失，租用的汽车出现了故障，摄像机装备难以启动。

无论结果如何，只要他们一回到家中，这些日食跟踪者又会打开地图，开始了下一年的远征计划。对于一个没有观看过完整的日食过程的人来说，这个举动看上去有点古怪。但是对于日食跟踪老手如斯卡伯勒的罗伯特·梅（安大略湖）来说这可是最正常不过的事情了。"这是自然界中最伟大的景象，一个真正好玩的非凡事物。只要我的身体允许，每一个将要发生的日食我都会看。"梅说。跟踪日食活动给国外旅游增添了一个新的内容和真正的意义。

准备好了吗

正如我们以前所说的，天文学不是一个瞬间就让人喜悦的业余爱好。你需要时间去体会你所寻找的东西，也要努力慢慢地让你的天文望远镜或者双筒望远镜发挥最好的表现。此外，业余天文学家清楚地知道，当人们第一次通过天

文望远镜观看天空发出了"喔"和"啊"的感叹声时是多么喜悦。然而，无与伦比的兴奋却是发自你自己的欢呼。记住了这些，我们将列举让业余天文学家"惊叹"的因素，"从1到10"观天时的惊喜。

因素"1"是一个可以观察得到的微笑、一丝欣慰和满意。因素"10"是狂喜、强烈的敬畏和震惊。以下是一些有助于你发展自身"惊叹"的因素的列表。

星空下扎营

无论你住在哪里，都有一个观星会离你不远，那是一个家人们共赏夜空的地方。

1.任何一个用双筒望远镜和天文望远镜观察天空的方法；一颗微弱的流星；一本天文好书上的一段优美文字。

2.发现水星；太阳的耀斑；用天文望远镜观测到月球的表面；发现双筒望远镜放在三脚架上能观看到多么清晰的事物；木星的云带。

3.通过天文望远镜观测到土星或者猎户座星云，即使你之前已经看到过无数次了。在乡村晴朗的夜空观看到星晕；木星的红斑；一颗多彩的双星。

4.美丽的日落或者日出；第一次看到闪亮的地球卫星；月偏食现象；两个行星近距离会合或者月亮和金星的相遇；用双筒望远镜观测到的地球反照现象；第一次找到仙女座星系。

5.第一次通过双筒望远镜辨认出木星的卫星；双筒望远镜中看到相对明亮的彗星；通过天文设备观看到火星的细节；一场流星雨。

6.认识你的第一颗星座；一颗明亮的流星；一个星系或者球状星团的天文奇观；木星的一个卫星的阴影慢慢爬过木星的表面；你第一眼看到你第一张成功的天文照片。

7.通过天文望远镜第一眼看到月亮；通过双筒望远镜第一眼看到银河系；月全食等。

8.一场少有的布满天空的极光展示；你开始意识到宇宙是多么无穷尽的那一时刻。

9.肉眼都能看到带尾巴的耀眼彗星；你通过天文望远镜看到土星环的第一眼；流星暴雨。

10.完美的日全食景观；最新发现了一颗彗星或者一颗新星。

观星游

许多观星会都有这样的特点：激光指导新手星座观赏和双筒望远镜观测目标。这是让你开始对夜空终生热爱的理想方法。

如果一个晚上你能记录下范围内2～3个内容就很好了。很快你就可以达到天文惊喜的范围。这是一项相当有诱惑力和让人成瘾的活动，甚至能出现无法控制的局面。举个例子，一个狂热的天文爱好者同他的妻子和朋友去参加一个音乐会，在停车时他注意到一场壮观的极光即将出现。为了不破坏其他人的兴致，于是他痛苦地陪他们看完音乐会，最后他就生病了。这就是夜空的魅力。你能被天空的魅力吸引多深，完全看你自己。

当然，当你花费了几个月或者几年时间准备观看的日食或其他重大的天文奇景被乌云遮蔽时，你是多么地遭受打击。这是一个在长期充满挫折的路途上收获喜悦的活动。这项活动并不适合每个人。但是通过这本书的帮助，你很快能了解业余天文学是否适合你。

第2章 新手老手都适用的双筒望远镜

业余天文学老手总是随身携带双筒望远镜。

这是为什么呢?

双筒望远镜介于裸眼和拥有强大功能、

可变的视场和方便性的天文望远镜之间。

在一个业余天文学者所有的装备中,

双筒望远镜是最通用和最重要的。

然而一部好的双筒望远镜的功能却常常被业余天文学家们低估,

特别是被新手低估。这是个遗憾的事情,

因为双筒望远镜的使用比一个小型天文望远镜的使用容易得多。

需要承认的是,

双筒望远镜没有天文望远镜那么奇异,

我们可以在几乎每个家庭中都可以寻找到它的身影。

即使如此, 很多人在观赏天空的时候还是忘记了双筒望远镜。

他们从没想到把他们家中的双筒望远镜翻出来;

而直接购买了天文望远镜。

他们以为, 只有天文望远镜才能真正揭开宇宙的面纱。

使用双筒望远镜能理想地观测银河系，发现星团和星云，如果在澳大利亚，能够用它发现麦哲伦星系。
艾伦·戴尔（摄）

19

行星观测

一个晴朗的春季夜晚，在一个当地大学天文台的访问过程中，天文爱好者纷纷举起双筒望远镜，识别漆黑的夜空中肉眼能看到的行星。

简单实用的双筒望远镜

通过双筒望远镜我们可以找到很多天体：

☆在漆黑无月的夜晚，使用普通的观鸟型双筒望远镜就可以看到超过10万颗星星，而人的裸眼只能看到4000颗左右。银河隐隐约约横跨在难以计数的群星当中，对于业余天文学爱好者来说，这就是一大乐趣。

☆通过双筒望远镜就能更加清楚地看到星星各异的色彩，从蓝色到黄色甚至是锈橙色。

☆任何看得到木星的夜晚，这颗明亮的行星周围总能看见2~4颗较大的卫星。

☆如果你知道该往什么方向看，有了双筒望远镜的话，天王星和海王星就显而易见了。

☆对于北半球的观测者来说，秋天或初冬的夜晚你一抬头就能看到椭圆形的仙女座星系，它比整个银河系还要大。

☆通过双筒望远镜可以看见整个像昴星团和毕星团这样异常美丽的星团，但是很多望远镜只能显示星团一部分，因为其视场比较小。

月球上至少有100座环形山口或者山脉是可以被观测到，月球平原上太阳的阴影也是可见的，以至于17世纪的天文学家还以为那是海呢。

而双筒望远镜的实际应用远远不止这些。在薄雾之后朦胧闪烁的行星首先就可以用双筒望远镜来观测。而双筒望远镜也可以强化月球上地球反照时出现的微光。观察月食，经过几周或几个月的时间来监视星座中行星的动向，或者观察一颗明亮的彗星，双筒望远镜是最好的工具了。几乎每个单独能用肉眼看

天文景观锦集

观察天体并不一定需要天文望远镜，有时候双筒望远镜或者肉眼观察就看得足够清楚。以下的详细列表列出了利用简单装备，以及根本不需要装备就能观看到的天文景观。

裸眼观察	双筒望远镜观察	天文望远镜观察
星座*	银河系的星云*	上千颗双星和聚星*
流星*	在月球上的地球反射*	上千颗变星*
地球卫星*	行星运动*	上千个星系*
日晕和月晕*	月食*	上千个星团*
几个双星	星座的细节*	几十个星云*
五颗行星	木星的卫星	行星表面的细节*
行星移动	几十座月球环形山	行星的卫星*
耀眼的彗星	几十颗变星	行星星相*
几个星团	几十颗双星	上千种月球特征*
三个星系	几十个星团	太阳耀斑和表面细节*
几个星云	几个星系	日食
几颗变星	七颗行星	彗星
日食	日食	月食
月食	太阳耀斑	行星运动
最大的太阳耀斑	明亮的小行星	月掩星
银河系		

带"*"的条目表示最容易看到的景象。

到的天体，都能用双筒望远镜看得更清楚。

此外，双筒望远镜还能将我们完全看不见的大群物质展现在眼前：星云（星星形成的区域）；远古时代超新星纤细的残屑；从闪亮的恒星星团到暗淡的星光碎片。最具有挑战性的是星系，就像我们的银河系那样的在浩瀚的宇宙深海中星罗棋布的岛屿。通过实践，你可以探测到离地球3000万光年内的几十个星系。它们很难被发现，但是使用双筒望远镜看到它们是多么让人惊讶。3000万年以来，星系的光就不停地奔往地球，在进入一个充满好奇心的观察者的眼睛时结束了它的旅程。双筒望远镜是一个不错的选择。

对新手来说比较容易观察的目标是银河系中的星团。用肉眼看得到的有像昴宿星一类的星团，还有像珠宝样闪闪发光的位于英仙座的双星团和在天蝎座的M7星团。成千上万的天文景观正等着观察者们使用双筒望远镜去观看，这足够让业余天文学家们忙上好几年。双筒望远镜不是小型天文望远镜的替代品，而是宇宙探索中不可缺少的伙伴。

双筒望远镜还有一个优点：使用两只眼睛观察天体可以看到更多。你的身体更加舒服，大脑从两只眼睛接受信息更加轻松。当用两只眼睛同时观察时，物体在视觉可见范围更加真实，但是用一只眼观看物体时大脑会产生短暂和不确定的信息。双目看能够多看到多少呢？专家估计双目观看的范围比单眼看多达40%。

带有三脚架的调节器

天空观测者们认为廉价的L形三脚架式双目镜调节器是一个重要的配件。L形底部的穿线孔能让调节器自动转动。三脚架带来的平稳视觉增强了视觉所观察到的细节。购买新的双目镜时，一定要确保镜身有穿线孔，可以附带调节器。

两种类型的双目镜

42毫米规格以下的脊角棱镜（图右）比普罗镜更加精悍，也更加昂贵。从另一方面看，高端的脊角棱镜各方面的性能都很卓越。

大众价位的普通双目镜，作者推荐规格为7×50和10×50的普罗棱镜。

如何选择双筒望远镜

从本质上说，双筒望远镜就是一个迷你天文望远镜，一对缩小的棱镜成像的观测镜平行地连接在一起便于双目观察。棱镜系统有三重目的：通过折叠光线路径减短光轴系统长度；减少总体重量；产生一个方便从地球上观察的颠倒图像。双筒望远镜的尺寸、放大倍数和型号各不相同，价格也相差甚远。用塑料镜片做的，实际上没有用处的玩具望远镜只花费几美元；与之相反的，巨大的富士能15.24厘米折射式双筒望远镜（25×150）价格昂贵得可以买一部新车。中间价位当中有适合每个人的双筒望远镜。

有两种基本类型的棱镜双筒望远镜：普罗棱镜和屋脊棱镜。屋脊棱镜是直筒型，通常比大多数的普罗棱镜更小，价格更贵，除了具有个别光学尺寸的（例如两种8×40S）。虽然屋脊棱镜双筒望远镜可供的主透镜的最大直径可到63毫米，但是屋脊式设计的最初优势是小巧，在尺寸超过50毫米以后就大打折扣了。普罗棱镜式望远镜采用的是我们熟悉的N字形光线路径设计，有不同的尺寸。对天文观测来说，在屋脊棱镜式中有良好的光学表现的是一些最昂贵的型号，比如有镀制相位膜的。普罗棱镜式望远镜能够带给我们一流的图像，却花费更少。

在双筒望远镜壳上会有两个数字，例如7×50，通常刻在目镜的末端附近。第一个数字表示放大的倍率（"7"代表放大率，或者功率）；第二个数字是前透镜的直径，用毫米表示。因此7×50表示7倍放大率和50毫米物镜直径(主透镜直径)。尺寸和放大率的组合有几十种，从小巧的6×16双筒望远镜，到25×150的庞然大物。可以想象的是，每个不同尺寸和放大率的组合能达到不同的观测目的。对天文望远镜最适合的放大倍数是一个正在探讨的话题。我们将尽力引导你寻找这个答案。

质量合格的双筒望远镜售价约100美元左右。高档的约200～500美元。行家们认为对于好的望远镜来说，太空才是极限。价格是市场竞争激烈的主要风向标。一种双筒望远镜的价格是另一种的3倍时，通常是有道理的，尽管它们在表面上看起来是一样的。我们对一些名牌的高级望远镜进行了测试，却在这个过程中发现了一些同样好的杂牌望远镜。我们没有发现符合天文观测质量标准的多倍望

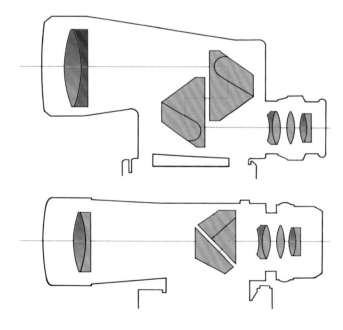

远镜。

重量也是需要考虑的因素。7毫米×50毫米和10毫米×50毫米这两种普通规格的望远镜的重量在735.8～1415克。天文观测中对每一克的重量都锱铢必较。因为人在陆地观察时，望远镜要向上倾斜，这个姿势比水平、向下都要费力。为了轻便起见，我们不推荐牢固度高的望远镜。天文学家喜欢在低冲击环境中使用望远镜。因此镀金装和军事装望远镜会被当作是累赘。一个实用的望远镜重量在566～905.6克。人能够在足够长的时间内承受这个重量进行完全天文观测，直到手臂自然放下。猎鸟者使用的望远镜就是这个重量，有8毫米×40毫米，7毫米×42毫米和8毫米×42毫米三种规格。它们是天文观测最基本的仪器。所以如果你已经拥有了一副这样的望远镜，你就能一举两得了。

出瞳

阅读众多的天文观测资料后，你会知道要用轻装天文观测装备获得最佳效果，光锥就要出目镜，也叫出瞳。这时候，光锥的大小和扩大后的人眼瞳孔的大小要相同。理论依据是所有的光线都要进入瞳孔，而不能让一些光线白白落在虹膜（眼睛有颜色的部分）上。在黑暗中，绝大多数30岁以下人的瞳孔直径为7～8毫米。30岁以后，人们每20年或者一生大概都会缩小1毫米，因为眼部的肌肉失去了柔韧性。所以我们的望远镜采用的是7毫米直径，适用于所有年龄层的观察者。此外，人眼晶状体的外刃存在与生俱来的光学像差。

出射光瞳

不难看出，有名的7毫米出射光瞳展示在一型号为7毫米×50毫米的镜片上。虽然几十年来，7毫米出射光瞳被众多天文知识指导书描述过，但它仍不能迎合一款理想天文望远镜的要求。

出于这些原因并且根据测试的结果，我们用自己的双眼对望远镜的性能进行了试验，得出了以下结论：从望远镜观察所得大部分天体的出瞳距离是在2.5～4毫米。望远镜出瞳不需要直接测量，可以由放大率除以光径计算得出。例如，7毫米×50毫米的望远镜的出瞳距离为7.1毫米（50÷7）。

还有一个要点：上文中所提到的望远镜测试是用三脚支架的，以保证这个测验是同类产品之间的比较。但是传统7毫米出瞳距离的望远镜呢？为了全面了解这方面的信息，我们推荐你们阅读一篇天文学上很重要的文章。加拿大皇家天文学的观察者手册上每年都会刊登，作者是一个退休的物理学教授叫罗伊·毕夏普，他对天文学有着浓厚的兴趣，文章对评判望远镜性能提出了新的观点。

晚上我们用望远镜观察天空能看到什么主要取决于进入望远镜的光线的数量和它能放大的倍率。这点是没什么大惊小怪的。最令人吃惊的是，毕夏普教授说道，测试望远镜在观测恒星、月亮和星云性能最具意义的方法是将光圈直径的毫米数乘以放大倍数。他把这个叫作视度系数。

因此，7×50S的视度系数是350，10×50S的视度系数是500。通常大型望远镜的视度系数是880。佳能新生代18×50防抖望远镜（见本书第25页）的视度系数是900。这毫无疑问是不寻常的。这是真的吗？测试表明答案是肯定的。不管是手持还是搁置在三脚架上，18×50S和11×80S都能看到10星等级的银河系（NGC3077和NGC2978）。观察一些天体，11×80S的望远镜可以看到边；然

23

观星游

许多观星会的一个特点是激光指导的新手星座观赏和双筒望远镜观测目标。这是让你开始对夜空终身热爱的理想方法。

而观察其他的，18×50S的望远镜可以看到更多。总体说来，是各有各的优点。

对比时提出的另一点就是7×50S和18×50S在视度系数上的巨大差异，它们有相同的光圈直径，但是在性能上却截然不同。为什么不用50×50S呢？毕夏普博士解释说，视度系数应用于出瞳距离在3~7毫米的望远镜。

在人们争相购买视度系数接近1000的大型或者高倍望远镜时，有很重要的因素要考虑：为了保持望远镜基本的便利性，望远镜必须是手握的，并且能挂在脖子上。

大多数人认为要想轻松握住望远镜，10倍放大率是极限，因为手臂的每一次抖动也会相应被扩大10倍。7倍或者8倍的镜片才能获得更稳的视图。7毫米出瞳距离下7×50S型号的望远镜有着鲜为人知的优点。7毫米出瞳距离被认为是最适合眼睛的观点不久前才被认同。从7×50S目镜射出的大光束使出瞳完全清楚，更容易让广大观察者看清。更重要的是，从本质上来说7×50S的视度开阔，典型的就是7°。这就是我们推荐这个尺寸或者是稍大尺寸（8×56S）的原因：观测方便，寻找容易，尤其适合在集体观察中的初学者。

总之，理想的天文望远镜物镜要越大越好，这样才有可能产生最清晰的图像。但是手握式望远镜由于限制了重量，只能举到眼睛前方。56毫米的望远镜的尺寸是最大的，不管要拿多久，都很方便。

视度

视度就是通过望远镜能观察到的区域的直径。通常的表示方法为在1000码（用米表示的话为1000米）的距离时所看到区域的英寸数。令人欣慰的是，由于方便的角直径度数表示方法的出现，这个令人厌烦的术语已经逐步消失。这两者之间可以相互转化，1°相当于1000码时能看到52.5英寸（1英寸约等于

对焦事项

绝大多数的望远镜是通过转动中央横条上的滚轮实现对焦的。这种对焦方式对两边的目镜调节程度是一样的。但是，双眼的精确焦点还是有细微差别的。为了解决这个问题，右侧目镜通常会有单独的装置：刻度和零点。为了设置这个所谓的视差调校，先用中间的调轮为左眼对焦（闭上右眼），然后用右侧的目镜为右眼对焦（闭上左眼）。当右眼已经清晰对焦时，记住右侧目镜对焦的刻度值。要记着这些数值。要是有其他人要使用你的望远镜，很有可能你就要重新设置了。一旦你的瞄准器设定好了，就只需使用中间的对焦轮同时为双眼对焦。所谓的自动对焦望远镜是骗人的，尤其不适合天文观测。

 尽量避免使用快速对焦的望远镜，快速对焦用于其他设备是好的，但是对于天文观测来说就有点不够精确了。

2.54厘米，下同）或者是1000米　能看到17米。大部分的7×50型号的视度是7°，10×50的为6°。虽然有些型号的视度会更开阔，但是它们的质量已大打折扣。

广角或者特广角的望远镜的视度可以有8°～12°。这些望远镜临近视界区域时光发生畸变。这在观测陆地时使用毫无大碍。但是在天文观测中，外太空的恒星和彗星、海鸥看起来相似，这样就没有优势了。坦白地说，这样的效果会影响视觉的审美。当星星在视界内清晰可见时，就像是透过飞机的舷窗看宇宙一样。当星星在视界边缘呈较小状时，就像是透过玻璃烟灰缸观察天空。为了能看得更加清晰一点，宁可视度变小一些。

眼镜和望远镜

必须使用眼镜校正，某些天文观测者和那些喜欢戴着眼镜的观测者将会从所谓的高折射点望远镜中受益。和普通的10～15毫米的望远镜相比，这些望远镜离目镜表面的出瞳距离为18～25毫米。这种设计使得镜头能在出瞳点和目镜之间调整。

佳能防抖动天文望远镜

1996年引进的这些望远镜在技术上突破革新，和我们以前使用的望远镜有着天壤之别。我们第一眼观察天空时，视线就立马迷失在天空中。从那时起，这些望远镜就成了我们独有的观察工具。根据它们的独特性能，我们挑选了几个特殊的例子。

按下望远镜顶部的按钮，使得运动传感器与小型的微处理器连接，微处理器是控制光路中像手风琴形状的棱镜。棱镜中有一种高折射率的物质。当人们手部抖动时，可以将光路弯曲。我们将更加详细地深入研究。事实上，手持望远镜观察到的抖动画面是慢慢被弥补的。使很多观察者感到神奇的是，消除抖动的校正过程很独特并且是不固定的。稳定过程的优势在于，放大后至18倍都可以比平常不防抖的7倍镜片产生更少的抖动画面。

虽然佳能生产了10×30，12×36和10×42三类防抖动型望远镜，天文观测者们最喜欢的还是15×50和18×50型号。这些都是脊角棱镜设计，具备优越的光学性能和广角目镜，比我们所见过的任何价位的望远镜都要好。15×50型号的视度是4.5°，18×50的视度是3.7°。许多天文观测者都偏好使用15倍镜片，比起较窄的18倍镜片，15倍镜片更容易在耀眼的星空中锁定目标。然而，这样的高性能也反映其他细节。同是50毫米镜片的两款望远镜都有标准螺纹孔三脚架装置。50毫米佳能防抖动望远镜的一大缺点就是重量。1188.6克的重量让很多天文观测者无力举握。12×36S的光圈要小，重量也轻了509.4克，价格也是前者的一半，被认为是极品。

天文观测者们最喜欢的还是15×50和18×50型号。这些都是脊角棱镜设计，具备优越的光学性能和广角目镜，比我们所见过的任何价位的望远镜都要好。

高折射点的望远镜带有特大尺寸的洗眼杯，当折叠时就会给眼镜佩戴者留出距离。当观测者没有佩戴眼镜，可以将它翻起，它们将会作为放眼睛的位置。要达到高折射点，目镜要够大，因此价格就比较昂贵。但是随着人口的老龄化，望远镜内置眼镜将会越来越普及。

望远镜测试

作为观察舒适度和光学质量快速检测的手段，以下所列1～6点可供望远镜购买时参考。第7点是更为严密的测试。

1.重量。望远镜有多重？摘除所有用来承受丛林战的镜片，你不需要有施瓦辛格那样的手臂和肩膀就能在一定时间内举起望远镜。

2.棱镜。在双眼前方握举望远镜，看着目镜。对准天空或者是窗户观察。被照亮的光路应该是完全在四周和平坦的。把方形（不是圆形）的明亮区域的镜片移除。

3.做工。检查所有的活动配件。要适度并且均匀按压来调整焦点和瞳孔间距。举握望远镜使其目镜向上。使用两个食指下推目镜外壳，左右交替。注意不要碰触真正的镜头。摇动两个目镜和它们之间的连接横杠。如果很松的话，就会很难使左右两边同时对焦，特别是碰到眉毛时。

4.光学检查。视度的中央区域应该是高清晰的，没有明显的模糊块、假色和重影。很多望远镜在视度的中心区域有完好的清晰图像，但是一靠近视度边缘清晰度就瞬间消失。如果从中心到边缘，视觉的模糊程度少于50%的话，我们通常会认为望远镜是不合格的。这个性能可以在白天观看清晰物品时测试，比方说晴天远方树上的枝头或是大楼的顶部。这类测试同样也能暴露其他潜在的问题。在高反差的情境中，蓝色或者是绿色的彩色边纹，也叫色差，会在物体的边缘处很明显，这就是质量不过关的表现。

5.涂层的检查。光透射的逐渐增强，透镜上的涂层减少了内部反射的光照和重影。最好的望远镜的所有部件表面（包括棱镜）有多个涂层。这个或是直接印在望远镜上，或是写在说明书上，告知望远镜有涂层或是多种涂层。当在强光下使用时，有涂层的镜头（指单个涂层的）通常是淡蓝色的，而多种涂层的镜头发出的多为深绿色或者紫色的光芒。

涂层使得光学表面的光透射达到97%，相比之下，没有涂层的就只有93%。多种涂层让99%的光通过望远镜到空气表层。问题的关键就在于确定是不是所有的光学配件都有涂层，通常答案是否定的。为了找出真相，观察物体时要有

最佳的观测姿势

观测浩瀚的天空最好是在地面的船上进行。试着使用一艘弯曲的儿童小船（约25美金）来观察夜空，那是很舒适的。比起坐在躺椅上，头部、腿部和肩膀更有效地被支撑了。腿部力量的不同可以使头部升起或放低。上图左：观察者使用旋转的双目镜椅，由Astrogizoms.com生产（约335美金）。

眼镜模式

许多双目镜带有可折叠的眼杯，方便戴眼镜的人们观测。购买之前，一定要检查在戴上眼镜的时候，眼杯具有完整的视野。在摘下眼镜时，眼睛位置舒服。

明亮的光线。通过望远镜观察，来回倾斜，观察镀膜透镜的多重反射。应该是暗的蓝色、绿色或紫色，这取决于使用的涂层。如果没有涂层，就会表现为明亮的白光反射。

6.视准。如果在使用了望远镜几分钟后，眼睛感到疲劳或是由于某种原因图像消失，望远镜可能没有视准，也就是说两个光学系统没有完全平行。在购买二手望远镜时，这点是主要需要注意的。要做的就是把望远镜从眼睛的高度放到地平线上，以打破视准。然后进行专业的修复。

7.天文测试。对于业余天文爱好者来说，光学的完善是永无止境的追求。当使用精密的望远镜观察星星时，往往暴露了光学上的很多不足之处。在黑暗之中观察亮点是天文学最严密的测试。在视野的中央，一颗明亮的星星应该是类似圆点的，小小的不规则的锥形，从中点处慢慢呈现。越少看见锥形越好。但重要的是它们会在中心点周围对称出现，任何方位都不会有耀眼的闪光。如果你发现了特别明亮的光芒，而你平常又是戴眼镜的话，戴上眼镜，看看这样的不对称是不是会消失。如果仍旧是这样，这个望远镜很有可能是有问题的，要退货。现在把看到的明亮的星星移至视界。它会长出"翅膀"，这"翅膀"通常和视界是平行的。这就表明目镜有像差，这种情况几乎存在于每个望远镜中，因为在短焦距望远镜中发现这个瑕疵是很难的。要仔细比较，因为望远镜在像差程度上是有很大区别的。

建议

21世纪早期，低中档双筒望远镜市场转移到了中国。现在，中国是300美元以下望远镜的主要生产地。你要是几年前买了这个价位的望远镜，很有可能就是中国产的。从价值标准看，总的来说，这是一项有着积极意义的发展。我们发现这些望远镜从一分钱一分货的角度来看质量相对还是不错的。

比方说，作家狄金森为他的成人夜校天文课选了中国产的星特朗DX9×63望远镜。从价格上来考虑（约200美元以下），它们的确有着不错的光学性能。在使用了几十副这样的望远镜后，它们的耐用得到了证明，它们是业余天文学家的最佳选择。

然而，也不是所有的中国产望远镜都得到了好评。是，大部分的望远镜是令人满意的。但是有些却是难以让人满意的。就拿星特朗DX9×63望远镜来说，我们发现它的性能明显比星特朗DX8×56的要差。

令人感兴趣的是，我们发现知名品牌的很多型号与同价位的杂牌相比没有太大的差别。出于这个原因，我们建议要购买望远镜的人们要尽量在品牌和型号之间多做比较。限制因素就是通常要找到一个存货充足的经销商。

这里有一些具体的建议：小型星特朗8×42脊角棱镜是为喜欢小型望远镜的初学者和天文爱好者打造的，比前面提到的几款望远镜都要小巧。对于

防反射涂层

在望远镜的前头射入一束强烈的光能快速检验涂层的质量。左边多涂层的镜头会发出暗淡的绿光，这是从镜头上反射出来的，几乎看不出来。右边是廉价的单涂层镜头，上面是明亮的白色反光，很难看到望远镜的内部。

带有架子的望远镜
悬臂式望远镜就是大型望远镜，镜身庞大，价格昂贵。组装和观察起来都很费劲。

200～400美元的价位，我们喜欢相对轻便的、够好的出瞳距离和优越的光学性能。有日本嘉通光学的欧丽安Vista7×50和10×50型号，爱德勒·布里克7×50和10×50型号。高端价位（约500美元及以上）中最受欢迎的莫过于15×50和18×50的佳能防抖动望远镜，已经在之前介绍过。这个价位范围内传统但是手工精巧的望远镜（品牌确实意味了很多东西）有莱卡、蔡司、尼康和施华洛世奇的高端型号。

大型望远镜

业余天文学家用的大型望远镜尺寸是9×63、10×70、15×70、11×80、15×80、20×80、14×100和25/00，价格从100美元到几千美元不等。一旦光圈超过60毫米，三脚架及其转接器是必备的。大型望远镜带来的稳定图像是精彩的，但是同时也失去了标准望远镜可以手持的便利性。

在20世纪和21世纪初，随着短焦距70～100毫米光圈高度消色的折射望远镜选择越来越多，低功率和广视野的大型望远镜的出现，对比本书之前较早的几个版本，我们对这些大型的望远镜的热情已经退去。不断面临的问题之一就是俯视观察，甚至是在用45°目镜对角时，虽然一些较昂贵的大型望远镜有直角目镜装置，可以使脖子上方的顶点观察更简单。

同样还有来自家庭手工作坊的平行四边形固定器用三脚架头将望远镜悬臂支撑，这样观察者就可以支配它们。虽然如此，你还是要伸长脖子。我们都不会成为这些望远镜支架的忠实用户。

越大的主镜意味着看到的图像也越亮。但是对于绝大多数的人来说，最适合握举的是带有50毫米或者56毫米主镜的望远镜，其重量合适。

7毫米出瞳距离的望远镜更容易纠正双眼的观察位置，这对于年轻人和各个年龄段的初学者来说是有帮助的。

越高的放大率意味着越大的分辨率，同时也说明了产生清晰图像时要用更加精确的光学元件。

越高的放大率使得手握望远镜观察时抖动的动作也被放大了，所以手握式望远镜的放大率被限制到了10×（除防抖动望远镜以外）。

当我们把这些综合起来考虑后，最受欢迎的尺寸应该是7×50和10×50，8×56也是可以考虑的。如果有人喜欢较小和轻便型望远镜，我们会推荐7×42和8×42的尺寸。

如果其他方面都一样的话，10×50S会不会明显比7×50S的要好？事实上其他各个方面都是不一样的。对于一些人来说晚上通过望远镜观察会更容易些。根据我们的经验，7×50S的更好用。另一方面，10×50较7×5S更易展现模糊的星星和月球或者其他天体上更细节的信息。因为有较大的功率，更多的细节就会有意义。但是为什么在光圈50毫米一样的情况下，昏暗的星星还是可以看得到？一部分原因是由于小的出瞳距离有助于避免眼角的错轨（产生明亮的星星）。但主要的还是较高的放大率将天空的背景变暗了。

性能卓越的大型望远镜

我们大力推存的大型望远镜是星特朗的Skymaster15×70S。镜身轻，有着性能较好的镜头，眼睛也很舒畅。用上三脚架或者手握望远镜快速观察时都很赏心悦目。中国产的，同样也有这样的望远镜，各种品牌的都有。星特朗的这款售价约100美金。这样的价格，你不要错过哦！

第3章 业余天文学适用的望远镜

如今买家们有大量的望远镜可以选择。

某刊物编列了1000多个望远镜模型。

图中从左到右展示了几个具有代表性的样品：

小型望远镜，这种类型的望远镜放置于地平经纬仪上，

使用镜头聚光。

较大型望远镜，这种类型的望远镜放于德式赤道装置上，

是短小精悍的镜式施密特－卡塞格林望远镜。

随着业余天文学越来越流行，

望远镜生产企业已从基础经营转变为公开买卖。

他们竞相投放奢华的广告，竞争变得激烈。

这些广告通常是买家们购买望远镜的唯一信息来源。

为扩大信息库，我们不仅收录了不同型号望远镜的概况，

还使用和测试了许多望远镜，

并对市场上许多型号进行了评价。

我们没有进行意见调查、网上智能搜索，

或者从我们不认识的评论家那获得二手信息。

我们根据自己的实际经验作出报告，

以帮助你们在纷繁复杂的市场上选择望远镜。

古代天文学

你如何通过这个望远镜观察天空？它的镜片可能很好，但是支架和操作方式极其不便。在商业望远镜时代之前，家庭手工制作的长焦牛顿望远镜是业余天文学家的标准配设。20世纪60年代和20世纪70年代最成功的商业望远镜之一就是经典的牛顿望远镜。它配备了15.24厘米f8光学镜头，有坚固的底座，售价约为195美元。

折射望远镜

折射望远镜也有长焦距，这使其体积很大。从20世纪60年代起，优尼康广告中就描述了这些大型望远镜，有些甚至有10.16～15.24厘米。它们就像巨石阵中的石柱。业余爱好者们依然使用这些经典长焦望远镜来描绘月球和行星。右图是查尔斯·格芬用39.37厘米望远镜观察到的土星；埃莱克·海光用31.75厘米的牛顿望远镜画出的木星的轮廓和月球表面。

望远镜简史

生活本是简单的。过去，市场上只要有一款望远镜，购买时便十分容易决定。你会买大家都在买的。事实上你也几乎别无选择。观察天空的爱好也是这样流行起来的。任何型号望远镜的流行是因为人们的关注。长期以来我们一直把业余天文学的历史分为了几个时期。在这期间，一副望远镜和一次天空观测就定义了业余天文学家们的宇宙。

1950年前：小型折射望远镜时代

如果1950年前你想要个望远镜，有可能你就要自己做了。如果你买得起，可能就是5.08～7.5厘米大小有铜架的折射望远镜，放在书房棕色书柜边会很好看。大点的望远镜也有，但是很贵。市场上的望远镜昂贵得相当于工人一个月的工资，它们主要是卖给有钱有闲地处于上层社会的天文学家。这些业余爱好者主要观察月亮和行星，记录双星的颜色和分析密集的星云。一些资深的观察者会参与更有技术性的活动，去测量双星的位置和观察不同星星的亮度，这些任务用一副小型折射望远镜就可以做到。

20世纪50年代至70年代：牛顿望远镜时代

第二次世界大战后，洞穴光学、标准制作所、大光技工和星际线这些小型望远镜公司开始调整高性能牛顿望远镜的价格，使其价格更为优惠。由于有15.24～30.48厘米的光圈直径，而价格比同尺寸的望远镜要低得多，牛顿望远镜成了当时最受欢迎的观察工具。

20世纪50年代至60年代的牛顿望远镜有着中等焦距或者长焦距（f7～f10）。

PERFORMER

Now Used By Hundreds Of Universities, Schools And Professional Installations.

6-INCH RV-6 DYNASCOPE®

"I was doubtful at first because of its low price, but after a year of use I'm convinced the RV-6 is 'the telescope buy of a lifetime'! It has exceeded my expectations in every way!"
— John McP., Texas

"Am having excellent success with my new RV-6. Even at the highest magnifications of 140X, 210X, and 320X the moon, double stars and Venus retain sharp definition."
— Roger G., Penna.

Only an instrument of truly brilliant performance could meet the exacting requirements of the many amateur and professional users who have made this RV-6 their first choice in 6-inch telescopes. Its superb optical system resolves, with exquisite definition, objects that are usually beyond the capabilities of similar-size instruments. Its operation is so smooth, so accurate that it is a match for many custom models. Yet, through the savings made possible by Criterion's engineering ingenuity and volume production, this handsome fully-equipped RV-6 is priced within easy reach of any serious amateur. Your full satisfaction is guaranteed under our full refund warranty. Order today for prompt delivery.

Model RV-6 complete with New Dyn-O-Matic
• ELECTRIC DRIVE (Patented)
• SETTING CIRCLES
• ROTATING TUBE
And Many Other Extra Features No Costly Accessories Needed!

Complete Only **$194.95**

F.O.B. Hartford, Conn. Shipping Wt. 55 lbs. Express Charges Collect. No Charge for Packing or Crating or Only $74.95 Down — Take Up To 24 Months To Pay Balance

Why put off the enjoyment of owning this magnificent instrument! Use our easy terms. Send check or money order today for only $74.95, pay balance plus small carrying charge in 6, 12 or 24 monthly payments.

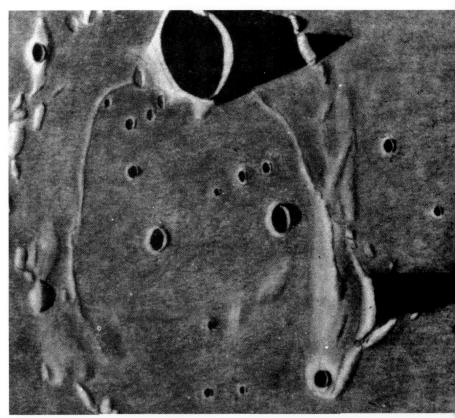

带有赤道装置的它们外形庞大而笨拙。然而，时至今日，长焦牛顿望远镜仍是行星观察的最佳仪器。因此，我们步入了业余天文学家研究行星的黄金时期。曾几何时，月球和行星观察者协会的会刊上画满了月球、金星、火星、木星和土星。

　　天际深处的物体像星云和银河仍是未解之谜。当时的书籍都能证实这个说法。《星图手册》是20世纪50年代至60年代观察者的圣经，在其1950年版的书中仅列举了75个天际深处的物体。虽然成千上万个宇宙深处的天体用一个15.24厘米的望远镜就可以看到。1957年出版，西奇维克的经典之作《业余爱好者观测天文学》在第310页的内容中描绘了太阳系中的270个天体，却忽略了宇宙深处的星云和银河。尽管那时的天空几乎没有污染，可以用望远镜轻而易举地看到它们。

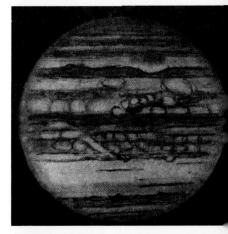

　　1965年，水手4号成了第一个接近火星进行行星间探测活动的卫星，发现了火星表面是凹凸不平的，这是以前的望远镜观察者从来不能想象的事。水手

the world's only production manufacturer of
SCHMIDT-CASSEGRAIN TELESCOPES
presents the three most popular instruments of its extensive line.

Celestron Pacific
2430 AMSLER
TORRANCE, CALIFORNIA 90505
Phone: (213) 534-2322

潮流领导者
20世纪70年代星特朗早期的施密特-卡塞格林望远镜和库尔特光学的第一个多布森望远镜永远改变了天文爱好，见上图1980年的第一次试用。

4号发回的一些图片和20世纪70年代的火星探测活动揭开了这个红色行星的神秘面纱。同时，其他行星的机器人探险和阿波罗登陆月球发挥了作用，业余天文学爱好者们不再把月球和行星们当成是丰富的研究对象。因此行星观察变得不那么重要。

与此同时，20世纪60年代的太空计划使得公众对天文学和太空的兴趣大增。这种爱好从边缘升级到主流，为下一时代奠定了基础。

20世纪70年代到80年代：突破性的施密特-卡塞格林望远镜

阿波罗时代天文学上的许多变化在一定程度上增加了望远镜的销量。企业引进了大批量生产业余天文学望远镜的技术。那时的制造商领队人就是加利福尼亚的汤姆·约翰逊。施密特-卡塞格林望远镜能够产生近乎完美的星象，受之启发，约翰逊给自己制作了一个48.26厘米的望远镜。它就是所有星特朗望远镜的原型。1964年，约翰逊将他的电子公司改名为星特朗太平洋公司并且开始制造望远镜。

1970年，星特朗引进了精致的20.32厘米f10施密特-卡塞格林望远镜，原装橙色镜筒C8（连颜色都是很新颖的）。基本的望远镜配置不带镜架的零售价约为795美元。与同样身处高档次售价600美元的20.32厘米牛顿望远镜比起来，C8很贵。但是由于其体积很小，使用容易，很多业余爱好者蜂拥购买新款望远镜——反射望远镜。

新款反射式镜头望远镜带有图片总控制的配件（另一创新），由于业内的第一个现代广告而进入市场。在很多方面，我们今天所了解的天文爱好是从这种望远镜开始的。

当进行太空深处天体观测和摄影时，施密特-卡塞格林望远镜是最优秀的。它们的便携性使得爱好者们把带有良好光圈的望远镜带至黑暗处，在光污染肆意蔓延的20世纪70年代这是很难做到的。尽管光污染日益严重，观察和拍摄深太空天体开始广泛流行。反射式镜头望远镜和带有巨大赤道装置的反射望远镜开始濒临灭绝。

1980年：牛顿望远镜的新生

橙色20.32厘米施密特-卡塞格林望远镜刺激了太空深处光差天体的新爱好，并且导致了对更高光径望远镜的需求。尽管在设计上尽可能地紧凑，大于20.32厘米的施密特-卡塞格林望远镜依旧是十分笨拙。那些为之狂热的人们如何把更大的望远镜带至很远的地方？

解决的方法：重新回到牛顿望远镜，但是要舍弃赤道装置的自动追踪，取而代之的是使用简单的地平经纬仪装置。加利福尼亚约翰·多布森引导的潮流，这些望远镜现在统一被称为多布森望远镜。1980年开始，库尔特光学等公司开始生产更轻巧并带有薄型反射镜的多布森望远镜，这个33.02厘米的望远镜仅售500美元。

这款新型的望远镜又一次把观察者带入了新领域。大型牛顿望远镜被戏谑地称为"大光桶"，它们在观察模糊的太空深处天体时是无法超越的。20世纪80年代初，有些物体用20.32厘米施密特-卡塞格林望远镜观察是几乎无法看见的，但是却能用43.18厘米的观察得一清二楚。有了这些巨大的星特朗望远镜，观察者可以向过去无法看清的天空深处进军。

20世纪80年代晚期至20世纪90年代中期：折射望远镜的重生

尽管折射望远镜在清晰视觉方面享有盛誉，但在20世纪80年代它们差点在认真的业余天文学家中消失。色差和昂贵的价格使它们不再是人们的焦点。不过，施密特-卡塞格林和星特朗底架的牛顿望远镜也没有博得每个人的欢心。那时很多观察者都抱怨这些庞然大物，价格虽低，但是视像模糊。还有很多人对20世纪80年代中期哈雷望远镜昌盛时代涌入市场的大量劣质施密特-卡塞格林望远镜很失望。在这样的形势下，加上新奇的镜片技术，两个望远镜设计师在20世纪80年代中后期各自改进了业余天文学用的折射望远镜。

军用望远镜专家、业余天文爱好者艾尔·那格勒开始寻找降低孔径焦距比的方法，但是不用增加色相差，色相差正是传统折射望远镜的缺点。他的新品Tele Vue和创世纪10.16厘米望远镜在打造折射望远镜成为业余天文学家必备工具的过程中是不容忽视的。

航空工程师、业余天文学家罗兰·克里斯丁也克服了色相差。20世纪80年

20世纪90年代的望远镜：20世纪90年代。三大望远镜平分市场，各有优点：左边是新的高质折射望远镜；中间是精悍的施密特-卡塞格林望远镜；右边是大半径牛顿望远镜。现在又有了新一代坚固便携式杜布安尼式望远镜装置。从左至右：Tele Vue创世纪，星特朗 Ultima 8 和星裂Starsplitter 14。

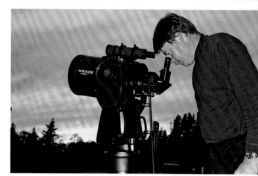

望远镜民主时代

参加星星派对时，你会看到各种各样的望远镜，这些主人们很乐意给大家展示他们的自制望远镜。像杰克·米立肯的简洁式杜布苏望远镜（上左图）；凯思琳·彼得森的经典大筒杜布苏望远镜（上右图）。现在很少有人会自制望远镜。但是制作木质杜布苏安尼望远镜依然流行，不是为了省钱，而是为了自己可以随意命名望远镜。在商业望远镜中，牢固放置在地平经纬仪上的折射望远镜，像比尔·贝理宁的NP101（下左图），同样也是万众瞩目。到了施密特-卡塞格林望远镜，像米德LX200（下右图）。上述任何一款望远镜以及其他款式都能为你带来永久的观赏乐趣。如今，没有哪款望远镜可以在市场上叫嚣自己是最好的。

代，克里斯丁的宇宙物理公司（Astro-physics），发售了面向业余天文学家的第一款三合镜折射望远镜。克里斯丁的望远镜有三合物镜。每一层的镜片都是不一样的。共同作用后，它们就不会产生色相差或复消折射差的图像。他的设计在价优的4厘米、5厘米、6厘米甚至17.78厘米复消色差折射望远镜上取得了突破。

自从20世纪60年代以来，大型望远镜之间的竞争一直操纵着业余天文学。但现在最大的需求却是制造更好的望远镜。观察行星时需要优质望远镜，这使得折射望远镜再次复苏。

20世纪90年代：质量和选择

20世纪90年代，人们对于天空观测的兴趣和对望远镜的选择开始多样化。业余天文学家们唯一注重的就是质量。望远镜用户们不注重尺寸和设计，但会寻求高质量，并且要固定在架子上。制造商们不得不这么做。

20世纪末，天文爱好史上第一次，三大主流望远镜：折射望远镜、反射望远镜、折反射望远镜（施密特-卡塞格林望远镜）各占一方市场，几乎是平分秋色。同样地，业余天文学家们第一次开始追求多元化的观察兴趣，享受到了大范围的天体星系观察——从月球到遥远的银河系。

21世纪：电脑控制了一切

随着望远镜上升到了艺术高度，而设计优势如此繁多，下一步会怎么样呢？像20世纪90年代的许多消费品一样，计算机操纵了望远镜革命。21世纪的到来，这样的改革也席卷了望远镜大市场。

虽然星特朗公司早在1987年就引进了计算机化的望远镜——机动望远镜，但是第一批有影响的高科技望远镜却是1992年引进的米德LX200（LX代表长时间曝光）。20世纪90年代，机动望远镜一直保持高端市场，定位于那些愿意花数千美金的狂热爱好者。

1999年，随着ETX-90EC及其设计优美的自动跟踪装置的诞生，米德公司突破了机动望远镜的价格瓶颈。只需约750美金，现在人们可以拥有一架自动对焦的望远镜，这帮助了入门者解决了一个问题：怎么样找到天体。2000年，米德公司又一次打破了价格障碍，望远镜拥有自动进入技术却仅花300美金。由于广泛投入广告，并在连锁店大宗销售，星特朗公司小巧的ETX-60和ETX-70折射望远镜以其优惠的价格在入门级别的选择上开始取代了普通的"圣诞垃圾望远镜"，就连对于观星新手也是如此。

机动自动望远镜更多地吸引了那些没有买过望远镜和没有天文观测爱好的人。这样看来，这些望远镜将天文观测爱好扩张到不同的方面，对于业余天文学家来说，这是令人兴奋的时期。

简易时代

20世纪50年代的青年身穿佩里柯摩的开衫，边上是60毫米的折射望远镜，一款经典的垃圾望远镜，跟时下打着"250X专业型号"旗号的很相似。不幸的是，这些误导性广告的消费者通常是新入门者或是已长久打算的父母和夫妇。这些东西真的有用吗？我们认为把钱花在优质的7×50或者10×50望远镜上更为明智，然后花时间慢慢欣赏。

选择望远镜

由于没有任何一款望远镜能独占市场，越来越多的选择让买家们感到困惑。我们一次又一次地被问道：哪个是最好的望远镜？或者我们会买哪个望远镜。虽然我们做了一些推荐，但是事实上，没有一款望远镜能称得上是最好的，就像没有最好的汽车、照相机和电脑一样。其次，我们选的望远镜可能不是最适合我们需要的那款。每一款望远镜都有优点与缺点，我们用过以后就会发现。许多行家知晓每款望远镜的优点，他们通常会有很多个望远镜。这就是找到完美望远镜的答案。

然而，要在成千上万的望远镜中挑出最好的，买家们通常会过于谨慎。不要被那些评论所困扰。在合适的价位上选择一款我们推荐的望远镜，你会发现有无穷的乐趣。你可以看到很多，并可能知道下一步你要去做什么：也许就是深太空观测所需要的大型望远镜；也可能是行星观测要用的超清晰望远镜；再或者是为天体摄影所设计的望远镜等，选择是多样化的。

镜片和镜头

所有的望远镜都可以分为两类:用镜片聚光(反射望远镜，如图左)；用镜头聚光(折射望远镜，如图右)。

放大倍率的陷阱

首先，我们要提出的是望远镜有一个优点你可以忽略:它的放大倍率。放大倍率是没有意义的计量单位。有了合适的目镜，任何望远镜都能放大无数倍。问题是，比方说450X，图像看起来会是怎样的呢？可能会是模糊不清的。为什么？有两种原因。

一是光线不足。望远镜没有聚集足够的光线来放大物体。当图像被放

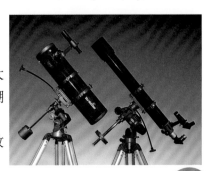

Save $100
399⁹⁹
until Dec. 2, 1991

1 450-POWER NEWTONIAN REFLECTOR
TELESCOPE* by SAFARI • Top-of-the-l
viewing • Large 4½" main mirror to gather 2;
times more light than the naked eye • 3- axis
equatorial mount with 2 setting circles and s
motion controls • 5 X 42mm wide angle sear
scope to help locate and line objects • 3X Ba
low lens for variable powers—39X, 117X, 150X
450X • Includes moon filter, 2 cable controls
balance weight attachment • 2- section woo

发现错误

1991年某商场的广告，经典的11.43厘米牛顿望远镜被发现摆放在令人啼笑皆非的位置。镜筒的聚光端是对着地面而不是天空；寻星镜是朝后方的；赤道装置与两极成为一线。

注意广告说有450的放大倍率。

大时，它会在很大区域内成像，如果光线不够，就会变得很暗。换句话说就是望远镜在超限工作。

望远镜能放大多少？通常放大的极限是物镜口径英寸数的50倍，或是光径毫米数的2倍。例如，60毫米光径的望远镜最多能放大120倍。号称能放大400倍的是误导人的，仅仅是为了混淆买家。

二是浑浊的空气。地球的大气层是一直运动的，这就使得望远镜的视野变形。放大倍数小时，这样的影响是微乎其微的。但是放大倍率大时，气流的波动(能见度低时)会严重影响图像的成形。

大多数业余天文学家在实际使用中发现300X的放大倍率已经是望远镜的上限了，就连较大光径的望远镜也是如此。人们不会去制作或者购买高倍率的望远镜，只需要把模糊的星体看清楚就可以了。

规则一：不要去买以高倍率为卖点的望远镜(高倍率475X型号)。或者入门者去购买超过300X的望远镜。我们在广告中已经见过675X的型号，它们肯定是垃圾玩具。

不要太注重光径。光径是望远镜又一重要技术指标。当业余爱好者们提及90毫米或者20.32厘米望远镜时(公制和英制都可以作为计量单位)，他们说的是主镜的直径。光径越大，呈现的图像越亮、越清晰。

随着放大倍率的神秘面纱被慢慢揭开，你或许会考虑买尽可能大光径的望远镜，是吗？一不小心，你就会成为大光径望远镜的追逐者。首先出现的症状就是越来越频繁地翻阅天文学杂志，同时想象着用超级望远镜所观察到的震撼视觉。

规则二：底座的好坏和镜头的好坏一样重要。

规则三：关于望远镜的购买，最适合你的望远镜无非是使用时间最多的。一个小巧又优质的望远镜会给你带来无穷的观赏乐趣。

值得注意的是，大型望远镜并不能给业余爱好者们带来更多的满足感。原因如下：

❖ 便携性

大家通常会忽略的因素是小车无法容纳大型望远镜。很多业余天文学家在没有考虑如何运输和携带的情况下购买或制作了大型望远镜。特别是你买的第一个望远镜，如果拆卸后无法一次性搬运，而至少需要分两次搬到后院，那就无法使用了。

❖ 抖动

大型望远镜面临的另一个问题是抖动。一个带有轻巧装置的大光径望远镜也许会便于携带，但是一有风吹来或是手部有小动作时它所产生的图像也会随之跳动。这样的装备使用起来当然不好玩。带有坚固底架的望远镜一定又重又笨。通过减小光径，你可以拥有一个牢固又轻便的望远镜。

❖ 价格

大型望远镜价格昂贵。如果你对天文学不再感兴趣，要出售你在望远镜上所下的可观投资是很困难的。真的是没有兴趣了吗？你会说，不是这样的。但是很多人确实是这样。原因可以追溯到大型望远镜的安装比较困难。我们看到很多人放弃了这个爱好，因为他们买的望远镜太大了。而那些买小望远镜的人却对天文观测乐此不疲。

我们的建议是什么呢？初学者购买第一个望远镜时，应该要拒绝一切诱惑，不要买光径大于20.32厘米的。买25.4厘米施密特-卡塞格林或牛顿望远镜时要反复思考。

最小的光径
70毫米光径的望远镜是最小的望远镜，有追求的天文学家值得考虑。

🔭 按观察地点选择望远镜

选择望远镜时很重要的考虑因素就是你的观测地点。你会在家里观察吗？如果是，太空会太暗吗？光污染严重吗？视线有被树林、房子和路灯遮挡吗？望远镜要拿到多远的地方去？你会不停地移动望远镜来获得不同方位的视觉吗？

如果家里的光污染天空让你备受困扰，f/6~f/15的望远镜会是不错的选择。众所周知，它们的光学质性能优于速度最快的f/4~f/5望远镜，使用特定目镜能产生更高的放大倍率。这两个优点使得人们在观察光污染天空中最好的观测体——月球和行星时能看到更佳的图像。

如果你在家中使用望远镜的概率很小，选择望远镜时就要考虑携带和运输。装在赤道装置上的10.16~12.7厘米的马克苏托夫望远镜、12.7~20.32厘米的施密特-卡塞格林望远镜、15.24厘米的牛顿望远镜、7.62~10.16厘米的折射望远镜会比笨重的望远镜用起来更好。

根据我们的亲身经历，我们提出第四条规则：需要花5~10分钟甚至更多时间才能装上车或是安装的望远镜用过1年以后便无人问津。你不仅没有体验到使用望远镜的快乐，而且会因为没有使用望远镜而感到内疚。一两年后你就会卖了它。

从另一方面来讲，如果你刚好很幸运住在乡下，天色昏暗，并且望远镜可以随意摆放和快速安装，那就一定要考虑大光径反射望远镜，类似25.4~31.8厘米的多布森望远镜、25.4~20.48厘米的施密特-卡塞格林望远镜。甚至是用于城市天空观察月球以及行星时的短焦折射望远镜，也能在昏暗的天色下表现良好，产生广角视域。

你搬得动它们吗
这样的望远镜合适吗

想象一下把一个巨大的望远镜搬到天色昏暗的地方。你能把它从架子上装卸吗？折下来的望远镜能放进车里吗？这款米德公司的25.4厘米施密特-卡塞格林望远镜让你把家里人都抛在了脑后。

🔭 过度关注摄影

初次购买望远镜的买家们最平常的要求是："我可以通过自己的望远镜拍摄到照片。"最好的拍摄望远镜并不是观测望远镜的首选。要想拍到像书上那样迷人的照片，我们推荐了第五条规则：初学者不要太注重望远镜的摄像功能，要买对比度清晰，坚固的经济实惠望远镜，这样才能享受双眼观测所带来的乐趣。

望远镜的种类

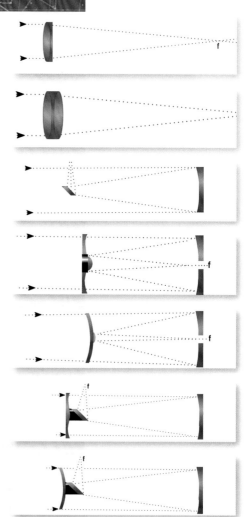

★消色差折射望远镜

经典的折射望远镜有双合透镜，分别用冕牌镜片和无色镜片做成。在f/10到f/15的孔径焦距比时，色差是可以忽略的。

★复消色差折射望远镜

为了消除假色，一些复消色差望远镜使用三合透镜，一种是超低色散镜片做的，其他是聚集器边上的改正片做成的。

★牛顿反射望远镜

1668年由艾萨克·牛顿发明，这个经典款式采用了凹形的主镜（更好的是用了抛物线曲线形），并带有平面次镜。

★施密特-卡塞格林望远镜

采用f/2的球形主镜片，球形的校正片弥补了偏差。凸形的次镜将光路沿着短小的镜筒重叠。

★马克苏托夫-卡塞格林望远镜

这款望远镜采用特别弯曲的校正器。次镜通常是校正器上的一个反射点。像所有的卡塞格林望远镜一样，光线通过主镜上的小孔出去。

★施密特-牛顿望远镜

这款综合性的设计，通常是f/4或f/5，将施密特校正器和牛顿镜片相结合，从而减轻了牛顿望远镜的离轴彗星像差问题。

★马克苏托夫-牛顿望远镜

这款望远镜的焦距通常为f/6，并声称能在低倍率下消除图像的色差，在高倍率时能看到和折射望远镜一样的图像。

除了放大倍率，以下所举各方面代表了每种望远镜的重要光学技术指标。

★光径和聚光能力

望远镜是按照光径来分级的。10.16厘米的望远镜的主镜的直径是10.16厘米。直径越大，聚集到的光线越多，产生的图像越清晰、越明亮。20.32厘米的望远镜的表面面积是10.16厘米望远镜的4倍，因此相应的聚光能力、图像的明亮程度也是其4倍。

★分辨率

理论上，20.32厘米望远镜的分辨率是10.16厘米望远镜的2倍。望远镜的分辨率可以用一个简单的公式来计算：分辨率（用弧度制）=4.56/光径（英寸）或是116/光径（毫米）。这是19世纪威廉·多维斯根据实际经验所推算出来的。制造商们所列出的分辨率只是多维斯用光径算出来的极限值，并不是该型号望远镜所测量出来的精确值。

★焦距

焦距是指从主镜到焦点（目镜所在位置）的光线距离。马克苏托夫和施密特-卡塞格林望远镜的光路会自动折回，使得镜筒的长度小于焦距。

★孔径焦距比

孔径焦距比是光径除以焦距的值。例如，100毫米望远镜的焦距是800毫米，它的孔径焦距比就是f/8。对于天文摄影来说，快速的f/4到f/6系统使得曝光时间较短（因此，它们又被叫作快速孔径焦距比）。但是当它们用于天文观测时，图像的明亮度完全取决于光径。孔径焦距比与之毫无关系。

★绕射极限

光学绕射极限的承诺意思是望远镜对色像的影响很小，主要影响图片质量的是光的波动，而不是望远镜的问题。等于就是说，望远镜只会在目镜的四分之一光波处产生问题（波前问题），达到了所谓的瑞利准则，业余天文望远镜最低的标准。更坏的是，如果在光线明亮的情况下，行星会看起来很模糊。跟一些广告说得刚好相反，绕射极限不是意味着望远镜不能再改进。价优的望远镜可以做得更好，波前问题出现在1/6～1/8波段。在良好的条件下，测试证明差别是很明显的，但是要1/4波段的望远镜的性能完全发挥，代价就有点大了。

★中间的遮拦

放射望远镜的次镜会阻挡一些光线，但是问题不严重。最大的影响是由来自遮拦的光绕射导致的图像对比度不清晰。影响的大小和次镜的直径是成正比的。由于这样的情况，中间的遮拦物必须作为光孔直径的一部分比例加以声明。20.32厘米望远镜配备次镜直径6.985厘米所占的中间遮拦部分为34%。为了让这个数字看起来小点，一些公司会算成所占面积的百分比（如此处就为12%）。总的来说，中间遮拦部分为20%或者以面积来算更低的望远镜所产生的效果是可以忽略的。

 顶部的折射望远镜的光径为70毫米。焦距为700毫米，跟镜筒的长度差不多，如图中间所示。这是一个入门级别的f/10望远镜，良好的孔径焦距比保证了清楚地观测行星。绝大多数的反射望远镜的次镜会遮拦主镜的光孔，例如上面所述的施密特-卡塞格林望远镜。

探索望远镜市场

短镜筒消色差望远镜

尽管该款望远镜的双合镜筒简易，但80毫米 f/6夜鹰纠正颜色的能力很强，能快速消色，在高放大倍率下运行良好；低倍率下广角观测，这也是最开始时短镜筒的使用功能。夜鹰是这类望远镜中最好的。

没有一款望远镜能保证产生完美图像。只有手工的高质望远镜能确保图像的质量。做工优良的牛顿望远镜比做工粗糙的折射望远镜要好很多，反之亦然。不要去相信网上的讨论群和顽固的俱乐部会员极力推崇的所谓的最好的型号。迟早每个牌子的型号都会被提到，这只能增添你的困惑。只要找到便携又简单的高质量望远镜就好。把这些优点综合起来，不管你买哪个款式，都会是很好的望远镜。

根据望远镜的型号，我们对市场的高质量望远镜进行了总结。我们做了些推荐，并根据价格进行归类。

★消色差折射望远镜（70～152.4毫米）

60毫米的折射望远镜（100～200美元）向来深受初学者青睐。这款望远镜在圣诞节时几乎遍布每个大型零售商店、相机专卖店和电视购物。虽然过去有几款非常好的60毫米折射望远镜，像优利康的传奇型号。最近我们见到能推荐的60毫米折射望远镜寥寥无几。

绝大多数的60毫米折射望远镜的缺点不是在主镜上而是在目镜上，模糊的寻星镜、缺失的慢控制装置、易损的底座和晃动的三脚架。我们给那些想咨询低价60毫米望远镜人们的建议是多花点钱购买80～90毫米或是10.16～15.24厘米的折射望远镜，或者少花点钱买双目镜。

★折射望远镜（80～90毫米）

它们在质量上改进了很多。在这个孔径段的大多数f/10～f/11折射望远镜是初学者首选。我们认为它们体现了认真买家的最低选择。冕牌/无色双镜头的颜色纠正是极其不错的，加上望远镜又很轻便、耐用，而且几十年都无须保养。

很多公司和经销商在销售的就是这些望远镜。大部分的望远镜的零件都是在中国制造的，然后由本地的经销商贴牌出售。我们发现这些望远镜质量非常好，价格低至约300美元，并带有地平经纬仪装置。再来看看有慢镜头控制装置的型号。有带有一个或两个高档克尔纳或普罗苏目镜的望远镜，放大倍率不会超过100X～150X，但是比那些带有更高倍率目镜的望远镜质量要可靠多了。

经典90毫米 折射望远镜

80～90毫米，孔径焦距比在f/10～f/11的消色差折射望远镜在初学者中大受欢迎。这款在中国制造，售价为400美元。天空哨兵90装在牢固的EQ-3底座上，能产生清晰的、对比度明显的行星观测图像。跟简单的地平经纬仪装置不同的是，这款德国赤道装置（这是因为它在19世纪时由德国人设计的）可以进行简便的天体追踪，不管是手动还是机动的。

★折射望远镜（70毫米）

在质量上刚好适中的是更小型的70毫米折射望远镜（150～200美元）。但条件是要装在坚固的底座上，最好是地平经纬仪上，要有慢镜头控制装置（这个尺寸的望远镜装上赤道装置会很易损坏）。尽管如此，一些70毫米的折射望远镜仍旧受性能拙劣的目镜影响（那些在0.965镜筒尺寸上标注H、HM或者SR的，而不是符合业内标准的3.175厘米），它们的寻星镜是小型的5×24。尽量避免买这些望远镜。

★折射望远镜（10.16厘米f/8～f/10）

光径上再进一步的就是10.16厘米f/8～f/10折射望远镜，它是买家们不错的选择，售价约450美元。然而，对于这个尺寸的望远镜来说，地平经纬仪装置就不适用了。当望远镜向远处对准时，会撞到装置，高倍率下能使观测物体居中的常用调整器使用困难。赤道装置能解决这些问题，因而是这个尺寸望远镜必备的。

★消色差折射望远镜（大于10.16厘米光径）

大于10.16厘米光径消色差折射望远镜曾经是很稀罕和昂贵的。信达科技公司在中国生产的消色差望远镜由一些品牌如天空哨兵经销，现在已包括11.938～15.24厘米折射望远镜。11.938厘米望远镜的价格突破性降至500美元，15.24厘米的为900美元。你能用这个价格买到以前花数千元的望远镜。为了跟信达公司竞争，米德公司出产了LXD 德式赤道装置的12.7厘米和15.24厘米消色差望远镜。

当然这样也是有代价的。为了保持适当的镜筒长度，孔径焦距比已经被减到f/8和f/9。对消色差望远镜来说，这样做毫无疑问增加了明亮的星星和行星观测时的伪色（望远镜的孔径焦距比越快，伪色越严重）。木星会呈现黄绿色，并被金色的薄雾包围。这些大型消色差望远镜的图像清晰度是不同的。但是从我们已经用过的经验来看，这样价格的望远镜是可以接受的，尽管会有伪色。一些观察者会使用消除伪色的负紫外线滤光器，但是却增加了绿光。

在全球众多品牌之中我们特别喜欢信达公司的120毫米（4.7英寸）f/8.3折射望远镜（注：塞莱斯特归米德所有，双方合资了欧立安，所以你看到的3个品牌的型号会很相似）。然而，信达公司的15.24厘米f/8消色差望远镜是很笨重的，被放置在摇晃的底架上，目镜的一端快要接近地面，不能舒适观察。最为一款较为贴近我们的望远镜，它没有达到我们的标准。尽管这些低价的望远镜最初面世的时候吸引了很多忠实的买家，15.24厘米消色差望远镜还是不能博取

大型消色差望远镜

信达旗下的望远镜包括11.938厘米和15.24厘米望远镜，前者价格未知。11.938厘米望远镜（见上图右）是不错的选择，而15.24厘米望远镜却需要较好的支架。忠实的粉丝们改装了EQ-4装置并将其轻盈的吕脚架换成了牢固的木支架。

初学者适用的望远镜

信达公司的这款70毫米 f/10天空哨兵拥有坚固的地平经纬仪支架和高质量镜片，不足的是用了5×24的寻星镜和劣质目镜（更多详情见本书第6章）。

适合初学者的望远镜特点

在初学级别的望远镜上寻找这些特点。

承重能力较小的EQ-2装置通常用于这款90毫米的折射望远镜。

6×30的寻星镜（不是5×24或者非机动望远镜简易红点装置）

3.175厘米的聚焦器（不是2.4511厘米）

平滑，防抖动聚焦器（齿轮齿条联动或Crayford滚轴风格）

带有慢镜头控制器的坚固支架（在赤道装置和地平经纬仪上的都有）

25毫米和10毫米普罗素目镜（或者是相似的），带有直径为3.175毫米的光筒（4毫米目镜是劣质望远镜配件的标志）

天空哨兵复消色差望远镜

80毫米和更大的100毫米、120毫米天空哨兵复消色差望远镜是最高价值的代表。它们都采用双合超低色散镜头，由中国内地或者台湾制造。有很多品牌在全球销售相似型号的望远镜，例如塞莱斯特的ONYX80ED。

大家的欢心。

很多经销商囤积所谓的短镜筒折射望远镜。f/5消色差望远镜，光径从80毫米到120毫米。在黑暗的天空下用低倍率观察银河系是很好的，但是高倍率下使用起来就没那么好了。

复消色差折射望远镜（66～177.8毫米）

技术上，复消色差指的是在一次标准的消色差中，望远镜在一次聚焦中带来了三种颜色而不是两种。然而在实际上，好的复消色差望远镜会把伪色降至人肉眼所辨别不出的程度。这样的性能是由双合、三合和四合消色差通过在主镜上用荧光镜片和超低色散镜片实现的。长度不到3英尺的10.16厘米f/8超低色散折射望远镜比5英尺长的10.16厘米f/8消色望远镜表现更为出色。通过这样一款望远镜，用最小的孔径焦距比就可以实现无色差。

一般来说，比起双合镜头，三合镜头的复消色差折射望远镜能为颜色纠正提供更好的护目镜。尽管代价会很高。复消色差采用最低色散的小原FPL-53 ED镜片，不管是双合还是三合，都会比FPL-51镜片的颜色纠正程度好。

在过去的几年里，复消色差望远镜充斥市场，大多数的光学器件是中国内地或是台湾生产的。类似型号的产品在内销市场上常常会有很多牌子。质量依

遇到Stellarvue

很多品牌望远镜来自小的家庭式作坊，例如维克和简玛丽丝，这对夫妇是折射望远镜和支架背后的创始人。它们在国外组装电池、镜筒和聚焦器，然后运到美国，由维克进行检测。

旧是那么好，价格却下降了。过去花1000～1500美元买一英寸光径是很平常的。但是从中国进口的却只要花费250～500美元。

让我们从最高端的产品开始：现在在卖的一些精密的复消色差折射望远镜和支架来源于天体物理学。所有的美国制造复消色差采用三元物镜，中间层使用了最高档的低色散镜片。就算是在极地气温下，图像也完全没有色差，能完全达到理论效果。130毫米、140毫米和160毫米光径的型号都有（价格在5500～9000美元）。在过去的几年里，天体物理学创造了更大型或更小巧的折射望远镜（90毫米和150毫米型号是最有价值的），还有较慢速的f/8和f/12型号。旧的天体物理学折射望远镜有

威廉90毫米望远镜

复消色差的另一个领导者是威廉和大卫·杨兄弟所有的台湾威廉光学公司生产66～130毫米的复消色差望远镜。它的光学性能和物理组织很好，价格不贵。左图就是90毫米 f/7美格列斯（售价1300美元），双合超低色散镜头，带有超级颜色纠正器，小巧玲珑。

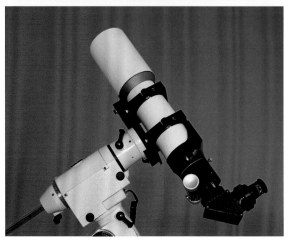

很高的价值，价格比新的要贵。买一个旧的才有可能真正得到天体物理学用的复消色差望远镜，因为等待的时间现在已经用年来计算。快买一个吧，当你的孩子长大后就能享受到其中的快乐了。

日本的高桥公司是复消色差望远镜的开拓者和领导者。不管什么尺寸，从微小的60毫米到巨大的150毫米望远镜，高桥折射望远镜能带来极佳的图像，但是价格很高。例如，很受欢迎的TSA-102S，10.16厘米f/8三合透镜，带有高桥最好的EM-11赤道装置，售价7000美元。高桥折射望远镜有一个很大的优势：很多款号都有现货供应。

同样是日本的威信复消色差望远镜在价格上就平民化多了。器件的质量上虽然比不过高桥，但已经是很好的了。80～115毫米各种光径的型号都有，大部分都采用双合超低色散镜头，颜色纠正性能很好。

闪耀的望远镜
质量最好的复消色差望远镜，像俄罗斯制造的TMB三合复消色差望远镜，所使用的镜头是荧光或超低色散镜片。

从20世纪90年代开始，Tele Vue光学公司不断推出颜色纠正性能更佳的复消色差折射望远镜新品。轻便的60毫米、76毫米和85毫米型号（价格在800～2200美元）采用双合镜头，颜色纠正性能超级卓越，仅次于市场上最好的复消色差望远镜。最好的NP101，10.16厘米f/5.4型号（售价3700美元），采用四合设计，完全消除了伪色和其他模糊的色相差。佩兹伐新高的望远镜采用前双合透镜带副直径双合透镜来使视野平坦，减少孔径焦距比的影响（再高300美元的摄像版的NP101lis增加了天体摄影的功能）。双合Tele Vue102（售价2200美元）的颜色纠正性能很好，但是光径有180毫米，全都带有光碳化纤维，意大利设计师的风格。这些是复消色差望远镜中的兰博基尼。对于初级的观测者，它是一个不错的选择。

梦想复消色差望远镜
没有比Tele Vue做得更好的了。12.7厘米的NP127is是Tele Vue的顶级产品，四合f/5.4佩兹伐设计产生了宽广的、平坦的视野，能用于大片成像和消除伪色。这里看到的地平经纬仪直布罗陀式支架仅作观测使用。Tele Vue的名气是要钱的：组装这个镜筒需要7000美元。

同样还有受到高度评价的三合望远镜（140～200毫米），由科罗拉多望远镜工程公司生产。做小型超低色散折射望远镜的便是日本伯格（50～100毫米）。它们都采用了模块结构做到紧凑和轻便。颜色纠正能力位居第二。但是伯格生产的这些宽广、平坦视野的望远镜适用于天体摄影，孔径焦距比快如f/4。

潮流风向标
这是刚流行的复消色差望远镜，价格550美元，f/7.5 信达/欧丽安 80ED。

在价格上进行突破的望远镜，同时也引发了复消色差望远镜膨胀的是中国信达的80ED，f/7.5双合透镜，颜色纠正能力极佳，售价600美元。这款望远镜以天空哨兵为品牌在全球销售，在美国叫欧丽安。哨兵天空Equinox系列复消

组装一个多布森望远镜

大多数初级多布森15.24～30.48厘米望远镜的镜筒是固定的。光径超过25.4厘米的型号，只有拆卸桁架镜筒才能进行运输。图为在现场安装米德光之桥系列（Lightbridge）多布森望远镜。桁架被装进了镜筒，然后最上部的镜筒被置于支架上，安装后同样很牢固，但是运输时却比较方便。

色差望远镜（66～120毫米）有更高级的成像和更好的聚焦器。光学质量相当好，价值相当出众。

价格低廉的复消色差望远镜膨胀主要来自威廉光学公司、Stellarvue公司和宇航科技公司。他们的产品数量多，变化快。型号从66毫米到150毫米不等。主要的光学元件从俄罗斯、中国内地或是中国台湾采购。这些出口商经常把同样的器件卖给对手公司。没有人会去检测这些公司生产的器件，但是产出的望远镜，我们用过以后觉得很好。

在多布森望远镜下

对于澳大利亚和新西兰的观察者来说，彼得里德公司的SDM望远镜做的多布森望远镜在美国产杂牌中是最好的。我们当中有人参加了南太平洋星星俱乐部的活动，花了一晚上用50.8厘米 f/5 SDM观察了南边的天空。

滚轮

很多大型桁架镜筒式多布森望远镜会在纸箱中散架，但是如果装上随镜自带的滚轮推车，你可以把他们搬上卡车，不用手提任何沉重器件，这是搬运望远镜时一个既灵活又便利的方法。

多布森反射望远镜（11.43～76.2厘米）

考虑到我们的支出，这个级别的望远镜在初学者望远镜中是最具价值的，有大的光径，好的光学质量，便捷的安装和牢固的底架，价格又不高。你还要什么呢？

不幸的是，我们听到过很多故事，关于很多年轻人在收到圣诞礼物——多布森望远镜后泪流满面，"这不是望远镜"，他们哭诉道。在他们眼里只有长长的白色镜筒放在晃荡的三脚架上才叫望远镜。

虽然很多知识丰富的业余天文学家（包括我们）依旧赞叹这些边缘望远镜，但是很多买家还是偏向安放在巨大无比的赤道装置上的高科技机动望远镜或反射望远镜。我们将继续在潮流中作战，并推荐15.24厘米或

20.32厘米的多布森反射望远镜作为初学者的最好选择。

我们的最爱还是中国产的信达金属镜筒望远镜，以天空哨兵和欧丽安的牌子销售（其他的由中国台湾冠盛光学公司生产）。很多相似望远镜在全球用很多牌子销售。他们镜筒做得很好，也放得很到位，寻星镜质量也好。高度张力调节和四氟支座使其平稳工作。15.24厘米望远镜的价格实惠，比任何70毫米、80毫米折射望远镜和11.43厘米赤道装置或机动反射望远镜看到的都要多。

在400美元价位上，20.32厘米或许会成为天文爱好史上初学者最好的望远镜。我们从纸箱中拿取出信达望远镜进行安装，它一直处于完美的校准状态，尽管是从中国一路长途跋涉而来。在望远镜测试中，它的性能表现得比它贵6倍的同类望远镜要好得多。

售价550美元的25.4厘米望远镜也是相当实惠的。它的光径较大，可以用于观测深太空物体。这三个尺寸的多布森望远镜都有全属镜筒和树脂涂层的木支架使其性能出众。

另一些很受欢迎的望远镜就是美国哈勃出产的多布森系列。它的25.4厘米寸固定镜筒式PDHQ的做工精良，光学性能好，尽管价格要1300美元。

转到30.48厘米或者更大的望远镜，我们总会推荐桁架镜筒款式，它的桁架由两块组成。这样的款式以前只有在大牌旗下才有。但是米德的光之桥系列（Lightbridge）多布森望远镜（20.32厘米、25.4厘米、31.75厘米和40.64厘米）突破了价格障碍，是一款物美价廉的望远镜。例如我们最喜爱的31.75厘米望远镜只售1000美元。

除了光之桥系列（Lightbridge），我们进入了高档手工多布森望远镜时代，它们都有桁架，像家具一样抛光。在这个类别的望远镜中，价格差别很大，从30.48厘米的3000美元到45.72厘米的6000美元。还甚至有可能买到巨大的25厘米或76.2厘米多布森。

高档多布森的生产商多为家庭作坊，由细心的业余天文学家经营，他们对质量的要求很高。这些生产厂家有：Discovery（31.75～60.96厘米），Obsession（31.75～76.2厘米），Starmaster（27.94～71.12厘米），Starsplitter（20.32～30.48厘米）。这些牌子的望远镜我们已经用过或是购买了，很喜欢它们的做工、慢动和超级镜头，顶级的品牌有Galaxy，Nova，OMI，Pegasus，Swayze，Torus和Zambuto，有些甚至还有机动驱动和自动追踪。其他品牌还有 Anttlers 光学，Nightsky 望远镜，MC 望远镜，Starstructure，Tele-kit，Ts望远镜和Webster 望远镜。

🔭 赤道装置牛顿望远镜（11.43～15.72厘米）

20世纪60年代的标准望远镜就是15.24厘米f/8和20.32厘米f/7牛顿望远镜，它们带有德式赤道装置，一直都在尝试着复苏，但是没有成功。多布森才是更加受

巨人的领地

一个巨大的多布森可以被拆卸，但是梯子不行。要避免这个烦恼，还是考虑光径不超过38.1～45.72厘米的多布森吧。

2007年多布森首次亮相

大卫克里格，Obsession 望远镜的大师，揭开了他的48.72厘米 f/4.2。

经典小型牛顿望远镜

作为最受欢迎的入门级望远镜，11.43厘米牛顿望远镜已经被信达公司的12.954厘米牛顿望远镜代替，如图所示带有德式赤道装置的f/5型号。抛物线形而非球形镜片能产生最清晰的图像。

马克镜片

卡塞格林反射望远镜（根据17世纪它的发明者吉约姆·卡塞格林命名）的次镜将光线沿镜筒折回并从望远镜后部离去。马克苏托夫-卡塞格林连接了抛物线形镜头作为前纠正器。超级天空哨兵Pro150毫米马克苏托夫和欧丽安SkyView Pro很相似。

欧丽安马克苏托夫

欧丽安望远镜是中国产马克苏托夫在美国市场的主要经销商。图上是欧丽安性能优越的127毫米 Starmax，另一款清晰的适用于小支架的望远镜。

欢迎的选择。

然而，较小的赤道装置望远镜依然在初级市场大受青睐。数以万计的业余天文学家使用有几十年历史的Tasco11.43厘米牛顿望远镜、11TR开始他们的天文观测生涯。但是这款望远镜有几个弱点：5×24的寻星镜小，2.4511厘米的目镜质量差，镜片为球形而不是抛物线形，支架摇晃。Bushnell有跟11TR相似的型号，在望远镜和相机专卖店是家喻户晓的产品。我们建议不要考虑这些型号，不管是哪个牌子的（Tasco现在已经倒闭）。

代替Tasco 11.43厘米望远镜的是另一个大众产品，信达12.954厘米反射望远镜，f/7、f/5 都有（约250～300美元）。很多品牌都有在卖，这款望远镜的支架是在市场销售了40多年的EQ-2。支架刚刚好，事实上装配和配件也很好。我们推荐这款短小牢固的f/5望远镜。抛物线形的镜片质量非常不错。

配备台湾产支架的稍大型15.24～25.4厘米牛顿望远镜质量也不错，是很好的选择，如欧丽安的Astroview和SkyView型号。我们避免购买带有赤道装置的大于15.24厘米的牛顿望远镜，因为大的镜筒很摇晃，望远镜本身很重，组装过程复杂。

价格最昂贵的带有赤道装置的大光径牛顿望远镜要算NGT（新生代望远镜）了，由JMI公司经销。31.75厘米（约5000美元）和45.72厘米（约15000美元）都带有开口环形支架，在望远镜尺寸的考虑上很周到。但是，如果要追踪，还是赤道装置的多布森更好（见本书第5章）。

马克苏托夫-卡塞格林望远镜（8.89～17.87厘米）

在综合型望远镜中，最受欢迎的类型是把镜片和能消除色相差的镜头相结合的。望远镜通常以发明者的名字命名。

20世纪40年代，德米特里·马克苏托夫发明了马克苏托夫-卡塞格林望远镜，大部分马克苏带有f/12～f/14卡塞格林系统，即光线通过主镜上的孔进入望远镜的后部。

这款传奇般的马克苏托夫望远镜就是8.89厘米f/14科士达，1954年作为最高档的望远镜被引进。50多年后，它依然是这样。通过科士达观测的任何天体都非常清晰，完全没有色相差。但是和神话相反的是，科士达不能超过优质的大型望远镜。

不管怎么样，美国产的科士达8.89厘米是很好的望远镜，它配有支架、驱动、皮箱和桌高的三脚架（没有自动功能），售价为4500美元。值吗？从它在市场销售半个世纪来推断，很多人应该认为它才是

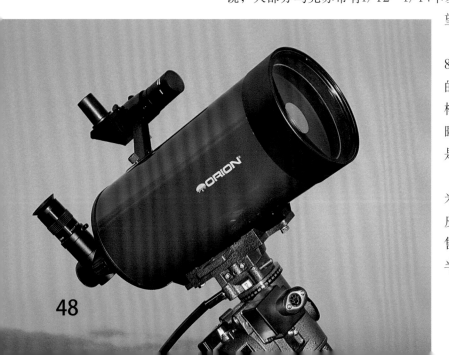

名牌。

稍大型的马克苏托夫–卡塞格林也有，都是镜筒组装型或完全悬挂式。跟科士达相比，价格是很吸引人的。100毫米组装镜筒价格是300美元，127毫米约400美元，150毫米约600美元，180毫米约1200美元。孔径焦距比是f/12或f/15。虽然很多性能卓越的马克苏托夫产自俄罗斯，但现在占有大部分市场的是中国产型号。这些型号有欧丽安Starmax器件和信达天空哨兵系列。这些都是通用望远镜，携带方便，我们认为这点是很重要的。

有一点我们要注意的是，大型马克苏托夫（150毫米及以上）需要很长时间才能冷却。它们会带来极好的行星图像，但是要使封闭的镜筒散去热流和冷却需要一个小时或者更多，这些热能通常是厚重的纠正镜头散发的。

❖ 引导潮流的ETX

1996年，米德发明了低价的小科士达克隆版本：ETX–90，是"每个人的望远镜"的缩写。最初的理念是把最好的性能用于最小的包装，尽可能地降低价格。这样的发明立即取得了成功。正是这样，ETX–90和之后接踵而至的更大型望远镜能与科士达相媲美，价格仅为科士达的一部分（ETX–90PE现在售价约700美元）。ETX没有像科士达那样精确，有的是叉式装置和ABS塑料承重的部位。但是镀铝的镜筒很引人注目，望远镜使用很顺手。我们使用过各种不同尺寸的ETX，都很不错。

各型号望远镜的优点和缺点

类别	优点	缺点	起步价含支架
消色差折射望远镜	价格低，图像清晰，对比度明显，设计牢固，耐用	色差，特别是快速的f/5～f/8型号	200美元
复消色差折射望远镜	能消除大多数色差，特别适合于深太空观测	每英寸光径价格最高；光径有限	800美元
牛顿反射望远镜	每英寸光径价格最低；也可用多布森装置	视野边缘有彗形像差；要求偶尔校准	300美元
施密特-牛顿望远镜	视野宽广，慧形像差较小	中间有大的遮拦	600美元
施密特-卡塞格林望远镜	小巧；适合某些天体成像	中间有大的遮拦	800美元
马克苏托夫卡-塞格林望远镜	小巧；图像清晰；焦距长，适合观测行星	孔径焦距比慢，视野窄；大光径冷却慢	400美元
马克苏托夫-牛顿望远镜	视野宽广平坦；图像清晰；对比度明显；中间遮拦小	冷却时间长；笨重；很难买到；价格昂贵	1100美元

米德ETX马克苏托夫望远镜125毫米（左）和90毫米（右）ETX望远镜的图像清晰，便于携带，现在还带有自动系统（早期的ETX型号要有该系统是要加装的）。

　　随之而来的是再大点的ETX-125（约1000美元）和精悍的ETX-105，尽管后者已经停产。稍小的80毫米ETX（300美元）不是马克苏托夫望远镜，而是短焦消色差折射望远镜。与马克苏托夫家族的兄弟姐妹相比，它们少了高倍的清晰度。

　　加上有自动的计算机系统，我们可以说句公道话，ETX已经成为全球最畅销的优质望远镜。最新版本PE带有找北和水平测量系统，将自动系统的校准功能简单化。马克苏托夫ETX系列的主要缺陷是f/14或f/15的视域很窄。这些望远镜最适用于观测月球和行星，而不是低倍率的深太空观测。当望远镜向高处瞄准时，细小的聚焦旋钮很难够到。如果没有安装好，这个自动系统就会很难用（见本书第14章），致使在转向目标天体时，会与硬件按钮相碰撞。使用任何自动望远镜，你都需要电池，电池会在寒冷的天气和长时间高速扭转的情况下漏光电量。早期的型号三脚架很容易破损，但是现在坚固的高档三脚架才是标准。塑料轴承很吵，当望远镜有器件不能正常工作时会发出声音。但是它们确实能很好地转向和追踪物体。

其他望远镜型号

　　多年来，米德公司生产的f/4施密特-牛顿望远镜采用了施密特校正片减少了牛顿望远镜内带的色相差，明显降低了轴偏移慧形像差。我们发现有了次镜的大型遮拦和快速孔径焦距比，施密特-牛顿望远镜是黑暗天空下广视野观察的最佳工具，但不能用于高倍率下观测行星。

就像有很多种望远镜一样，底座的种类也是千变万化。混合搭配，就有了无穷的可能性。不同底座追踪和寻找目标的能力不同，而望远镜最重要的特性是能被牢牢握住并能随意移动。

★地平经纬仪底座

典型的入门级别望远镜通常带有简陋的地平经纬仪底座。但是随着平坦又牢固的地平经纬仪底座的引入，比如Astro-Tech、 Discmounts、Helix、欧丽安（Orion）、Stellarvue（M1如右图示）、宇航公司和威廉光学这些公司，很多业余爱好者开始倾向于这类底座。它的安装简便不复杂，是小型新消色差望远镜的完美选择。

★多布森底座

像地平经纬仪底座一样，多布森底座能进行一边到另一边和上上下下的移动。但是它不能追踪星星，至少在没有昂贵的追踪系统或计算机自动系统的帮助下。但是一些多布森底座，如右图的欧丽安智能镜，带有计算机寻找功能。你把望远镜推向天空，直到屏幕显示你瞄准了目标。这些望远镜能帮你找到物体但是不能进行追踪。

★德式赤道底座

要追踪物体并保持它们一直在目镜中央，你所需要的就是赤道底座，带有一条环形的轴（直接过程描述见本书第6章和第15章），由简单发动机以恒星转速驱动，不需要计算机和其他程序。但是，很多德式赤道底座现在都装有电脑智能化电机，可以转向并发现天体，锁定目标后进行追踪。要实现这样的功能，底座要跟极点成一线（极轴要指向北极），并与2～3颗星星同步来调整自动系统。

★自动追踪底座

这个新的智能化装置可以在天空中追踪但是找不到天体。这个不是自动寻找系统。你必须靠电动扭转望远镜自己寻找目标。你不能抓起望远镜就推向天空。这样好像很糟糕。这样的地平经纬仪底座不要求极点对齐，只要开始时对准北方，然后调整镜筒的角度随意观察。不用再花很多钱，你就可以在这样的底座上安装完全自动寻找的系统。

★完全自动寻找底座

这类底座可以寻找和追踪物体。叉形底座能装在地平经纬仪模式下，不需要极点对齐。每天晚上，望远镜都要校准和与2到3颗星星同步来调整自动找寻系统。之后，望远镜可以观察大千世界中的任何天体。一旦锁定目标，电脑会拉动两个电机（装在每个轴上）以保持目标居中。买了智能化底座以后，你一定要知道它的功能：能自动寻找吗？能自动追踪吗？能寻找和追踪吗？

革命的开始

业余天文学兴趣大规模流行于星特朗公司开始大量生产望远镜时，这在20世纪70年代前是没有的。早期的望远镜是20.32厘米施密特－卡塞格林望远镜，镜筒是橙色的，不像现在的款式那么好看，如果在通货膨胀时期，卖得比现在更多。

另一种变体是马克苏托夫－牛顿望远镜，它的小次镜能在行星观测时产生清晰和对比度明显的图像，跟同尺寸复消色差望远镜功能相似，但是价格却便宜很多。但是这款设计并没有流行，现在成了专业画图望远镜的选择，生产厂家有Hutech、ITE和欧丽安。

高桥生产f/12 Mewlon Dall-Kirkham-卡塞格林望远镜，这款望远镜被用户们评为超级望远镜，用于行星观察。威信望远镜在卡塞格林望远镜的光路上增加了子直径校正镜头。在天体摄影学家中广为流行的威信20.32厘米f/9 VC200L（约1800美元）。在英国，设计师彼得维斯和开普勒望远镜公司开发了消除慧形像差的牛顿望远镜，在焦距边上安装合成校正镜头。

著名的20.32厘米卡塞格林望远镜

20世纪30年代由伯纳德施密特发明的望远镜变体施密特－卡塞格林望远镜，至今已有40多年历史，并一直走在业余天文学技术的最前沿。从1970年开始，20.32厘米就是很畅销的娱乐性望远镜。它有光径、便携和全能良好表现，是很多买家的首选。

20世纪70年代，星特朗独占一片天地。它的首次激烈竞争是在1980年，米德望远镜推出2040型10.16厘米和2080型20.32厘米施密特－卡塞格林望远镜。米德公司在20世纪70年代早期就开始出售望远镜配件和优质牛顿望远镜，但是不久它便意识到未来是属于施密特－卡塞格林望远镜的。从20世纪80年代到90年代，米德和星特朗开始在广告上竞争，大打价格战，并在性能上争相比拼。其中一方做了什么，另一方肯定会马上抄袭或改进。

这样的激烈竞争一直延续到今天。在美国制造的望远镜会很快在中国制造。大大小小的型号越来越多，20.32厘米的施密特－卡塞格林依旧是核心产品，同米德和星特朗这三大品牌上一较高下。

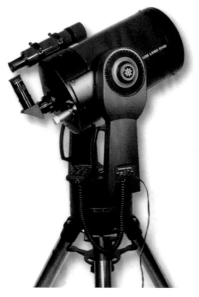

中档施密特－卡塞格林望远镜

型号和性能都在改变。2008年，星特朗公司的中档NexStar（特别版）施密特－卡塞格林望远镜放置于单臂的牢固叉形底座上。为了纪念C8，NexStar拥有橙色的镜筒。米德LX90用的也是类似的叉形底座，标配还有GPS（如图右所示几乎和LX90旧款一样）。两者都可以调节高度，有铝制三脚架。

❖ 德式赤道底座（约1500～1800美元）

两大公司，加上欧丽安公司，出产了轻型20.32厘米施密特－卡塞格林望远镜，带有德式赤道底座。星特朗公司有C8S-GT高端系列，米德公司有LXD-75和欧丽安公司有SkyView 复消色差望远镜，都带有自动系统，售价在1500~1800美元。

底座很好，望远镜配件和更高价的望远镜配件是一样的。对于很多人来说，德式赤道底座比其他普通的更难安装，它要求相对精确地极点对齐和2~3颗星星对齐来调节自动系统。

除非你打算把这个底座用到其他镜筒上去（镜筒可以与底座分离），不然我们建议不要去考虑德式赤道底座的望远镜，再高一等级的使用起来比较简单，而且价格也是一样的。

❖ 中等价位的叉形底座（约1400~2000美元）

这里介绍了经典的叉形底座，能完美与短小的施密特－卡塞格林望远镜配合。它的自动系统要使用地平经纬仪模式，会比德式赤道底座更容易安装（不需要极点对齐）。2008年，星特朗推出了NexStar 8SE（约1400美元）；而米德推出了 LX90-ACF（约2000美元）。它们都有坚固的底座和三脚架，能把振动降至最低值，特别是在地平经纬仪模式下。这样的组装比起传统的极点对齐式斜批会更加稳定，能消除振动。选择性的赤道楔只有在长时间曝光的状态下才有用。

NexStar单臂叉形底座看起来不易损坏。它是用重金属做成的，就算是20.32厘米镜筒都能牢固把持。然而，在33英镑的力下，NexStar 8SE比LX90要轻19英镑，使得星特朗的这款望远镜在后院中能随意搬动。

NexStar有简单的红点瞄准装置作为探测器（只有在星星对准时有用）。LX90有红点探测器和8X50 寻星镜。星特朗采用了它的对准系统，要求你能拉平三脚架，然后将望远镜转向天空中任何三颗明亮的物体。这个功能很好，如果你不能确定明亮的星星，它能让你调整自动寻找系统（见本书第14章）。

米德有自动水平向北技术，包含电子指南针和水平感应器自动判断镜筒是否水平，并向正北方对齐，这是首次自动对齐系统的起点。之后望远镜就会转向要对齐的两颗星星。如果你要选择对齐的星星的话，这两款望远镜都能让你选。

如果电池没有了，LX90可以手动移动；而NexStar只能是电动的。NexStar8SE可以安装自动导航进行深太空探索；LX90GPS上使用自动导航需要安装辅助端口模块。尽管如此，NexStar还是为简单的天空观测设计的。虽

LX200的功能

米德的高端LX200系列增加了自动寻星2（更多星星和一键直接进入数据库）和外接机动化Crayford风格聚焦器，封闭的镜头和更多控制端口。

高档施密特－卡塞格林望远镜

2008年，星特朗的高档款望远镜就是CPC（左），带有牢固和安静的底座、自动寻星系统和全球定位系统。米德的高端产品，LX200-ACF（右），使用了和施密特－卡塞格林望远镜相类似的新款设计，带有更平坦的成像视野。这两页上所显示的四款望远镜的底座是地平经纬仪；选择性的赤道斜批式只有在天体摄影长时间曝光时才有用。用星特朗拍摄了优秀的星特朗。

高档星特朗望远镜

星特朗的23.495厘米款是很受欢迎的施密特–卡塞格林望远镜，带有叉形底座，但是图上所示的是天空哨兵EQ-6德式赤道底座。23.495厘米款在天文观测和摄影方面长期享有盛誉，尽管它的便携性不够。

巨大的米德

它是星星聚会和望远镜展上的中心产品，巨大的50.8厘米LX400和底座要花50000美元，在2007年停产前一直是米德的旗舰产品。

米德25.4厘米 LX200

要仔细考虑任何大于20.32厘米的施密特–卡塞格林望远镜的重量和体积。

然两款都用电池，但是它们需要的外接电力是不同的。它们在首次安装时都没有复杂的硬停。

2008年初，中等价位望远镜只有一点不同：米德的LX90(星特朗NexStarSE上是选装的)带有集成GPS(全球定位系统)接收器，能从轨道卫星上接收信号，告诉望远镜你在地球上的位置和精确时间，所以你不需要再手动输入这些信息。

这两个品牌另一个很大的差别是：米德退出了施密特–卡塞格林望远镜。在它的中高端产品中，米德采用了高级无慧形像差镜头。f/10系统使用了与经典施密特–卡塞格林微有区别的镜头和校正片。这样就降低了大芯片摄影成像视度的色相差，在边框角落都能有较为清晰的星星图像。

这款新型光学系统，首先由米德引进在它的高端LX400系列25.4～50.8厘米望远镜，带有高级的天文摄影学功能（也就是"RCX"），2005年首次亮相便引起轰动，但是2007年底，米德为了减少成本停止了LX400系列的生产。

于是，新的高级光学系统转移到了备受欢迎的LX90和LX200系列上。米德本来把新系统叫作高级里奇·克雷季昂。随之在这个系统能否被叫作里奇—克雷季昂问题上发生了争议和起诉，这个双镜系统是在20世纪20年代由乔治里奇和亨利克雷季昂共同发明的，被广泛应用于各大搜索望远镜，其中包括哈勃太空望远镜。专业生产商，如光学向导公司和里奇–克雷季昂光学公司生产真正的里奇–克雷季昂望远镜，并被高级天文学摄影师高度赞扬，价格也高至10000美元或更多。光学专家们认为米德的新系统不是真正的里奇—克雷季昂望远镜，它更像是改装过的施密特–卡塞格林望远镜。米德公司答应了这样的要

施密特–卡塞格林望远镜

关于施密特–卡塞格林的内在品质我们已经写了很多。反对者提出35%～38%的次镜遮拦使得成像模糊。根据我们的经验，带有优质镜头（多年来都是）的施密特–卡塞格林望远镜能产生清晰的图像，满足大部分用户的需要。我们用施密特看到过令人赞叹的行星图像（带有中间遮拦的20.32厘米施密特能产生清晰和对比度明显的图像，跟12.7厘米折射望远镜产生的效果是一样的）。我们深信很多施密特表现不好的原因是镜头没有校准。这些望远镜上只要主次镜稍没校准，图像便会模糊，对比度也会下降。米德的高传速涂层UHTC，星特朗Starbright XLT，曾经只是选择性的，现在变成了大多数型号的标准配置，将图像亮度增加了10%～20%。

 米德LX90和LX200系列是无慧形像差高级望远镜，主要有利于天体摄影学家。普通的观测者看不出ACF和传统f/10施密特–卡塞格林望远镜之间的区别。

求，并将它命名为ACF，因为它们没有离轴慧形像差，只有在画图时这才是明显的优势。

❖ **高档款（2000~2700美元）**

2008年的高档款，星特朗有CPC系列（20.32厘米的售价2000美元），米德有LX200-ACF系列（2700美元）。两款望远镜都有GPS接收器，电子指南针和校准感应器来简化自动校准。这些特性过去只有高档望远镜才有，但是现在已经开始向中档望远镜转移。

现在拉开高档望远镜的是星特朗的牢固双叉形底座、更重的三脚架和英寸错误校正。米德的LX200-ACF增加了更高级的自动寻星2计算机、更牢固的底座、自动导航、封闭式镜筒和外接电动聚焦器，这些性能可用于天文摄影学长时间曝光。如果你打算观察天空深处，这些高端组件值得考虑。但是20.32厘米的望远镜是很重的：星特朗CPC连带三脚架是61英镑；米德LX200-ACF是73英镑。它们真的够牢固。

❖ **大大小小的施密特-卡塞格林望远镜**

虽然20.32厘米是最流行的，但是米德和星特朗还是推出了其他尺寸的施密特-卡塞格林望远镜。星特朗的NexStar 5SE（800美元）和6SE（1000美元）都是便携的设备，光学性能极佳，底座和三脚架稳固。

另一方面，星特朗推出了CPC925（22.86厘米，2500美元）和CPC1100（27.94厘米，2800美元）。这两款大光径望远镜和人们理想的望远镜已经很接近了。

星特朗还为天体摄影学家们设计了更大的镜筒组装式施密特-卡塞格林望远镜，采用高端CGE底座。这个底座很牢固，但是却无法穿越子午线，限制了曝光时间。

米德推出了中档价位的25.4厘米（2700美元）和30.48厘米（3300美元）LX90-ACF系列。然而又高又轻的叉形底座根本不配大大的镜筒。因此我们不做推荐。

米德的LX200-ACF是那些渴求大光径买家更好的选择。25.4厘米（2700美元）的携带很方便，但30.48厘米、35.56厘米和40.64厘米的（4700~12000美元）才是观察用的望远镜。除非你能不拆卸望远镜就把它用手推车搬到院子里，我们建议还是买20.32厘米的。相信我们，你不会去用那么大的望远镜的。

❖ **星特朗和米德**

买家们的脑海中肯定一直会问米德和星特朗哪个更好。我们上千次对比了米德和星特朗现在款和过去款望远镜所产生的图像，两家公司的望远镜也好也有差。特别是20世纪80年代中期至后期，市场上充斥了许多无法清晰成像的望远镜。施密特-卡塞格林望远镜的名声受到了很大的威胁。两大公司随即采取了很多质量控制手段。我们现在所检测的望远镜的质量都很好，不管是米德还是星特朗都差不多。要靠掷骰子决定胜负了。

在硬件设计上，星特朗倾向于精美简洁和便于使用的，望远镜的性能也是根据用户的实际需要而定。米德喜欢用各种特性吸引买家。这些特性一部分是有用的，另一部分是没用的。但是很多客户都喜欢留着它们，"以防万一"。我们使

高档星特朗

星特朗27.94厘米施密特-卡塞格林望远镜，配备CGE德式赤道底座，这样的组合很适合观察。

按钮天文学

星特朗NexStar（右边的控制器）很容易使用，并带有大多数观察者都需要的性能。米德的Autostar有更多天体信息和附加功能，很有用但也很复杂。这两个牌子的自动智能化系统可以长期指导用户进行天空勘测。

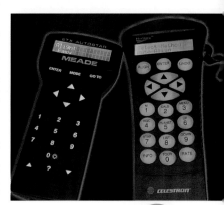

用过的星特朗对焦系统更为精确。在一些米德望远镜上，调焦钮好像添加了润滑剂，很难转动。同样转动望远镜时声音也比星特朗的要大，但是转动很精确。

❖ **米德Autostar和星特朗NexStar**

米德Autostar 的软件通常会包含较大的有用天体的数据库，五花八门的天空深处天体互相参照和索引（例如你知道Cadwell1也是NGC188）。米德也提供其他天体的滚动信息和其他简便的应用，像太阳和月亮的升起的时间设定。米德的"旅行"程序较星特朗的范围更广，更加富有创造力。

然而，星特朗所建的数据库是绝大多数用户都会需要的。原始的Autostar软件是通过单一的键盘快速进入而不是分级菜单进入。这样单一的程序中可以很好的选择具有代表性的天体。不像米德Autostar软件需要培训电动知识和校准，所有的这些使得Nexstar软件学习起来更容易。

推荐的望远镜

我们最喜欢的望远镜偏向于有以下关键特点的：成像清晰、牢固和防抖底座、携带方便和使用简单、在同类别中性价比最高。每个人都会点头同意这些确实是好望远镜的重要特点。然而，买家们经常会在购买时忘记我们的忠告，根据其他理由选择望远镜：附近商店哪款在打折；杂志上哪款广告做得最好；手提电脑上哪款数据最大；朋友和家人最喜欢哪款。

我们的目的是要让你买到一款物超所值的望远镜。当你通过目镜观察天空时，你会发出更多的赞赏，你会更想着要去探索夜空的奥秘。跟望远镜公司和商店不同的是，我们不想卖什么给你，只是想把天文爱好产生的奇迹和欢乐带给你。在市场上有1000多款望远镜，没有人会是专家。但是根据我们使用的望远镜来看，以下几款是最好的。

极好的初学者望远镜

在设计上几乎都是一样的，图左边的是欧丽安SkyQuest；信达天空哨兵，生产清晰的15.24厘米f/8望远镜，带牢固的底座，价格实惠，并在全球不同品牌下销售。大点的20.32厘米观察天空深处天体时更好，但是重量没那么轻也不便携带。

注：1000美元以下的望远镜，中国内地和台湾产的组件经常用不同品牌出售，实际上可能只有抛光和配件不一样。

🔭 入门级配备

这些望远镜是我们推荐给你作为你第一个望远镜的首选。它们不需要很大的支出，能在转售时保值。购买这个级别任何价位的望远镜，选择就是花同样的钱买小型智能化自动望远镜还是非自动大光径望远镜。买大光径的吧。低价位的自动望远镜问题很多，不够灵敏也很难设置。要选简单化、底座牢固和成像好的。以下这些位居我们清单的前列。

❖ **15.24厘米 f/8多布森（欧丽安或信达的天空哨兵）**

这些售价为300美元，质地优良的望远镜有着很牢度的底座，是初学者购买望远镜的最佳选择。在同时进行的测试中，摇晃而又笨重的12.54厘米消色差折射望远镜，优雅的欧丽安SkyQuest因为看到了模糊行星而赢得了胜利。

❖ **欧丽安SkyQuest XT4.5多布森**

因为外形太短而成人无法使用，这款多布森望远镜真的是孩童款（约240美元）。不复杂的设置、简便的使用、图像发现器、优质的目镜、牢固的金属和木质结构，我们想象不出更好的望远镜来鼓励年轻人培养兴趣。

❖ 地平经纬仪底座的79毫米 f/10折射望远镜（星特朗、欧丽安、信达天空哨兵）

地平经纬仪底座，慢镜头控制器，70毫米折射望远镜带来了很好的视觉并且便于使用。它是市场上价格最低的高质望远镜。200美元价格以下没有其他望远镜是值得考虑的。

❖ 90毫米 f/10折射望远镜（星特朗、欧丽安、信达天空哨兵）

我们用过的中国产90毫米长焦距折射望远镜以其清晰的图像吸引了我们，更不要说价格只要300美元。地平经纬仪式底座是入门级别很好的望远镜——绝大多数经销商都是有品牌的。对于赤道式底座的款式，我们更喜欢大点的EQ-3。更好的稳定性值得我们多花钱。

❖ 130毫米 f/5抛物线形折射望远镜（星特朗、欧丽安、信达天空哨兵）

这些中国产的牛顿望远镜的光学质量和组件都很好，但是EQ-2的底座却差强人意。在90毫米的折射望远镜中，这款镜筒更好但是卖得却不好，配备的是更大的EQ-3底座。EQ-3经常用在星特朗12.24厘米f/5牛顿望远镜上和欧丽安相似型号AstroViewV 6上，两款都是大光径望远镜，售价450美元，值得推荐。Vixen R130sf是一款f/5 的130毫米牛顿望远镜，质量比大多数进口产品要好。

❖ 星特朗NexStar 130SLT

采用和信达130毫米f/5一样的组件，这款约450美元的望远镜底座坚固，带有自动系统。我们认为这是全能自动系统的最小版本。星特朗114毫米SLT和米德相似款（两款都是11.43厘米自动系统）是Barlowed牛顿望远镜，我们不建议购买。星特朗102毫米SLT和米德的小ETX-80是快速消色差折射望远镜，适合低倍率下观察天空深处，但不适合观察行星，成像会很模糊，明显带有伪色。

两款130毫米反射望远镜

放在牢固的地平经纬仪底座上的Vixen R130sf(上)是款高质量望远镜，售价500美元。星特朗NexStar 130SLT(下)带有自动系统，售价450美元。

四款入门级别望远镜

EQ-1 这款底座对大多数望远镜来说都不够大，很容易损坏。短镜筒80毫米折射望远镜是一个例外。但是这些宽视的望远镜放在地平经纬仪底座上会更好，使得低倍率下的观测更容易。

EQ-3（aka SkyScan）我们更喜欢这款望远镜装在90毫米折射望远镜和12.7厘米反射望远镜上。通常它是11.938厘米的底座，但是太轻了。要用7~8秒钟来组织振动。

EQ-2 这款底座很适用于60毫米、70毫米折射望远镜和短筒80毫米、90毫米望远镜，但是再大点的望远镜就不适合了，比方说常见的10.16厘米、127厘米的折射望远镜。

EQ-4（aka-星特朗 CG-5）Vixen Super Polaris底座的克隆版本比起母版来还是不够牢固，但是很适合随意观测，能用于重量轻的10.16~12.7厘米折射望远镜和15.24厘米牛顿望远镜。

这些是中国产的底座，你经常会在初学者的望远镜上看到。这些底座本身不差，但是在大多数情况下，这些底座因为比望远镜小一尺寸而跟望远镜的重量、尺寸不配。如果你想拿大一尺寸的底座去配望远镜，我们强烈支持这样的想法。EQ-3和EQ-4现在配有自动系统。

两只竞争的"猫"

虽然米德ETX-125PE（左）和星特朗NexStar（右）性能表现都很好，NexStar花同样的钱可以买到更大的光径，更快的f/10望镜头（深太空观测更好）和可拆分的镜筒。

高科技多布森望远镜

欧丽安智能望远镜带有自动化天体定位系统。虽然没有自动讯号和追踪，它确实找到了成千上万的深太空天体，提供了高科技瞄准，但是依旧存有光径，简单又可靠（望远镜在计算机出故障或是电池耗尽时仍能使用）。

❖ **认真一点（约500~1200美元）**

如果你打算在第一个望远镜上多花点钱，选一些质量更好，功能更多的望远镜是不错的选择。这个价位的自动系统通常较为精确和可靠。但是有些人还是更喜欢大光径又简单的多布森望远镜。

❖ **天空哨兵 Equinox 80ED**

作为镜筒单卖，这款小巧的f/6双合复消色差望远镜能产生最好的颜色纠正效果，我们已经从价格上看出来了。它比低价的f/7.5 80ED款更小巧，配置更好。它需要好的底座来搭配。

❖ **米德ETX-90PE**

在受欢迎的米德ETX系列中，现在停产的ETX-105是我们最喜欢的。但是比起便携性和清晰度，小巧的ETX-90是无法匹敌的，价格为700美元。坚固的Deluxe Field三脚架是标准配置。自动系统运行良好。能很好地配合以后要买的大型望远镜。

❖ **星特朗NexStar 5SE和6SE**

在光径再大一些的自动望远镜中，我们一直对叉形底座的NexStar 5和6施密特很有好感。它们牢固、清晰、平稳，简单的聚焦器和稳定的软件使人用起来得心应手，它们和米德ETX-125PE相比时很有优势。

❖ **127毫米和150毫米马克苏托夫（欧丽安 StarMax，天空哨兵）**

只是在外观上有点差别，这些在中国产的f/12马克苏托夫性能很好，短小的镜筒使它们能搭配任何轻巧的底座，像欧丽安的SkyView和大型的信达底座。

❖ **120毫米（4.7英寸）f/8 消色差折射望远镜**
（星特朗Omni，欧丽安SkyView 或信达天空哨兵）

如果这款折射望远镜吸引了你，很值得去买，售价约650美元。在这样实惠的价位上，这款经典的f/8.3消色差望远镜性能卓越和装配良好。放在轻型的信达EQ-3底座或星特朗Omni底座上，图像在碰到聚焦器后会反复跳动几秒。再牢固点的底座就是EQ-4和欧丽安SkyView。

❖ **威廉90毫米、110毫米美格列兹双合镜和110毫米 FLT三合复消色差折射望远镜**

我们测试了所有的组件，它们物有所值。这两款f/7FLT三合镜（2800美元）和90毫米美格列兹（1200美元）比110毫米f/6美格列兹双合镜有更好的颜色纠正。作为替代，一些经销商（航空科技、欧丽安和Stellarvue）出售102毫米f/7的ED双合镜，技术规格相似，但是配置不同，售价约1100美元。我们喜欢用Stellarvue SV102，带有羽毛般触感的聚焦器。

❖ **20.32~25.4厘米多布森望远镜（欧丽安SkyQuest，信达天空哨兵和其他很多系列）**

这些大光径望远镜能让你不花很多钱就能进行深太空观测。它们制作精良，光学质量极佳，价格约400~550美元。绝大多数少年和成人可以轻松拿起轻巧的20.32厘米望远镜。

❖ **20.32～25.4厘米欧丽安智能望远镜**

　　我们喜欢这些望远镜！漂亮的多布森望远镜装配很好，坚固的镜筒、附加的高科技有电脑智能化特性的"推向"编码器和帮助对准天体的掌控型电脑。系统很容易连贯和使用，提供了智能化寻星，机电不费电和漏电。它们是光径和高科技的简单结合，强烈推荐20.32～25.4厘米（售价约650～800美元）。

❖ **20.32厘米、25.4厘米和131.75厘米米德Lightbridges**

　　这些卓越的多布森望远镜（见本书第46页图）的光径不会在你车里占用一立方的空间。镜筒可以拆成大小合适的部件。价格比固定镜筒的多布森要高（600美元、800美元、1000美元），安装时间更长。但是对于光径超过25.4厘米的望远镜来说，桁架镜筒是必需的。写到这里，米德没有和智能望远镜装一样的自动化数码设置。但是如果你想要自动寻星，第三方供应商像JMI会提供附加的编码器和计算机。在这类望远镜上，31.75厘米是最好的，大型40.64厘米（售价约2000美元）是为深太空观测者生产的。

最好的望远镜？

事实上，这款信达天空哨兵20.32厘米多布森望远镜没有计算机和其他广为推崇的配件。但是作为低价起步的天文观测，它是无人能敌的。作为初学者的望远镜，它是市场上卖得最好的。冠盛光学生产的相似款号在全世界不同品牌下销售。

中档配备

　　这个价格可能是绝大多数买家能花在望远镜上最多的支出，虽然这个价位之上还有很多款望远镜。

❖ **天空哨兵Equinox 120ED**

　　这是令人印象很深的复消色差望远镜。将近12.7厘米的光径，双合FPL-53镜头可以观测到行星。在我们的测试中，成像很清楚，颜色纠正能力很强，比同类光径大小或同等价位的复消色差望远镜都要好。

望远镜性能极限

光径（英寸）	光径（毫米；大概）	可见的星等	理论分辨率（弧度）	最高放大倍率
2	60	11.6	2.00	20X
3.1	80	12.2	1.50	160X
4	100	12.7	1.20	200X
5	125	13.2	0.95	250X
6	150	13.6	0.80	300X
8	200	14.2	0.65	400X
10	250	14.7	0.50	500X
12.5	320	15.2	0.40	600X
14	355	15.4	0.34	600X
16	400	15.7	0.30	600X
17.5	445	15.9	0.27	600X
20	500	16.2	0.24	600X

倍率的限制

像星特朗CPC的20.32厘米望远镜只有在少数月明星稀的夜晚，才可以在实际最大倍率下使用（400X）。大多数观测是在更低的倍率下完成。

❖ **星特朗 NexStar 8SE 或米德 20.32厘米 LX90–ACF**

除非你是折射望远镜或多布森望远镜的忠实爱好者，不然这个价位望远镜的第一选择会是施密特–卡塞格林。忽略价格这个因素，所有款式的镜头都是一样的，自动系统也很好，为什么不要这种方便呢？我们极力向初学者和中级天文学家推荐这款全能望远镜。

❖ **星特朗CPC800或米德 20.32厘米 LX200–ACF**

这款望远镜有改进的底座、可拆分的镜筒和高级的天体摄影功能、更好的驱动齿轮、时时错误纠正、自动导航、米德封闭镜头和外接聚焦器。这些望远镜的坚固组织甚至会被非天体摄影学家们欣赏。

高端配备

这里重点强调我们已经买了或使用过的望远镜，因此能通过亲身经验来作出推荐。当然，其他一等的牌子也有存在，也以质量而享誉。但是我们没有用过。我们很高兴收到样品去做测试。

❖ **Tele Vue NP 折射望远镜**

没有比这更好的镜头。从广视的全景到高倍率行星观测，四合Nagler–

价值很高的复消色差望远镜

11.638厘米 f/7.5天空哨兵提供了很好的镜头质量和颜色纠正，并且在配备如Astro–Physics和TMB的时候才能改善其性能。装配和抛光都很不错。售价2400美元，镜筒可以拆分，对于这个尺寸的复消色差望远镜来说是很便宜的。但千万要记得去配备德式赤道底座，像天空哨兵 HEQ5和欧丽安Sirius。

Petzval NP101和NP107（见本书第45页）承包了整个过程的工作。电脑智能化将Tele Vue的地平经纬仪底座和星际旅程数码设置相结合。如果要画图，去找"IS"款，它的聚焦器更好，后部零件更大。

❖ A&M三合式折射望远镜

这款复消色差折射望远镜的三合、四合镜头设计，能纠正颜色。你可以挑选聚焦器、挑选设计师套在碳纤维望远镜的外环。合作者 Dyer使用了TMB设计的80毫米 f/6和105毫米 f/6.2。这是我们大力推荐的。替代产品是高桥的复消色差望远镜，如三合TSA-102S和Stellarvue 三合 SV4。

❖ MAG1 PortaBall 12 反射望远镜

多灵巧的望远镜啊！要是用卡尔·赞布拓的超级镜头在天空旋转，那会是多大的乐趣！这款望远镜能观测深太空和行星，中间遮拦是20%。30.48厘米f/5为深太空观测提供了足够的光径，又保持了设计的超级便携性。当拆卸后，它可以放在车子的座位上。安装后，它可以在天空中转动，在倍率最高点也不会显得很慢，而传统多布森望远镜瞄准很困难。目镜能旋转，所以总会在很方便的角度。缺点是：沉重的目镜会让望远镜下沉，不能加装数码设置周期。最早的MAG1拥有者彼得·斯密特卡发明了世界上最好的望远镜之一，现在它归大卫·杰克姆所有，MAG1会继续保持这样的创新传统。

❖ Starmaster多布森折射望远镜

这款终极高端望远镜拥有了全部。公司法人瑞克·辛格马斯特花了10多年完善这款大型但是便携的多布森望远镜，它有自动机动底座，能寻找和追踪。想象一下有一款45.72厘米的多布森，只是比一个成人高出了一点点，可以按指令转动观测任何天空深处物体，然后像赤道底座一样追踪。现在加上无可匹敌的赞布拓镜头，好极了！带自动系统的望远镜尺寸从36.83～76.2厘米。尽管大

望远镜，意大利风格

想找一副望远镜能让你在星星派对时成为万众瞩目的焦点吗？看看意大利A&M复消色差望远镜（105毫米和80毫米款式如上图所示）。它们都有碳素纤维和一流的配置。

和星星跳舞

MAG1 PortaBall 桁架式反射望远镜采用大型玻璃纤维球，放置于三块泰富隆键盘上。望远镜很容易在天空转动。为了舒适起见，目镜可以转至合适的高度和角度。你只要跟这个望远镜跳舞就可以了。

治愈光径热

你想要光径却又不降低镜头的质量？这个76.2厘米的Starmaster牛顿望远镜是能用钱买到的最好的大型望远镜。通过任何Starmaster看到的深太空物体和行星是令人叹为观止的。

组件阻碍了便携性的定义，但是36.83～45.72厘米的款式还是很好运输的。

❖ **Genstar 25.4厘米多布森反射望远镜**

    这里我们要引入我们加拿大当地人的偏好。埃德蒙顿的手艺人兼望远镜制造者德怀特·汉森创造了漂亮的低姿态25.4厘米多布森，由汉森光学公司用Genstar进行市场销售。

🔭 **专家级配备**

以下几款望远镜最主要是为天空深处制图而设计，有DSLR和CCD照相机。

❖ **博格77、101和125**

    博格折射望远镜可以和为摄影优化的焦距减径管相搭配。他们把平坦的视野植入大型的全边框35毫米芯片版式，非常轻，并会在空中飞行时分解成小碎片。77毫米f/4是广视野制图最好的工具。

❖ **高桥 FSQ106ED**

    1998年引进时，这款望远镜就迅速赢得了良好的口碑，它是最精细的观测兼照相望远镜。最新的款式在经典的佩兹伐设计中运用了双合前物镜和双合后平像场校正器（各带超低色散镜片），使得这款f/5折射望远镜的光学质量超好又小巧，深受女人喜爱。售价约4000美元，再花1000美元可以买到所有的摄像配件。

最轻的多布森

加拿大产的Genstar10可以拆卸成并分成小包装进行空运（如图所示）。合作者 Dyer 把原型放在了澳大利亚。

博格要飞了

为了包装简易，小博格可以分拆。77毫米 和101毫米 目镜可以享用同样的镜筒和后部的减径管。

为孩子或家人买个望远镜

    第一个我们（和其他业余天文学家）会问的关于望远镜的问题是什么？"给孩子用，哪个望远镜最好？孩子对星星和行星真的很感兴趣"。我们的回答是那些好奇的家长不想听到的：不要买望远镜。他们首先要学会认明亮的星星和行星。如果他们认不出土星，他们怎么用望远镜瞄准？是的，有些带自动系统的望远镜承诺不需要了解天空的任何知识。但是我们发现会确定明亮的星星和星座是基本的第一步。我们要做的只是带着孩子出去，拿上星星方位图，去探索天空中到底有什么。当孩子和父母已经快要在这方面毕业的时候，我们建议去买简单的多布森，像欧丽安的StarBlast，SkyQuest 11.43厘米或15.24厘米。这些有很高的价值,但是在附近的商店不一定能买到。这时候就需要上网下单。一个配置较好的70毫米折射望远镜可以帮助年轻的天文学家。虽然有诱惑，但要避免在卖场买卖追求倍率的望远镜最后在柜子里和储物库内吸收灰尘。

    每个人开始时都用简单的望远镜。要找全高坚固的底座、轴线（用于地平经纬仪底座）上有慢镜头控制器、好的寻星镜（红点，这款望远镜比便宜的要好多了）。体面的目镜没有提供再大的倍率。见43页更多的建议去找一款各个年龄都适用的初学者望远镜。

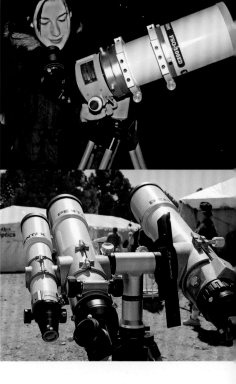

❖ 宾得折射望远镜

要承认的是我们并没有使用过这个牌子。但是因为是宾得公司制造的，我们可以保证质量肯定是上乘的。他们将照相的理念融入了设计，望远镜的光径有75～125毫米。特别吸引人的是，100SDUF，9.906厘米f/5天文摄影学用复消色差望远镜，售价约3000美元。

❖ 里奇—克雷季昂和校正达一客望远镜系列

风水轮流转，每款望远镜都会成为天文摄影学家的最爱。现在，那些在寻找高级电荷耦合成像和研究的人们选择了RC光学系统或光学导航系统的里奇-克雷季昂-卡塞格林，或是选择平面波望远镜公司、塞拉沃罗光学系统的校正达一客望远镜。它们售价在25000～60000美元，配有适合的底座。它们是很多人退休后梦想要得到的款式，当然也要求有一个完美的天文台，最好的是在亚利桑那的退休人员天文学观测村。

❖ 高价的底座

天体摄影系统通常是一个混合搭配问题，就是把这个厂家的镜筒装在另一个厂家的底座上。天体摄影学用的望远镜要求最高，不能打任何折扣。有两款最流行的底座款式能配备于7.62～15.24厘米望远镜，它们是GM-8和G-11型号，分别由斯科特·洛斯曼迪公司和好莱坞通用机械生产。

这些牢固的底座提供了精确的追踪和精密机械元件，价格也很合理。GM-8售价约2500美元，G-11售价约3200美元。底座上的双子自动系统极好但是也很复杂。在有现货的高档底座中，洛斯曼迪物有所值，是不错的选择。

对于小的望远镜底座，我们对威信Sphinx SXD（约2700美元）印象很好。然而，性价比最高的小型天体摄影底座却是天空哨兵 HEQ-5（约1200美元），由欧丽安公司以天狼星EQ-G名称出售。

天体摄影复消色差望远镜
以最大的数码芯片看到星星的精确信息闻名，高桥FSQ106ED比起最初的FSQ要小巧多了。与它竞争的是宾得的复消色差望远镜，见RTMC天文学博览会上展出的样品。
杰·韦莱摄

许多天体摄影学家会选择航空物理的高档底座：便携的Mach1900、1200还有巨大的3600，它们外观优美，带有我们所用过的最好的自动系统。Mach1（约6000美元）能轻易装载12.7厘米复消色差折射望远镜，900是独立底座能用于15.24厘米复消色差折射望远镜。1200底座能支撑任何小于35.56厘米的望远镜，天体摄影学家们最喜欢用。不足的是这款底座要求定做，等待时间很长。

不带装饰的底座
天体摄影学家要求精细的底座和追踪系统，而观测者通常选择新一代高质量地平经纬仪底座，就像Discmounts生产的这款（见上图），由汤姆·彼得或威廉光学手工制作，见左图所示的连接的两个复消色差望远镜。

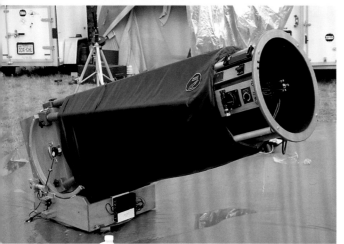

多布森进行时

Happiness是一款适用于昏暗天空观察的大型望远镜。Starsplitter系列包括了很多桁架镜筒的设计，像这个一样（见上图）。经典的Obsession 18（见下图）的光径我们认为是用户能简便使用的最大的光径。我们很高兴能通过大型望远镜观察天空，但是不想在空中安装望远镜和梯子。像很多桁架镜筒的望远镜一样，黑色的尼龙罩子盖着镜筒的另一开口，防止偏离的光线达到望远镜。

深太空勘探者配备

如果你已经对光径狂热，唯一的办法就是使用大型多布森望远镜。除了Starmaster，以下几款是最好的。

❖ Obsession的多布森望远镜

这款望远镜长期统治着大光径望远镜市场。由多布森·古鲁·大卫·克里格设计，Obsession多布森最大的性能是木制构架和优质的家具抛光。尽管很大，它们可以分拆成配件，一个人就可以马上搬运或推走。但是，安装和分拆这款最大的望远镜最好由两个人来完成。我们特别喜欢38.1厘米和45.72厘米的型号，因为它只要一个人就可以装卸，令我们很满意，也不需要大梯子。

克里格的新Ultra Compact 18(售价约6600美元)，2007年在得克萨斯星星派对亮相时就吸引了很多人，原因是它可以装成一包，放入任何交通工具。这是另一款聪明的设计，设计者只是改了多布森望远镜的外观，使得大光径望远镜变得实用。

❖ Starsplitter 多布森望远镜

只是在木工活上比Obsession差了一点点，吉姆·布仑科拉的高质Starsplitter系列多年来一直在市场扩张，它们有轻巧的设计和精悍的桁架。对于其他的多布森望远镜，我们推荐一款在35.56～45.72厘米，目镜高度最合适的望远镜。

观测行星配备

如果一款望远镜的镜头能看清行星最细微的地方，那么它可以很好地观测任何天体。但是如果观察行星和一等镜头是你最大的兴趣，以下望远镜会是很好的选择。

❖ 天体物理学复消色差折射望远镜

对于以下复消色差望远镜，我们列出了观察行星的高档折射望远镜。它们也被认为是市场上最精细的天体摄影望远镜，或仅仅是一个观测工具，人们想通过它找到最好的。我们喜欢这些望远镜。望远镜没有变好卖，这也是为什么这些折射望远镜需求这么大，供应却这么少。

❖ TMB和A&M 130毫米和更大的复消折射望远镜

想要寻找功能和结构一流的望远镜的人可以从众多的TMB和A&M的三合折射望远镜中选择。这些大型的复消折射望远镜要求配有大型的底座，对于这些富有的狂热者和复消折射望远镜爱好者来说，没有更好的选择了。

🔭 外加便携性配备

任何小型复消折射望远镜都是耐用的，可以航空运输。这些配件要特别精悍和优质。

❖ 威廉光学66毫米复消折射望远镜

现在有很多公司生产66毫米复消折射望远镜。我们购买并测试了威廉光学的望远镜，并很喜欢这些款。

❖ 高桥Sky90 萤石复消折射望远镜

跟Tele Vue、85毫米的重量相同，长度和很多80毫米复消折射望远镜一样，这款双合萤石有着超级清晰的镜头，并对伪色进行跟踪。可选的Extender-Q 会在高倍率下减少颜色，而选择性的减径管和平视器是天空深处成像所必需的。如果配齐所有组件（约2500美元），它就不方便携带了。

天体物理学复消折射望远镜
作者拥有各种尺寸的天体物理学折射望远镜，从90毫米到178毫米。这是最先的130毫米f/6 超低散色望远镜。现在的一款是镜筒为便于搬运可拆卸的型号。

TMB 复消折射望远镜
2007年，TMB 光学引进了130毫米 f/7 Signature 系列复消折射望远镜，售价约为4000美元。是该尺寸三合复消折射望远镜在价格上的一大突破。我们没有亲身体验过这款望远镜，但是我们信任的观测者说这是性能很好的望远镜。两款130毫米的望远镜展示在洛斯曼迪G-11底座上。

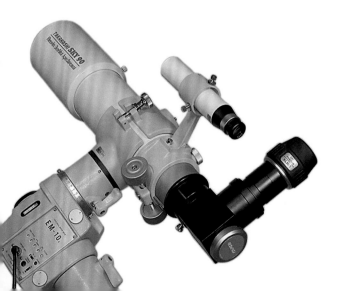

便携的高桥望远镜
Sky90有很好的90毫米 f/5.6镜头和组件，典型的日本高桥生产。

如果保养得好，一个望远镜可以用一辈子，工作性能和多年前一样。二手望远镜会是很紧俏的。看一下网上的分类信息，如www.astromart.com, www.astrobuysell.com。 如果在澳大利亚就是www.iceinspace.com.au。如果用易趣网要注意：绝大多数易趣上销售的望远镜，不管价格如何，都是垃圾望远镜。考虑到这点，我们要列出过去好用的几款望远镜，有些是我们喜欢的，有些不是那么喜欢。

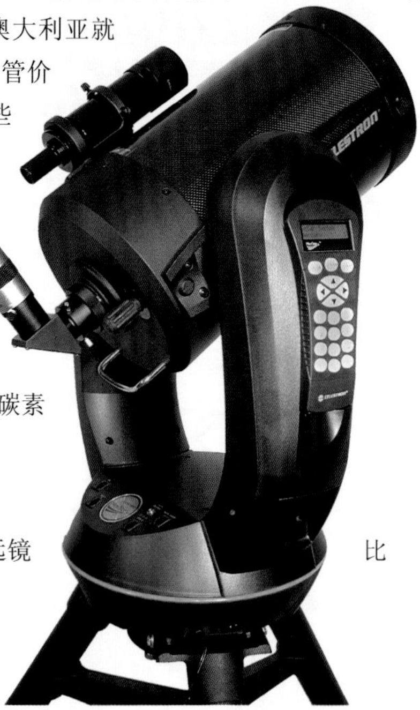

❖过去好的望远镜

★星特朗全球定位款
星特朗现有款CPC（2008年）之前的施密特-卡塞格林望远镜都带有全球定位系统和碳素纤维镜筒（见右图和封面页的底部）。它们是很好的望远镜。

★星特朗 Ultima 2000
这款电池驱动的自动望远镜有着轻盈的重量和安静的电机，便于携带。跟现在的望远镜比起来，它特有的性能是能用手转动，并一直追踪对准的目标。

★星特朗C5（几乎是每年都有的）
C5几乎每年都要改头换面，但是光学性能总是很好的。

★星特朗/威信萤石复消折射望远镜
20世纪90年代初，星特朗推出了一系列超清晰的威信0毫米、80毫米、90毫米和100毫米萤石复消折射望远镜，经常被放在威信超级北极星底座上。它们的型号是SP-70F，SP-80F等，是做过的最好的小光径折射望远镜之一。萤石款也是很好的，它曾有段时间在欧丽安旗下销售。

★米德LX90和LX200施密特-卡塞格林望远镜
跟现在的型号比起来，米德生产的早期施密特-卡塞格林望远镜缺少一些功能（如镜头不能消除慧形像差，没有全球定位系统和水平指北感应器）。但是有了优质的镜头和自动的计算机，就能将软件更新至最近的版本，它们也会很好地工作。花新望远镜价格的60%～75%去买早期的高科技望远镜更划算。

★米德ETX-90
20世纪90年代晚期，原来的ETX-90是普通望远镜，不带有自动系统（曾经推出了一段时间"RA"款）。作为顺手的无装饰二手望远镜，经典的米德ETX-90是不错的选择。

★昆腾4
这款限量版的马克苏托夫-卡塞格林（15.24厘米的也有）是20世纪80年代生产的，用来和Questar竞争。昆腾望远镜很少见，但是却因为它们的光学质量而备受好评。

★早期的Questar 3.5
Questar 3.5的质量多年来一直很好。20世纪90年代以后生产的款式只有一个地方发生了重大改变，就是采用了更便利的直流电。因为多年来它们的设计并没有多大变化，Questar还是保值的，不像高科技望远镜那样贬值。

❖ iOptron 自动底座

　　这款简洁的小底座带有自动寻找和追踪系统，包装精巧，价格实惠（约250美元，带有全球定位系统和豪华手动控制器的约为360美元）。标准的威信式燕尾片可以安装很多款式的镜筒，这使得这款底座可以配备小型复消折射望远镜或包装简便的马克苏托夫－卡塞格林望远镜。因为有广视野折射望远镜，瞄准的精确度很好。显示屏包含了四层信息。底座的重量是8.2英镑。

便携的自动寻找系统

在我们的测试中，iOptron 立方形底座的性能是很好的。标准的控制器有5000个天体的数据库（尽管很多行星只有代码可以参考），可以承受7英镑的镜筒。还带有铝制三脚架。

★早期的高桥折射望远镜

还有一个生产优质望远镜的品牌你能够信任，不管是在什么时代，小巧的Tak是很好的二手望远镜。

★早期Tele Vue 折射望远镜

特别是10.16厘米款式，没有和现在的型号相同的纠正颜色能力（型号越早，颜色越差），但是Tele Vue一直都很清晰，质量也很好。

★早期的天体物理学折射望远镜

二手的天体物理学望远镜需求很大。它们的抢购信息通常是口头的，价格和新的一样。事实上，它们的价值一直在涨。传奇性的105毫米 Traveler如下图所示。

★不要购买的二手望远镜

★任何早期的Criterion或者Bausch & Lomb施密特-卡塞格林望远镜

20世纪70年代到80年代的这些10.16厘米、15.24厘米和20.32厘米施密特-卡塞格林望远镜的光学和机械性能还有待观望。

★几乎所有的德式赤道底座施密特-卡塞格林望远镜

几乎毫无例外，星特朗和米德的这几个款式都不断地下架。

★几乎任何款20世纪80年代出产的施密特-卡塞格林望远镜

在哈雷彗星时期，望远镜的质量急剧下滑，使得那几年生产的施密特-卡塞格林望远镜臭名昭著。

★任何星特朗C90

模糊的镜头和粗糙的旋转镜筒对焦就是要避开这款90毫米马克苏托夫的典型原因。

★任何 Coulter Blue和红色镜筒多布森望远镜

它们开始了多布森望远镜的改革，但是现在入门级别的多布森在各方面都比它们好。

★任何米德MTS系列叉形底座和LXD-55 德式赤道底座望远镜

老款的MTS叉形底座很摇晃，而原始的LXD-55的自动寻找系统有很多问题。

★任何早期的米德初学者自动寻找系统DS系列

这些加了电机的小型折射望远镜和反射望远镜的传动装置有问题。

★米德40.64厘米寻星赤道底座望远镜

因为对光径的狂热追求，这款望远镜太大，使用起来很摇晃。去买Lightbridge吧。

★米德非自动寻找25.4厘米卡塞格林

20世纪80年代后的25.4厘米望远镜，像LX3、LX5和LX6等型号，有叉形底座和过于轻巧的楔子，不能承受沉重的镜筒，不要被低价的大光径望远镜迷惑了。从自动寻找系统预装的时期开始，经典的20.32厘米米德（还有星特朗）就能很好了，价格也便宜，但是先检查下望远镜吧。

 21世纪早期的星特朗GPS8是一款很好的自动望远镜。它和稍大点的GPS11有着碳素纤维镜筒和不需要旋转的电源连接点，可以预防电线互相缠绕。

购买望远镜

成千上万的望远镜

现在，你可以从主要的生产商那里选择望远镜，他一般有成千上万种现货。这里，一个专业生产商制作望远镜给人订购。型号选择范围很大。

现在剩下最后一个步骤了，在你做好选择以后，或者至少在缩小选择范围后，要考虑去哪里买望远镜的问题。

📷 通过网络评论了解更多细节

首先，你需要更多真实的信息。当地天文学俱乐部组织的夜间观测活动和星星派对是看到实际望远镜的好地方，特别是你在考虑要买的时候。亲眼看到和使用望远镜可以让你真实体验到望远镜是否好用和能给你带来什么。

杂志评论（我们自己也经常写）同样也为你提供了很多有价值的信息，让你了解望远镜的性能。杂志的网站上通常会有评论供你下载，虽然有时可能会收费。

网络会是有更多观点的资源。但是我们要提醒你：如果不是煽动，很多观点是有偏见的，都会赞成或者否定某个特定品牌。这些带有偏见的观点不会逃出天文学杂志编辑的眼睛，但是在私人的主页和论坛上是没有人去审核的。它们不是客观的报告，但是很多新手都分辨不出，只为寻求指导。一些不合格的评说，例如"这是我用过的最好的望远镜"引出了问题，这些人到底用过多少望远镜？

有个小规则可以用在这里：不管望远镜有多不好，总有人会为它辩护是地球上最超值的。在这些网络垃圾中，有些完全是了解望远镜的观察者的评论，这些是可以相信的。汤姆·朱绍克在cloudynights.com上的评论和爱德·庭在scopereviews.com 上的评论是最好的。

📷 直接从厂家购买

智能网页

查看望远镜和天文学装备评论的很好的网站：www.cloudynights.com。其他网站还有：www.scopereviews.com和www.iceinspace.com.au。雅虎上的望远镜用户群（好像每个牌子的都有一个）有人们对他们的望远镜的评价。

到底去哪里买呢？很多公司只通过经销商网络销售。一些小的厂家有特定的经销商，也能通过邮件和支持网上下单。另外一些直接从工厂销售。

在一些情况下，小型的生产商只有在收到订单后才会生

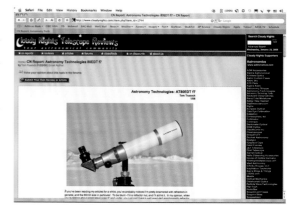

产望远镜。由于需求量很大，他们生产的数量远远维持不了现货。当下完订单后，这样的操作模式通常需要支付总价的1/3或1/2。望远镜做好后可以运输时，余款要付清。

这个过程90%的时间是没有问题的。但是在任何生产行业，都有公司会破产。如果这个情况发生了，那个公司又拿着你的钱，你就没那么走运了。为了防止这样的问题，要从知识渊博的业余天文学家那里了解推荐的厂家。如果有等待发货的清单，问下这个公司最近是否有发货。如果有你认识的人在预定交货期后还在等待，那就要当心了。但是，如果报告显示交货日期不变，这样做可能会是安全的。尽管我们有人等了20个月才买到望远镜，在约定交货期后几个星期才拿到望远镜。长期的等待需要你注意。

我们的望远镜

本章节上这么多信息告诉我们，你现在应该走进一家望远镜商店，像这样整齐叠放的展厅，问一些合适的问题，在了解的情况下购买真正适合你的望远镜。

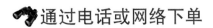 通过电话或网络下单

主要的天文学杂志有很多广告，内容是经销商们通过邮件、电话和网络销售望远镜。比如天文学和欧丽安望远镜、双目镜公司只出售望远镜、双目镜和配件。其他批发商店，像Adorama 和Focus 相机公司，是折扣仓库，主要零售相机、电子产品和其他消费品，但也有望远镜，通常价格很吸引人。郊区的经销商给你折扣或许很诱人，但是了解下运费，所谓的装箱费和重新进货费，如果有东西退回的话。同样还要考虑当地经销商和邮购商之间的服务差别。

如果价格相差很大，或是没有当地经销商，你可以选择邮购。去试着找找已经向那家公司订过货的人。像在sci.astro.amateur网上的讨论组有很多用户的购买经历。从网上订购是要得到确认和可信的过程。但是如果你对那个公司不确信，跟真人打个电话聊聊吧。电话中的礼节可以透露给你重要的信息。如果销售人员在电话另一端有不耐烦或者对产品不了解的表现，你就要另外找个地方买了。

从当地经销商处购买

最安全和最便捷的购买望远镜的方式是向离你家最近的经销商购买。你可以得到专业的建议，可以在付钱之前看到你买的东西，可以把望远镜装上车直接开回家。

如果当地的经销商没有你要的型号的现货，你可以找他订做。我们通常推荐这种方式，而不是让你直接问生产厂家订购，虽然会多花点钱。为什么？考虑下这个吧：如果望远镜跟广告中说的不一样，可以到当初购买的商店去退货。跟把望远镜包装好，再重新运回厂家相比，这是很方便的，无需支付邮费，也不需要通过电话跟厂家的客服人员讨价还价。

不能买的望远镜

☆4.5英寸（114毫米）短筒f/9牛顿望远镜
这些望远镜在聚焦器上有2X巴洛镜透镜，会产生双倍焦距，使图像很模糊。

☆7.62厘米牛顿望远镜
跟11.43厘米多布森望远镜相比，小光径和摇晃的底座使得它们不是很好的选择。

☆底座不牢固的望远镜
在一系列装在同样的赤道底座上的望远镜中，小望远镜会很牢固，大的望远镜会很摇晃，中间型的刚好勉强接受。

第4章 不可或缺的配件：目镜和滤光镜

从20世纪70年代开始，我们都教过业余天文学家入门课程。

在每个课程里，

都会有一两个学员来问为什么他们不能正常使用望远镜。

不变的是，望远镜就是标准的450倍率初学者型号——和我们买的

第一个望远镜是同一类型的。

除了摇晃的底座和不清楚的说明书，

这些望远镜（通常是60毫米折射望远镜）因为目镜、滤光器和巴

洛透镜的质量太差而臭名昭著。

典型的是，2~3个目镜中，只有一个是可以使用的，

而且是最低倍率的那个。

我们给这些失望的买家的建议是把那些没有用的目镜扔进垃圾

桶，使用低倍率的目镜，不要用滤光器和巴洛透镜。

这些都只是让望远镜的配件好看点。

升级到更好的目镜是新手对入门级别望远镜做的最好的改进。

更昂贵的望远镜的主人还是要买目镜，

因为高档的望远镜很少会自带一个以上的目镜。

就像摄影师在他们的相机包里增添广角和远距镜头一样，天文学

家增加目镜使他们的望远镜看得更多。

选好滤光器也会增强望远镜的视域。

综上所述，目镜和滤光器是每个望远镜所有者要考虑的最重要的

配件。此外，高质量的望远镜在当二手设备出售时可以保持至少

2/3的价值。本章节对这些基本的配件进行了指导。

接下来几页所提及的配件，我们或是拥有或是用过。

从20世纪80年代开始，目镜和滤光器取得明显的改进，为今天的业余天文学家提供了很多很好的配件。如果能很好地选择，这些配件能增强任何大小望远镜的性能。

目镜

高质量的接目镜，有时又叫目镜，是清晰成像不可缺少的，和好的主镜或物镜是一样重要的。望远镜的主镜或物镜汇聚光线和成像。目镜把图像放大。任何一方的质量不到位就会导致望远镜不能表现最佳性能。

在所有的天文望远镜中，目镜是可以改变的。转换目镜就是改变放大倍率。挑选一款最适合你的目镜需要明白不同目镜的特点。但是，不管什么目镜，最重要的规格就是它的焦距。

焦距

像任何透镜或镜片一样，目镜有焦距，以毫米为单位，标记在组件的上方或者边上。长焦距（55～27毫米）提供低倍率但是视域宽广。中等焦距（26～13毫米）放大倍率中等，视域要小（小于月亮的直径）。短焦距（12～3毫米）能产生高倍率，但是只能显示一小部分视域。

这样可能会很吸引人。但是不需要集齐从最短的焦距到最长的。整个系列的目镜，初学者只要3个目镜（每个目镜组1个），这样范围的放大倍率就已经足够应付大多数天体，从大而模糊的星云到小而明亮的行星。

视野

通过目镜看到的天空有多大取决于目镜提供的放大倍率和表面上的视野。表面视野取决于目镜的光学设计。如果你把目镜放到灯光下，观察它，你会发现一个光圈。整个光圈的表面直径（以度为单位）就是这个目镜的表面视野，这个数值生产商通常会在规格中标明。

像无畸变和普罗素这样标准的目镜，表面视场为45°～55°。广角的目镜表面视场为60°～70°。像Tele Vue Naglars，米德Ultra Wide 和威廉光学的UWANs这些特广角目镜的表面视场在82°～84°。

计算放大倍率

望远镜的毫末焦距长除以目镜的焦距能得到目镜的放大倍率。例如，一个8英寸的施密特-卡塞格林望远镜，焦距长为2000毫米：

40毫米 目镜的放大倍率：
2000÷40=50X（低倍）
20毫米 目镜的放大倍率
2000÷20=100X（中倍）
10毫米 目镜的放大倍率
2000÷10=200X（高倍）

这3个相同的目镜装在焦距长1000毫米的望远镜上放大倍率分别为 25x，50x和100x。由此可见，目镜的放大倍率不仅取决于它本身的焦距，还有使用它的望远镜焦距。这就是没有一款天文目镜会标上放大倍率的原因。

要知道你的望远镜的实际或真实的可见视场（以度为单位），把目镜的可见视场除以它的放大倍率。拿20毫米的50°可见视场的普罗素目镜为例。在20.32厘米f/10施密特-卡塞格林上，它的放大倍率是100X。在这个倍率下，望远镜的实际可见视场是0.5°（50°÷100=0.5°），刚好能看到整个月亮。常见的20毫米广角目镜（65°可见视场），放大倍率相同，但是能看到的视野更大，约为0.65°，能显示月亮周围的黑暗天空。

对于纯化论者来说，还有一个更精确计算广角目镜实际视场的方法：（视场光阑直径÷望远镜焦距）×57.3度。使用这个公式的问题是，除了Tele Vue之外的几乎所有厂家都不会提供目镜的光阑直径。另一个计算实际视场的方法是计算星体漂移过目镜所用的时间，天球赤道上的星星走1°需要4分钟时间。

鉴于广视野目镜能看得更广，他们通常用于深太空观测。但是因为目镜镜头有色像差，又称为像散，广角视场边缘的星体会扭曲成线状或V形的点。边上的颜色会进一步散至星体，使之成为黄蓝色小彩虹。最好的广角目镜（通常是最贵的）能把色相差降至最低，但是没有一个能完全消除色相差。

尽管广视野目镜能看到壮观的月球全景，行星观测并不需要用上它们。行星的完美成像要求对比度明显和没有重像，这个功能在一些多合广角目镜中是没有的。

🔭 筒口直径

组成目镜的镜头被放置在筒里，然后再装入聚焦器或望远镜的星对角。过去的一个世纪里，目镜已发展了三个标准筒口直径：2.4511厘米、3.175厘米和5.08厘米。3.175厘米是迄今为止最常见的尺寸。只有最低价的进口望远镜才使用2.4511厘米的标准。这些较小型筒口直径的目镜质量很差。事实上，如果这个直径尺寸的目镜及其配件作为标准配置装入望远镜，那就意味着这个望远镜的质量肯定很差。

普通，广视野，更广视野

目镜可以看到多少取决于它的可见视场和特定望远镜下它的放大倍率。如图所示，几款目镜通过2000毫米焦距的望远镜看到的视域和月球的直径相比。三款目镜，21毫米锏目镜、22毫米周视镜和22毫米那格勒目镜的焦距几乎一样，放大倍率也几乎一样（在这款望远镜上是90X～95X）。但是这三款目镜看到的天空多少是不一样的。标准视场（45°）目镜刚好能看到整个月亮，周视镜（68°）可以看到月亮和它周围的天空，那格勒目镜（82°）可以看到更多。区别在于目镜的设计上：广角目镜在同样的放大倍率下能看到更多。最终这架望远镜能看到的最大视场是使用5.08厘米筒口直径的目镜（42毫米广角）。

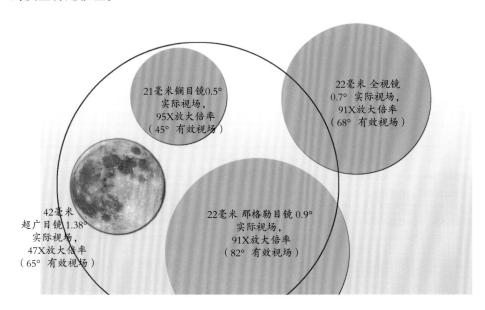

21毫米锏目镜0.5°实际视场，95X放大倍率（45°有效视场）

22毫米 全视镜0.7°实际视场，91X放大倍率（68°有效视场）

42毫米超广目镜1.38°实际视场，47X放大倍率（65°有效视场）

22毫米 那格勒目镜0.9°实际视场，91X放大倍率（82°有效视场）

三种筒口直径

目镜有三种筒口尺寸：5.08厘米、3.175厘米和2.4511厘米。现在所有的望远镜都是标准的3.175厘米聚焦器和目镜。较小的2.4511厘米目镜只用在最低价格的望远镜上，不要购买。5.08厘米筒口要求望远镜配有5.08厘米聚焦器，通常用于22～55毫米低倍目镜。

要同时实现目镜的长焦距和广视野就要扩大筒口直径，就像这个5.08厘米目镜。例如在20.32厘米施密特－卡塞格林望远镜上，55毫米的普罗素目镜或41毫米的全视目镜（都是5.08厘米筒口）产生的实际视场都是1.3°。但是用3.175厘米的目镜，最大的视场可能就是0.8°。很多高端的望远镜一般都是配备5.08厘米目镜的聚焦器。再低一个等级的也允许使用3.175厘米的目镜。

📷 出瞳距离

双筒的便利

一些高档目镜，像远右边的三件套，是3.175厘米筒口的，镜筒配备了外套筒，可以让它们装入5.08厘米聚焦器，这是很简便的功能，使得笨重的连接环最小化。

为了看到全部的视域，眼睛必须跟目镜保持的距离叫作出瞳距离，这个值取决于目镜的设计。对于大多数目镜，倍率越高，出瞳距离越短。例如大多数的普罗素目镜的出瞳距离是它们焦距长的70%。最典型的是17毫米普罗素目镜的出瞳距离是13毫米，一个令人观察很舒适的距离。但是，4～6毫米目镜的出瞳距离只有几毫米，几乎是要你眼睛贴着目镜观察。

虽然较长的出瞳距离很合人意，一些30～55毫米的目镜出瞳距离太长（大于20毫米），观察时要找个合适的姿势很难。但是出瞳距离是从目镜镜头的表面开始算的，可以通过延长目镜箱或者增加眼杯来减少。

虽然长的出瞳距离允许观察者戴着眼镜观看，但是只有带有严重散光的人才需要戴着眼镜观察。望远镜快速的重调焦距能纠正正常视力、近视和远视。需要佩戴眼镜或喜欢佩戴眼镜观看的人要选择出瞳距离至少有15毫米的目镜。如果小于这个值，你就看不到完全的视野了。

五颜六色的涂层

完全多种涂层的镜头，在目镜中是很重要的，通常会有5层或6层，绿色，有些有紫色。

📷 涂层

长的出瞳距离

带有长出瞳距离的目镜，像威信的镧目镜或潘特克斯XW，Tele Vue 瑞迪恩和欧丽安斯家徒斯有可以调节的眼杯和目镜箱，戴上或摘下眼镜观察都会很舒适。

像相机镜头一样，所有的现代目镜镜头都有涂层，来改善光的传输和减少闪光和重像。最基本的涂层是单层氟化镁，用在目镜的外部镜头表面，给了目镜蓝蓝的色彩。最好的是所有表面都有涂层，被称为完全涂层。再高级一点的是有好几层涂层的目镜，用在一些镜头的表面来增强光的传输。在高档的目镜中，所有的镜头表面都有多层涂层，它们被称为完全多种涂层。

🔭 机械性能

有些目镜品牌是齐焦的，也就是说系列中的每个目镜的聚焦点是一样的。如果你一直用那个厂家的产品，转换目镜不需要重新对焦，这是个很便利的特性。

理想的做法要把内部的装配都弄黑，作为预防镜头对着视野外的明亮物体闪光。好点的目镜还会在筒内安装整洁加工过的视场光阑环来定义视野的边缘。低价的目镜没有那样的圆环（导致不良的视界），或是有粗糙边缘已被金属损坏的视场光阑。在无畸变和普罗素目镜中，视场光阑就是在目镜内底部第一个镜头前的金属环。在那格勒和其他广视野目镜中，视场光阑在底部的第一个镜头内。

很多目镜现在都带有橡胶眼杯，有助于阻止偏离的光线和保持眼睛居中。在最好的目镜中，眼杯是可以调节的，和整个设计是一体的，而不是松散的会掉下来的附件。

换个大点的目镜

换个大点的望远镜就可以用大直径的目镜，这个就像增加合适的附件一样简单。

☆从2.4511厘米转换到3.175厘米

如果你的望远镜用的是2.4511厘米的目镜，谁都会考虑转换成大点的3.175厘米。对于折射望远镜，有两个方法可以做到。一个可以容纳3.175厘米目镜的接管可以插入目镜架。对应地，多用星对角棱镜的一端装有2.4511厘米目镜架，另一端连接3.175厘米目镜架。

2.4511厘米聚焦器的牛顿望远镜既不能用多用星对角，也不能用接管，因为这两种方法都让目镜远离镜筒而不能聚焦。相反地，在镜筒边上的整个聚焦器都要换成可以容纳3.175厘米目镜的。跟当地的望远镜经销商询问合适的配件，征求他们的建议，或者是宁愿不购买先装好2.4511厘米聚焦器的目镜，因为这肯定是个问题。

但是考虑下这个：在很多情况下，升级带3.175厘米的目镜的花费相当于或比望远镜本身的购买价格更贵。也许卖了这个望远镜，然后再买一个配置更好的望远镜才是最好的打算。

☆从3.175厘米转换到5.08厘米

在施密特-卡塞格林望远镜上转换成5.08厘米的目镜只需要升级到5.08厘米星对角或把3.175厘米的观测座升级成5.08厘米，并用密封圈拧上。

要把折射望远镜升级成5.08厘米目镜是不可能的，而升级牛顿望远镜需要用5.08厘米的聚焦器替换原来的型号。新的聚焦器在JMI、米德、欧丽安，Starlight仪器公司和其他牛顿望远镜零件专业供应商那里购买。最好的聚焦器是低型的那种，要把目镜装在接近望远镜焦点的位置。一个高大的5.08厘米聚焦器可能会在5.08厘米目镜中装得离镜筒太远而无法到达焦点。

 多用星对角可以让3.175厘米目镜运用于只接受2.4511厘米目镜的小型折射望远镜上。可以容纳5.08厘米配件和目镜的接管与对角是由宇航科技、星特朗、米德、Tele Vue、欧丽安和威廉光学生产的。3.175厘米接管还可以让较小型目镜使用。

镜筒线纹

目镜筒应该在内部有滤光器线纹。大多数3.175厘米和5.08厘米目镜有标准的线纹可以让各种滤光器拧入镜筒。少数老款二手目镜没有线纹。

经典的无畸变目镜

原来传奇般的蔡司艾比无畸变目镜（如图所示）有2.4511厘米镜筒。3.175厘米镜筒可以在巴德、宾得和大学光学买到。

入门级别目镜

这些入门级别克尔纳组目镜性能优越，价格实惠。

现代普罗素的根基

传奇般的法国产克雷夫·普罗素目镜和Tele Vue的原始普罗素（见右图）开始了这款设计的潮流，并仍然在最好的目镜之列。普罗素目镜现在是最受欢迎的，它有40美元不等的价位。这些目镜最好用于15～32毫米焦距长的望远镜，这样的出瞳距离刚好，色相差也低。

📹 标准视野目镜

目镜的设计运用了特定规格形状镜头的结合（成为要素）。设计决定了视野和出瞳距离。除了一些例外，厂家没有独家的许可证来设计。例如普罗素目镜几乎每个望远镜生产商都在卖。很多目镜设计以开拓和发明望远镜的设计师命名。

❖ 克尔纳目镜和改良的消色差目镜

自从1849年卡尔·克尔纳发明了标准载重目镜到20世纪80年代。这是一款经济的三合式，克尔纳产生的普通图像以现代的标准来看，视野都相当窄——常见的40°。它最适合长孔径焦距比的望远镜（f/10或更长），有一些色相差。一些厂家卖的是改变的款式，叫改良的消色差目镜，通常用于入门级望远镜。现在停产的埃德蒙科技的RKE设计（因为是大卫·兰克为埃德蒙改装克尔纳目镜）从标准的安排颠倒了镜头的要素，给予了它更宽广的视野（45°）。虽然不是真正的克尔纳目镜，RKE目镜是旧款的一大改进。

❖ 无畸变和单片目镜

1880年，蔡司光学的设计师恩斯特·艾比发明了四合、有效视场为45°的目镜，比起克尔纳目镜，它的色相差和重像要少。很多业余天文学家仍然认为艾比的无畸变目镜是观测行星最好的目镜。

无畸变目镜曾是高档目镜的最好选择，现在已被普罗素目镜大举替代，已经很难找到。宾得还有280美元的XO无畸变目镜。纯化论者认为停产的蔡司无畸变目镜是对比度最清晰的行星观测目镜。德国巴德公司找到了原因，推出了一系列四合"真正无畸变目镜"，售价100美元/个。大学光学的经典艾比无畸变目镜也是受到高度评价的，每个50～80美元，价格合理。当它们和巴洛透镜结合时性能是很好的。

在同一组中，因为无畸变是TMB光学生产的超级中心目镜。这款目镜使用3层黏合，使得2个空气玻璃面的光散射最小。行星观测者赞赏TMB垄断号。但是只有行星观测迷才会喜欢30°视野的目镜和200美元的标价。

❖ 普罗素目镜和它的变体

1860年G.S.普罗素发明的设计在20世纪80年代得到了复苏，因为望远镜公司深入市场销售，并强调普罗素目镜的优点，而不是它的生产要比无畸变目镜要容易。

真正的普罗素望远镜是四合的设计，由两个几乎一样的镜头组成。跟无畸变目镜相比，普罗素望远镜的视野更为宽广（大约50°），能更好用于f/6或者更

快的望远镜，但是出瞳距离要短。最好的普罗素可以胜任各种观察任务，特别是行星观察，虽然出瞳距离只有13毫米或者更短。Tele Vue推出的标准普罗素（80～100美元）弗农布兰登（约240美元），最初由切斯特·布兰登在20世纪40年代设计，是这个目录中又一款经典。

很多生产厂家现在以众多贸易的名字在卖5～7合普罗素变体目镜。有时候，这个设计更类似于五合爱勒弗广角目镜。例如米德系列5000普罗素目镜（约100美元）和欧丽安ultrascopics（约100美元），都是很好的系列。另一款有内置巴洛镜头能在保持出瞳距离的情况下增加倍率。例如欧丽安Epic ED（约55美元）和星特朗Xcel ED（约70美元）系列，伯吉斯/TMB行星观测系列，威信镧目镜NLVs和威廉光学SPLs。

所有的这些系列的目镜有标准的45°～55°视场和最优化的设计，使行星观测者感到图像清晰、对比度明显。

高档放大目镜

那格勒放大目镜有3～6毫米和2～4毫米款式。全都是用短焦距望远镜来进行行星观测。尽管是那格勒设计，有效视场跟平常的50°普罗素一样。

放大目镜

为什么要买3～4个目镜，如果一个就能做到一切呢？这就是放大目镜的承诺，它使用滑动的巴洛镜头区分它们的有效焦距。随着镜片和涂层的改进。现在最好的放大目镜为去年廉价的组件提供了很好的性能，那时的效果就像是有很多重影。绝大多数的组件的焦距是8～24毫米。但是它们的有效视场却受到了

避免购买的款式

年长的业余天文学家手册（特别是英国作家著的）跟读者一起分享了异国目镜的不同版本。像 Hastings，Steinheil和Tolles 被一些行星观测家赞美，但是因为它们太少了，几乎很少有人有机会遇见。另外一些，如Huygenian和Ramsden的质量太差，有必要在这里提一下，尽量避免购买它们。

☆Huygenian

这款从17世纪开始的古老双合设计通常都能和劣质望远镜一起买到。这些目镜标有H、AH（对于复消色差型号）或HM（对于Huygens Mittenzwey）。

☆Ramsden

这个原始的双合设计几乎没有价值。变体增加了很多镜头要素来达到消色差（AR）或对称（SR），所有这些都是垃圾，产生的筒形拱顶图像迷糊，出瞳距离极小。

☆剩余作战物资爱勒弗目镜

第二次世界大战期间发明，爱勒弗是五合的，广角设计，实际有效视场是60°。内部反射会产生重影，使得它并不适合行星观测，而且散光会极大地使视觉边缘的形体变形。在更长的焦距款式中，爱勒弗是相当好的低倍率深太空目镜。不管怎么样，旧时的剩余作战物资型号（经常在星星聚会时堆满交易桌子）和新款低价爱勒弗已经在所有的方面被广视野型号所超越。

这些目镜让低价望远镜臭名昭著。它们的图像模糊，视野筒形拱顶和缺少出瞳距离。把Huygenian和Ramsden当防尘帽和太阳能来用吧。

超广角套装
打开星星派对上这个包装精美的盒子，肯定有很多美慕的目光会投向你。这就是米德5000系列超广角套装，售价约1600美元。

限制，在最低倍率时缩成了筒形拱顶的40°视场，就在你需要广视野时。不方便的是，大部分放大目镜在你改变倍率时要求对焦。

放大目镜在适用于公共场所观测这方面没能博得我们欢心。这些专业的目镜适用于快速复消折射望远镜在高倍率下观察行星。在放大过程中，图像的质量很好，有效视场和焦距稳定。音响光圈可以定义焦距长增加1毫米的位置。但是它们10毫米的出瞳距离太短，会造成限制。

广视野目镜

20世纪80年代，Tele Vue引进广视野品牌的目镜，有效视场是65°。这款六合设计跟经典的爱勒弗很像，也长期是人人想要的广角目镜。新视野目镜在整个视野内产生的图像重影少和图像质量好，特别是在快速孔径焦距比的望远镜上。虽然有很多人很喜欢它的设计，但还是停产了。这款广角镜带我们进入了新广角望远镜充斥的阶段，所有的有效视场是65~75美元。

例如1991年，Tele Vue引进了Panoptic系列（名字起源于全景光学），现在装在19毫米、22毫米、24毫米、27毫米、35毫米和41毫米的款式上。区别六合全视镜的是在视场68°下优秀的色相差纠正。六

我们最喜欢的目镜Ⅰ：标准视野目镜

对于优良的全能普罗素目镜，我们在用并且能够向你推荐的是Tele Vue或米德5000系列。这两款都是上等的普罗素目镜或其改良版，适合于各种类型的观测。但是由于每个目镜要花80~100美元，这样一套三个或四个的目镜的花费相当于很多初学者望远镜的价格。

布兰登目镜性能卓越，我们已经买了好几套，并曾在同一价位（约80美元/个）。然而在现在240美元/个的价位上，我们没有发现比普罗素目镜更具优越性的。我们也没有感觉到非常急迫地需要去买200美元或者更高的窄市场行星观测目镜，像TMB的Super Monocentrics或高档的Orthos。

对于普通观察，星特朗Xcel和相似的欧丽安Epic ED系列是很好的，20毫米的出瞳距离让人感觉舒适。同样属于20毫米出瞳距离和标准45°视场的还有威信镧LV和较新款NLV系列（约120美元）。

对于手头拮据的用户，我们推荐埃蒙特科技停产的RKE系列，它们质量好，价格低（约40元美元/个）。除此之外，星特朗Omni普罗素目镜、欧丽安Sirius和Highlight系列普罗素目镜、米德4000系列经济型普罗素目镜和威信NPL系列每个目镜的价格在40~50美元。对于这样价位的目镜也不用考虑其他因素。

 星特朗Xcel系列（顶图）的出瞳距离长，图像质量好。更多常见的目镜，像很多中国产进口望远镜或者星特朗、米德和欧丽安的经济型系列性能都很好，价格也合理。比起克尔纳和其消色差目镜，我们更推荐这些，因为它们的视野更广。

合全视镜最大的特点是在68°视场下纠正色相差的能力很强。就算是在快速孔径焦距比的望远镜上进行最严格的测试，视野边缘的星星都很精确地找到。全视镜成了广视野目镜标准的参照，还没有60°～70°视场的目镜在图像质量上能敌得过全视镜的。

　　其他生产商的设计也照它的样子，通常会注册专利品牌。例如米德的超广角目镜（有效视场68°），焦距从16～40毫米，价格约180～400美元/个。星特朗有Ultima LX系列（5～32毫米价格约150～200美元/个），威信公司有性能卓越的镧镜头LVW系列（3.5～42毫米价格约200～260美元/个）。它们的质量比全视目镜的质量要差点。再低一个档次的威信LVW克隆产品就是巴德的Hyperions和几乎相同的欧丽安Stratus（3.5～24毫米，价格约120美元/个）。对于想买广视野目镜，又不想花很多钱的人来说，真是不错的。同样是在经济型级别的是威廉光学的SWAN系列（9～40毫米，价格约80～120美元/个），虽然我们对它的性能和价格都不是特别有好感。最高档的就是潘太壳斯XW系（3.5～40毫米，价格约350～550美元/个）。除了米德和SWANS系列目镜，其他都是长出瞳距离的。

长出瞳距离目镜

　　老龄化的业余天文学家创造了对简易目镜的需求：长出瞳距离和大镜头，不需要斜视去观察。总之，大部分19～35毫米焦距的目镜的出瞳距离都很长。但是要在较短出瞳距离的目镜上做到舒适观察，就需要购买专业提供长出瞳距离的高档目镜。大多数的短焦距目镜是通过集成巴洛镜头实现长出瞳距离的。

　　上文提到的星特朗Xcel ED和欧丽安 Epic ED系列与所有原来威信镧 LV系列的克隆版都属于普罗素目镜的范畴。它们的出瞳距离一直是20毫米，标准视场为45°～50°，没有重像。这些系列中最短焦距的目镜所产生的同轴图像比普通的普罗素目镜或无畸变目镜的反像差要低，但是观察时却较舒适，甚至是在戴着眼镜的状态下。

　　在价格和性能上更进一步的就是Tele Vue Radian系列，它们的焦距在3～18毫米，价格约250美元。这些六合目镜的统一出瞳距离是20毫米，图像清晰、对比度高，有效视场是60°。虽然这样的特性让它们列入了广角的范围，Radian系列的优势是在高倍率下进行行星观测。它们可以和最好的Orthos和普罗素目镜相媲美。焦距长于18毫米的望远镜（最适合深太空观测）不能用现有

超广角目镜
在广角目镜中与那格勒和米德竞争的是威廉光学的Uwan系列，在高档目镜中是物有所值，性能也是极其优越，价格较低。

出生时的分离
很多目镜款式相似，原因是很多国内供应商从同样的一些中国工厂进货，然后贴牌。这里，我们能看到巴德Hyperion（见左图）和欧丽安 Stratus目镜的相似之处。

出瞳距离
宾得目镜（见左图）的特点是有可以调节的眼杯，可以拧转，调节眼睛的位置，使之在最合适的观测位置。Tele Vue的滑动式Instadjust眼杯，经常配备在Radian系列（见右图）一些那格勒目镜上，性能也是相同的。宾得的设计在眼槽的位置感觉更舒适，像Tele Vue系统一样也不会滑出来。

最大的目镜

基本的低倍目镜是六合31毫米那格勒5号。它的长焦距与82°视场结合，产生了全景，跟边对边的清晰度是无法比的。这个巨大的目镜（只显示了实际尺寸的80%）也有它的缺点：它是最重的目镜（2.2英镑），售价约650美元，也是最贵的之一。和绝大多数目镜比起来，它需要16毫米左右的内在焦距，因此它可能不会在牛顿折射望远镜聚焦。

的Radian 目镜。

广角目镜中价值最高的，出瞳距离长的就是已经提到过的欧丽安Stratus系列。它的边缘性能很好，图像在外围50%处模糊，视场为68°。

如果这些目镜用在较慢的f/8~f/10望远镜上，能改变边缘视野的清晰度，就像它在所有广角目镜上的表现一样。再好一点的就是星特朗Ultima LX系列，提供了7°视场和16毫米出瞳距离。

尽管会贵很多，宾得XW目镜是无与伦比的。边缘性能表现得和全景目镜一样，它们的视场多为70°。图像的对比度很高，眼杯的设计和20毫米长出瞳距离使得这些目镜观察起来很舒适。除了大型的30毫米和40毫米目镜，它们都是3.175厘米的镜筒，虽然看起来像5.08厘米的。

那格勒目镜

跟一些经验丰富的业余天文学家多谈几分钟后，艾尔·那格勒的名字就会出现在对话中。通过Tele Vue的产品，那格勒改革了目镜的设计并使它的性能更进一步。

Tele Vue的旗舰产品就是用那格勒命名的目镜系列。1982年最初的13毫米那格勒目镜发明时引起了轰动。其他焦距的也相继而来，所有都是七合曲线形镜头，有效视场82°，这是在那个时代闻所未闻的。

为了研制改革性的目镜，艾尔·那格勒采用了国外特别广角的目镜设计，并在前方放置了巴洛透镜。目镜和巴洛透镜融为一体，两者之间的消色差能互相抵消，在边缘处产生超级清晰的图像，虽然它的视场很大。那格勒在当时红极一时，尽管它的价格是当时最好目镜的2~4倍。

另外的一些厂家不久也意识到这个情况。直到1985年，米德推出了它极具竞争力的系列产品，八合超广角（UWA）些列，最初的4000系列已经被改良的5000系列（200~450美元）取代。但是在我们的测试中，还没有新的目镜能和那格勒相比，

不管是最初的14毫米还是8.8毫米4000系列，仍然是那格勒的有力竞争者。

不合格的是安泰Speers—Waler SWA II系列，82°视场目镜（200美元左右）。它们比那格勒便宜，但是它们的图像在外围一般的视野处有点明显的扭曲。它们高大的外观和奇怪的焦点使得它们看起来很糟，好像在望远镜上用不合适。

星特朗有82°视场的LX系列（180~400美元），但性能如何在不远的将来才能知道，因为我们正在装配这个型号。到现在为止，我们测试中跟那格勒最有得比较的是威廉光学的Uwan系列（4~28毫米，约200~400美元）。性能几乎和那格勒一样，价格却更低。

1987年，最初的那格勒1号由八合那格勒2号进行增补，那格勒2号已经停

米德超广角

不久以后另外的那格勒属目镜出现了。最新的那些之中有米德的5000系列超广角。所有的都是82°视场。价格较低。但是边缘表现和其他那格勒竞争产品来比，还没有达到那格勒的水平。

最喜爱的目镜 II：广视野深太空目镜

我们所收集的目镜中使用频率最高的是Tele Vue的24毫米全景目镜。它为3.175厘米目镜提供了最宽广的视野。和其他同类产品比较，它的清晰度较高。如果要有一款高档的目镜能用于任何目镜，它就是了。双筒22毫米全视镜是另一个我们长期喜爱的产品。

在中倍率范畴，我们最好的两个选择是小巧的Tele Vue19毫米 全视镜和16毫米那格勒5号，这两款的有效视场是一样的。我们还可以赞赏威信镧LVW系列，这是一款高档目镜，能提供全景，价格优惠，出瞳距离长。最物美价廉的广视野目镜是欧丽安Stratus 68°目镜。欧丽安的Edge-on平视野（100美元）更为精悍（双筒观察者适用）。但是它们的视野并不像广告里说的那么平。比起很多工厂的广视野便宜货，它们和Stratus更为清晰，不管什么价位的工厂广视野目镜通常都是很糟的。

在高端价位，我们喜欢宾得XW系列，特别是14~3.5毫米更高的倍率目镜。它们能为行星和深太空天体观测带来高清晰和对比度的图像。作家戴乐说："如果限制我只买一系列的目镜，为了能舒畅地使用，我就买宾得XW系列，虽然我仍然会要求用较长的焦距来用全视镜。"

作家狄更斯说Tele Vue 27毫米目镜是在他认为的质优目镜之列："我注意到这款目镜经常被喜欢35毫米全视镜的观测者们所忽视。它是倍率、广视野和好镜头的理想结合。"在米德5000系列中，我们发现28毫米、24毫米和20毫米超视野与6.7毫米、4.7毫米超视野是系列中最好的。这个系列中，宽广和平的目镜使得它们不便观察，因为它们会按在你的脸和鼻子上。

在一等性能中，那格勒是无法抗拒的。5.08厘米的镜筒中，20毫米 5号会产生和24毫米全视镜一样的有效视度，但是后者的倍率更高。与22毫米 4号比起来，我们更喜欢后者。同样是较高倍率，13~7毫米 6号迅速成为观测银河系和球体的最爱。因为小巧玲珑，它们在双筒上的表现也很好，16毫米 5号和24毫米、19毫米全视镜也一样。但是当Etho13毫米系列出现，要重新制定标准。相对绝大多数望远镜，它会提供令人吃惊的功率结合，而没有牺牲观众的视野。它和27毫米、24毫米全视镜或20毫米那格勒5号目镜在常用倍率的高档款中是最好的选择。

 一些优秀的广视野目镜：Tele Vue 22毫米和19毫米全视镜、经济型的欧丽安 21毫米 Stratus和19毫米、16毫米平视野、整套新款那格勒，包括 20毫米、16毫米 6号和11毫米、9毫米 6号和宾得 14毫米和7毫米 XW目镜（见上图）。

工作中的古鲁

艾尔·那格勒的同伴们通过他的最新创作，100°视场，13毫米 Ethos 目镜，可以同时用在5.08厘米和3.175厘米的聚焦器上。

巴洛透镜：增加倍率

巴洛透镜的价格各异。比起其他镜头，最便宜的（长的，最细的筒身，下右）成了更好的制门器。巴洛透镜包括最低价的进口望远镜。我们推荐高端的3.175厘米巴洛，有星特朗、米德和Tele Vue（底），售价75~200美元。

产，但是在二手货市场还是有一定的需求。

20世纪90年代，艾尔·那格勒开始改进它的目镜，新的那格勒型号标记4、5和6号（不常见的3号是什么呢？更不要提4号和6号的设计包含了什么，用艾尔的话来说就是那些是公司的机密）。

现在的4、5和6号那格勒增加了出瞳距离和对比度。在一些型号中，设计上更为精致和轻便。特别是4号，比等焦距长的早期那格勒产品的出瞳距离要长得多。但是我们发现它的边缘视野没有旧的1、2号和现在的5、6号清晰。例如庞大的31毫米 5号那格勒能产生我们看到过的最好的全景，但是精致的20毫米5号（系列之中很好用的目镜）、16毫米5号和所有的6号（13~2.5毫米）有着更高的倍率和好的出瞳距离。为什么要让短焦距的配上超广视野目镜？这款目镜对没有追踪的，像多布森这样的望远镜是很有用的。它能使天体在视野内待更长的时间，用于高倍率下的反复观察。

引进与他同名的1毫米目镜的25年后，艾尔·那格勒又一次向前推进了目镜的发展。他的Etho系列引起了一番轰动，也引进了单一13毫米焦距。Ethos提供了100°视场，真的要眼见为实。这款目镜真正解决了太空行走的问题。尽管有着巨大的视野和复杂的镜片，但星体的图像清晰，对比度明显。Etho双筒系列的镜筒是5.08厘米或3.175厘米，重56.6克。售价约620美金的13毫米Ethos是个很严肃的投资，但是如果你打算要最好的，这个就是。

巴洛透镜

巴洛透镜是发散透镜，能增加望远镜的有效焦距和目镜的倍率。这个名字起源于1834年彼得巴洛和乔治多兰的科学论文论，文中第一次描述了这个型号的镜头。巴洛镜头的倍率从1.8X~5X。用了最常见的是2×巴洛透镜，20毫米目镜变成了10毫米。巴洛透镜可以翻倍增加目镜装置，如果你计划避免任何不必要的双倍增加倍率。

巴洛透镜的优势在于他们生产的高倍率、长焦距目镜很容易观看。与标准8~4毫米目镜的封闭式观测相比，它们的出瞳距离更好。快速望远镜，特别是f/4和f/5折射望远镜，巴洛透镜是实现高倍率的推荐方法。缺点是它们在光路上放了更多光学元件，于是就产生了更多的色相差和重像。有些人因它们被骂，有些人骂它们。但是我们的测试显示最好的多种涂层的巴洛透镜不会有色相差和光丢失。避免巴洛透镜用于不同的倍率，不要用镜筒滑上滑下；巴洛透镜最好是在特定放大率下工作。

巴洛透镜的镜筒长度都不一样，从小于7.62厘米到将近15.24厘米。通常，较高放大倍率的筒身要长，但并不是一直都是这样，要取决于特定的透镜设计。一些厂家生产短巴洛透镜，放大倍率通常是2×，在折射望远镜上是很有用的，因为巴洛透镜可以放在目镜和对角之间来产生平常的2×，同样也可以放在对角和聚焦器之间。可以产生3×的放大倍率（大概），实际上是两个巴洛透镜但只花了一个的钱。星特朗Ultima和欧丽安 Shorty-plus(两款都是2×，售价约80美元)都是这一等次一流的巴洛透镜。在我们的测试中，它们的光学质量和2×巴洛一样，这就是为什么人人都在用长的2×巴洛透镜的原因。另一方面，我们所测试的版本3×短款不是在和最好的3×长款作比较。

将巴洛透镜放置于星对角前面（而不是插入星对角）。在折射望远镜中，这样就能增加50%的放大倍率。例如，1.8×的巴洛透镜变成了2.7×；3×的变成了4.4×等。500～1200毫米焦距折射望远镜的理想安排。因此，25毫米的目镜，2.5×和3×巴洛透镜。1000毫米焦距折射望远镜可以在5倍放大倍率时使用：40×、100×、120×、150×和180×。

与较长焦距的普罗素目镜相结合，好的巴洛镜头会有整套的放大倍率和高质量图片，价格也适中。我们知道一个观测老手，必须戴着眼镜观看目镜，采用26毫米 和20毫米 普罗素目镜和一套巴洛镜头（1.8×、2.5×和3×），在20.32厘米施密特−卡塞格林望远镜上可以实现77×、100×、138×、180×、200×、230×和300×，这些出瞳距离都很好。

你能走到多低？

40毫米广视野的目镜（像米德的超广视野、Tele Vue 41毫米全视镜、宾得XW、大学光学MK−70柯尼希/TMB）提供了5.08厘米的最大的视场（第二名是Tele Vue 3毫米的那格勒5号和35毫米全视镜）。和广告说的相反，越大的焦距不一定能产生比40毫米款号更宽广的视场。目镜的视场受人口的光径的限制，它会接收望远镜的光束，而不是通过焦距。如果没有遮拦的视场直径和5.08厘米筒口一样宽，由于带的是40毫米等级的目镜，有效视场也会达到最大。

比方说，20.32厘米 f/10的施密特−卡塞格林望远镜上，40毫米米德超广角目镜产生50×的放大倍率和1.3°的有效视场。在同一望远镜上，如果用Tele Vue55毫米或米德56毫米普罗素目镜，都带有较为狭窄的有效视场，能有36×的放大倍率和1.3°的实际视场。

那些在寻找最宽广的、低倍率的视场的人必须注意下自己能走的最低极限。如果目镜在望远镜的遮拦产生的出瞳距离大于7毫米，例如反射望远镜和反射折射望远镜。天空的背景是明亮的，你可能会看到视野的中央有个黑洞。折射望远镜可以突破低倍率的极限，但是唯一的副作用是并非所有的光线都能被望远镜聚集，并进入你的眼睛。你的眼睛缩小了望远镜的光径。也就是说，低于7毫米出瞳距离会有缺点，这样意味着你的瞳孔要张开至7毫米。对于50岁以上的人来说，这是不可能的。

要计算任何望远镜的低倍率，将望远镜的孔径焦距比乘以 7毫米（完全暗适应的青年的眼球直径）。例如f/4.5的反射望远镜，推荐的最长目镜是31.5毫米（4.5×7），40毫米的广视野目镜就不推荐了。

上图米德56毫米普罗素目镜（左）和42毫米 镧LVW（左起第二）在5.08厘米筒口的目镜中能看到最广视野的天空。对于3.175厘米筒口目镜的最大视野，35毫米普罗素，像欧丽安 Ultrascopic（右起第二）和米德 24.5毫米超广角（右）能产生近乎真实的视场。

83

类型		视场	优势	缺点	价格
克尔纳目镜		30°~45°	价格低，适用于长焦距望远镜	视野窄，有色相差	30~50美元
无畸变目镜		45°	出瞳距离合适；没有重像和大部分色相差	深太空观测时视野窄	50~250美元
普罗素目镜1		50°	对比度和清晰度高；比大多数Orthos视野要广	出瞳距离比Orthos 短；视野边缘有轻微散光	40~200美元
柯尼希和埃尔弗目镜		60°~70°	视野宽广，广视野价格低		80~200美元
现代广视野目镜2		65°~70°	视野宽广，最小边缘色相差	视野边缘有散光	80~400美元
Tele Vue Radian目镜	Ask Al Nagler问阿尔纳格勒	60°	出瞳距离长，视野宽广，对比度高	中等至高端的价位价格高，昂贵；	250美元
那格勒和Ethos目镜		82°~84°，Ethos=100°	极端视野，几乎没有边缘色相差	低倍的很沉也很大	180~650美元

1.还有米德的超级普罗素，欧丽安Ultrascopic（普罗素——像包含第五元素的镜头，像埃尔弗或是内置巴洛透镜）。

2.包括Tele Vue的全视镜、米德超广角、威信LVW，欧丽安Stratus，巴德Hyperion，宾得XW，威廉光学SWAN。

3.还有米德Ultra超广角，威廉光学UWAN。

　　一些厂家引进了5.08厘米巴洛透镜来使大目镜的倍率翻倍，例如40毫米广角或55毫米普罗素目镜。但是，由于5.08厘米目镜被设计成低倍的，你不会很想去放大倍率。巨大的巴洛透镜使用次数有限，虽然它们是天体摄影学很好的配件。

　　Tele Vue提供了一系列的高级四合"倍率伴侣"在2×~5×强度（约200~300美元）。在光学设计上和经典消散巴洛透镜有所区别，倍率伴侣的一大优势是和其目镜的等焦，当你插入倍率伴侣时，你不需要改变焦距，不像你插入巴洛透镜那样。倍率伴侣光学性能优越，是摄像的很好配件。

目镜和巴洛透镜的性能

　　望远镜的作用是从天体采集光线，并在目镜或摄像头处聚焦。事实上，来自天体的平行光线被望远镜的主镜推入上游收缩锥。孔径焦距比越高，锥形的时间越长和越薄。f/15系统的光锥长而窄；边缘的光线比起中间的光线有2°的偏差。在f/10系统中，边缘的光线比起中间的光线有3°的偏差。在f/5系统中，边缘的光线比起中间的光线有6°的偏差。目镜要调整2°~3°离中轴的角度比6°的要容易多了。

　　试一下这个常见的目镜，25毫米普罗素目镜。例如，在f/15的折射望远镜

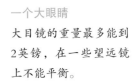

上。边缘的视野清晰度很高。现在把同样的目镜用到f/5望远镜上（不用管什么型号），视野边缘的星星已不再清晰，有点像成群的海鸥和弧光，取决于望远镜和目镜的内在色相差。

光锥越尖，要设计一款能消除色相差的目镜很难。f/4是不可能的。f/5的情况下，除了最好的目镜能显示散光。这里一个好的巴洛透镜能改进目镜的质量。通过减少进入目镜光锥的陡坡，消散透镜增加了有效的孔径焦距比。2×的巴洛透镜减少了一半的锥角，所以事实上，f/5望远镜变成了f/10,很多目镜会展示改进的性能。

一个大眼睛

大目镜的重量最多能到2英镑，在一些望远镜上不能平衡。

📷 推荐的目镜套装

目镜很容易收集。买一系列中的一个，你会用很长时间去收集这一套。说实话，根本用不上5、6或7个目镜。2～3个就能开始了，4个目镜就足够了，这里有一些我们的建议。

❖ 经济套装

很多入门级别的望远镜有提供25毫米和9毫米改进后消色差或经济型普罗素目镜。这是个被人接受的初学者目镜套装，有2个目镜，适用于绝大多数小型望远镜。对于一套3个的，25毫米、12毫米和7毫米普罗素目镜有低、中和高三大倍率。再好一点的，考虑下25毫米和17毫米普罗素目镜，带有2×巴洛镜头，这种一般有4种倍率。手头不宽裕的观测者可以购买二手的埃蒙德 RKE系列、米德4000系列、欧丽安Sirius或者 Highlight系列（其他经销商也有在卖差不多款式的普罗素目镜）。

❖ 改善套装

对于只容纳3.175厘米的望远镜，并且随镜已有25毫米和10毫米目镜，最优先的就是超低倍率目镜。我们推荐32～35毫米普罗素目镜。不考虑牌子就能得到最宽广的视野（3.175厘米系统），性能也很优越（3.175厘米镜筒和40毫米焦距的目镜不会有比32～35毫米更为宽广的视场）。对于增加放大倍率，我们推荐另一款巴洛透镜，可以是2.5×或3×型号，而不是增加8毫米或是较短的出瞳距离和镜头太小的普罗素目镜。

❖ 增加高档的目镜

根据我们的经验，使用频率最高的通用观测目镜应该是在中倍的范围。有条经验法则说，跟人体眼睛配合最好的目镜的出瞳距离是2毫米。要算出这款最优化目镜的焦距，只要将你望远镜的孔径焦距比×2。例如，

最喜欢的目镜III：最低倍率的全视镜

在10.16厘米f/6折射望远镜上，41毫米全视镜（500美元）提供了5.08厘米目镜最宽的视场，能产生4.6°的实际视场。视野边缘的星体图像清晰。我们曾观测到非常壮观的景象。31毫米的那格勒（约650美元）产生的实际视场只小了一点点，但是放大倍率却更大。这两款就是视场上饱受争议的最好的目镜。35毫米的全视镜（380美元）的有效视场比31毫米的略小，但是价格更低，在10.16厘米f/6折射望远镜上的视场为4°。

就像已经提到过的，27毫米全视镜是我们最喜欢的目镜之一。它较轻的重量很受欢迎，可以保持望远镜的平衡。27毫米也是f/4～f/5望远镜的选择，在这些望远镜上不推荐超过30毫米的目镜。大学光学的40毫米 MK-70和Burgess/TMB 40毫米 Paragon在性能上跟上述目镜差不多。价格是35毫全视镜的一半多点，多便宜呀！

Tele Vue的大型41毫米 全视镜、31毫米那格勒（顶）、35毫米和27毫米全视镜（底）是我们最喜欢的，它们有壮观的星云、行星系和银河系视野。

虽然在家里我们会有很多箱目镜，旅行时我们还是要让我们的装备变小变轻。那时，24毫米全视镜、9毫米那格勒6号和质量好的2×巴洛透镜是我们不二的选择。购买目镜时要优先这些款，有了它们，你绝对不会错的。

20.32厘米f/10施密特－卡塞格林望远镜最好的目镜是20毫米（10×2），它能提供100×的倍率。事实上，我们确实发现了20毫米目镜是C8望远镜使用最频繁的目镜，这款望远镜自从20世纪70年代以来已被我们用了差不多10年。

但是，这也不是一成不变的，要看你想在哪个目镜上下最大的投资。如果你能负担一个高档的目镜，那就买焦距是你望远镜孔径焦距比两倍的。星特朗 Axiom LX，米德 Ultra Wide，宾得 XW，威廉光学 UWAN或Tele Vue 全视镜或那格勒，它们都是高档目镜很好的选择。对于常见的f/5多布森望远镜，13毫米 Ethos用在这里刚好，也很贵，但是你会经常去用。

最喜爱的目镜Ⅳ：高倍率行星观测目镜

为了能实现高倍率和对比度明显的行星图片，我们通常使用26~15毫米的目镜，带有2X~5X的巴洛透镜。特别是我们最喜欢的Tele Vue的倍率伴侣——"图像放大器"，3.175厘米目镜的2.5X和5X的型号都有。在我们短焦距的复消色差折射望远镜上，5X 倍率伴侣使得行星观察图像很好，搭配使用26~20毫米普罗素目镜。我们另一款最喜欢的高倍目镜包括，Tele Vue Radian，事实上是低倍率目镜内加了巴洛透镜。除了价格以外，它们主要的缺点是如果眼睛不处于合适的距离，视野有些部分会变黑。比Radian更宽广视场的有高倍的宾得XW和旧款XL，这两款在快速孔径焦距比望远镜上用得多。

在性能的所有方面都和Radians竞争，但是价格却只有其一半的是威廉光学 SPL和相似的欧丽安Edge用于行星观测、长出瞳距离的目镜。图像很清晰，无色差。同样好的还有Burgess/TMB行星观测系列。出瞳距离很长，图像质量很好，只有一点点颜色所污染。在60~90美元的价位上，它们的性价比是很高的。

 如图，从左至右依次陈列的行星式目镜分别是：美国Burgess TMB 高倍行星镜，Tele Vue广角镜和 William Optics SPLs 接目镜。它们都是有良好长视距的典型。这些目镜都是结合了巴罗透镜制作的。

❖ 增加深太空观测目镜

高档广角目镜另一主要功能是低倍率下全能的深太空观测。没什么好推荐的，除了Tele Vue 24毫米 全视镜（用于3.175厘米聚焦器），或是用于5.08厘米聚焦器的27毫米 全视镜或20毫米那格勒5号。

在中等及偏上的范围（120×~200×），米德6.7毫米 Ultra Wide、威廉光学7毫米 UWAN或Tele Vue 9毫米或7毫米那格勒在黑暗的天空里不影响视场的情况下能提供足够的放大倍率来看清恒星的星云和昏暗的银河系。这些是大型多布森望远镜很好的目镜，宽广的视野可以让目标一直在可见的范围。

❖ 增加低倍全景目镜

为了在5.08厘米系统上得到最宽广的视野，Tele Vue 41毫米全视镜或31毫米那格勒是不会被打败的。米德30毫米 Ultra Wide，威廉光学28毫米 UWAN或大学光学40毫米MK-70 König是不错的选择，它们价格较低，光学系统又较慢。如果40毫米的目镜在你望远镜上产生了7毫米的出瞳距离，那就去买Tele Vue 35毫米全视镜或更便宜的星特朗 32毫米 Ultima LX。

不要忘记还有5.08厘米星云滤光器，这也是你要的。这个是昂贵的附件，但是大型的深太空天体，如北美星云或面纱星云，只能在这样的目镜和滤光器组合下看清，那些图像是令人难忘的。

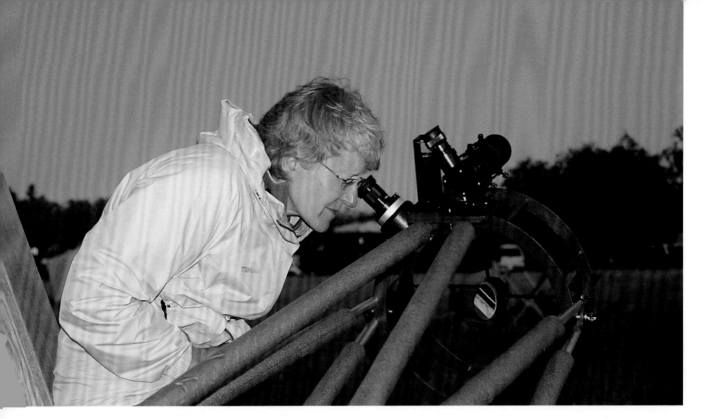

❖ 增加观测行星的目镜

就像上面所提到的，我们通常会使用一个好的巴洛透镜而不是标准的4～8毫米目镜。巴洛透镜的出瞳距离更好，性能也不会差。三款深思熟虑后购买的目镜和巴洛透镜是一套很全能的设备。当视野受限时，它们所产生的各种倍率能适合各种观测，包括高倍率下的行星和双星观测。价格再贵点的高倍率目镜选择就是1～2个Tele Vue Radians 或威廉光学的SPL目镜。

❖ 注意：弄清你的倍率极限

选择目镜时，要知道目镜的低倍率和高倍率极限。避免去买倍率小于望远镜光径英寸数4倍的目镜（后透光孔要保持在7毫米以下）和倍率高于望远镜光径50～60倍的目镜（最高可用倍率）。在实际当中，你最频繁使用的目镜的倍率范围必须是光径英寸数的7～25倍。

❖ 慧形像差校正器

虽然现代目镜能把色相差减少到几乎为零，但是主镜依然存在色相差。快速f/4.5牛顿望远镜上的高档目镜在视野边缘仍然会有色相差，会让星星看起来像小彗星一样。抛物线形的主镜天生带有慧形像差。因此，逻辑上的下一步就是要优化目镜的设计，消除主镜的缺陷，生产真正没有色相差的望远镜系统。解决方法是在牛顿望远镜的光路上装入慧形像差校正镜头，通常是按照5.08厘米筒口的巴洛镜头就可以安装任何目镜。

这些配件（巴德全能慧形像差校正器带环形装置，售价200美元）被极力推荐用于f/4和f/5牛顿望远镜来消除离轴像差。任何花钱买了大型多布森望远镜的人都想买这个配件。慧形像差校正器在低倍率下性能最好，能看到全景。除了最难的高倍率行星观测，这个配件可以一直安装着用于各种观测。

快乐是
一个新的目镜。图中，黄昏的天空下，一个观测者正用装备良好的多布森望远镜尝试新的高倍率目镜观察木星。

消除慧形像差
慧形像差校正器由巴德和Tele Vue生产。巴德的多功能慧形像差校正器利用一系列复杂的适配环来直接和目镜连接。Tele Vue的Paracorr使用较为简单，但是放大倍率为15%。在观察和摄影时都可以使用，有可调节的顶部来调整目镜所需的校正。

滤光镜

望远镜最好的配件是一套上等的目镜。目镜最好的配件是一套好的滤光镜。滤光镜的作用有时很大有时很小，这是要靠慧眼识别的。

业余天文学家的滤光镜有三类：太阳的、月球和行星的、深太空的。虽然在结构上很不相同，这些滤光镜在功能上是相同的：减少到达眼睛的光线。鉴于望远镜使用者的目的是增强光的汇聚能力，以至于这点听起来有点奇怪。

为什么在观察太阳的时候要用滤光镜，这是很容易理解的。因为太阳滤镜是完成任务必需的，这点会在本书第9章单独讲解。那么行星呢？大型望远镜中，像金星、木星和火星有时候会太亮；滤光镜能减小光的强度但不会降低分辨率。但是，滤光镜的主要作用是增强行星上的印记，这是通过增强不同颜色区的颜色来实现的。

另一方面，深太空观测的口号是："让它有光"。那滤光镜有什么作用呢？深太空物体发出的光通常会伴有天空辉光和污染光。星云滤光镜能阻挡不需要的波长，允许通过的波长为这些深太空物体，从而改善信号（目标天体）和声音（天空环境）之间的对比度。

滤光镜的彩虹

装入目镜筒的五颜六色的滤光镜，能增强行星上的详细信息，但是增强的效果很微弱。你要忽略滤光镜所呈现的总体色彩，把注意力集中在行星的遮阴上。如果没有滤光镜的情况下看不到木星的大红点，加上滤光镜也不会突然看到。

🔭 滤光镜的特点

大多数的滤光镜被放在小部件里，然后拧入目镜镜筒的底部，可用于2.4511厘米、3.175厘米和5.08厘米目镜。所有牌子的滤光镜都由光学镜片和平行板表面组成。跟摄影的应用组件不同的是，天文学没有明胶滤光片。现在很多滤光镜的镜头上有相同的抗反射涂层。除了Vernonscope的布兰登型号，20世纪80年代后生产的所有目镜都采用标准滤光镜螺纹，所以不管什么牌子的滤光镜都能在任何目镜上使用。布兰登目镜，要求用Vernonscope或Questar滤光镜。有些滤光镜的两端都有螺纹，这样就可以装两个，但是两个滤光镜产生的光效不会比一个的要好。

🔭 行星滤镜

初学者会被行星滤镜所吸引，因为它们价格不贵（约15～20美元），能呈现彩虹的每个颜色。行星滤镜标有和柯达用于摄像一样的编号。行星滤镜中编号为80A的蓝色滤镜和摄影师的编号为80A的颜色是一样的。对于目镜，诱惑是要收集全套，而且你会都用到它们。

在所有的行星镜中，12号黄色、23A号浅红色（增强火星上暗区域和亮区域的对比度）、56号浅绿色（加强木星上大红点和黑云带的特点）和80A号蓝色（偶尔观察金星云层的微小特性）是最有用的。这些组成了行星观测的基本组件。8号浅黄色可以由12号代替，21号橙色或25号深红色可以由23A号浅红色代替。

行星滤镜：总结性的对比

编号	颜色	观察物体	评价
1A	天光	一	雾穿透，主要用于摄影
8	浅黄	月亮	消除折射镜的蓝色色相差；减轻光亮度
11	黄绿	月亮	和8号功能相同，但是颜色更深
12或15	深黄	月亮	加强对比度；减轻光亮度
21	橙色	火星	照亮红色的区域和突出黑暗的表面标记；穿过大气层
		土星	显露云层
		太阳	消除美拉太阳滤镜的蓝色
23A	浅红	金星	白天观测时让蓝色的天空背景变黑暗（水星也是这样）
		火星	和21号功能相同，但是颜色更深
25	深红	火星	大光径望远镜下看到具体的表面
		金星	减轻光亮度；显露云层的信息
30	洋红	火星	阻止绿光；传输红光和绿光
38A	蓝绿	火星	显露云层和霾层
47	深紫	金星	减轻光亮度；显露云层信息，非常暗色的滤光镜
56	浅绿	木星	强调红色区域和大红点
		土星	强调云层
58	绿色	火星	突出高云，特别是星体边上的
		木星	和56号一样，但是颜色更深
80A	浅蓝	火星	火星上的云和雾霭
		木星	以带和椭圆形突出详情
82A	非常浅的蓝	火星	火星的云和雾霭
		木星	和80A相似，但是颜色非常淡
85	浅橙色	火星	和21号相似，突出表面详情
96	中性密度	月亮和金星	减轻光亮度，但是不增加颜色
一	偏振镜	月亮	白天观测弦月时能让天空背景变暗

在这样的情况下，行星滤镜对观测的改善是很微小的，通常初学者会感觉不到。知道要找什么才是关键。行星滤镜能减少消色相差折射望远镜本身产生的消色相差，具体见本书第10章。

月亮滤镜

月亮有时候也会太亮，特别是在大型望远镜中。一个黄色或中密

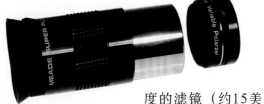

度的滤镜（约15美元）能降低其亮度和缓解眼疲劳。对于折射望远镜，8号浅黄色和11号黄绿色滤镜对于消除色相差也是起作用的，色相差就是月亮、木星和金星上最明显的蓝色边缘，除了最好的几个望远镜，其他几乎都存在这样的情况。

观察月亮时，偏振滤光镜和中性密度滤光镜一样有用。它们能阻挡在特定

使视线变暗

一些厂家提供包含两个滤光镜的双偏振镜，可以分别转动创造出多变的中性密度滤光镜。在适当的角度交叉，滤光镜只允许5%的光进入，所以不管月亮在什么阶段都可以变暗到令人满意的程度。

星云发射光线
这些波长的星云是明亮的

放射光线	颜色	波长
氮气-II	红色	658nm
氢气-alpha	红色	656nm
氧气-III	绿色	501nm和496nm
氢气-beta	蓝绿色	486nm

星云滤镜的改革

20世纪70年代中期，由业余天文学引进，银色的星云滤镜被一些人认为是骗人的玩意。它们现在被认为是狂热的深太空观察者必不可少的配件。磷康长期以来一直都为目镜和相机制作星云滤镜。它的产品变成了其他产品衡量的标准。有竞争力的滤镜生产厂家有米德、欧丽安、斯瑞斯（Sirius）光学、泰利微（Tele Vue）和千橡光学。

方向振动的光波，很适合做太阳镜，但是在天文学上的作用有限。它们主要用于白天或者傍晚时分观察上弦月和下弦月。和太阳成90°天空区域的光线是最偏振的，那里可以看到弦月。使用偏振滤光镜（确保已经旋在最佳效果的位置），能使天空背景变黑，增强白天观察月亮时的对比度。

深天空或星云滤光镜

星云或减少光害滤镜被认为是业余天文学设备的重要发展。星云滤镜不仅仅是几张彩色的镜片。因此，价格比月亮和行星滤镜要高得多。起步的价格约为60美元，上至约200美元，能装在5.08厘米筒口的目镜上。

这些高科技的滤镜利用星云在特定波长发光的特点。它们不像星星那样会发出很多颜色的光。星云的光主要是氢原子和氧原子的作用。稀有气体有明确的发射谱线，路灯里面的气体就是这样的。

水银蒸汽和钠光是造成城市及其上空光害的主要原因，只发射出光谱上红色和绿色的光。鉴于星云最主要放射光谱上红色和绿色的部分光线，在没有干扰另外光线的情况下，一种光线可以被阻挡，这就是星云滤镜所做的。

观测深太空的三种天体可以使用星云滤镜：漫射辐射星云、行星星云和超新星残骸。它们都放射出独有的光线。一些星云（在长时间曝光的照片上看是蓝色的）因为被星光反射而闪耀，因此星云滤镜不会对它们产生作用。当观察星系和群星时，星云滤镜也是没有用的。滤镜会使这些星体和天空都变得更黑。

星云滤镜可以把质量很差、有光害的天空转变成相当好的观测位置（至少在观测星

有滤光镜之前和以后

这是在黑色天空下，通过常见的12.7～15.24厘米望远镜观看薄纱星云的模拟选图。

星云刚好在黑暗的区域可见。同样的用带有O-Ⅲ滤光镜的望远镜看到的更多，对比度更高，甚至是在很黑的天空下。事实上，在黑色的天空下效果尤佳。

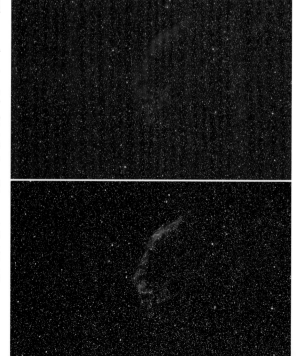

云时）；把好的观测位置转变成极好的。跟流行的观念刚好相反，星云滤镜不光是给市区的人用的。在城市这一直是个谜，使得很多望远镜用户不愿花钱去买。我们的建议：不要犹豫了，去买个吧。它们的效果在黑暗的天空下会更好。黑暗的天空下经常会有微弱的极光和大气光活动，这些是滤镜可以减少的。

🔭 星云滤镜的类型

星云滤镜的重要技术指标就是带通。除了红色波长以外，它们还发射光谱上的蓝绿色区域。然而有些型号会让一大块光通过重要的绿色带（人眼对绿色是最敏感的，大部分的星云会放射出很强的绿色光线）。这些带通类型的是为了在观测各种深太空天体时减少光害。例如磷康深太空滤镜，欧丽安Skyglow和千橡LP-1。

另一些较窄带通是要更有效地阻挡那些不需要的光线，进一步改善对比度，但仅限于放射型星云，另外的深太空天体只会变黑。磷康超高对比度滤镜，最早也是属于这一类的，仍然能作为标准。另外一些包括星特朗UHC，米德908N，欧丽安UltraBlock，Tele Vue NabuStar和千橡 LP-2。

也有线型的滤镜（氧气-Ⅲ和氢气-beta滤镜）使用超窄的带通，这是为一些特定天体放射的波长量身定做的。O-Ⅲ滤镜是不错的选择，但是H-Beta滤镜只能增强一些天体（主要是马头星云），你可能会很少用到。星特朗、米德、磷康和欧丽安都提供线型滤镜；其他还有Tele Vue Bandmate O-Ⅲ和千橡LP-3滤镜。

我们经常使用超高对比度窄频带和O-Ⅲ滤镜，但是发现对宽频带目镜几乎没用。如果你要去选择一款滤镜，超高对比度的窄频带滤镜在所有的望远镜中是最有用的。在我们的测试中，连80毫米 f/12欧丽安折射望远镜都能看到薄纱和北美星云。如果你被星云吸引，再加个O-Ⅲ滤镜，虽然是在慢速的f/10~f/15望远镜上，这些滤镜可以很大程度上使天空变得昏暗，以至于使用者都无法看清视野了。

虽然花200美元在星云滤镜上看起来很过分，但它对于深太空观测效果的改善就像加倍了你望远镜的光径一样。试一下用滤镜和不用滤镜去观察薄纱星云，你会发现滤镜的价值。

星云滤镜：总结性比较

星云滤镜已经成为业余天文学必备的工具，因为它们可以改善一些深太空天体的观测质量，不管有没有光害。这些滤镜都能发射光谱红色部分的波长（在H-alpha发射线在656nm左右）。它们在传输绿带波长（500nm左右）上的主要区别。

类别	带通	评价
宽频带	90nm：442~532nm	拥有最宽的频带和最亮的图像，但是最低减少光害的能力。适合摄影学。在一定程度上可以用于非星云深太空物体。例如：磷康深太空、欧丽安Sky Glow，千橡LP-1。适合于慢速孔径焦距比的望远镜
窄频带	24nm：482~506nm	窄频带通在光谱绿色区域。进一步使天空变黑。星云和天空之间的对比度明显。一个很好的通用滤镜，用于发射星云。例如，磷康超高对比，欧丽安LP-2。其他厂商生产的滤镜在传输功能上还是差不多的
氧气-Ⅲ	11nm，包括496nm和501nm	线型的滤镜，很窄的带通，在绿色双电离氧气发射线中间。最高的对比度和最多的阻挡光害。适用于行星星云和超新星残骸。最好是在快速孔径焦距比望远镜上
H-Beta	9nm 在486nm中间	线型的滤镜——非常窄的带通在蓝绿 H-Beta放射线中央，对于马头星云和加利福尼亚星云很有用，但是其他的很少

·以纳米（nm）为单位。1nm=10Å=1毫米的100万分之一

第5章 业余天文学指南 "配件目录"

20世纪50年代后期，

当第一颗人造卫星开始飞行，

人们对太空的兴趣也被燃烧。

一个玩具生产商引进了明亮的星星探测器，

这个产品是一系列塑料光磁盘，

上面刻满了星座的数据。

每一张磁盘都可以放在反射镜支架上，

形状像小型网球拍。

这样观测者可以将它举向天空，

试着去确定真的星星。

这是没有用的小玩具。

很快50年过去了，

使用全球卫星定位系统和惯性传感器的装置能让你瞄准任何星体，

一个声音或屏幕读出器会告诉你一切信息。

技术是不可思议的。

星特朗SkyScout和米德MySky以400美元出售这些装置。

它们如此诱人，你需要吗？

虽然一些产品带来了一定的快乐，

其他有些是不必要的。

这里有常用的附件清单，

从有用的到没有用的。

用户购买新望远镜不久以后就开始
补充新的目镜、寻星镜、数码读出
器和许多其他配件。一些是有用
的，另一些只是些玩具。

经典的寻星镜

调节寻星镜支架上的调节按钮可以调整寻星镜，使它刚好和主镜一样对准同一块天空。最好的支架有两个调节扭矩，前和后。像这款放在欧丽安XT6上的6×30寻星镜，它们需要螺母来保持适当的校准。

新款寻星镜

在中国进口的望远镜上经常能找到使用两个扭矩和一个弹簧装置，就像这个6×30的寻星镜。要是保持瞄准的话，就很容易调整。

快速释放的寻星镜

便利之处在于有楔形榫头支架来支撑望远镜上的寻星镜。这样搬运时允许快速拿走寻星镜，并始终保持对齐，直到寻星镜被重新安装。这个支架的大杆子使得头部放在寻星镜后面拍照更容易。

极力推荐

目镜和星图位居必备配件清单的首位，它们种类很多，因此我们把这些配件单独写成一个章节。摄影用的配件是专业的产品也会在后一章节讲到。对于大部分观察者来说，以下附件值得被放进网上购物车和圣诞祝福清单。

升级版寻星镜

对于新手和老手来说观察所面临的一大挑战是找到天体。望远镜的寻星镜越好，这个过程就越简单。有了寻星镜，更好通常意味着更大。

很多生产商在初级望远镜上依旧供应不合格的寻星镜，因为大部分第一次购买者都不知道配件的重要性，直到他们在晚上实际使用这个望远镜之后。

即使是更贵的望远镜（较小的反射望远镜和基础的施密特-卡塞格林望远镜）通常也只有6×30寻星镜，意味着6倍率和30毫米光径镜头。这些就足够

了。它们在定位明亮的目标时足够了，但是在搜索深太空天体时还是有局限的。对于20.32厘米和较大的望远镜，带有50毫米光径和7×~9×倍率的寻星镜是更好的选择，可以看到9级星星，能保持6°的宽广视场。

所有寻星镜的目镜都有瞄准器。有一些有特殊的十字线，指明北极的真正位置和北极星有关。虽然极点校准的十字线没有坏处，但是精确地极点校准不是必要的，除非你研究天体摄影学。

一些寻星镜会有发光的十字线，在目镜的边上有用电池运行的灯。然而，小的相机电池很贵，而且我们会发现在观察结束时很容易就忘记关灯。结果指示灯在大多数情况下是没电的。

50毫米的寻星镜价格约60~100美元，取决于其他配件像直角棱镜、发光的十字线和楔形榫头支架。

反射或红点寻星镜

这看起来像是无足轻重的配件，但是大多数用过一次就无法不用它。看下反射镜的窗户、瞄准镜、寻星镜，你会看到一个红点或牛眼状的目标在裸眼看到的夜晚天空。很流行的款式是最早的Steve Kufeld设计的Telrad和Rigel系统的Quikfinder 。这两款都很容易跟大多数望远镜连接，采用了塑料底，用两端的胶带或扭矩固定。它们重量都很轻，不会有平衡的问题。它们的LED灯用电量很小，电池持久耐用。每个都是50美元，你可以买一个去改进下望远镜。

还有一个选择是瞄准式红点寻星镜。通常被叫作RDF。这些装置带有一个

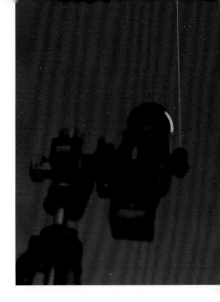

小窗。通过这个你可以看到外面的天空中有一个红点。例如欧丽安EZ寻星镜、Burgess MRF，宇航科技 ATF和星特朗Star Pointer，售价为30~60美元。

一些款式的窗户很小，有时会包有涂层，使得很难看到足够的天空，从星光闪烁到模糊的目标。由各生产商出售的多十字线寻星镜是最好的。但是要瞄准明亮的物体和只是为了对准自动系统，任何红点都只是刚好。买的时候，要确定哪款能装在你的望远镜上。有一些会滑入楔形轨道，而这里已经装了你的寻星镜。另外一些会要求在望远镜筒现有孔上套一个新的楔形底座。对于缺少这样的孔的寻星镜，选择是做一个能把两端都连接的底座。如果你匍匐在地上，沿着镜筒在对准，就会发现你还是没有对准目标。反射的或红点的寻星镜就是答案。我们在很多望远镜上使用它。

🔭 红色手电筒

你不会意识到这个配件有多少重要，直到一天晚上你忘记了使用它。你怎么看星图呢？带有价值上千美元的设备，但是你却为了15美元的手电筒在星星中迷路了。

任何口袋式手电筒都可以。将灯泡涂上红色的指甲油，或者把面板用红色玻璃纸或红纸包起来。红色的灯光在夜晚穿透性好。

买一个能放进嘴巴的足够小的手电筒，这样双手都可以腾出来。手电筒是要塑料做的，金属材质的到冬天用就太冷了。手电筒有红和白色发光二极管是很方便的，明亮的白光是用来安装和拆卸仪器的。有可伸缩支架的灯也是很有用的，可用来为看图、配件箱和桌面照明。

新的寻星镜

为了给物体定位，一个没有放大倍率的寻星镜可能就是你需要的。左边是一套很好的组件（从左图到右图）：Telrad，Rigel 快速寻星镜，宇航科技的多标线寻星镜和星特朗Star Pointer。与望远镜一起相连，是很好的助手。

较差的寻星镜

低价的圣诞垃圾望远镜通常带有恶劣的寻星镜。有时候，它们仅仅是个带有十字瞄准线的空镜筒。一些初学者的望远镜采用荧幕遮等系统，也就是使用主镜作为寻星镜。理论上听起来不错，但是实际上这种设计就很失败。它会导致视野很模糊，目标很混淆。

廉价的望远镜通常带有5×24寻星镜，绝大多数都是垃圾。很多在镜筒内有孔径光阑，把广告上说的24毫米光径减成10~15毫米的实际可用光径。这样小光径的望远镜只能观察比月亮还模糊的天体。把这样一个垃圾寻星镜升级成优质的6×30是一个巨大的工程。

一些寻星镜的另外一个特点是，就算是较大型的寻星镜也是直角棱镜。当你观察高空时，通过直角寻星镜要比较容易，视野是镜像。它们和真的天空与印刷的星图不一样。所有的星象左右方向已经反了。要对照星图，先把星图倒置过来，透过手电筒从背面看，这真是差劲。

更糟糕的是，观察者观看的方向和使用直角棱镜时望远镜的方向是不一样的。通过直接观看的寻星镜，可以用一只眼观看真实的天空，另一只眼观看寻星镜内的视野。虽然直通的寻星镜观察时脖子会很痛，我们还是推荐你跟上设计。

小型5×24寻星镜通常会在10~15毫米光径处停止，停止键位于主镜内部。因为寻星镜的镜头很不好，所以它不能在最大光径24毫米时运行。如果是的话，它产生的图像也是很模糊的。这款经济型的三脚支架也使得它很难精确地与寻星镜对准。

天文学家的手电筒

最好的天文学手电筒采用会变暗的红色发光二极管，耗电少，又比灯泡可靠。带有高亮度发光二极管或氙灯的手电筒在安装或拆卸望远镜时很方便，这时暗适应就不重要了。

一个好的箱子

硬壳的箱子，例如JMI放置星特朗15.24厘米卡塞格林望远镜的箱子（见上图）在公路运输时是必备的。

再小点的望远镜，像90毫米短筒折射望远镜，可以在软包装中运输，像欧丽安的盒子（底部左图）。目镜和滤光镜需要单独的盒子，像塘鹅相机箱子（底部图右）。

🔭 清洁和工具箱

一个工具箱包含了所有的螺丝刀和扳手，你的望远镜可能会用到，这是必备的。在一路奔波后，零件变松了，镜头要校准和螺栓要弄紧点，有些望远镜不需要工具箱（例如来自Bobs Knobs），能用大的把手来取代螺栓和螺帽，这样手动起来也很容易。

一包镜头清洁巾，棉签和镜头清洗液也应该放在每个望远镜的配件箱中。同样也放进一点电工胶带。一卷胶带能修东西的多少会很令人吃惊的。

不要忘了把防虫剂放到野外分析箱。蚊子很喜欢天文学家。但是当防虫剂喷到望远镜的手把和按钮上时，也是很麻烦的。更糟糕的是，防虫剂中的高DEET成分会被光学涂层和塑料双目镜镜身和箱子所吸收。

🔭 带上箱子

需要有个合适的箱子把目镜、滤光镜和配件都装起来。相机店和电子商店会卖各种各样的箱子。不要买有好几格的款式。公文包这样的款式是最好的。一些会有可移动的分格，另一些会有可以割下来的泡沫。这些泡沫带有拉黏式方格，可以被摘除。它们很容易脱离，但是可以换掉。

然后就是望远镜了。大部分望远镜不会自带箱子。很多望远镜销售商会卖较厚的或软边的包，能用来放各种小型望远镜。一些包甚至能放下三脚架和底座。硬壳的箱子，通常是生产商的选择，适合大型望远镜。像里奇和施密特－卡塞格林望远镜、JMI和ScopeGuard都有生产各种各样的箱子。

🔭 露罩

抵挡露珠和大雾的第一层防卫就是露罩，它是延伸到前部镜头和校正盘之外的管子。但是望远镜最需要露罩的望远镜——施密特－卡塞格林和马克苏托夫很少会自带露罩。暴露在天空中，这些望远镜的校正镜头肯定会有露珠。露罩可以从很多公司和经销商那里单独买到。也可以用纸板、泡沫或塑料在家里做一个。不管是商业的还是自己做的，沿望远镜镜筒回轨或向后折叠的露罩是最容易储藏的。

装上露罩可以将水珠进入镜头延缓半小时。但是如果露珠是在其他地方形成的，不久它就会覆盖所有暴露的望远镜表面。那怎么办呢？

🔭 露珠枪

抵御露珠的可以用手握式吹风机，把暖风吹到已经受影响的镜头上。在家里，低功率的交流

电吹风机给我们的夜晚观察省了很多时间。如果你用12伏的直流电，使用在汽车配件店能买到的加热枪，可以从挡风玻璃上化解大雾。

手握式吹风机虽然用起来很方便，但只是权宜之计。在潮湿的夜晚，望远镜会再一次起雾。一旦望远镜的热量传送到空气中，空气的温度不变，露珠再一次凝聚，吹风机就不再起作用了。再者，在经历了很多露珠的撞击后，镜头的表面会从热干的灰尘和水珠中积累很多黏性的、很难去除的残余。问题的关键是要阻止露珠形成。

不是必备，但是有一个也不错

在望远镜生涯必需品买齐之后，还有一张清单，上面的配件不是必需的，但是能给星体观测增添乐趣。

去露珠线圈

去除露珠最好的方法是阻止它们的形成。我们推荐德里克露珠去除系统，这个系统有适合各种望远镜、目镜甚至手提电脑的加热线圈和加热垫。它们采用的是12伏的电压，可变强度式控制器，可容纳4个低压加热器，包括：物镜、校正镜、寻星镜、目镜和主目镜上任何镜头的表面边上包围外镜筒。加热器能提供恰到好处的热量来阻止露珠的形成。如果你自己做了目镜配件加热箱，目镜加热器则不是必需的，因为被露珠包围的目镜可以更换。

露罩

米德ETX（左）或较大的施密特-卡塞格林望远镜（上）的露罩可能是用户能买到的最有用的配件，特别是在潮湿的北美洲东部。

露珠：天文学的吸血鬼

数不清的观测过程被露珠切短。像吸血鬼一样，它在半夜默默地吸干了望远镜的生命。随着夜晚温度的降低，水珠在空气中凝集，然后扩散至镜头，产生露珠。在寒冷天气中结霜。在视线良好的夜晚，由于镜头起雾而不得不终止行星观测任务或在等了1个小时后天体摄影照片变模糊了，遇到这样的情况，每个业余天文学家都会咒骂。

露珠不仅仅很讨厌，它还会破坏镜头上的涂层。世界上很多地方的工业文明已经把露珠变成了酸雨粒，跟酸雨一样。这种物质会破坏镜头上的涂层，尤其反射镜上加厚的镀银镜头（较常见的镀铝涂层比较不易受影响）。在北美洲的东北部，酸雨和酸雨露珠频繁，暴露于空气的牛顿望远镜不建议使用镀银涂层（这种涂层现在已经罕见了）。有镀银涂层的老款的施密特-卡塞格林望远镜或马克苏托夫望远镜用户要确保镜筒不暴露在室外，不管是目镜还是插头。

 标准牛顿望远镜用户通常不必担心露珠，因为镜头是在长长的镜筒的底部，会让露珠远离主镜。但是对于施密特-卡塞格林、马克苏托夫和折射望远镜来说（像这个要起雾的米德ETX70-AT），露珠会是一大缺陷，销售人员会对此绝口不提。

极点望远镜

为了有助于极点对齐，所有极点寻星镜，图上和图右，会带有瞄准十字线，有时会发光，可以显示真正极点的位置和北极星的关系。南半球使用的有些瞄准线还会有图形。

加热器会影响图像的质量吗？关键就是目镜或校正镜的加热器。如果热量太多，观察质量就会降低；太少，露珠就会很多。当热量适中时，加热线圈不会有任何副作用。

电机驱动

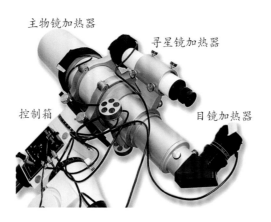

主物镜加热器　　寻星镜加热器

控制箱　　　　目镜加热器

绝大部分第一次买望远镜的用户会购买赤道底座，这么做是因为这个底座能追踪星星。有很多人不厌其烦地增加选择性的电机驱动，这是底座能追踪所必需的。近乎所有的望远镜都会有可选的电池运行驱动（110伏交流电机），但是都已经从市场上消失了。最低价的望远镜会在上升时以一定的速度追踪。再好点的型号会有时时8×，16×或32×速度变换按钮。这对在月球周围一定镜头和使目标物体居中是很好的。一定要有速度控制，有的在中国进口的望远镜上增加选择性的驱动要放弃慢速的手动控制。没有能同时让电机和慢速光缆变换望远镜的控制装置，这在居中目标物体时是很不方便的。

高端的望远镜驱动会带有两个电机，一个用于上升时追踪（东—西），另一个在下降时居中目标（南—北）。如果底座带有下降时慢速手动控制，那么双轴驱动不是随意观测时必备的，但是推钮装置是很顺手的。但是在你要进行指导性的深太空摄影时，还是用双轴驱动为好。

防露珠的装备

3000美元的望远镜可以前后都装加热器，包括目镜、寻星镜在内大概250美元。在野外，这个装置不需要12伏电源，汽车电池或供电套装就可以了。或者加热控制器可以从交流电通过12伏的电源运转，它能产生3安或以上的电流。

基本的追踪电机

好点的小型望远镜底座驱动装置从单轴60美元（见图）开始到150～400美元的双轴。

极点对齐望远镜

在摄影中，赤道底座必须精确地对齐两极。对于随意观测，只要大概就行。不管这样的技术含量是多少和精确度是多少，极点对齐要求将底座的极轴和极点对齐。现在在卖的几乎所有德式赤道底座都带有合适的控制器，来有效调节方位角和极轴角高度。

装在和底座成90°位置的极点对齐寻星镜是选择性安装的，它对准的是极轴。通过两极寻星镜，很容易就能找到北极星（北半球观测者）和调节底座的目标（具体说明见第15章精确极点对齐的方法）。但是对于随意观测来说，简单地让北极星处于极点寻星镜视场的中央——在真正天体北极的1°内就够了。

🔭 电源包和汽车线缆

如果底座是由直流电机驱动的，很有可能就带有电池套装，由小的手电筒电池组成或9伏的晶体管电池。这些东西使用寿命不长。D号电池是用于驱动的实际使用时间最短的。它们在寒冷的环境中长时间观测所表现的性能要更好。另外一个计划是要找到合适的电缆把电机与汽车电池相连。或是买一个大容量可充电电池，在没充电之前至少能用好几天。单独的电源装置可以让望远镜随地安装，并且不需要和汽车相连。

如果是给望远镜的双轴电机供电，7安/时电容的电源包可以用好几晚。但是对于高扭矩自动望远镜的高速电机来说，在12伏电压下要用3安电流，在天亮之前会迅速耗尽电量。增加防露珠线圈和电荷耦合相机，现代的观测者会很快在野外遇到能源危机。如果这些配件都和你的汽车电池连接起来了，你会在早上的时候发动不了汽车。15～30安/时电量的单独电源包是高科技观测者最基本的配置。太阳能充电电池是长时间在远方观测的很好工具。

12伏的电源

在野外，汽车配件商店有售的应急电池（远左）是很理想的。相反的，家庭用户会面临给12伏装置提供交流电的问题。对于高耗电的自动系统来说，至少输出3安的供电，像近左边的高容量装置，是必要的。

🔭 升级的聚焦器

很多供应商提供聚焦器的零件升级。由齿轮插件组成，以10∶1的齿轮减速提供双速精密对焦。另外是用新的元件完全取代现有的聚焦器，但是有双速粗糙和精密对焦。一旦你用了这些，就不能改回去了，但是它们肯定会是在"有一个也不错的"队伍中的。

豪华的聚焦器

Moonlite望远镜配件公司（见上图），JMI和星光仪器提供精密对焦和防抖连接，是天体摄影的理想选择。

🔭 观测椅

观察时给自己放张椅子。如果可能的话，当你坐着的时候，放低望远镜的高度，使目镜在你眼睛的高度。这样的舒适是一种奢侈。一个好的观测椅就是可以调节高度的凳子。要方便放置，还应该是可折叠的。音乐吧里鼓手们坐的凳子是很舒适的，虽然对于一些望远镜来说高度不够。大于38.1厘米的多布森望远镜要求有观测梯子。当观测最高点时，小型的厨房用梯子可能刚好和这些大型望远镜目镜的高度一样。

🔭 观测用桌子和辅助托盘

很多观察者发现把折叠式桌子带到观测点会很方便，可以放星图、书记和观测用具。没有这张桌子，观察者就得把它们放在后挡板或汽车行李箱内。

一些小型厂家会为普通望远

能放任何东西的地方

欧丽安卖的这款耐用的野营桌，能折叠成一个紧紧的卷，像左边支起的那个一样，很容易就能放进车里，便于野外运输。

坐的地方

这款灵活的观测椅可以被调节成很多位置来适应不同的目镜高度。

防风

白天的星星派对上，很多望远镜外面套着防水的尼龙布或沙漠风暴银色胶带罩子，这些反射性的毯子能让望远镜保持凉爽。当把望远镜放在家里或野外好几天，一定要用保护罩。各种望远镜尺寸的保护罩都有。

辅助对齐

像瞄准目镜（左）或激光校准器（右）这样的校准工具，是f/6～f/8牛顿望远镜中对用户很有帮助的配件，也是比f/6更快速的牛顿望远镜的必备工具，因为它需要更紧的矫正器。快速牛顿望远镜系统中，最细小的没有校准会降低图像的清晰度和对比度，特别是使用行星和双星的视野变模糊。

镜制造三脚架式托盘，例如施密特－卡塞格林望远镜，因为缺少放东西的地方。这些辅助的托盘可以放目镜、自动导航和智能手握控制器，否则因为无处可放，只能悬挂它们。当然，不管是什么，能给黑暗中的摸索带来便利都是好的，只要它在安装的时候不需要太多的精力。

滚轮车和镜罩

从大型的电视工作室和电影播放推车那里获得灵感，吉姆移动公司设计了一款滚轮车，一套滚轮安装于大型望远镜的三脚架下，例如25.4～30.48厘米的施密特－卡塞格林望远镜。其他公司，像Scope Buggy，也如法炮制。如果你能把这么大的望远镜放进车库，如果从车库到后院的观测地点有条很好的路，望远镜式的手推车就能让你安装无忧。它让那些特别大光径的望远镜进行随意

观测成了可能。你只要把望远镜当成是一块器件推到外面。

把望远镜放在车库或是把装好的望远镜扔在星星派对或后院好几天，这时最好的保护望远镜的方法就是防风雨的罩子。像AstroSystems、TeleGizmos和Orion（欧丽安）这些经销商都会有很好的防水罩，适合各种望远镜尺寸和型号。我们在不同气候条件下用过这些镜罩，并且向你们推荐。它们会比那些垃圾包更耐用。

校准工具

每个牛顿望远镜用户都应该有校准目镜，一个简单带有十字线和斜纹表面的镜筒，能把光线反射到望远镜筒中。通过这样的目镜（一种叫柯采新目镜）观看可以让所有的光学元素居中更容易，特别是次镜和主镜在中央有点或环形区域的时候（见第15章校准过程）。校准目镜的价格不超过45美元。更高科技使用激光校准器，这些元件价格70～200美元不等。Howie Glatter的产品选择很多（www.collimator.com）。当放入聚焦器时，激光校准器会沿着牛顿望远镜的镜筒发出一束激光。再调节望远镜镜头的倾斜度直到光束再返回到它自己那里。它的性能确实很好。但是一个低科技含量的校准目镜和使用星星测试的调节也能像高科技激光装置一样精确。

如果你买得起

如果观测者集齐了所有必要的元件，还有另外一些并不是必不可少但很好的配件，但是它们的价格都不菲。

🔭 数码装置

很多自动望远镜的智能化找寻功能可以被添加至任何望远镜。JMI，Lumicon，Sky Co毫米ander，Tele Vue和Wildcard Innovations 出售的附加箱子和轴编码工具箱，能用于很多望远镜，能读取望远镜位置的数码信息。天体的数据库（越贵的型号，数据库越大）能让你简单地找到目标天体，你只要找到目标的编码就行了。然后你看着显示屏转动望远镜。当屏幕显示00 00，表明你已经找到目标天体了。

光学读码器必须安装在每个望远镜轴上，要花350～800美元来配备这样高科技的寻星镜。

随着自动望远镜价格越来越实惠并且也日益流行，附加的数码装置变得不那么受欢迎。但是它们仍是多布森反射望远镜附加智能找寻的上乘选择。

🔭 多布平台和驱动

多布森望远镜最大的限制是没有追踪系统，但是能用独具设计的装置来弥补：赤道式平台。望远镜放置在小型脚踝高的桌子上，可以绕轴旋转，由电机驱动。这个平台又叫蓬塞底座，能提供一个小时的自动追踪，直到线型的传动杆需要重新被设置到起点为止。

还有一种方法是给高档的多布森增加智能驱动电机。StellarCAT的ServoCAT是流行的解决途径。不管任何方法，在50.8厘米或者更大的高倍目镜望远镜中放一个物体肯定是能在视野中看到的。追踪系统可以把大型带有高档镜头的多布森望远镜变成最精密的行星观测望远镜。在没有驱动的望远镜中通常是一闪而过的模糊的行星和星云在这里突然静止，以便细细研究。

花费约750～2500美元买个商业制造的赤道式平台或附加的追踪系统吧。后者会带有数码装置。

多布森配件

这款澳大利亚产的SDM牌多布森（远右）配有Argo Navis数码装置和防露珠加热器。典型的自制蓬塞追踪平台见近左图。工艺良好的商业平台在小公司有售，像赤道平台和圆桌平台。

望远镜是相当坚固的仪器，如果正确使用和存放，可以用一辈子。家用望远镜有三种基本的保存方法：便携的望远镜放在室内；便携但是很重的放在车库里；永久性放置的放在不易受热的观测台上。

望远镜放在不导热的车库或观测台上保存的优势是望远镜能不受外界温度的影响，不需要等到望远镜温度稳定来发挥它的最大性能。缺点是，特别是在小型观测台上，容易潮湿。湿气会重复袭击牛顿望远镜镜头的表面。折射望远镜和目镜暴露在外的镜头、金属部件和望远镜底座的装置上的露珠不断覆盖和蒸发，露珠防护加热器能减轻这样的情况。和野外一样，这对观测台上的望远镜也是有用的。在干燥的气候下，风吹来的灰尘和沙子是很令人烦恼的。预制的观测台，就像这里看到的几个，通常有混凝土浇制的地板。在观测台上，混凝土的地板站上去很冷。我们推荐在地上铺上室内外两用地毯。不仅仅是为了站着舒适，还为了在300美元的目镜掉落时，只是弹了一下而不是坏了。

 业余天文观测台曾经是自创的工程。但是现在越来越多的公司，多数是小型的专业型企业，会提供预设的安装穹顶，通常一天就能把望远镜放进去。（顶部图片）SkyShed 透镜（图解上部图片）不同角度的后院观测台

超亮的对角镜

高档的对角镜
带有绝缘涂层的增强型对角镜有99%的反射率，能保证最大化的提高图像亮度。它在机械性能上也比标准的棱镜式对角镜要牢度得多。很多厂家都生产3.175～5.08厘米的型号。

如果聚焦器能够容纳，5.08厘米的星星对角镜是折射望远镜和卡塞格林类望远镜很好的配件。最好地利用了有多种绝缘涂层的镜头，能反射99%的光线，而标准的镀铝涂层只能反射89%，是一个不小的进步。现代增强的涂层非常的平整，持久耐用，不会褪色。现在只要80～200美元，这样的对角镜能吸取高端望远镜的超级性能。

双目镜

我们一定在书中谈起过这个大块头。巴德和Tele Vue的双目镜要1000美元。但是现在，中国产的低价双目镜，很多经销商只卖约200美元。最初我们很怀疑，以为在上面看到严重的色相差和错误校准，会让你感到头痛。事实却是它们性能非常的好。我们使用了200美元的威廉光学双目镜，这个价格还包含了2个20毫米的很好的目镜。尽管它没有高端型号那么好的棱镜，但是它确实产生了清晰的图像，没有因为色相差而加色或是模糊图

像。这样实惠的价格，为什么不买一个呢？当你在考虑目镜和滤光镜这两套装置的花费的时候，双目镜的价格已经比几年前降了很多。

入门级别的双目镜

像所有的双目镜一样，威廉光学的这款只能安装3.175厘米目镜，这个范围包括了很多普罗素目镜和一些广角目镜，像欧丽安的EdgeOn系列，威廉光学的SWAN系列和短焦距的那格勒系列。24毫米和19毫米全视镜是极好的双目镜护目镜。

当你对你买的望远镜和目镜感到满意时，也许没有其他配件能让你的视野有很大的改善了。这甚至会让那些对天文学不感兴趣的朋友和亲戚大声赞叹。

双目镜利用一系列的棱镜把来自望远镜的单一光线分离成两条平行的光线，一只眼睛一条。特别要注意的是通过双目镜增加的光路长度要求在聚焦器对焦后还能运行10.16厘米。一些高档的复消折射望远镜可以做到，大部分的施密特－卡塞格林望远镜也可以。但是牛顿反射望远镜肯定不行，除非望远镜的镜筒或者杆长能切下来特别用于双目镜使用。

为了做到这些，双目镜通常带有巴洛透镜（通常是1.25×~2×型号），它能让焦点延伸至足够长，让装在双目镜顶部的目镜到达焦点。但是在巴洛透镜的放大倍率和3.175厘米目镜限制的共同作用下，双目镜无法实现低倍率和广视野观测。不要期待能用双眼在3°视场时观测北美星云的壮丽景象。但是，用双眼观察适中倍率的深太空天体和高倍率的行星时又是另一番情景。

圆形屋顶和遮蔽处

任何望远镜的最后配件就是能够安放它的房子。天文观测台可以使旋转式的圆形屋顶或遮蔽处，带有屋顶，可以卷起、拉下或折叠。大部分由业余天文学家自己建造，虽然商业公司会提供一些圆形屋顶在地上的现成结构或整个观测台。如果你所在的地方天空情况不是很理想，暂时搭建你的望远镜和随时能走是你最方便的安排。

对于非暂时性的设施，像AstroGizmos公司提供的尼龙圆形屋顶，包在一些强塑料做的帐篷支柱外。这些圆形屋顶可以承受高风，作为暂时的

结构让它们保持在后院中。浏览ｗｗｗ．backyardastronomy.com得到生产商的链接，或者是看看望远镜上圆形屋顶与遮蔽处生产商做的最新产品广告，将得到更多选择。

便携的观测台

由Kendric天文设备公司销售，这款独特的帐篷为路上的望远镜提供了有遮蔽的家。它的特点是有使用拉链分拆的屋顶。有了它你可以在昏暗的观测地点多待几天。使用者经常夸赞它的舒适性和便利性。

望远镜的脚垫

对于摇晃的底座，解决方法之一是这些振动阻尼器。

机动化对焦

对焦电机，像这款JMI生产的，减少了由调节聚焦器时所产生的振动。当然，最理想的解决方法是一个更加严密的装置。电机化对焦的另一个应用是极其精确地对焦，通常这是天文成像必需的。

计算机辅助观察

自动望远镜，像星特朗的这款施密特，可以和电脑连接，并在它的控制下运行。在电脑屏幕上单击天体，望远镜会慢慢转动去找到目标，非常地干净利落，但不是必需的。

不需要的设备

有些东西很诱人，但是要努力做到"简化"，因为没有这些东西观测同样乐趣非凡。你有越多的玩具，望远镜安装的时间就越长，错得也越多。

绿激光指示器

明亮的绿激光指示器在公共场所观测时是极好的。我们怎样才能在没有它的情况下指出星星和星群？很难。对于个人业余爱好者来说，这不是必要的，虽然它可以装在望远镜上当成目镜使用。要注意你在哪里和何时对准，因为它的光会干扰成像。一些星星派对禁止使用它。

聚焦电机

星特朗、米德和第三方的供应商如JMI，为市场上每个聚焦器和望远镜提供电池供电的电机。非手动式的调焦减轻了振动和图像的抖动。但是很多调焦电机在暂停、后冲和连续不断的工作过程中会产生问题，使它在精确对焦时很难返回。公平地说，一些问题可能是聚焦器本身引起的，不是电机。在遇到这样的问题后，我们通常会想着抓住焦距按钮，用手去旋转。但是手动通常是不行的。我们会发现这些多余的电量和电线是很麻烦的事。一些人会很喜欢对焦电机，我们完全可以做到不用它们。

振动阻尼器

这些小垫子是放在望远镜三脚架下的。高密度的金属套上橡皮圈来吸收振动，并阻止它们传到三脚架腿上。这些60美元的垫子真的起作用了，减少了阻挡振动的时间，但是几乎没有观测者去使用它们。人们宁愿把他们的望远镜牢牢地固定在地上。这对于那些需要精确对准的望远镜像自动望远镜和摄影用望远镜来说，是特别对的。

手提电脑和掌上电脑

自动望远镜可以由外部的电脑控制来运行天文学软件。本书第14章包含了如何连接这些详细的信息。比起使用望远镜自带的手动控制器，它的优势是电脑（可能是手提电脑、掌上电脑或智能手机）能显示星图，告诉你望远镜的指向和附近天体的位置。比起对照手动控制器上的编号目标胡乱地在天空转动，

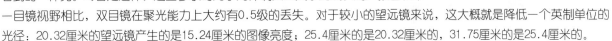

双眼观察的优势

通过带有双目镜的望远镜观察天空会看到令人印象深刻的景象。物体像是在三维空间里漂浮，行星呈现了更多的细节，月亮看上去像是从太空船的玻璃窗外看出去的真实风景。观察时的舒适感和随意感是单眼观察所不能比的。

双目镜最明显的问题就是光的丢失。每只眼睛最多能接受常见单一目镜所提供的50%的光。但是，当大脑将两幅模糊的花连接在一起时，结果是视野和单一目镜看到的一样亮。尽管是这样，这些多余的光学元件确实丢失了光线。用户报告和单一目镜视野相比，双目镜在聚光能力上大约有0.5级的丢失。对于较小的望远镜来说，这大概就是降低一个英制单位的光径：20.32厘米的望远镜产生的是15.24厘米的图像亮度；25.4厘米的是20.32厘米的，31.75厘米的是25.4厘米的。

双目镜爱好者认为这些缺点能被它所显现的附加信息所抵消。我们的经验能确认这样的结论。来自双眼的图像在大脑中显现的图像有更多的信号噪声比。视像不会那么多纹理。黑暗和肮脏的眼睛漂浮物（眼睛的坏血细胞）高倍率下在行星前落下，这种情况现在大部分被阻止了，连续和畅通无阻的行星观测得到了保障。

双目镜的经历是难忘的，当然这也取决于望远镜和你所观看的天体。Tele Vue和巴德做的双目镜是最好的。但是Den千米eier的高质量望远镜价格是高端组的一半。低价的中国产双目镜在很多品牌下都有销售，像Burgess、Lumicon、欧丽安和威廉光学，可以好好考虑下他们那200美元的价格。

 Tele Vue和巴德开始生产双目镜，售价为1000美元或更高。Den千米eier用低价和高质量的双目镜打开了市场（如图所示），中国也随即生产了低价的组件。

这样探索一片天空很简单。缺点是要安装更多的装置，纠结的电线、适配器的插座和如何用完充电的电池。但是对于移动的观测者来说，这仅仅意味着要多安装设备。

🔭 电子星星指示器

这里，我们又回到我们在之前章节提到过的装置：高科技星星指示器，像星特朗的SkyScout 和米德的MySky。这些组件用起来很好，不管对于新手还是老手，第一次用过以后都会高兴地大喊。我们想知道的是，它是如何做到的呢？一旦你接受了这个魔法般的技术，你会马上去用。

虽然星星指示器确实能把水平很差的菜鸟引向天空，但是我们还是想知道花400美元会不会不比买个简单的、低技术含量的星图要好。双目镜会让你看到一些东西。再高级点的业余爱好者不可能需要这个装置，只是把它当成有趣的玩具来玩，或是为了引起公众对星星派对的兴趣。它的确有趣，但不是必需的。

使用中的SkyScout
这是让SkyScout运行的聪明办法——作为大型双目镜的寻星镜辅助。

天文学护目镜

是的，它们是起作用的。在明亮的灯光下保持夜晚的视力，但是你希望别人看见你戴着它们吗？

正像寻星镜

比起我们书的之前几个版本，还没有一部分能比我们对正像寻星镜的排斥收到更多的反馈。这些装置的狂热者们写信支持他们最喜欢的寻星镜。我们承认正像寻星镜是很有用的，因为它的视野和裸眼看到的天空是相对应的。但是这样的优势只有在寻星镜是直通的情况下才会明显，这样的寻星镜是很少见的。它们大部分是直角的，可以让他们在向天空高处瞄准时看起来很方便。但是所有的直角寻星镜都会有这个问题：你看到的图像时望远镜对准方向的90°，这样很难把寻星镜的视野和望远镜所指的方向联系起来，虽然视野的方向是正面朝上的。所以我们的建议还是依旧：对于新手来说，正像寻星镜看起来是必要的，但是大部分观测者还是要学着不用它。替代的产品有红点或者反射寻星镜和光学寻星镜耦合。

闪光的支架——支架灯

就像天线上面的飞机警告灯，这些和支架相连的小小发光二极管警示好奇的游客：不要在这里游玩。它们只是玩具，虽然我们会给它们一个合理的使用：长时间曝光拍照时，标记放在远处的三脚架顶部的照相机的位置。

眼罩和护目镜

理论上，眼罩能让你更简单地用未带眼罩的那只眼睛通过望远镜观测天空。也许是这样。但是没有人喜欢自己看起来像讨厌的内陆海盗，即使在很黑的情况下。另一个傻瓜配件是过滤红光的护目镜，帮你维持对黑暗的适应，如果你要走进一幢照明良好的大厦。这两样东西一样令人讨厌。

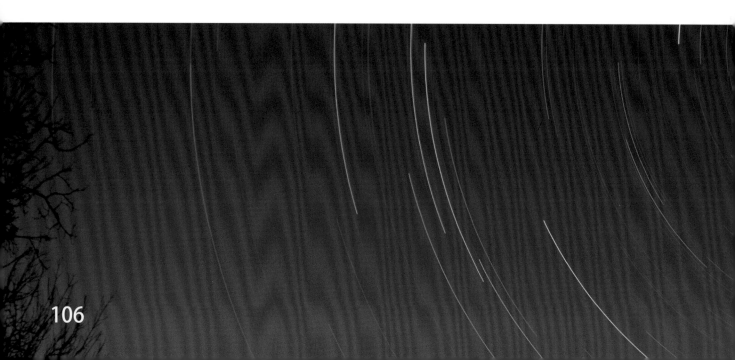

天文旅行

你的望远镜最好的配件就是昏暗的天空。但是为什么不去已经配备良好的天文学装配和舒适住所的昏暗天空下呢？这就是日益增长的天文学胜地的吸引力。例如新墨西哥的StarHill客栈和新墨西哥滑雪场等目的地有很多令人印象深刻的望远镜和相机，可以在每晚出租。或者你也可以在原始沙漠的天空下，在你的私人房子边上安装你自己的设备。在杰克和爱丽丝·牛顿的观测台B&B（底部右图），向游客提供天空旅行和电荷耦合成像指导，还有一流的床和早餐等食宿。就连图森附近的Kit Peak也在做天文旅游业的生意：游客可以预定观测活动或预定50.8厘米 RC光学系统的望远镜，进行一晚的观测活动和拍照。

20世纪80年代和90年代，月蚀的追逐活动从少数认真的人发展成可观的旅游市场。每一次日全食，都会有很多旅游公司把你带到月亮影子的轨道上。日食是一个将有独特风光的旅行和个人经历结合的好方法：太阳突然在白天从天空中消失。在接下来的几年里，日食观测者会去中国（2008年和2009年），东爱尔兰（2010年）和南太平洋（2012年，也是金星经过南太平洋的那年）探索。对于那些上瘾的人，日食的路线图是他们假期的规划。

 杰克和爱丽丝·牛顿提供了豪华的住所（见上图）、床和早餐，作为特别的奖赏，还可以住在圆形屋顶内进行天文旅行。1994年11月，日食追逐者开始向智利高原的火山风景进军。

第6章 使用新的望远镜

不管你是在打开第一次购买的望远镜还是在打开最新的升级版配件，安装新的望远镜总是很令人激动的。

如果你以前从来没有安装过望远镜，

期望通过新的望远镜观测第一天体的兴奋会让你把说明书抛到九霄云外。

就算你很耐心地看完了说明书，

你会发现这款国外产的望远镜的说明真不是一点点的麻烦。

我们看到过很多进口望远镜的说明书存在问题或是根本没有说明书。

为了帮助第一次买望远镜的用户，

我们撰写了这一章作为我们的"使用新望远镜的指导"，

上面的很多贴士来自我们的经验和多年来我们为疑惑的用户处理的问题。

新望远镜的第一缕光是充满了期望
的经历，无论望远镜是不是高端的
型号。图为在昏暗的天空下初学者
望远镜在后院中的安装。
艾伦·戴尔（摄）

介绍初学者望远镜

本章主要指导你如何安装和使用你的第一个望远镜。作为入门级别的望远镜，我们挑选了两款中国产的进口望远镜，因为它们代表了最常见的入门级别望远镜，你可能也会遇到。和本章介绍的两款差不多的望远镜在全世界都有销售，它们由很多国内外知名品牌通过经销商出售。

我们不是说这两款特定的望远镜是初学者理想的必备望远镜。但是事实上，它们是很成功的产品。很大一部分都在初学者手上使用。

从我们的经验来看，这些望远镜不仅物超所值，也反映了新用户急需帮助。望远镜的赤道式装置和科学性能是最初吸引那些新手的。也是"这是用来做什么的？"问题产生的原因。

这章内容可以看成是初学者望远镜组装和使用的指南，因为我们在寻星镜、目镜和第一次成功观察上的建议是适用于任何望远镜的（关于使用现代智能自动望远镜的建议详见本书第14章）。很多初学者第一次购买的望远镜都是非智能的望远镜，这就是我们在这里详细描述这些望远镜的原因。

入门时选什么望远镜最好？虽然多布森底座的望远镜（下图使用的）依旧是我们第一推荐的初学者望远镜，但是最流行的是德式赤道底座（右图）的望远镜。本章解决了很多用户在安装和使用这些望远镜上的问题。

🔭 望远镜的旅程

虽然一些望远镜，像米德的ETX系列和星特朗的NexStar系列，拿出盒子的时候就是已经安装好的，但是绝大多数望远镜还是需要安装的。支架必须用螺丝拧在一起，底座的头部需要调整和上紧，这些组件还要和主镜筒连接在一起。

在我们开始介绍安装指南之前，我们会介绍几款典型的望远镜的零件组成及其功能。我们还会指出一些除了混淆视听没有其他用处的零件。虽然我们在图解中只列出了几款特定的型号，但是要知道这些元件可以在任何赤道底座、大部分反射望远镜和折射望远镜上找到。

准备开始

一个年轻的天文学家已经安装和校准了她的新望远镜，准备在山顶上探索黑暗的天空。由于不知道望远镜的工作原理，很多新用户在这个阶段碰到了困难。

解析天体坐标定位

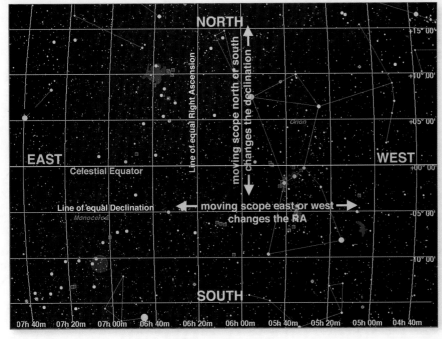

我们会在本书第11章更详细地阐述天体坐标。但是安装任何赤道式装置都需要用户了解赤经（R.A.）和赤纬(Dec.)的概念，赤道式装置沿这两个方向运动。

赤纬就像是地球上的纬度。要改变赤纬就是把望远镜沿着赤经线向南或向北移动。赤经就像是地球上的经线。要改变赤经就是把望远镜沿赤纬线向东或向西移动。所有的赤道式底座都有两条互相垂直的轴。一条是赤经运动方向（东~西），另一条是赤纬运动方向（南~北）。

天空被分格成了一条条的赤经和赤纬。我们不推荐用天体坐标给物体定位的方法来找到你在天空中的位置（见本书第11章）。学会辨别方向能让你知道你的赤道式底座的望远镜是怎样在两轴上移动的。（地图由TheSky/Software Bisque提供）

底座

标准的初学者望远镜通常配有像这样的德式赤道底座，称为"EQ-2"型号。它没有像看起来那么复杂。上面有很多按钮和拨号你有可能从来不用。但是首先，你必须知道这些零件叫什么并用来做什么。

定位圈和索引指示器
在天体坐标内用于调节度盘的刻度尺。
你很少会用到这些。
赤经定位圈（在底部，标有0～23小时）
可以在底座之外独立调节；
赤纬定位圈（在顶部，标有0°～90°）要固定。

赤纬轴锁定器

微动控制（2个）
一旦上紧了锁定器，
微动控制就会发生，
可以用于微调指示和追踪物体。

赤经定位圈锁紧螺丝
当赤经锁松开时，
上紧这颗螺丝能让赤经定位圈跟着望远镜一起转动。
这个是不必要的，
让这颗小螺丝松开吧。

赤经轴锁定器
松开赤经和赤纬锁定器，
让望远镜自由地转动来寻找新的目标。
当你离目标天体很近时，上紧锁定器。

电机连接螺栓
（在赤经定位圈的下方）
这里能连接选择性定速赤经电机驱动（最低价的电机选择）。

神秘的旋轮和控制杆
这是一个旧款交流机电和一种变速直流机电的齿轮离合装置。

微动控制

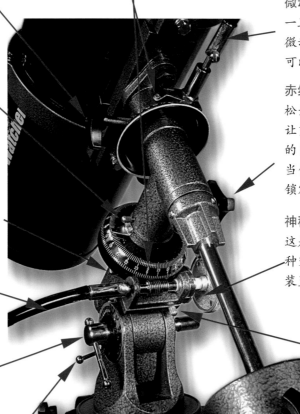

纬度螺栓和比例尺
它们能根据你的纬度来调节底座的倾斜角度，是一次性的调节装置。
小心地转动螺栓，因为一旦它松掉了，整个底座都会倒塌下来。

神秘的旋钮
它们作用很小。
可以将这个零件摘除，而连接变速电机。它可以作为一些聚焦器上的小型固定螺丝。

精密的纬度调节
（部分隐藏在背部）
转动这个底座会慢慢上升或下降，能微调底座的倾斜度。
这是为了不进行极点校准。

方位角锁定器
松开锁定器能让整个底座的上部在方位角内转动（例如和水平线平行）。
这个锁定和解除只是为了极点校准，不是用来调节望远镜去寻找目标天体。

赤道仪的头部
从箱子里拿出来的时候就已经是完整的组件。但是，它的倾斜角度需要根据你的纬度来调节，是一次性的调节。这里，底座调在了45°的纬度。

平衡砣
数量和尺寸随着望远镜的不同而有所区别。这些拧入平衡杆的砣在赤经轴附件上下滑动来保持望远镜的平衡。

底座

这款EQ-3型号是比德式赤道仪跟牢固的底座，常配备于80～100毫米的折射望远镜。这个更坚固的底座的优势是有更好的稳定性，这是很大的因素，因为折射望远镜需要更高的三脚架。图上标明了很多只有这种大型底座才有的元件。

电机连接盘
在选择性的双轴驱动中，
这是赤纬电机（图上无显示）连接的地方。

锁定器（有2个）
杠杆式旋钮在望远镜处于赤经和赤纬位置时进行锁定。在这个底座上，黑夜中这个旋钮是很难找到的。赤经锁定器在电机驱动底座时一定要开启。

电机连接螺栓
这里是选择性的变速交流电机驱动安装的地方。

赤经定位圈锁紧螺丝
这个要处于松开的状态，
这样赤经定位圈才能正常工作。

方位角微调
还有两颗螺栓能边对边推动望远镜进行精确地极点校准。这是很不错的性能。

水准仪
（底部有些遮住）
在水平校准三脚架时起作用。
你可能不会用到它。

极点镜装置
底座的极轴是空心的，
可以选择性地安装管道镜来寻找北极星，用于极点校准。

纬度微调
两颗按钮，
设为推入或拔出，
可以让望远镜的极轴精密地对准天体的北极。

113

光学镜

牛顿望远镜的光学镜是初学者望远镜的商业版。寻星镜和聚焦器是你的望远镜最常要调节的部件。

防尘帽

把防尘帽整个从望远镜处移开。那么这个离轴的孔是用来做什么的？通过较小的光径用不安全并且现在已经买不到的目镜太阳滤镜来观察太阳用的。这个孔现在已经没有作用了。

寻星镜

低倍率（通常6×）的望远镜用于观察和居中目标物体。现在很多寻星镜通过榫形支架和主镜相连（如图），有助于快速包装和运输。

寻星镜调节旋钮

两颗垂直的螺栓移动寻星镜，这样做是为了能和主镜指向相同的位置。第3个旋钮包含了一个装有弹簧的螺栓，能固定寻星镜筒。

肩扛式螺栓

这个1/4～20的双头螺栓和线型圈能让你连接相机（用于球窝式三脚架头），用于肩扛式摄像非常方便。

三脚架螺栓

这三个螺栓能固定支架（成为三脚架），也因此固定住了次镜。不要松开它们。

聚焦器

齿条与齿轮型，拉力可以由焦钮之间的2或4个旋钮调节。顶部的黑色拧入圈是必需的。（3.175厘米目镜的接合器）如果它掉了，目镜没有地方装了。这个圈是线型拧入的，用来装选择性的相机。

目镜固定螺丝

1颗或2颗螺丝将目镜固定在一个地方。不要把它们弄丢了。

镜筒圈

松开夹钳，使镜筒在圈内上下滑动，能在赤纬时平衡望远镜。在牛顿望远镜中，这么做还能让你旋转镜筒，使得目镜能在合适的角度和高度。

 **光学镜** 折射望远镜的光学镜基本上是小型望远镜，主镜在顶部，目镜在底部，用来放大被观察的物体。

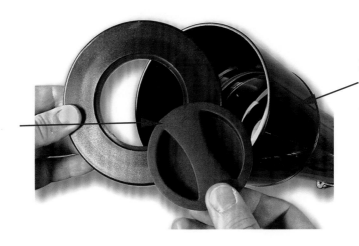

防尘帽

是的，上面又有这个小光径的孔了（为了用危险的滤镜观测太阳，也为了缩小光径观测夜空物体）。它基本没有价值。用胶带把这个小帽子封住，这样它才不会丢掉。

露珠罩

塑料的延伸管能防止露珠在主镜上凝聚。

聚焦器锁定

上紧这个能阻止聚焦器移动；对于阻止沉重的相机从焦点处滑开很有帮助。

固定螺丝

这些很小的螺丝用来固定对角和目镜。这些重要任务的小部件很容易丢失，几乎找不到替代的。

聚焦器

齿条与齿轮型（通常）能来回滑动目镜至焦点。一旦对焦，目镜就不需要重新对焦，即使你在天空随意移动（所有的天体都是无穷距的）。但是，改变目镜就需要改变焦点。

星对角

90°的棱镜能防止脖子和背部的疼痛。有了它，你可以舒适地观看望远镜，而不是在望远镜前弯下腰又伸长脖子。

连接管

连接了聚焦器的镜筒和3.175厘米目镜，也可以做一些相机连接。不要把这个丢了。

三脚架

很多初学者望远镜都配有质量很轻但是很坚固的铝制三脚架。支架和组件通常是单独包装，需要用螺栓连接起来。

附件托盘

和跨接横条拴在一起，稳固了三脚架。当托盘固定后，支架就不能被折叠。所以在搬运至田野时托盘必须要摘除（不要弄松螺栓）。

支架

每一根支架都要牢固地与赤道仪头部相栓。松开螺栓会导致望远镜摇晃。

跨接横条

买来的时候是一个组件，必须与每根支架相栓。这个重要的元件能阻止支架外倒，并且能让它们在运输时向内收拢。

支架高度夹钳

内部支架管的下滑可以增加三脚架的高度。这个元件必须加紧，以防止支架倒塌。

脚踏栓

一些三脚架带有短的延伸旋钮，可以拧入这个螺栓。就算是没有它，这个残余的螺栓也能完成任务，作为你的脚踏点，将在地上紧紧按住支架。

目镜

绝大多数的望远镜都配备了至少一个目镜，就算没有2个或3个。通过改变目镜，你就可以改变放大倍率。最低倍率的目镜通常是标有最大数字的（通常25毫米）。

巴洛透镜

在目镜和望远镜间插入，巴洛透镜能使任何目镜的倍率翻至双倍或三倍。高档的星特朗，特别是巴洛透镜是我们的最爱。低价的巴洛透镜包含了很多初学者望远镜，通常是刚好合用的，如果质量不是很差。

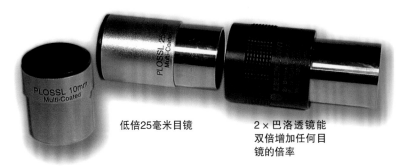

低倍25毫米目镜

2×巴洛透镜能双倍增加任何目镜的倍率

高倍10毫米目镜

望远镜如何移动

在天空中移动，赤道装置要在两轴间摆动。一个是极轴，要对准地球的北极（赤道北面的观察者要对准北极星附近）。

朝向北极

赤纬轴

望远镜在图示轴附件南北移动。你沿着这条轴移动望远镜来找天空中的新物体。

赤经轴

望远镜绕图示轴东西移动。地球自转时，为在天空中追踪一个物体，望远镜要绕这个轴转动。因为这个轴用来对准北极来校准底座，通常叫它极轴。

错误安装望远镜方法

这张图上有几个错误？很多！然而这就是折扣店目录广告上描述的反射望远镜（我们把广告存档了，可以证明的）。这些反射望远镜由连锁店的工作人员安装，他们对望远镜几乎一无所知。

1. 目镜在望远镜的底部，所有的目镜都这样，对吗？牛顿反射望远镜不是这样的。这个望远镜的目镜是指向地面的。

2. 寻星镜对着天空，毫无疑问装反了。在离它180°的位置，有主镜瞄准着，使寻星镜的作用全无。更糟的是，我们看到这里还安装了巴洛透镜，好像它是寻星镜一样。

3. 赤道装置极点校准在北极或南极，将近90°的纬度，对于大多数买家来说这是不对的。这样无法追踪和找到天体。

4. 平衡杆和砣不见了，这个望远镜肯定不能平衡和稳定。

5. 2×巴洛镜头和4毫米目镜被固定了，错误地认为更高的倍率就是更好的。

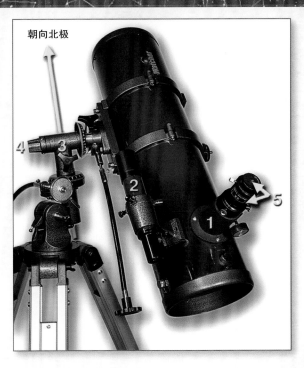

朝向北极

入门级安装过程

很多入门级别的望远镜的安装过程都是相似的，就是把分开的零部件变成一个能运行的望远镜。第一次安装时一定要在室内，比如采光好、温暖和舒适的家里。

望远镜安装，10步完成

这是把典型的进口反射望远镜或折射望远镜放上赤道底座的基本步骤。这些步骤应用于所有的小型望远镜。首先是把支架和赤道底座相连，然后组装其余的三脚架。只有在你有安全和牢固的三脚架以后（第1～3步），你才能加其他的元件到底座上，像平衡砣和镜筒。如果不按照这个程序，你的望远镜肯定倒塌。

第1步

将支架与底座的头相栓
注意在支架的一半处会有铰链。铰链插在里面，用来固定跨接横条。
变化：在一些底座上，支架会与单独的顶板连接。主要的底座头部和这块板用大螺栓连接。这样的装置使望远镜更容易被拆卸和搬运。

第2步

连接跨接横条
让三脚架立直，放上防滑板。将跨接横条的臂与支架相连，按下支架铰链和跨接横条臂的螺栓。在最后的上紧过程中十字头的螺丝刀（可能不会配备）是必备的。

第3步

连接附件托盘
使用小型元宝螺母栓来连接托盘和跨接横条。这可以稳定望远镜。

第4步 连接平衡杆

这颗螺丝装在头部（现在先不要装砣）。平衡杆是很好的手柄，是必需的，因为很多底座包装的方向有误。

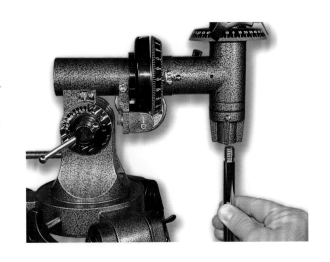

设置指针朝向你的纬度

纬度微调扭

小心地松开纬度栓

第5步 调整底座角度

握住底座的头部，松开纬度的大螺栓。（小心点！）将底座倾斜至你的纬度（用底座边上的刻度尺为指导）。让它和那个点相近。然后锁定大螺栓，上紧。因此你就不需要再调整了。旋转纬度微调旋钮，直到它推出了底座，这样能固定它。

赤纬线

第6步 连接微动线

使用小的平板起子（或是自带小工具）连接每一根线到底座的平衡杆上。线套管上的螺丝与D形杆的平边相配。这条长线在赤纬轴上运动。

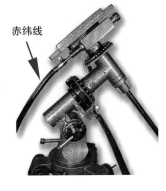

赤纬线

折射望远镜

对于折射望远镜，转过头，使得赤纬的微动控制延伸至底部目镜附近。

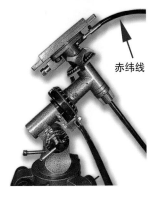

赤纬线

反射望远镜

将反射望远镜转过180°，使得赤纬的微动线在最上面距离目镜的最近处。

 将管圈于头部相栓
用自带的螺栓和防松垫圈来固定每个与头连接的圈。要与照相机相栓的圈可以放到底座的最上部。做这一步的时候不要有望远镜镜筒,先固定住圈。

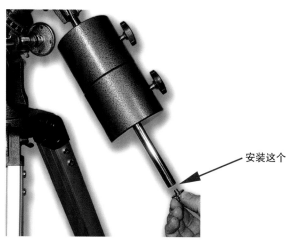

安装这个

 滑入平衡砣
解开平衡杆底部的螺丝,这样可以让平衡砣滑入杆子。把平衡砣放在杆子的一半处。一定要拧紧底部的螺丝,它能防止平衡砣突然下滑砸到你的脚上。

 先放好镜筒
记住,这是反射望远镜,目镜朝上。

安装寻星镜
首先,把寻星镜插入托座。很多寻星镜带有小的橡胶圆环。(你会在托座上找到它)这个圆环会装在镜筒的凹口,作为垫片使之稳固。要插入寻星镜,你可能还要拉出装有弹簧的银色螺栓(如果你的寻星镜有托座)。托座然后通过楔形榫头和望远镜镜筒夹紧。

拉出装有
弹簧的螺栓　　圆环

变化
有些托座一定
要和镜筒直接
相栓。

📷 电机驱动

EQ-2底座常见的选择是为赤经轴装单速的直流电机。它和极轴上的螺栓孔相连，并滑入平衡杆，这个位置通常是装赤经微动控制的。与电机相连使得东西方向的微动控制失效和任何东西方向或赤经方向的手动微控制望远镜位置。但是一旦找到目标，望远镜会继续自动追踪，这是极大的便利。

方向开关

在南半球使用时，把N-S开关拨至S能让电机朝相反方向转动。如果你住在赤道的北边，把它设在N。在北半球使用，如果电机打开时，物体更快速地飘出视野，可能是开关拨在S处。

电池

现在所有的驱动都用电池供电，而不是交流电源。这款望远镜采用9V晶体管收音机电视，至少能持续使用几晚。可充电电池在这里也是不错的选择。

速度控制

转动这个旋钮，电机的速度会加快或减慢。要把它调整在适当的速度来追踪星体是要反复试验的。开始时要设置在最高的速度。

另一个选择

EQ-2型号底座更好的选择，虽然价格昂贵；更高档底座像EQ-3型号的唯一选择就是变速电机驱动。这个元件有2×和8×速度的推钮控制，用于精密居中物体和引导望远镜镜筒后部肩扛式照相机的长时间曝光摄影。变速电机也使用单独的电池，C或D号电池能用更长时间。好点的双轴组件也能控制双轴上的电机。

在白天调节设备

下一步不是立刻在夜晚使用望远镜。先在白天拿出你的望远镜，进行一些简单而关键性的调整。我们极力推荐白天检查这个步骤。很多望远镜的新用户都会忽略这一步，急着在星光闪耀的天空下去体验第一缕光的喜悦。

但是，很多必要的调整，像校准寻星镜，望远镜进行第一次对焦，在白天做会比晚上更容易。你能更容易地找到合适的目标。一旦你看到了它们，你就知道该怎么办。

如果在晚上完成这些第一次调节"冷火鸡"就是在自找失败。你什么都看不到（因为寻星镜没有校准）或不能聚焦（因为聚焦器的位置不正确）。

上紧

首先，要确保三脚架上的所有螺栓都上紧了。松动的三脚架会让望远镜摇晃和图像抖动。然后移动望远镜继续摆弄。了解锁定期的位置。为轴解锁，移动望远镜使它接近目标。一旦发现目标，将轴锁定，使用微动控制使目标居中。这样操作的时候，你必须注意以下事项：

只有为轴解锁，才能让微动控制运行。将轴（如图所示杠杆）锁定能限制微动控制。

在一些特定的方向（大多为上升方向），望远镜镜筒会和微动控制线缆或三脚架本身相碰撞。有小窍门可以在一定程度上避免这种情况发生。了解一下吧。

🔭 平衡操作

解开望远镜，移动望远镜，对准天空的新区域，然后放下它。如果望远镜自动摇转，它就没有平衡。没有平衡的望远镜会指向任何地方，会让你很难找到你想观察的目标。电机驱动可能也会非正常工作，因为是它们驱动望远镜转动的。你可以准备这些：

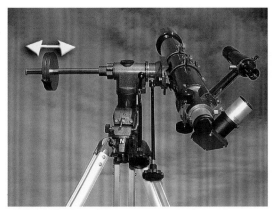

赤纬方向调节平衡

松开赤纬锁定器并保持镜筒水平，松开托架圈，沿着托架滑动镜筒，直到它在南北或赤纬方向平衡。在绝大多数情况下，望远镜会在托架到达镜筒中央时获得平衡。大型折射望远镜的头部很重，会在主镜快接近托座时获得平衡。

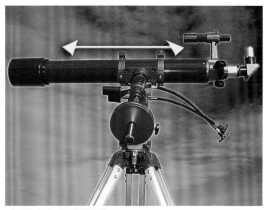

赤经方向平衡调节

松开赤经锁定器和保持平衡杆水平，将平衡砣沿平衡杆滑动，当放下望远镜时，不管它指向哪里，它会留在原处不动。锁定器要处于松开状态。调节任何望远镜，要确保寻星镜和目镜已经固定，并且镜头盖是打开的。

🔭 混为一谈

比起夜晚给陌生的星体对焦，在白天给熟知的星体对焦会更容易。做到这些：

1. 插入低倍率望远镜。在大部分入门级别望远镜中，是标有25毫米或20毫米的，而不是标有12毫米，9毫米或6毫米的。如果你有折射望远镜，先插入星对角，然后滑入目镜。不要使用随镜的巴洛透镜。

2. 在水平方向将望远镜对准远处的目标（让它逐渐变近）。目标物体要距离几百米远，而不能在对街。

3. 来回旋转聚焦器，使图像变得清晰。如果是白天的天体，应该是在接近焦距时越来越明显。

4. 放下聚焦器。你现在已经离夜晚在天空完美对焦很近了。

🔭 校准

镜筒边上的小型低倍率寻星镜是成功享受望远镜乐趣的必备辅助工具。要实现它的价值，寻星镜要校准到和主镜所指的位置一样。白天观察远方的目标物体时是最简单的。要做的是：

望远镜主镜上的低倍率目镜要固定，在水平方向上找一个可辨认的物体（可以是天线杆或天线）。
现在看这个小寻星镜，给这个物体定位。很有可能它不在视野中央。

使用调节螺栓（现在通常很多型号只有2个，有些也有3个或6个）来倾斜寻星镜的镜筒，直到物体位于视野的中央，在寻星镜十字准线的交点处。一旦低倍率寻星镜校准后，十字准线上的物体会自动位于高倍率主镜的中央。你需要时不时地校准寻星镜。

通过寻星镜看到的　　　　　　通过天文望远镜看到的

🔭 使寻星镜更敏锐

如果寻星镜的视野模糊，你需要给寻星镜聚焦。很多组件都要这么做，即使没有明确告诉你要怎么做。一些寻星镜目镜能转动。当它们转动的时候，通过内外滑动来对焦。另一些需要聚焦的组件：

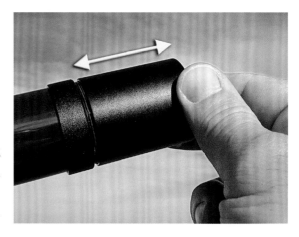

1. 沿镜筒上下移动主镜，不是目镜，能让寻星镜的图像对焦。这个镜头（通常25毫米或30毫米直径物镜）包含了旋上镜筒的金属或塑料元件。它不是固定的，而是设计成旋转式的。为了调整焦距，先拿紧这个黑色的镜头。

2. 逆时针转动镜头组件来旋开它。镜头后面短的定位圈在这里也是要松开的。你可能需要把这个圈还原到离主镜的地方。这样的线型螺纹很多，给了你足够的空间来移动主镜。线型螺纹很好，因为大多数人的视力要求改变次镜聚焦。

3. 转动镜头，主镜会沿镜筒上下，改变聚焦。不要担心望远镜会掉出来。

4. 当远处的物体看得很清楚时，转动定位圈，将镜头背面锁定。你已经用眼睛让寻星镜对焦了，不需要再作调整。选择一下你是不是想让寻星镜聚焦，打开或关闭镜片，哪种方法都是很好的。

在夜晚使用设备

很多入门级别的望远镜精悍又轻巧，在临时观察活动时能作为整体收起和搬运。那是最好的装置。但通常要把镜筒从底座上拆下来。

当重新组装你的望远镜时，你可能需要适当地操作底座，来使望远镜得到平衡。

放到外面时，所有的赤道式装置必须跟天体的北极校准。这个步骤很复杂并且令人恐惧，其实这个过程能在几秒内完成。

就算底座已经校准，瞄准天空的某些区域还是很棘手的。这是德式赤道底座的奇怪之处，但很容易就解决了。

望远镜拆卸

每晚使用以后，你确实需要拆卸你的望远镜，步骤如下。

第1步

拿下镜筒。除非你的望远镜筒和圈通过快拆杆装置与底座相连。最简单的移除镜筒的"无工具"方法是打开底座圈，然后直接拿出镜筒。把它取出后，要确保镜筒在赤纬方向是平衡的，并且没有离托座圈太远。

第2步

拿走平衡杆上的平衡砣。这让底座轻多了，没那么笨重。

第3步

如果你要进一步拆卸望远镜，把三脚架配件的托盘取下，这样支架能够收起来。自动移除三脚架支架，把望远镜放到一个小空间来搬运吧。

第4步

如果你在车里包装望远镜，拿掉寻星镜、微动控制器和目镜。它们个头很突出。它们会弄坏或丢失。把平衡砣放好，这样它就不会和镜筒发生碰撞。

🔭对准

任何望远镜底座都不需要精确对准。但是，如果赤道仪的头部已经根据你的纬度调到了一定的角度，然后对准望远镜能确保底座的极轴的指向已经接近天体北极。

1. 用三脚架支架的高度调节来对准底座。要充分进行目测。

2. 如果望远镜没有对准，转动纬度微调整旋钮来上下调节底座的角度，使之对准天体的北极。

调整南边的支架

3. 调节底座头部的另外一个方法：只要升高或降低朝北或朝南的三脚架支架（如图所示旋开旋钮）来完成上面相同的步骤就能有效地对准望远镜和对准天体北极的极轴。

🔭 该校准了

为了能完全地追踪物体，任何赤道式底座都必须校准，要让它的极轴指向天体的北极。天空绕着这个点旋转，底座也必须这样。如果你忽略了极点校准，你还不如去买个便宜点的地平装置。对于北半球的使用者来说，这个任务包含了几个简单的步骤。

纬度尺

水准仪

第1步

调节极轴，使它的倾斜角和你所在的纬度相等。你可以在绝大多数的地图册上找到这个数字，在白天完成这个步骤。

高度或纬度钮

方位钮

第3步

第4步

如果你的底座极轴是空的（如EQ-3、星特朗CG-5和欧丽安AstroView型号），你可以通过极轴看到北极星，实现更精确地居中。

夜晚把望远镜拿出来，让极轴朝向北极星对准正北（那是正北，不是磁北）。一些底座会在底部标识哪一面要朝北。知道你所在位置哪一个是北面和怎么样找到北极星是在天空找星体最基本的。具体见本书第11章。

第2步

如果需要的话，使用精密的方位或高度调整来扭转底座的对准方向（这比移动整个三脚角架来让底座对准正北要简单多了）。

改变
在极轴内插入选择性的极点镜，通过它观察北极星，能进行更精确的校准。但是对于随意性的观察，粗略地将极轴对准正北就可以了，物体每次会在目镜里停留好几分钟。

在接下来的几晚，你所要做的就仅仅是把望远镜放到你最喜欢的后院观察地点，让极轴对准正北。欲知天体摄影学和定位圈设置更多高级的校准方法，详见本书第15章。

👀 向天空瞄准

现在你已经准备好能在天空转动望远镜寻找天体目标了。一旦你和天体的北极对准，你就不要再使用方位或纬度调节——它们不是用来寻找物体的。相反地，要在赤经轴和赤纬轴附近移动望远镜。过程如下：

1. 转动镜筒至你要观察的天空区域。先松开赤经和赤纬锁定器。一旦离目标很近时（能通过寻星镜看到的），将轴锁定，然后立刻将微动控制归零。

2. 将望远镜沿赤纬轴移动，如左图所示，在空中向南或向北移动。一直在这个方向移动望远镜直到你想换目标。

3. 沿赤经轴移动望远镜，如右图所示，在空中向东或向西移动。在晚上，望远镜在天空自东向西移动能追踪物体。这个轴上可以连接电机来进行自动追踪。

4. 如果赤经上装有电机，你会发现那条轴上的微动控制不再起任何作用（当连接电机后，很多入门级别的望远镜没有搭接机构来进行手动转动轴）。如果是那样的情况，将赤经轴处于未锁定状态，稍微将它拉紧，用手推望远镜，直到物体居中。然后锁定轴，电机会开启，然后进行驱动。

5. 最后一步，如果电机有8×速度控制，你可以用加速、停止或倒转电机来微调物体的位置，这样能优化变速驱动。

👀 从这里开始
你到不了那里

对着天空移动德式赤道底座是最令人头痛的问题。天空中有些地方，这样的底座是不容易指到的。例如：

第1步

这里的德式赤道底座正对着正北方的北极星。这是没有问题的。

第2步

这里是同样的底座，望远镜正对着东南方向的高处，这是你经常会看的地方（比方说月亮和行星）。这也可以办到。

但是这里是对着高空。哎哟！镜筒撞到了三脚架。绝大部分这样的底座和三脚架的望远镜都会不可避免产生这样的情况。

第3步

第4步

这个EQ-2还有更糟糕的问题。电机驱动的安装位置不好，使得望远镜不可能对准西面或西北的高空（镜筒和电机盒相碰撞）。好一点的EQ-3底座，驱动能使底座移动，不管望远镜指向哪里都不会停下来。

让赤道仪跳舞

所有的德式赤道底座，就算是最好的，都有一个限制：它们不能在天空一个连续的圆弧内连续追踪物体。情况是这样的：

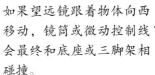 **第2步**

如果望远镜跟着物体向西移动，镜筒或微动控制线会最终和底座或三脚架相碰撞。

第1步

望远镜朝着东方，在追踪物体，当它上升到正南的位置时，还没有问题。

第4步

现在望远镜已经对准了同一片天空，但是镜筒还在底座的另一边，并且可以在西面追踪物体。总之，朝西观察时，目镜必须在底座的东面。

第3步

这种情况下要将镜筒转回底座的另一边。这是所有的德式赤道底座都必须要学会的"双人芭蕾舞"。

第5步

相反地，当朝着东面的天空观察时，目镜要在底座的西面。了解怎样和何时让望远镜跳舞能让你畅通无阻地观察大部分天空。

纬度的改变

你需要改变底座极轴角中心位置的唯一的时候就是你在纬度上远离北方或南方。

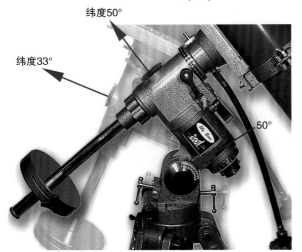

纬度50°

纬度33°

50°

在同一纬度上向西或向东运行，在如何安装你的望远镜上没有多大区别。

在不列颠哥伦比亚的温哥华，你要把底座的纬度设成50°。但是如果向南运行到亚利桑那的菲尼克斯，角度要调到33°。

到澳大利亚的悉尼时，角度（34°）和菲尼克斯的是几乎一样的。但是望远镜需要被放好，这样极轴才能指南，对准南极点。电机驱动需要转向S位置，这样望远镜能绕极轴在其他方向转动。

启用望远镜

就算是安装好了望远镜并在白天检查过它们，新望远镜用户也经常对他们在晚上首次启用望远镜的经历感到失望。留意以下这些要做的事和不要做的事，你能在第一晚出去时就享受到精彩的景观。

📷 不要做的事

★不要在热源上看

如果通过来自附近的烟囱、热通风口甚至是引擎盖的热空气观看，一个冷却下来的望远镜也会瘫痪。白天不断发热的黑色柏油也会在晚上散发热量。

📷 一定要做的事

☆一定要让月亮成为你第一个目标

月亮在任何望远镜中都能看到很多细节，令人印象深刻。

★不要插入巴洛透镜

2×和3×的巴洛透镜通常被认为是标准的配件，但会模糊望远镜的视野。优质的巴洛透镜会是很有用的配件，劣质的那些只能作为制门器。

★不要使用最高倍率的目镜

更高的倍率不意味着更好。很多初学者望远镜配备的4毫米和6毫米目镜产生的图像模糊，更不要提视野也那么窄，连找到月亮都成了一个挑战。

☆一定要用最低倍率的目镜

第一次观察时，25毫米和20毫米的目镜能产生最明亮、最清晰的图像。

☆一定要使用折射望远镜上的星对角

很多望远镜的星对角没有安装好时，不会聚焦。

★不要透过窗户观察

玻璃窗能使望远镜的视野变形，通常会产生双重影像。打开窗户也没有用，因为向外涌动的暖空气使图像更模糊。望远镜必须放在室外。如果夜晚特别冷的话（结冰或以下），给15～45分钟让望远镜冷却，因为镜筒内的热空气也会使图像模糊。

★不要分开镜头

如果你拆卸了目镜或折射望远镜的主要镜头，可能再也无法装好。

纬度33°

天文望远镜，甚至是小型的寻星镜，基本上不会呈现正面朝上的图像。附加的光学元件能让图像正面朝上，但这会增加成本，并会由于光线变暗和高倍率下视图变形而使图像质量变差。

刚开始这个颠倒的图像看起来很让人迷惑。但是跟双眼裸视比起来，视野反向最明显的只有唯一的天体即月亮。星星和行星在望远镜中的直立图像基本没有任何价值。因为这些天体用裸眼看起来的效果像是点。目镜能呈现最清晰、最明亮的图像是更好的。你很快会了解如何操纵你的望远镜，使得图像往你想要的地方移动，不需要再去多想哪个方向是往上走的。

颠倒的图像令人混淆首先是在寻星镜中。直通的寻星镜最容易找到方向。把星图倒放对着视野来比较就行了。但是，带有直角目镜的寻星镜能呈现天空的镜像。拿这个和星图相比时要求翻转星图，用手电筒穿透纸张或是在镜子里面看星图。利用计算机程序找出客户的寻星图标，这是不错的解决方法，它能在水平方向翻转。或者买一个新的寻星镜，带有正立的棱镜，最好是直通的，就能避开这个事情。

★正面朝上的图像

　　双目镜

　　陆地发现望远镜、

　　阿米西棱镜或直立棱镜寻星镜

★下面朝上的图像

　　牛顿折射望远镜

　　（任何带有偶数次反射的望远镜，如两个镜头）

　　直通的，没有直立镜头。

★镜像图像

　　带有星对角的折射望远镜和反射折射望远镜

　　（带有奇数次反射的望远镜）

　　有90°直角星对角的寻星镜

确定你在目镜中的位置，请记住：

1.没有电机驱动，物体在视野内会从东到西漂浮。一个更靠近西面的物体，先进入或离开目镜。一个更靠近东面的物体，跟随它走出视野。

2.朝北极星方向摇转望远镜，新的天空会在视野的背部边缘出现。

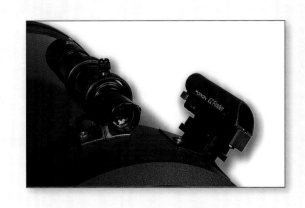

 为了找到物体，我们更喜欢使用直通的寻星镜，如上图右所示，另外增加一个窗户式寻星镜。它会在裸眼的天空视野中发出红色的点或牛眼睛。红点寻星镜能让你的望远镜对准天空的右边部分，好的6×30或7×50寻星镜可以让你看到很多目标。

望远镜第一次使用者们常见的问题（这个能放大多少？我能看到土星的环吗？那其他的呢？）已经在这本书中讲过了。这里有很多常见问题的速答，适用于那些刚刚开始喜欢业余天文学的人。

★1. 我能看多远？

就算是裸眼，你也能看到在250万光年以外的仙女座的星系。望远镜能呈现几百万光年以外的微弱星系。事实上，它们的光自从恐龙时代就已经传播到我们这边了。

★2. 我能看到月亮上留下的旗帜吗？

很近也很远。月亮上的旗帜、脚印和着陆的太空船太小了而不能被任何接地望远镜观测到。

★3. 出什么问题了？星星看起来像点一样？

当望远镜对焦时，所有的星星会看起来像点一样。除了太阳，没有星星能近到显示为盘状。如果星星看起来像发光的圆盘或面包圈（如图右），那就是望远镜没有对好焦。

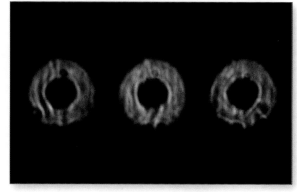

★4. 为什么行星看起来像小点？

不要期望行星看起来像航天探测器拍出来的海报一样。就算是在200×，行星盘还是很小，但是具体信息也在上面了。关键是要看到那些细节，这是一个需要时间来掌握的技能，这需要多加实践。

★5. 在反射望远镜中，次镜会不会阻挡部分光线？

是的，但是不足以明显到使图片变暗（次镜的面积一般是不超过主镜面积10%的）。当图像聚焦时，次镜就不可见了。只有当你让一颗星星出焦点时，你能看见次镜的轮廓在面包圈状图案的中间是个孔。

 几乎所有的反射望远镜采用次镜使光转向边上或沿着镜筒到达底部。只有当图像远离焦点时，次镜的存在才变得明显，如中间图所示，没有对焦的一系列星星的图像由于一阵阵的气流已经变形。

★6. 我怎么找到物体？

对于非智能望远镜用户来说，最好的方法是星星跳跃。利用星图或指导书来指路，先在裸眼观察时在你目标附件定位一个明亮的星星，然后在认识的星星类型中挑选。当目标位于寻星镜的十字线上时，定下点。物体现在应该在你的低倍率目镜中了。更多详情和建议请见本书第11章星图和星跳跃指导。

★7. 为什么物体会那么快速划过目镜？

这个现象经常令那些第一次观察者很惊讶。望远镜放大的不仅是物体的尺寸还有在天空东西移动的效果。低倍率下，物体从视野中央漂浮至边缘需要20～30秒钟。这就是微动控制、平稳多布森望远镜或电机驱动底座对愉快使用望远镜很重要的原因。

★8. 为什么我看不到星云的颜色？

虽然我们在其他地方讲到过这个，这点还是要在这里提到：就算是通过大型望远镜，星云和星系还是太暗了，不能刺激眼睛的颜色接收器。它们表现为黑白的光线，像在边阿道夫·夏勒画的欧丽安星云图。只有长时间曝光的照相才能拍出由发光的星云发出的颜色。

★9. 郊区的视野会好点吗？

对于一些像星云和星系的昏暗物体，天空越黑越好。但是对于明亮的月亮和行星来说，在有光害的城市天空和农村看到的是一样清楚的。但是不要在热源上观察，那样会产生模糊图像的气流。请见本书第8章如何挑选地点。

★10. 在哪里我可以学到更多？

当地的天文学俱乐部、科学中心或天文馆很可能会在观测台、公园或野外定期举办观察活动。这是个用各种各样望远镜观察天空和了解你该在目镜看到什么的好机会。在大型的区域星星派对，望远镜的大杂烩给经验丰富的业余天文学家提供了比较不同型号望远镜的机会。

 在观察深太空物体时，像欧丽安星云，尽量利用你的望远镜。远离城市灯光，也许和星星派对的一组人观看会更好。虽然那些动人颜色可能会不可见，明亮的深太空物体还是能在黑暗的天空中显露很多详情。没有什么能打败一个望远镜的实时视野。

第7章 肉眼看天空

业余天文学最长久的好处不在于你从天体物理学中学到的有价值的课程，

而在于你从天文奇观中获得的终生的认知。

无论何时，

当你走出家门的时候你都会不由自主地抬头观望天空。

业余天文学家们很快意识到去寻找或者查看几乎其他任何人都会错过的迷人景象。

白昼的光线与阴影的交织，

以及黑夜的光辉都是那么微妙和让人心动，

在我们头顶展现无穷尽的天空影像。

欣赏这场演出不需要采用精致的天文望远镜，

或者等待非常漆黑的夜晚。

显然，在天空给予我们最好的景象当中，

有许多都能够在城市里仅仅用肉眼就能观察得到。

但是，我们还必须了解如何在适当的大气条件下寻找恰当的观测对象。

事实上没有什么景观比一个日全食更加叹为观止了。你可以用天文望远镜，双筒望远镜观测日食，甚至可以像2005年行驶在南太平洋中的保罗·高更游艇（Ms Paul Gaguin）上的人们那样，只用肉眼观看日食。

艾伦·戴尔（摄）

日间的天象奇观

我们一贯把天文学视为一项夜间的工作。但是有相当阵容的光线与阴影产生的不寻常的影像穿越过日间的天空。几乎所有都是完全能用肉眼看见的现象。其中最熟悉的这个也是我们想当然的现象是：日间天空的颜色。

🔭 蓝色天空

天空是蓝色的——不是绿色，黄色或者粉红色——因为蓝光和紫光在所有可见光谱的颜色当中拥有最短的波段。短波段的光线最容易被我们大气中的空气分子驱散开来。设想一群轻量级摔跤手正设法把一排重量级的相扑冠军推开，弱势的轻量级选手们在一阵狂殴中被轻易地打散了。蓝光波也像这样，通过一个叫作瑞利散射的过程中出现在天空。

天空有多蓝取决于空气是否清洁和干燥，以及在你所在地面上空的空气密度。水蒸气通过平等地驱散所有不同波段的光线而使天空变白。灰尘和污染不仅使天空变成棕色和灰色，也能使天空变成灰蓝色。低海拔地点的空气有可能比意想中山顶空气中含有更多的污染物，特别是这些在干燥的沙漠地区的山顶。

在一个没有云朵的清晨或者傍晚，我们能看到一片蓝色的天幕。哪里有最蓝的天空？有可能你认为此刻它就在你头顶，那里光线穿过了最少的水蒸气和污染物。但是请看仔细，你将发现天空中最蓝的区域像一条缎带沿太阳90°延伸。空中被驱散的光线自然地被极化了（所有光波都朝同一个方向振动），极化的最大程度取决于光线与太阳形成90°角。即使没有照相机上偏光镜的帮助，这种自然的极化现象也会使天空变暗，创造出一条深蓝的带子穿越整个晴朗的天空。

然而这个现象可能并没有那么明显，天空在月光照耀的夜晚也是那么蓝。月光只是通过同样范围的颜色反射的太阳光，光线更加微弱，远离人眼的色感临界点。通过长曝光摄影，你将记录下一个由蓝色太阳光照射的天空映衬出的明月。

触摸天空

地球的大气层是笼罩着我们的星球的一片维持生命的云海。在一个晴朗的日子，当大气层显现平静的时候，天文学家们就知道他们得透过更多的空气，遭遇更多的自然紊流层，才能观测到天文景象。那意味着研究者会去到高海拔的观测点，比如这座位于夏威夷的14000英尺高的观测台。业余天文学家们则不需要去这样高的地方。

🔭 彩虹

如果刚经历过一场暴雨，阳光正迸发出来之时，你能在天上找寻到一道彩虹。一缕阳光穿过一粒雨滴被折射出来，然后又大致以它进入雨滴的同一方向发散出来。在这过程中，光线中各种原色被雨滴棱镜式的特性所分离。大量成千上万的雨滴积聚了这种效果，在正对太阳的空中一点形成了一道弧形的彩带。简而言之，彩虹总是位于太阳正对的反日点为圆心，半径为42°的范围内。要找到反日点，可以背对太阳，想象一条直线从太阳处延伸穿过你的头部投射到你面前的地面上。

从地面水平线看，反日点总是在地平线上。所以我们从来没有看到过完整的彩虹圈。相反我们看到的是整个环形的顶端拱形。太阳越接近地平线，我们越能看到大部分的彩虹。然而，从一座山顶或者一架飞机上我们却有可能看到一个完整的圈。另一方面，假如太阳在天空相当高的位置，你就从来不可能看到任何彩虹。如果彩虹必须在天空中显现，太阳不能高于地平线42°。正因为如此，彩虹通常在傍晚或者清晨出现。

当阳光特别强烈，空中充满了雨滴时，天空会出现双道彩虹。霓虹现象是由阳光在雨滴内穿越时发生两次反射产生的。颜色暗淡的霓虹出现在主彩虹的外侧，在反日点半径为51°的区域内，它的颜色分布与主彩虹正好相反——红色出现在霓虹拱形的内部，然而却出现在主彩虹的外部。

其他与彩虹有关的可见现象有主彩虹区域内明亮的天空，以及主彩虹和霓虹之间黑暗的区域，一个叫作"亚历山大暗带"的现象，以公元200年第一位描述它的希腊科学家的名字命名。另外还可以留意附属虹——一种在主彩虹内侧紫色和绿色的光带。它们是由所处角度稍许不同的雨滴反射出的光线相互干涉形成的。附属虹只有在主彩虹特别耀眼时才出现。

在夜里，满月能够产生一种罕见的彩虹——月虹。肉眼看上去月虹通常非常微弱，没有色彩。然而一张长曝光照片能够显现月虹的七彩光芒，就像日间的彩虹一样。

另一种不寻常但比较明显的彩虹叫雾虹。当空气中充满了雾霭或浓雾的水滴时，你能看到有一个比平常彩虹更小的一个白色切线弧。它通常在一个耀眼的光源对面，有可能是太阳穿过薄雾或者在夜间一个明亮的人工灯光造成的。

风雨之后

暴雨停息后，阳光照射出来，为标准的双彩虹创造了理想的条件。注意彩虹区内天空是如何变亮的。
艾伦·戴尔（摄）

月虹

极光、闪电和月虹（右下图），由满月的光源形成，肉眼可见的视觉盛宴。

比较一下日晕（正下方两张图）和一个处月晕（右图）之间的相似性。卷云中冰晶的折射作用产生了这两种现象。

艾伦·戴尔（摄）

🔭 日晕和日食

天文馆和气象台经常接到人们电话报道太阳或者月亮附近不寻常的光环。日晕和月晕比彩虹更加普遍但却鲜为人知。它们通常是由光线通过六角形的冰晶折射出来形成的。与彩虹不同的是，大多的光晕现象都是集中在月亮与太阳周围，而不是出现在反日点上。光晕通常是一种冬季现象，但是只要天空布满了高空卷云或者冰雾，任何季节都能出现。

最普通的光晕是距离太阳或者月亮22°的光环。有时候能看见距太阳46°的更大、更微弱的光环。

幻日（也称日狗）显现出明亮的光点，有时在太阳的左右两边并带有颜色（夜间，可以寻找少有的幻月）。当太阳位置较低，比如在冬季的时候，幻日出现在太阳左右22°以外，在内晕里显示出强烈光线。当太阳在天空中位置升高时，幻日出现在内晕之外。

另外最普遍的光晕现象是环天顶弧，是彩虹模样的切线弧，在高空中与太阳距离呈曲线。它是天顶为中心的圆环的一部分。环天顶弧通常与大的46°晕相切。

漂浮在静止的空气中的冰晶能够反射来自地面的或者地平线附近的光源。最终形成了在街灯之上的光柱，或者像右图中落日上的光柱，名为日柱。

特伦斯·迪金森（摄）

当太阳在高空时，有时候我们能看到一种水平的弧线经过太阳，与地平线平行穿过天空。当这地平弧线正对太阳，或者与太阳形成90°或120°时会出现耀眼的光点。其他一些切线弧有时候会与内外晕的两边、顶端或底部相切。

所有这些现象都依靠六面冰晶立面交接点对光线的折射。如果你看到任何形式的光晕，务必扫描整个天空——可能附近闪烁着其他少见而隐约的折射现象。

光线同样能够从扁平的冰晶中反射出来，形成来自低空太阳上升起的光柱。在寒冷宁静的夜晚，光柱能够在明亮的街灯上形成，产生天空中布满探照灯的效果。

🔭 反日华和冕

反日华和冕是光在空气中的水滴、冰晶甚至粉尘衍射而形成的彩色光环。

冕是一种较小的环绕在太阳或者月亮周围圆形的光环，通常直径不超过10°。它在一般情况下呈纯白色，偶尔能出现一系列彩色的光环即衍射环，它与天文望远镜中看到的恒星的形态非常相似。形成冕的条件是太阳或者月亮必须镶嵌在一层光雾中。当清晰的云朵在附近时，它们有可能以彩虹色为边（这些是冕的一部分）。深色太阳镜对帮助识别耀眼的太阳附近的天空中冕和闪光云非常重要。

反日华是与冕相似的一种现象，出现在太阳反向点的周围。观看反日华的最好机会是在飞机上。坐在机舱里靠窗的座位，当你穿过周围的云层时，可以寻找机下云层上飞机的阴影。这个阴影可能被彩色光圈所包围。反日华现象有另外一种表现形式，有时当你头部的阴影被投射到一片带露珠的草地上或者清晨低地的浓雾中时，这种德文名为"heiligenschein"的佛光会以一种柔和的光线出现在阴影的周围。

🔭 日间景观

人们普遍误认为月亮仅仅出现在夜晚。但是在上弦月相的某个傍晚，朝太阳以东90°方向望去，你可以看到正在升起的月亮。这一景象在蓝天下显得非常清楚。在下弦月相的一个清晨，从太阳以西90°方向望去可以看到下沉的月亮。上下弦月相期间都是用天文望远镜白日观测月亮的最好时机。可以使用红色滤光镜，或者可以使用偏光镜更好地暗化天空加大图像对比。

当金星位于最大距位置附近，大概在太阳以东或者以西

让人惊讶的月亮

每个月大概有十多天的时间能够在白天看见月亮。然而许多对他们自身所处的自然环境从不理会的城市居民从来不曾见过日间的月亮，并且对这种景观存在的可能性表示惊疑。

艾伦·戴尔（摄）

来自高空的景象

这个暗淡的环状彩虹被称为反日华，它是由阳光经过云层中的水珠被反射和衍射形成的。这种现象的几何图形容易从飞机上看见。

艾伦·戴尔（摄）

139

45°时，这颗璀璨的行星就成为另一个日间观测的目标。找到它具有挑战性。有两种高科技方法可以运用到观测当中，要么使用电脑天文望远镜寻找方向，要么采用传统天文望远镜的定位度盘，使用准确的度数（天文馆电脑程序能够提供这个角度）来调节到太阳的角度。

一种简单方法是等待月牙出现的一天。首先找到月亮，然后依靠它找到金星。首先，双筒望远镜非常必要，它能让你找到金星，一旦锁定了目标，你就可以用肉眼来观看它。这个技巧是把你的目光聚集在深蓝色天空中光点似的金星，不再扫视其他任何东西。一旦你的眼睛"自动聚焦"到无限性，金星就会突然地变得醒目。

更具挑战性的是观察木星。当它的位置处于与太阳90°夹角（在方照位置）时，这颗巨大的行星处于空中自然的极化带，在那里日间的天空最暗。空气清新的条件下用双筒望远镜可以看到木星，而且如果你有恒心的话，你也可以只用眼睛就能观察到它。

绿闪光

非常少见的月亮红闪光（上图），和更常见的太阳绿闪光（右图）有异曲同工之处。当太阳处在地平线上时，它的顶端边缘会闪耀出一抹绿光。

利奥·赫茨尔（摄）

假如你有一部电脑天文望远镜能够在户外自动校准前一个晚上收集来的光线，那么就可以尝试在白天启动它，转向瞄准一些明亮的恒星。首先把天文望远镜聚焦在地面遥远的物体上。然后，假如这是夏末，瞄准天狼星。快！目镜里已经有东西了，白昼的蓝天上镶嵌着一颗闪闪发光的宝石。夏季白日里看到的恒星就是你在冬季夜晚看到的恒星。同样，在一月份，你的电脑观测镜能够帮助你在白日观测到"夏季大三脚"当中的恒星。

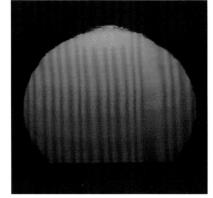

压扁的太阳

当太阳在与地平线1°以内时，大气的折射能让太阳产生千层糕模样的效果。

艾伦·戴尔（摄）

日落时的天空现象

你已经驱车到达了一座山顶，急切地盼望着星夜的到来。太阳正在下山，你开始忙着安装你的天文望远镜器材。别忙，请等一等！花片刻时间欣赏日落吧！近距离的观察能够发现一些美丽的迹象，不仅仅只是每个人都会注意到的熟悉的红色云霞。

绿闪光

日落时分，太阳光盘的光线变得暗淡，越来越红，通常这个时候可以使用双筒望远镜或者天文望远镜安全地观察它。应该特别注意，当你得眯着眼看太阳的时候，说明它太亮了。

大多数情况下太阳会下沉到地平线下，它的圆盘转为红色，而且变得扁平，常常带有一

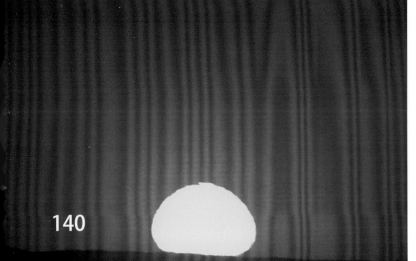

条就像正在沸腾的上边。注意这条
边——你将有可能看到它镶上了蓝
色或者绿色的边。在太阳快要消失
的最后一刹那，一道清晰的绿色光
点有时候会出现在圆盘的顶端，闪
烁后突然消失，时间只能持续1~2秒
钟。这就是绿闪光。

这道闪光是由我们的大气如
同棱镜一样分散颜色而产生的。
下沉的太阳光盘的底部变为红
色，同时顶端变为蓝色。当然，
并不只是这样。出现在太阳顶部
的短波长的蓝光因为大部分被驱
散而消失了，只剩下绿光在太阳顶端边缘。假如大气被分成了不同气温的区域

万道日光

曙暮辉通常由云朵和山脉的影子形成。

艾伦·戴尔（摄）

层，如同在海市蜃楼中，这种普遍细微的绿边能够延伸和分散成太阳顶端短暂
的绿点。在这种条件下，红光单独的一点能够出现在太阳的底部，形成一种特
别少有的红闪光。在日出时候也能观察到同样的现象，但是容易错过，因为观
察者们只为太阳的迅速升起而感到惊讶。

为了观察绿闪光，你需要一个真正平坦的地平线上的清晰视野，所以必须
在陆地或者水面上。幸运的观察者们甚至在上升与下落的月亮和金星上看到了
少有的绿闪光和红闪光现象。

曙暮辉

当太阳从云朵后面或者遥远的山顶处照射过来时，能够出现另一种现象：
曙暮辉。通常我们看到的这种光线，是太阳光从云盖的洞隙中穿射出来的光

地球的影子

在晨暮时分，在日升或日落相
反的方向寻找一条沿着地平线
延伸的深蓝色带。那是地球投
射到上层大气上的地球阴影。
深蓝色带上方的粉色区域被称
之为"金星带"，粉色区的形
成是由于阳光仍旧照耀着那里
的大气。在此地，我们地球的
阴影投射在大气和月亮之上，
新添了一幕半影月食。

艾伦·戴尔（摄）

灿烂依旧

丰收之月在九月几个夜晚一直徘徊出现在东方夜空。

艾伦·戴尔（摄）

束。曙暮光在太阳升起或下沉的过程中尤其明显，这时光线表现为日出或日落时发散出的一道道阳光和阴影，跨越天空。有时候它们在太阳反方向汇集成一点，在那被称之为反曙暮光。发散和汇集的现象是由于观察者所在距离的远近造成的效果，光辉和阴影实际上是平行的光线。

晨昏蒙影和地球的阴影

一旦太阳落山，注意观察天空变换的颜色。假如大气层清洁并透明，你可以看到西部天空出现的所有的色彩，从接近地平线的红色和黄色，接着是绿蓝色，向上几度到20°海拔的深蓝紫色等。在清澈透明的天空下，紫色的余晖能够持续长达30分钟，在西边时间更长。假如大气中充满来自森林大火的高空烟雾或者远距离的火山喷发产生的气雾，日落后的天空看上要去比通常情况更红。日落现象在一个火山大爆发之后在全世界能持续数月。

现在让我们面朝东方。寻找一条沿着地平线升起的深蓝色弧线。这是地球的阴影投射到我们的大气，进入宇宙空间。这个阴影贯穿月亮的轨道相，形成了一个月食。在一个晴朗的天空，注意搜寻一种所谓的金星带，即在东方天空，一条粉色的光辉环绕由太阳最后的红色光线照亮的高空大气形成的阴影。

当太阳落在地平线以下时，地球的影子在东方攀升得更高。在太阳位于地平线下5°的时候最容易看到影子。当天色渐黑时地球阴影的边界变得无法识别，但是它仍旧在那里，它对轨道卫星的影响可以证明这一点，这个现象我们将在以后章节讨论。

丰收之月

在满月出现的夜晚，你将看到月亮在地球的蓝色阴影里缓缓上升。因为满月位于太阳的对面，所以当太阳下沉时它就在上升，一直上升到直接与太阳相对的地平线上的一点。同落下的太阳一样，光线通过大气折射，上升的月亮看起来被压缩了；较短的蓝色光波被大气吸收，颜色也变红了。月亮如同橘子的色彩与深蓝色的阴影形成鲜亮的对比，加之上方的淡粉色的金星带，在空中创造了一个最绚烂多彩的景象。

观看半影食全景的最佳时间是丰收之月——最接近秋分的一个满月日。在秋季，月亮每晚只升起20分钟左右（与一年中其他时间每日最多1个多小时的时间相比）。在连续的2～3天晚上，我们能看到一轮金色的圆月几乎从傍晚时分就在东方升起，综合各种因素，丰收之月对最不经意的天空观察者来说也是一个最醒目的景观。丰收季节时大气中的烟雾或者灰尘也增添了月亮的金色光彩，使其更加引人注目。

随之而来的场景是月亮在地平线附近时显现得更大。但是月亮不是使人产生这种幻觉的唯一物体。一个星座在东方升起时，也会看上去比较大，几个小时后当它上升到最高位置时，体积变小。这如同我们感觉头顶的天空不像半环形的圆顶却是平坦的弧线一样——与我们头顶接近却与地平线相距遥远。

月亮为什么看上去那么大

天文学中最大的谜团之一，不是宇宙的起源和命运，也不是外星生物的存在，而是"月亮在地平线上为何看上去那么大"。这是个视觉幻象，能够用一张在高空的月亮照片和一张低空的月亮照片来证明。无论月亮位处天空中任何位置，月亮圆盘都是同样大小（大概0.5°），然而许多人总是觉得，升起的圆月看上去比普通高空的月亮大1.5～3倍。

当月亮升起或者下降时并不比它在高处时离我们更近。那究竟是什么导致这样的结果呢？

每隔几年，总有一个新的理论产生，每个理论都声明是最终的解释。然而从来没有

一个理论能够被人们完全接受，一种解释为这是一种庞佐错觉（Panzo Illusion）（可以用Google搜寻）的一种形式，即被认为将要远离的物体被人观察时会变大。举个例，在这张图画当中，朝右的柱子看上去更大是因为透景线使它显得距离更远。然而所有的柱子都是同样尺寸的。云朵在地平线附近时真的比在我们头顶上的时候距离更远，所以有可能那就是为什么我们倾向于认为月亮在地平线上时正在远离，因此更大一些。地平线上的物体添加了其他距离线索。

当你对眼看月亮或者低头看月亮时，这种幻觉就能够消失。背对升起的月亮直立，然后弯腰，头部向下到两腿之间距离看月亮。晕！幻觉也消失了。

月亮在接近地平线时所展现出的独特的尺寸是自然界中最强有力的视觉效果之一。然而它确确实实是一个幻觉。当满月接近地平线时把一片阿司匹林片放在一定距离，然后当月亮完全升高的时候再放一次。当你比较两个距离时，你将看到低空月亮和高空月亮之间没有大小区别。

月亮的暗面

月球上夜间暗淡的照明第一次被观察到时让人难以忘却而又迷惑。这种现象被称为地球反照，幽灵般的光线是从地球上反射出来照向月亮的太阳光。双筒望远镜能够清楚地显示这一切。

艾伦·戴尔（摄）

观察水星

水星一直难以找到，但当它靠近月亮和金星时，找到它就容易多了。此刻在黄昏的暮光中，水星在金星下面闪耀。虽然比金星模糊，水星还是比往常明亮许多。

艾伦·戴尔（摄）

夜幕降临时天空中的景象

电影摄影师认为短暂的暮色是神奇的时刻，天文学家也有这种想法。在等待黑夜降临的过程中，你能找到只有在暮色天空中渐渐变暗时出现的独特景象。

地球反照和新月

有可能你已经看到过很多次这样的现象但却可能不知道它是什么。一轮新月挂在西方的天空，只有细细的一道银边被太阳照射，然而你能看到月亮的整个圆盘。月亮的"暗面"依稀可见，是一种称之为新月怀抱下弦月产生的效果。

月球光盘的黑暗部分正经历着月亮的夜间。在月亮的夜空中挂着一个巨大闪亮的地球，显现着一个几乎圆满的图像。阳光从地球上的海洋、云层和极地的冰帽中反射出来，形成蓝白色的光线照耀着月亮的黑夜区域。地球反照的一部分又被反射回地球，使我们能够看到月亮的黑暗面。

不要把月亮的"暗面"同月亮背对我们的那一面混淆了——我们从地球上从来看不到月亮的另一面，但是月亮的另一面和永远面对地球这一面经历着同样的日夜循环。在月亮上"太阳永远照不到的地方"是位处月球南北极的几座较深的环形山。

春季是观看地球反照的最好季节。在春季，渐满的蛾眉月位处地平线上方的最高点，四周是更加清新的空气，在天色完全变黑时仍旧清晰地悬挂在天空中。

春季同样是观看到可能出现的新月的最好季节。一轮新月出现在低空，形成一轮超薄的月牙镶嵌在明亮的暮色中，让人难以察觉。根据美国海军天文台的观测报告，肉眼观察到的月亮的记录只有15.5小时（在新月正式运动之后）。天文望远镜观察到月亮的记录是12.1小时。我们当中大多数人都会认为在24小时内观察到月亮，是给我们天文现象的"生活目录"中增添了一项成就。首先使用双筒望远镜找到月亮，然后试着用肉眼去观察。

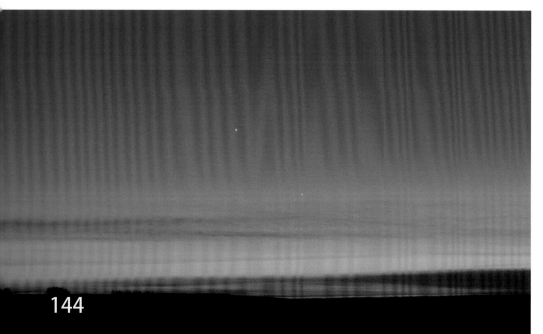

 观测水星

另一项在暮色中具有挑战性的活动是定位太阳系中的一颗内行星：水星。水星以难以发现著称，但是一旦在良好条件下看到它，你又会惊讶那是多么的容易。容易观察到的关键因素是有"良好的条件"。

水星从来不会出现在超过与太阳形成的28°角以外，并且一次出现只有一周多的时间。从夜晚到早晨，它在天空中飞速地来回，每年在黄昏或黎明露面六七次。一些水星的显现期相对较好。水星在春季夜空和秋季上午的空中处于最高点。即使在如此最有利观察的显现期，水星仍然在地平线上10°～15°以内闪耀，无云的天空是观察它的必然的条件。

双筒望远镜也是必不可少的，这样可以在日落之后不久，在夜幕降临前15～20分钟的最佳时间内找到它，不然肉眼将捕捉不到它的踪迹。

有一个快要明确的事实是除了在黄道附近发现的最亮的恒星，比如阿鲁狄巴(Aldebaran)、参宿四(Betelgeuse)、南河三(Procyon)、星轩辕十四(Regulus)、角宿一(Spica)和心宿二(Antares)，水星的光亮强过所有的星星，能亮一个整星等（a full magnitude brighter）。一旦你看到水星，就会奇怪以前自己怎么没有看到过它。

月亮与行星的会合

当行星在我们夜空中围绕着恒星转动的同时，它们偶尔也表现出彼此相互接近，至少从站在另一个行星——地球上的我们这些观察者的视点来看是这样的。这些距离上的靠近叫作"合"。这是一项经常用到的术语，比如在以下的一览表中，合是指任何近距离聚集的行星或者行星与月亮之间的会合。（严格意义上来说，两颗行星靠近不属于合，除非它们在同样的赤经上。）

我们肉眼可观察到的外行星——火星、木星、土星——能在一个黑色夜空的高点会合。缓慢移动的木星与土星之间的会合现象非常稀少，20年才能出现一次。土木星合下一次出现的时间要到2020年。虽然火星能够与木星或者土星在黑夜中成对出现，但是从现在到2020年间最好的火木星合与火土星合奇景却将出现在晨光或者暮光中。

任何与水星或者金星之间的会合现象也是一样。它们能与三颗外行星中任何一颗一起出现，但最亮的两颗行星——金星和木星，它们在暮色中的会合却是最壮观的景象。紧凑的三星汇集现象足以登上夜间新闻的头条。同样受人欢迎的重大事件是四颗甚至所有五颗肉眼可观的行星簇拥在晨空或夜空中同一个区域。

一夜之缘

月亮、金星和土星形成的与众不同的三脚（最黯淡）持续了仅仅一个晚上，因为月亮每24小时向东移动大概12°。

特伦斯·迪金森（摄）

21世纪早期的最值得注意的行星与月亮合之精选名单。

日期	相关行星
2008年12月1日	蛾眉月，金星和木星在夜空形成3°宽的三脚。
2008年12月31日	水星和木星在夜晚低空相距1.2°，金星和月亮成对在上方。
2009年2月27日	蛾眉月和金星在夜空相距2°。
2009年10月13日	金星和土星在黎明时的天空相距0.5°，水星位于下方。
2010年4月15日	蛾眉月相距水星1°，与金星相距6°，位于两颗行星下方，夜晚出现。
2010年8月5日	金星、火星和土星在夜晚低空形成5°宽的三脚。
2011年3月15日	水星和木星在夜空相距2°。
2011年5月11日	水星、金星和木星在黎明天空的低点形成一条2°长的 垂直直线，火星在附近。
2012年3月13日	金星和木星在夜空中相距3°。
2012年7月15日	黎明时天空中出现娥眉月，在金星和木星之间。
2012年11月27日	黎明的天空中金星和土星相距不到1°。
2013年5月26日	夜空中金星和土星相距1°，水星在附近。
2014年8月18日	金星和土星之间仅相距0.25°，与蜂窝星团 (Beehive star cluster)相距1°黎明时出现在低空。
2015年2月22日	金星和火星相距0.5°，出现在夜晚。 (2月20日月亮在这对行星附近)
2015年6月30日	金星和木星在夜空中相距0.5°。
2015年10月25日	金星和木星出现在黎明，相距1°； 它们和火星在10月28日形成一个三脚。
2015年12月7日	蛾眉月和金星相距2°，黎明时出现。
2016年1月29日	金星和土星相距0.5°，黎明时出现。
2016年8月27日	金星和土星只相距0.2°，夜晚出现在低空，与水星上方形成5°。
2016年10月28日	蛾眉月和土星相距1°，黎明时出现。
2017年10月5日	金星和火星仅仅相距0.2°，黎明时出现。（10月17日时月亮将加入到会合中来。）
2018年1月6日	火星和木星在黎明出现，相距仅0.3°。
2018年7月15日	蛾眉月和金星相距1°，出现在夜晚。
2019年11月24日	金星和木星相距1.5°，出现在夜晚。
2020年3月8日	火星、木星、土星以及渐暗蛾眉月聚集在8°的像场内。
2020年12月21日	木星和土星出现在夜空，只相隔让人惊异的6弧分。

夜空中两个最亮的物体的会合迅速出现——月亮和金星，假如它们之间的距离在2°以内，就将成为真正万人瞩目的事件。它们非常罕见以至我们得额外努力才能看到。

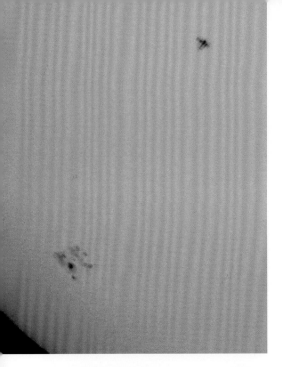

虽然没有发生一个"合"现象，在这些条件下这些行星却在晨暮中构成了一条划分黄道的界限。如果月亮再加入这支队伍，你会度过一个真正难忘的夜晚。

金星和蛾眉月在深蓝色的暮光中落下，在此过程中产生了近距离会合。这个现象是可肉眼观测到的奇景中另一项最受瞩目的大事。在金星九个月长的清晨或夜晚显现期间，月亮每个月从中经过一次。两星会合中将有一到两次非常近的合现象，是值得期盼与拍摄的美景。

卫星和空间

自1957年发射了"斯普特尼克一号"之后的50年里，人类以每年向轨道输送100多件物体的输送率，已在宇宙空间输出了大约500次航天卫星装备。那就是说，围绕轨道运动的物体不仅仅是数千个卫星，而且包括使用过的助推器和其他空间残骸。到21世纪初，在轨道中漂浮着的这一数量的物体比"一个葡萄柚的尺寸"（指可见的宇宙部分）还大，已经有8700个，而当中只有几百个是正在工作的人造卫星。任何时候你都能通过天文望远镜观察到这种迅速地穿过视场的空间物体。

即使通过天文望远镜的放大观看，人造卫星也形似恒星。足球场大小的国际空间站（ISS）比较例外，从天文望远镜中望去它比较大，显示有形状。它的移动速度非常快，所以很难跟踪，但值得观察者去尝试。

然而，你可以不需要天文望远镜就能观察到人造卫星。一些最亮的卫星肉眼都能看到。条件是你不可能在夜晚的任何时候都能观察到它们。最佳观察时段是在日落后或者日出前的90分钟以内。虽然那时太阳落在了观察者看不见的地平线下的地面，但它仍处在卫星的高度上散发着光芒。这是唯一的能让我们看到人造卫星的方法——因为它们反射太阳光。

在地球低轨处（160～1600千米高）的卫星能够呈现像一星等或是二星等的

运行中的国际空间站
谢恩·芬尼根抓拍到的这张奇异的图像：国际空间站和飞机(右上方）在太阳前方飞行，靠近一个巨大的太阳黑子。

宇宙裸跑者
右上图：负载着STS118任务航天飞机的国际空间站在2007年经过萨斯喀彻温省夏季星会的上空。
艾伦·戴尔（摄）

航天飞机重返地球
1996年9月26日，航天飞机STS79重新进入亚伯达南部上空的大气层中。
艾伦·戴尔（摄）

夏日的云彩

夜光云在夏至亚伯达北部的地平线上闪烁着微光。亚伯达是世界上观看这种高纬度现象的最佳地点之一。

艾伦·戴尔（摄）

亮度。航天飞机产生犹如−1星等和−2星等的亮度。在地球轨道中显现得最亮的物体是国际空间站，在建造它的后期，最高达到−3或者−4星等的亮度，介于木星和金星亮度之间。国际空间站巨大的金色的太阳能板上，呈现出一片淡黄的色彩。国际空间站的轨道倾斜度为51.6°，海拔400千米，从地球上北纬60°到南纬60°之间的任何地方都能看到它。

人造卫星穿越天空的速度取决于它的高度：海拔越高，行动得越慢。在地球低轨处的卫星需要90~200分钟的时间环绕地球1圈。这样的卫星能够花2~5分钟时间横穿你当地的天空。大多数物体都是自西向东行进，但是极地轨道的物体，比如地球观察与监视卫星，却从北到南或从南到北地滑越天空。

人造卫星提供了一些不同寻常的视觉现象。在夜晚的空中，物体朝东时整体逐步变亮，就像背对太阳的一轮圆月。有时候它们短暂地闪烁，因为太阳光突然闪烁到一个反射面，翻滚的物体通常在光亮中搏动。时不时，两个或者更多的物体被发现在一起移动——到达或者飞离国际空间站的航天飞船提供给我们观察双卫星的最好机会。假如你看到卫星形成一个三脚形状在飞行，不要慌张，这不是一个外来物入侵地球。你目睹的是美国海军的海洋监视系统（NOSS）三部件飞翔在你的上空。海洋监视系统在地球1000千米高的轨道上运行，分成三个部分来三脚测量海洋中船只的位置。

在夜晚，人造卫星有可能在半途中在东部天空消失。当物体进入到地球的阴影内就会发生这样的现象。卫星在轨道绕行到我们地球的夜晚时，经历了一次日落。黑夜在持续，地球的影子越升越高，吞没了整个天空，所以没有卫星能在阳光里出现。只有居住在北纬（大概北纬45°）的人能够一整夜看到卫星在天空中来回穿行，而那必须在夏季，太阳能在当地午夜照耀高海拔的物体的情况下才能发生。

🔭 夜光云

正如名字所示，夜光云可以在夜间看到。它们看上去很像穿过北部地平线的银蓝色的卷云，与其他多种云不一样，它们发出乳白色的光芒。虽然在往南边如科罗拉多州的地方能看见夜光云，但是通常能观测到它们的地方限制在北纬45°～60°。这些离奇的幻影只出现在北纬地区的夏至，当太阳位于地平线下6°～16°的时候，甚至只出现在午夜。

夜光云出现在海拔80千米处，比我们地球上的气候系统的99%要高出5倍。如此让人吃惊的高度使它们安然地位于大气的同温层上方，漂浮在地球大气层的最外边缘。整个夏季的夜晚，这里的云朵都沉浸在日光中。

这些夜光云不是普通的云。它们的成因有可能是附近的流星微尘沉积而成的冰晶或者人为的污染物飘入大气中间层，陷入到了冰冷的极低地区。假如六月末或七月初你在北纬高处，一定要在午夜到凌晨3点之间向北才能找到奇异多端的夜光云。

虽然这些云显现在半夜，我们仍旧把它们视为一种暮光现象。因为在高纬度的初夏，暮光从不消失。沿着北纬地平线，余晖能照耀整个夜晚。而在这短暂夏夜中永不消失的暮光中，夜光云也出现在我们的视野中。

铱星闪光

夜晚中最著名的发光体石铱卫星。一队60多个这样的通讯卫星在20世纪90年代末发射到空中为全球提供手机卫星服务。由于昂贵的服务没有受到用户的支持，这个私营的铱星财团破产了。这些卫星都将要脱离轨道并计划在空气中烧掉，但是在执行摧毁计划的第11个小时被美国国防部挽救了回来。

在780千米以上的轨道中运行，铱星有相当灵敏的反射天线，每个尺寸相当于一扇门。这些天线像扁平的镜子一样工作，形成短暂但是非常强烈的光闪。几秒钟内，一颗铱星能从它普通的+6星等（很难用肉眼看到）亮度变成高达-8星等，是金星亮度的26倍。

一颗璀璨的毫不夸张的"恒星"突然冒了出来，有如昙花一现，瞬间又消失了。几乎每个晚上都能看到铱星，但是却限制在非常小的区域内。相关的预测信息可参照网站：heavens-above.com。

一段定时曝光拍摄下了铱卫星在空中快速移动时骤然产生光焰和突然消失的过程。每个夜晚至少有一颗发出适度光线的铱星有可能被发现；真正耀眼的铱星几天或者几周出现一次。

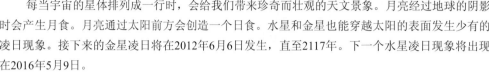

交食和凌日

每当宇宙的星体排列成一行时，会给我们带来珍奇而壮观的天文景象。月亮经过地球的阴影时会产生月食。月亮通过太阳前方会创造一个日食。水星和金星也能穿越太阳的表面发生少有的凌日现象。接下来的金星凌日将在2012年6月6日发生，直至2117年。下一个水星凌日现象将出现在2016年5月9日。

★2008～2020年所有的日食

2008年8月1日	加拿大北极圈，俄罗斯中国
2009年7月22日	中国，南太平洋
2010年7月11日	南太平洋，包括复活节岛
2012年11月13日	澳大利亚，南太平洋
2015年3月20日	北冰洋斯堪的纳维亚北部
2016年3月9日	印度尼西亚，北太平洋
2017年8月21日	北美（还有一个出现在2024年）
2019年7月2日	南太平洋
2020年12月14日	南太平洋，南美，南大西洋

★2008～2020年所有的月食

2010年12月21日	北美
2011年6月15日	非洲，亚洲
2011年12月10日	北美洲西部，澳大利亚，亚洲
2014年4月15日	北美和南美
2014年10月8日	北美洲西部，太平洋带状地区
2015年9月27日	北美洲西部，太平洋带状地区
2018年1月31日	澳大利亚，亚洲
2018年7月27日	非洲，亚洲
2019年1月21日	北美和南美

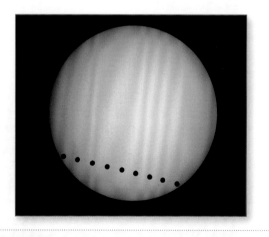

合著者戴尔在2006年3月29日拍摄到的特写镜头（右顶上图）和广角镜头（右顶中图）为利比亚沙漠上空的日全食。他到访过勒克瑟和埃及，在2004年6月8日他亲眼目睹了罕见的金星凌日现象（左下图采用的合成定时曝光拍摄）。然而在2004年10月27日这一天，他却在自家后院里拍摄到了日全食（右下图）。

夜间的天空现象

当天空完全变得漆黑时，天堂中出现了一系列新的火焰和光亮，展示在守候的观望者眼前。

🔭 流星

每天有1000吨左右的灰尘和岩石进入地球的大气层内。一颗沙粒大小的微粒穿透大气层并燃烧，同时产生了一种独特的大气现象（普通人称其为流星）。一种篮球大小的物体能够产生一个闪亮圆顶，上端猛然溅起一颗耀眼的流星，照射整个天空。即使这些现象是那么少见和短暂，只要在户外准确的方位观察，在一生中你会幸运地看到至少2～3次这样的场景。

假设某个晚上在持续很久的观察过程中，你最终看到了少量的几颗流星漫无目的地划过天空。天文学家称这些为偶现流星。典型的流星在1～4星等，产生一道道只持续一到两秒时间的光线，即经典的"堕落之星"。一种明亮的流星，亮度大概在−1星等，有可能在更长的路径穿行得更慢一些，有2～3秒的可视时间。这种流星通常在它自身燃烧和消失之后留下一道电离轨迹，长时间散发出光芒。

许多流星物质来自年老的彗星在整个太阳系中发散的一行尘土样的碎片。

当一颗彗星靠近太阳闯入火星绕日轨道时，它的冰面就开始在太阳的辐射下变成水蒸气。从46亿年前太阳系形成时期的冰块内的尘土和残骸被释放到空中飘浮，当中一部分微粒突然间冲入地球的大气层，就成了流星。少数几个大流星来自火星和木星之间的小行星带。它们实际上是这个区域数以千计的大岩石块的碎屑。

夜空中的闪光

流星在空中以短暂的光芒出现。虽然它们通常看上去好像要撞入地球，但是大多数流星在上万千米的高空里已经完全燃烧。上图是一颗12月的双子座流星，就像划破了天狼星。

艾伦·戴尔（摄）

夏日流星

一颗耀眼的英仙座流星在夏日的银河系中坠落。英仙座流星是一年中八个主要流星雨中最受欢迎的一个，在每年的8月11或者12日温暖的夏夜出现。

艾伦·戴尔（摄）

流星雨

仅次于交食和耀眼的彗星，最受公众注目的天文现象就是流星雨了。流星雨是年度可预测的重大事件，其中有1～2个晚上，通常稀少的流星数量跃升到每小时20～80颗。每年大约有八大流星雨能从北半球观看。

在一次流星雨的降临过程中，地球经过一颗彗星的轨道，穿越之前彗星在太阳附近旅行而留下的尘埃。英仙座流星群被认为是在1992年出现的斯威夫特－塔特尔彗星(Comet Swift-Tuttle)留下的漂浮物。双子座流星群是来自一颗很像没有尾巴，濒临死亡的彗星似的小行星法厄同 (Phaethon)的残骸。

流星雨倾向让首次观众感到失望，尤其当新闻媒体报道此次流星雨发生在月亮出现的夜晚。即使是最好的流星雨，如英仙座流星群（8月11～12日）和双子座流星群（12月13～14日），平均每分钟只产生一颗流星。当然，流星从来不会按照精确的"一分钟一颗"的时间表出现。在流星雨的最高峰，可能几分钟过去了却没有一颗流星；然后再一两分钟内急速地涌现出6～7颗，接下来的5～10分钟，又什么都不出现。在20世纪80年代和20世纪90年代早期，英仙座流星群出现的场面非常壮观，但是它们的密度随着斯威夫特－塔特尔彗星面朝太阳系外部前进而降低了。双子座流星群目前每年都能表现得最好，英仙座流星群已经接近二等的流星雨。

对于任何一场表现完美的流星雨来说，地点必须是黑暗的，天空中不能有月亮。观察的装备非常简单：一把草坪椅，一张毯子或者一个睡袋，一杯热饮料和几首最爱的音乐。只需坐着仰望天空。假如你和一群长时间的业余爱好者在一起，每当有一颗流星被发现时，你就会听到大叫声"计时！"这已经成为一种自动反应，这种习惯对集会时单人记录一组观察者看到的每颗流星的时间是非常有用的。

在流星雨中，观察者最早注意到的是与它们尾巴相反的方向指向天空中同一个点。对于英仙座流星群来说，它们的辐射点位于命名所在之处的英仙座。对双子座流星群来说，辐射点在双子座内。1月上旬的象限仪座流星群，是根据曾被名列在天龙－牧夫座区域的象限仪星座而命名的，但是这个星座已经被废除。

流星轨迹的覆盖范围是根据相对距离而来的。地球实际上穿过流星雨的一条平行线。但是因为一条在空中的流星路径能够比160千米还长，它的末端点比它的起始点更接近你和地球的表面，流星路径同铁路或者任何从远方延伸出的平行线会有同样的透视效果。

流星雨能够出现在天空的任何位置。接近辐射点的流星短暂而缓慢；离辐射点遥远的流星速度很快且留下更长时间的轨迹。一颗迎头穿入辐射点的流星表现出短暂的星形闪光。

经验丰富的流星观察者有一个普遍的习惯，就是一直等待到午夜之后（或者实行夏令时等到凌晨一点）。流星雨和偶现流星出现的频率更多，在午夜后几个小时让天空大放异彩。此时，我们所在地球的一面已经进入了它环绕太阳的轨

流星辐射点

流星雨的名字来自于辐射出流星群的星座。叠加曝光拍摄出狮子流星群从狮子座这头狮子的头上辐射出来的过程。

艾伦·戴尔（摄）

道的运行方向。因此，我们面朝"风里"。任何我们面对的流星残骸都以更快的速度撞击大气层，产生了更明亮而炙热的流星尾巴。

🔭 火流星和陨星

我们在观看一场流星雨的夜晚不可避免地提出一个问题：流星雨曾经撞击过地球吗？答案绝对是"不"。据悉从来没有任何流星雨残骸撞击过地球的表面。由于流星雨是由良好、易碎的彗星尘构成，它们在海拔60～120千米的空中就已经燃烧殆尽。当然，每个人都听说过陨星，这种真正撞击地球的物体的正确名称。这些大块头岩石与大多数流星有不同的根源：它们是小行星在火星或者木星轨道之间撞击而形成的碎片。

任何亮度超过−4星等即超过金星亮度的流星，叫作火流星。它们很少产生陨石。一种出现时像燃放的烟花那样爆炸的流星叫作火球（流火）。假如一颗火球在主体爆炸后继续产生几块发光碎片，有可能会有小部分碎片残留在地球表面。一种几乎没有最后的爆炸迹象的速度缓慢但非常耀眼的（亮度为−10星

日间的流星

正当业余天文学家约翰·内米在尼加拉大瀑布附近的高速公路上行驶时，看见了一颗闪亮的火流星穿过日间的天空。他飞快地在路边停下车并抓拍下这一场景，然后用绘图软件补绘出他所看到的清晰的火流星。

流星风暴和爆发

一年一次的流星雨节目中，狮子座流星群从20世纪90年代晚期开始得到越来越多的宣传，越来越多的人加入到观察它的活动中。这种流星雨通常每小时最多产生30～40颗流星。然而，每隔33年，狮子流星群的母彗星斯威夫特-塔特尔重返到地球的附近。在1833年，1866年和1966年，狮子流星群产生了一生只能见到一次的流星雨风暴，每小时有上万颗流星出现。观察者们报告有一种奇特现象，而这种现象只有在科幻小说中出现，类似星际飞船扭曲着进入多维空间。

1998年，狮子流星群产生了一次火流星雨，展示不同寻常的明亮流星，虽然它们的数量远不及流星风暴的比例。1999年，被预测到的流星风暴的那一年，中东和欧洲的观察者们看到了一次接近每小时3000颗流星的短暂爆发。值得注意的是，天文学家以前所未有的精确度预测到并观测了这次高峰。2001年，同样类型的已被预测的现象在北美上空完美上演——这是另一次成功的预报。整个美国和加拿大的观察者报告每分钟有多达20颗流星出现，是几十年来在这块陆地上被业余天文学家观察到的最壮观的一次。

天文学家通过使用从狮子流星群那里学到的流星群建模技术，已能够预测出以往安静的宝瓶座流星将在2007年9月1日出现短暂的爆发。一场强烈的天龙座流星雨有可能发生在2011年的10月。我们有可能在2022年看到一场新的流星雨，由最近破裂的Schwassmann-Wachmann 3彗星产生。

1998年11月17日的这次曝光(图右,感谢斯洛伐克科学研究院),出现了一串闪耀的流星群像狮子座星群那样的景象；1998至2001年出现的狮子座流星雨是继1799年、1833年以及1966年以来近几年离我们最为接近而能使我们再一次观察到的流星风暴(图左)。

等或者更亮）火流星被认定是一颗陨星的坠落。看到这种景象时你可向当地的天文馆、气象台或者大学天文部汇报。注意这种流星的行走方向，它的高度与地平线形成的角度（或者伸长手臂用手掌的宽度来测量角度），以及起点和终点的基本方向。记录你观察时的地点和时间（许多现象是人们在移动的汽车里发现的）。记录下任何不寻常的声音。比如隆隆声，嘶嘶声，呼啸声或短暂的音爆，以及现象和声音之间任何不同的间隔时间。

需要牢记的是当火球看上去就要在几百米以外的地方落下时，火球在海拔12～15千米的高空爆炸，落入与地面遥远的同温层，也就在商业飞机航行高度的上方。看上去就像跨过一座山头的流星实际上可能到达了另一个国家。

如何区别自然的火球和重返地球的人造卫星呢？有经验的观察者发现人造卫星比自然形成的火球燃烧得更慢，持续的时间更长（至少30秒钟），穿越的角度更大（100^0或者更大角度）。即使非常明亮的火球也显示出飞速的终点爆裂和熄灭。

假暮光

在亚利桑那沙漠的一个二月的夜晚，在暮光之后，黄道光犹如一座狭小的金字塔从落日点附近出现。黄道光伴随着行星在通道——黄道出现。一般很少看到像这张图上显现的那样明亮。

特伦斯·迪金森（摄）

🔭 黄道光和对日照

这是一种行星间微尘产生的非常细微的现象，能在春季的夜空和秋季的晨空中出现（南半球和北半球都可以看到）。比如在春季一个没有月光的晚上，等到暮光的余晖从西边的天空消失。假如你身处黑暗中，借着远处城市看到的微弱的地平线上的光芒，这时可以从地平线上20°～30°寻找伸展开来的一道模糊的金字塔形的光影。它比银河系中最亮的部分暗，通常被认为是大气中暮光的最后阴影。这道光实际上是在内太阳系中，太阳光反射出在太阳轨道附近密布的彗星尘埃。这种现象被称为黄道光，因为它沿黄道（黄道带区域）出现。你居住的地方离赤道越近，你就有更好的机会在早晨或者夜晚看到这些光线金字塔。然而，在晴朗无月的晚上，在远到北纬60°处的专注的观察者也能在天空中找到黄道光。

比较难发现的是一些其他类型的黄道光现象：对日照和黄道带。对日照表现为在空中反日点为中心的一条巨大的（大概10°宽），非常难以觉察到的光亮带（德语gegenschein的意思就是对日照"counterglow"）。它是由太阳光发散在地球轨道外的流星微尘而产生的现象。3月底到4月初，以及10月初都是发现对日照的最好时机，此时它能投射到星星稀少的区域。裸眼观察这种难以捉摸的现象非常具有挑战性。更困难的是观察黄道带，一行连接东西部黄道锥到对日照的光线。

大自然的光展

极光是在空中最让人惊叹的展示之一，它是空中飘扬着的光幕。发光的氧气分子形成的绿色是极光的主要颜色，而粉红色、红色和蓝色在极光强烈显示时出现。

戴维·李（摄），照片拍摄于不列颠哥伦比亚省的维多利亚附近，2000年8月12日。

极光

　　位于高纬度的观察者经常能看到北部或者南部的光线——北极光或南极光（有人说常常被极光困扰）。极光可以说是所有肉眼能见的现象中最有趣的一种，它时而显现出起伏波动的光幕，时而像彩色烟雾或羽毛般四处飘散。

　　极光是上层大气流中产生的一种现象。极光幕从500千米的高处（比空间站的海拔还高）向下延展，直到80千米处停止。这种较为常见的北极光，一般

拍摄奇景

2001年一幕大规模的全天极光（见上图）被拍摄下来（这张照片采用Ektachrome 200胶片相机拍摄）。在这两页中其他的照片是用普通的单反数码相机拍摄的，事实证明普通数码相机也能够拍摄出高品质的极光照片。

首先在北部的地平线上以一条绿色的光带出现。在盛放的过程中，明亮的光轴爬升上高空，最终让天空布满帷幔和缎带。有一种极光能升到天顶，形成一种与电影《2001：太空奥德赛》出现的风洞现象相似的日冕爆发。在一种称之为"亚暴"现象的爆发之后，整个天空会出现独特的光斑，不停地搏动。

在阿拉斯加、加拿大北部领土和平

极光之夜

灿烂的极光能够成为一种大陆现象，在上百万平方千米的天空出现。2004年11月7日的这次极光现象（见上图），同时在加拿大全境以及远到南方的加利福尼亚北部和俄克拉何马州出现。上端及左边两张照片都由特伦斯·迪金森在安大略省东部拍摄。对面一页：底部照片在安大略中部由托德·卡尔森拍摄；顶部的胶卷照片由艾伦·戴尔在艾伯塔省南部拍摄。

原省份，安大略和魁北克的北部，北极光是一种常见的现象，一年最多可以出现到200次。在欧洲，靠近北极的挪威和瑞典的观察者每年也能记录下同样多的次数。在美国北部和加拿大南部，每年天空中隐约出现的极光现象有几十次。北美的东海岸与西海岸与美国南部每年有5~10次。罕见的特大极光能在远到南部的墨西哥和加勒比海出现，但是平均每10年才出现1次。

相对于北美相同纬度的地区，尽管欧洲人口稠密部分的地理纬度较高，但是极光却很少在那里被发现。加拿大和美国北部更加接近位于加拿大高纬度的北极群岛的北极磁场。极光形成一个以北极磁场为中心，半径大约为2400千米的椭圆形区域。奇怪的是，地球上在北极圈内并不比在北部的平原省份内看到

的极光多。

同样情况也在南半球存在，南极光在位于南极洲的南极磁场附近形成。因为在南极光区域的下方是几乎没有人居住的陆地地块，所以只有企鹅观赏了这里的大多数极光。

一种对极光普遍的错误认识是认为极光常常出现在冬天。实际上最美的极光通常出现在3月、4月、9月和10月。耀眼的极光也能出现在夏季。它们的形成与地球的

极光世界

虽然极光之间有明显的相似之处，但是没有任何两场极光是一模一样的。实际上，正是极光难以觉察的千变万化显现了它的无穷魅力，就像最近几页的图片展示的那样。上图由特伦斯·迪金森拍摄自安大略南部，右图由艾伦·戴尔拍摄自艾伯塔南部，右面两张图均由保罗·格雷在马里兰东部拍摄。

特伦斯·迪金森（摄）

气候无关。关键因素是地球的大气在高空上升时被太阳形成的电子和中子连续撞击。有时候，太阳的外部大气即日冕通过日冕物质抛射而释放，还有可能因为在太阳表面发生了巨大的爆炸，太阳大气的一部分实际上被吹进了太空。一些物质抛射向地球射出带电的分子流，浸满了围绕着我们地球的辐射带。确切的过程直到现在才开始被了解。看上去好像是辐射带起了分子加速器的作用，把密集的能源电流传播到地球升高的上层大气上。地球的大气层像一个行星大小的屏幕，当它被电子束撞击时，就开始闪烁。

一场典型的极光需要大约10000亿瓦的能量，比最大的水力发电厂输出的能量还要大好几百倍。在一次密集的极光展示中，伴随的高达100万安的电流足以在地球上创造几个波动的磁场。它将流向延伸的电导体上，例如在北极管道和电力网络上，产生毁灭性的电流。据悉，

极光暴能使轨道上的人造卫星短路。

极光受太阳活动的起伏影响，每11年达到一个高峰。1989年太阳活动的高峰期产生的极光能量是如此高，一次极光就使魁北克省的电网掉闸，让整个东部沿海地区陷入黑暗。2000年和2001年的顶峰时期没有那么强烈，但却是第一批被一小队专业卫星发现的极光。太阳和太阳风层探测器(SOHO)、先进成分探测器（ACE）、美国宇航局的西弥斯（THEMIS）探测卫星、欧洲的星团探测

卫星以及日本的日出和孪生的立体观测卫星，都时时刻刻在观测太阳、太阳气候和地球的磁场区域。它们提供即将发生的太阳风暴和地磁颠倒警示信息。如果你想查找可能出现的现象，网站www.spaceweather.com将是一个好的去处，或者登陆美国海洋和大气局(NOAA)的空间气候预报中心（www.swpc.noaa.gov）。

我们银河系中的家

地球围绕太阳的轨道几乎都与银道和银河系圆面呈90°。正因为这个原因，每个季节展现给我们银河系不同的一面：在北半球，夏天我们面朝银河的"市中心"，冬天面朝城市的边缘，春秋两季我们离开了银河系变平的圆盘的顶部和底端。

阿道夫·沙勒（设计）

黑夜中最好的景色：银河

只有一种横跨天空的现象可以与极光同样壮观。与北极光景象的不同之处在于，这种奇景几乎在一年中每个晚上都会出现，让人伤感的是，它从城市的后花园中穿过而无人注意。但是在离开城市光污染的地方，银河一丁点也逃脱不出我们的眼睛。

我们在银河系中的家

银河系出现时宛若一条柔和而朦胧的光带，当中装点着发光的星云，四处穿插着黑暗的星际尘埃形成的模糊的巷区。就像1609年伽利略发现银河系那样，我们使用任意一种光学仪器对准银河，能把银河系分解成千上万颗恒星，而这些作为个体的恒星因为太遥远太模糊而不能被我们的肉眼所觉察。

当你仰望银河时，你能看到一个巨大的星系就在我们边缘。所有你在夜空中肉眼观察到的星星都属于银河系，相对来说银河系离我们很近，离太阳有几千光年的距离。但是整个螺旋形的星系从一面延伸到另一面有10万光年。排列在星系的旋臂上的非常遥远的恒星的光芒交织在一起形成了我们所谓的银河系。

太阳系位于距银河系中心25000光年的位置，大约是从银河中心到可视边缘的中间。当你描绘银河系中的太阳系时，有可能想到的是地球及其他卫星在同一平面围太阳旋转的图像，就像是银河系中的风轮盘。这是一张简洁的图画，但是没有宇宙中的必要条件界定太阳系和银河系的平面在一条线上。事实上，太阳系几乎与银河系圆盘呈直角倾斜。因此，黄道（界定太阳系平面的这条线）总是自西向东穿过天空，同时在北部地区的仲夏与冬季的夜晚，银河带（划分出银河系的圆盘）与黄道垂直相交，从北到南把天空切分为二。

群星中的食火鸟

在一个南纬30°的区域，太阳系中心经过上空，产生了一种独特的对称的银河现象。遥远的银河系的中心变得非常明亮显眼。在澳大利亚这个拍摄现场，许多土著看到在银河的暗云中出现了一只食火鸟。它的头是右下方的煤袋星云；脖子是朝上穿过银河系中心的一条暗巷；身躯是由发光的星系中心构成；尾巴与脚是左上方盾牌座（Scutum）和天鹰座（Aquila）中的暗巷。

艾伦·戴尔（摄）

161

夏日银河

7月从北纬中部观察，
银河由北向南移动，星
系中心位于南纬上空。

🔭 何时观看银河

当地球绕太阳公转，我们从不同的方向看银河的旋臂犹如坐在旋转木马中向外眺望。从6月到8月，地球的夜半球渐渐转向银河系中心。我们看到人马座中闪闪发亮的银河中心在子夜时位于正南。然后我们朝星星最密集的地方看，这时的银河最亮。一年中的这个时候，我们看到的很多星星和星云都属于人马臂，再往里就是银河中的猎户臂了。

6个月之后，从12月到来年的2月，地球的夜半球朝向相反的方向，朝向银河的外围及猎户和双子星座。因为我们生活在旋臂的外围，我们之间没有太多的星系，这个方向也没有太多深邃的星际空间。银河在这一部分天空中显得暗淡，被稀疏地几颗遥远星辰点缀着。我们看到的围绕着猎户星座的那些闪亮的星星都离我们很近，距离我们约1500光年，是当地猎户臂由星星形成的活跃地区的产物。我们看到的很多星云和星团，从麒麟座到英仙座，都属于我们之外的英仙臂的外围。

春季和秋季之间，是从地球上看银河的最佳时机。从3月到5月，看银河的顶部，而9月到11月，则看银河的底部。在秋天，我们并不是完全看不到银河：随着天空的转动，夏天的银河扭曲后形成了横跨东西向的一条丝带。黎明来临时，银河继续转动变成了南北朝向，形成了我们熟悉的冬天的银河。通过在银河的旋臂边不停地探索，我们发现不管哪一半球，秋天的晚上最宜观察银河（北半球从9月到11月，南半球从3月到5月）。

但是，在春天，不管在哪一半球，我们都看不到银河。在春天的晚上，银河沿着地平线360°将我们包裹住。抬头看银极：北半球的春天，我们看到的是北银极；南半球的春天，我们看到的是南银极。在这些银极，透过远离银河模糊的尘云，我们可以凝视遥远的天空。这里，我们发现了最丰富的星系。对有望远镜的一族来讲，春天是寻找星系的季节，不论你在悉尼还是新思科舍。

🔭 何地观看银河

想要观看到最佳的银河，那就去远离城市灯光的地方，越远越好。在8月最黑暗的天空中，我们可以看到银河中的亮光从主要的星云慢慢地扩散到一些星座中，如海豚座和天琴座。黑色星际的大暗隙通过天鹅座将银河分开，越往南就越明显。南蛇夫座和人马座中的斜暗带犹如一匹腾跃的马。在天气状况极佳的情况下，暗带描绘的马前腿可以远至天蝎星座的心大星。

银河中人马座和天蝎座的部分是最壮观的，它们位于星系的中心。从加拿大和北欧的纬度上看，我们发现这些星座群沿着南地平线匍匐而行，打破了北半球人认为只有他们能看到这些景象的说法。想要看清楚这部分的天空，得继续往南走。从美国南部或者加勒比的纬度，人马座闪亮的星云爬上高空，这是我们肉眼看到的黑色夏夜的天空的主要特征。

但即使是加勒比之旅，你也只能看到南半球天空不到一半的景象。神奇的纬度在南纬30°：智利中心、澳大利亚、南美。从那里，在干燥的沙漠天空

冬天的银河

1月份，在同样的中北纬度（加拿大，美国和欧洲），由太阳系的外旋臂产生的一条比较暗淡的银河横跨天空。

南半球的银河

不管你住在哪个半球，秋天都是看银河最好的季节。这是银河经过船底座、十字架座和半人马座时最南端的那部分。4月和5月是观看这部分最好的时节，在南半球则是秋天。

艾伦·戴尔（摄）

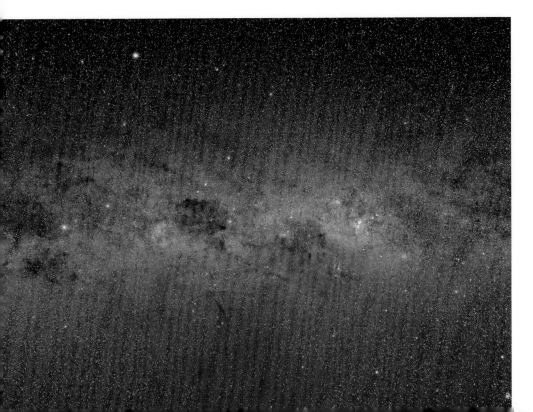

163

下，银河的中心在冬日夜晚（6～8月）划过我们的头顶，它是如此明亮，以至于在地面上投下阴影。你可以仰面躺着，凝视星系的中心，享受三维立体的而不是天文学里平面的效果。我们在螺旋状银河外围的位置突然变得很明显。你可以感觉到你在宇宙中的位置。这是最好的肉眼天文学景观。

当你抬头看到银河系的中心时，它的车轮性的结构就非常明显。这很容易让人产生联想，如果2000多年前希腊的哲学家在一个合适的纬度，他们马上就能弄明白了。因为受北半球观点的影响，但直到20世纪初，天文学家才解决了银河形状问题。站在南半球银河下面几分钟之后，北半球天文学家需要解决的第一个问题是从地球另一端观看银河时产生的方向感迷失问题。北半球正上方的事物在南半球刚好相反。因此，猎户座、大犬座和狮子座等在他们头上改变

记录你的观察结果

卢瑟尔·辛普森著

6月的一天，当我在家附近的公园散步时，碰巧朝天上看了一眼，看到了一个精美奇特的日晕。天空满是五彩斑斓的圈和弧度。我立刻用速写将它画在我随身携带的小本子里，回去后，再将它画完整。其中一个弧度非常罕见，是一个神秘的8°半径的光晕，之前我从未见过。但试着将这一现象通过记忆准确地画出来是很难的。

业余天文学家记录天空现象有很多原因，但最主要的一个原因是用来提醒自己在什么时候看到了什么。绘画、数据列表以及备注可以帮助观察者更好地观察。不论是画木星或者是草草记下一些不断变动的星星，我都会将我的记录保留在那本艺术家的活页小本上。活页本上的厚纸张比一般的笔记本更能经受雨露。小的纸夹可以防止纸张吹起。而在寒冷的冬夜，将铅笔插入一个2.54厘米木头底座更方便戴手套的手握住它。

在出去之前做一些准备是有必要的。如果你打算去观察一个行星，那么请先画出它的轮廓。观察深空，画一个圈用来表示目镜观察到的视野。将这个圈或者行星的轮廓分成四份对确定物体的位置或者特征很有帮助。每次外出观测都记录下日期、时间、观察条件和使用的仪器。将你看到的东西写下来，不要过分地依赖你的记忆力。在现场你无须将所有看到的

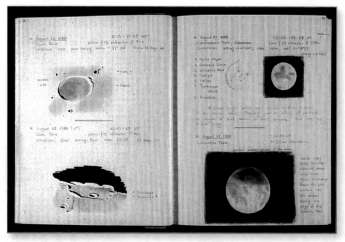

都画出来，只要画出有特征的轮廓，用数值刻度表示亮度。关于行星的细节，用1～5的等级来描述，其中5为最暗。这个方法同样适合对深空的描绘。

当描绘天空大范围的现象时，如日晕或者南极光，可以用手掌来估计角的大小或者间隔。一个拳头，从距离一臂长的地方观察，从小手指到大拇指8°～10°。对有些观察者来说，他们快速的笔记就已经够了。而我通常在观察完之后，尽快地将观察到的现象拷贝至我那本艺术家的速描本中。对那些完成的行星素描，我用一只软的铅笔，一块白色的橡皮擦（如铅笔样的橡皮最好）和调和笔。就如名字所说的，混合桩是用来涂抹或者将石墨混到纸上的东西。一支调和笔不到一美元，在艺术商店里有售。

行星素描最有挑战性的是描绘出行星现实的轮廓。土星圈的复杂体系、木星赤道区鼓起和内部行星的相位都很难逼真地描绘出来。现代图表设计师使用的技术可以用来描绘行星的轮廓。首先，找到行星在合适相位或者方位的图像，例如

了位置。

给倒置星座投影是这片新天空很大一部分的工作。很多不熟悉的星座、一条长长的银河和天空中最好的星群、球状星团、星云和银河系交相辉映（详见本书第12章）。

盖·奥特维尔年度天文日志中每期都有的行星线图光盘；然后影印选择的图像，用厚厚的铅笔石墨遮住影印本的背部。小心地将影印本与素描簿绑起来，用钢笔或者铅笔把图像描绘出来。石墨以轮廓的形式转到页面上。而影印本可以不断地被重复使用。

黑暗行星或者月亮的一些特征可以用铅笔或者调和笔来描绘。黑色的区域，如天空的背景或者月亮上的阴影，可以用一种被称为树胶水彩的不透明的水彩画来表示。你需要用一支很精细的刷子来勾画行星，用稍宽的刷子来填充背景。

水彩画也可以用蜡笔来完成。它们价格便宜，且使用方便。现在最好且使用最广泛的是伯诺尔的晶彩蜡笔，纸张的选择也很重要。平滑的纸张，如活页，就不够粗糙，很难上色。

蜡笔尖的形状对颜色的扩散和统一也至关重要。用锋利的小刀，将蜡笔头削成宽宽的，略显圆形的树桩形。对需要大范围着色的地方，如天空的背景色，将蜡笔的宽面对着纸张，轻轻地做圆周运动。如果你轻轻用力，那蜡笔就会产生柔软喷枪般的效果。用蜡笔的尖头给小的标记或者比较细的边缘着色。对深空的物体，用白色的蜡笔画在黑色的建筑用纸上。

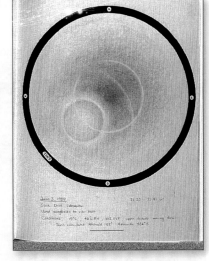

事先做好计划和打算。试着通过天文望远镜将整个月亮都画下来是不现实的。那就一次画下月亮的一个有趣特征。满意于观察到的"拷贝"本身就是一种奖励。

卢瑟尔·辛普森是天文学的教育工作者，也是一个业余天文学家。祖籍是埃德蒙顿·艾尔伯塔。现在在康涅狄格的大学教天文学。

第8章 观察条件：地理和光线污染

当我们的爷爷奶奶还是小孩时，

星星簇拥、银河丝带包裹的华丽夜空就如在我们的后门那样

很近。

但这样的情况再也不可能发生。

晚上，巨大盖状的黄光罩住了北美的每个城市。

地平线上的光线使主要的大都市的夜晚，

在100米内都是可见的，

它们破坏了40米内的多数天空。

我们并不是说现代社会的晚上不需要夜灯。

问题是那些废光到处都是：

空空的停车场里整晚灯火通明；

安全灯射入到邻居家的窗户而不是只限制在特定的区域；

那些低效的街灯，水平光线只有30%，

其余的都进入到远处司机的眼睛或者射向我们头顶。

在一些天文学家和那些意识到能源浪费和自然光损失的市民的

要求下，亚利桑那州、新墨西哥、加利福尼亚、新泽西州和纽

约州等地的当地、县和州政府采取了合理的关于照明的法律。

另外地区则开始考虑这个建议。本书的合著者戴尔的家乡卡尔

盖瑞正在重新安装街灯，不是为了天文学家，

而是为了节省能源，减少温室气体的排放。

最长久的一条关于照明的法令可以追溯到20世纪70年代。

在亚利桑那州的塔克逊。

所有的灯饰设计都用来照地面、路边、停车位或者其他的目

标，而不是天空或者邻居家。

高速路标和广告牌也是从顶部照下，而不是相反。司机看路而

不是如许多大城市中那样看刺眼的光线。

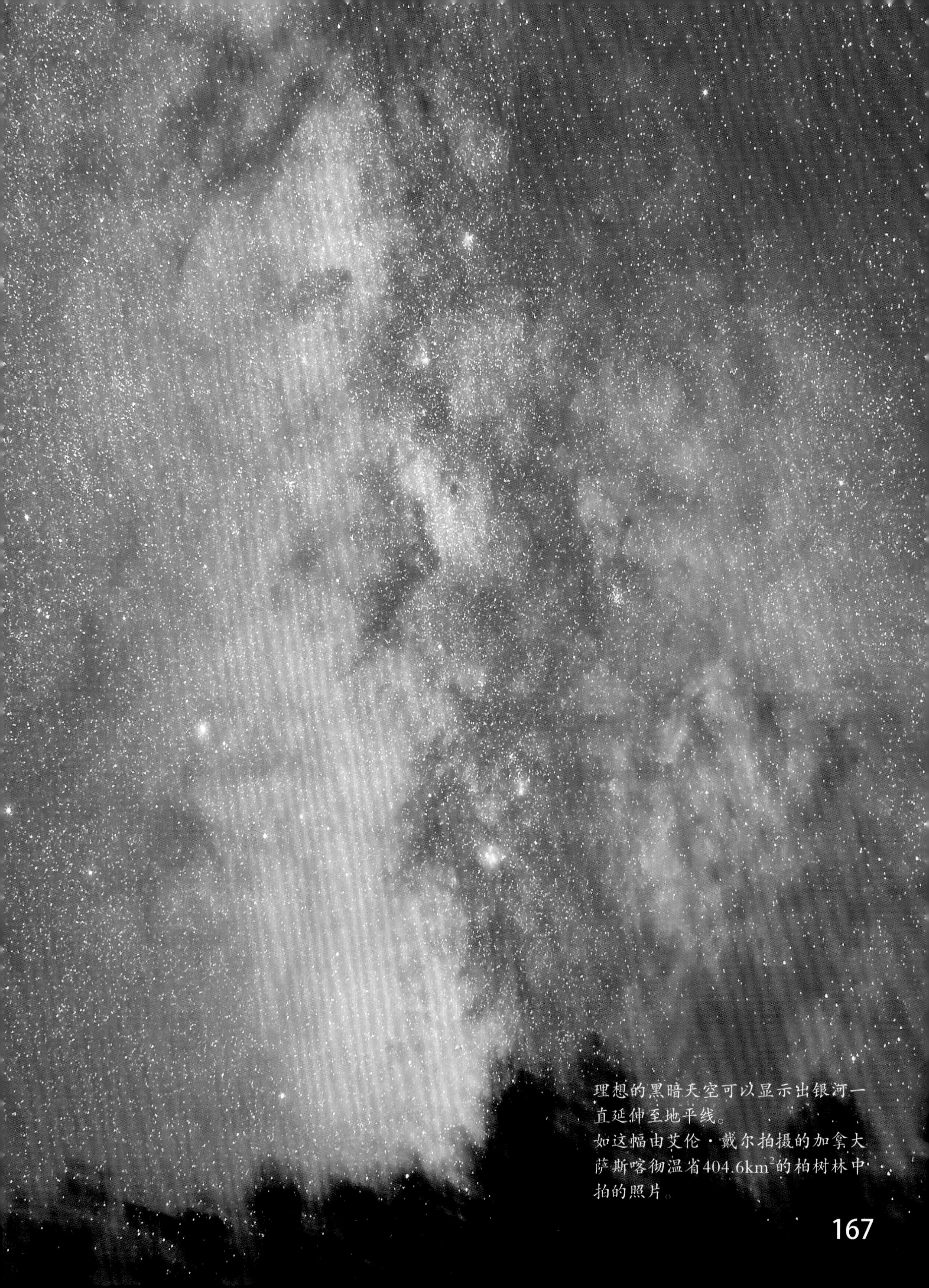

理想的黑暗天空可以显示出银河一直延伸至地平线。
如这幅由艾伦·戴尔拍摄的加拿大萨斯喀彻温省404.6km²的柏树林中拍的照片。

大的、差的和丑陋的

在有雾的夜晚，类似这样浪费的光线更多。停车场中安装在灯柱上的装置的目标是让照明光线几乎都射向地平线。但大约百分之四十的发散光线没有射向地面，而是如洪水般涌入夜空。一个如棒球帽状的灯罩罩在装置上就可以消除多数浪费的光线。遗憾的是，这些灯罩很少被安装上，除非由当地或者州法律立法通过。

塔克逊的神话

这些图片拍摄自亚利桑那州的基特峰，显示了从1959~2003年塔克逊地区夜光的增长。受这些图片的刺激，塔克逊通过了一些最严厉的反光污染的法律。

美国国家光学天文台（提供)

饱受侵蚀的天空

如果观察星星是低效夜间照明的唯一受害者，那么要求对此采取行动的口号实在是太薄弱了。天文学只是其中的一部分。在美国，设计或者安装不合理的户外灯每年将光线流入空中，浪费价值100亿美元电。它照亮的除了空气中的灰尘和水蒸气之外什么都没有。

和多数官僚一样，市政府的权力部门拒绝改变，他们认为那些没罩的路灯属于大众产品，价格便宜，能照明，为什么要更换？人们已经习惯看那些闪亮的街灯了，因为他们一直以来看到的就是这些。"没有人因为光线太多而向我抱怨，"一位城镇工程师告诉我们。"人们想要更多的光线，而不是更少。"而只有当人们有了改变的选择和理由时才会改变这个态度。有盖的灯只是更节能：通过消除那些废弃部分，每一个装置可以有几个低瓦特的灯，而目标地区可以有同样量的光线。有盖的灯是环境友好型的选择。

"是的，所有这些可能是对的，"那位城镇工程师说，"但它们耗费更多，且看起来更昏暗。人们不喜欢它。"但是，现实是当卡尔格瑞和塔克逊的居民得知改变的原因时，他们都欣然接受了新的电灯。当然，这应该归功于两个城市的城市环境组织的教育运动。

幸运的是，在对待光的问题上人们有了些许慢的但明确的改变。有防护罩装置的灯每个月的销售量都在增加。防护罩可以使光线射向地面。在研究这一章的时候，我们和一些主要的户外照明的供应商进行了对话。在很多情况下，有防护罩的灯与以前标准的眼镜蛇头灯的

1959

1980

2003

价格已经相差无几了。多数的灯具制造商和市政照明工程师认为路边的照明最终将被防护装置所替代，同时让我们相信，人们对于消除老的照明装置产生多余光线的责任心也会逐渐增强。

专业的天文学家敦促观察台附近的市政当局使用低压的钠灯。因为窄谱的照明钠蒸汽在望远镜中比其他光源更容易过滤。而对那些业余天文学家喜欢做的事情，护目镜的优势就显然相当有限。抑制天空的亮度、消除特殊光线的直接干扰是主要的问题。从这方面看，防护比光源的种类显得更为重要。

今天的孩子已经不知道满天星星给人的欢欣鼓舞，即使是那些年长者，也只是留有对年轻时从前廊看到夜空景象的一些模糊印象。我们无法再回到从前的黄金岁月，和其他地球上的自然遗产一样，我们至少应该为后代保护我们的夜空。

我们已经无法将我们祖父母辈时的夜空再一一呈现。但遗憾的是，即使是乡村形势也在日益恶化。一盏黄昏到黎明的水银灯就使每个方向的星星都暗淡上千码（1码=0.9144米）。几英里之外的灯居然比天狼星都还要明亮。

断电的天空

2003年8月14日，托德·卡尔逊利用美国东北部的停电从多伦多郊区拍摄的银河（左）。上图是恢复用电时的情景（右）。

艾伦·戴尔（摄）

🔭 保护黑色的夜空

低效浪费的户外照明——光污染，已经作为一个环境问题摆在了我们面前。我们必须尽快采取措施，主要是节约能源、减少温室气体的排放，同时限制光线入侵，在确保城市合理的驾驶距离的前提下，保护仅有的那些暗空。

我们所知道的最有意思的方法是在现有的州、省、国际公园中建立暗空保护区。而保护自然夜空与公园的总体目标相吻合。

通常，公园已经一片漆黑了，我们需要做的只是遮蔽一些存在的光线，通过法律强制实施深空保护。但这需要时间及信息收集来作进一步的安排，政府

就让它黑暗吧

2004年，公园的官员和天文学俱乐部成员共同努力宣布萨斯喀彻温省和亚伯达边境的柏树山省际公园为深空保护区。

艾伦·戴尔（摄）

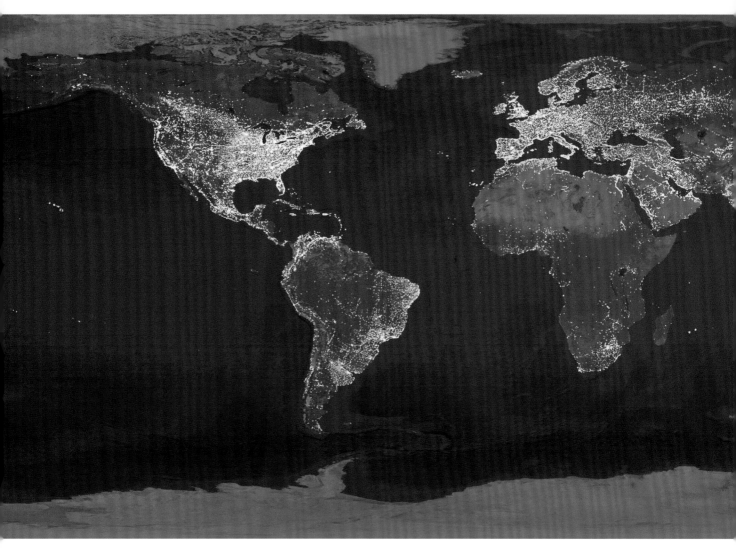

全球夜间照明
地球的卫星影像图显示夜间照明与地区密集的人口和工业化紧密相关。
美国国家海洋和大气局(提供)

部门需要转变前进的车轮，但对天文学俱乐部或者一些非正式组织来说是一个有意义的项目。

个人又能做些什么呢？好好看一下你家里或者办公室外面的照明。如果这些灯是从傍晚亮到黎明的，计算下它们一年的运营成本。用电已经不再廉价。我们可以用更少的灯来达到相同的目的吗？这些装置有防护罩吗？出于安全，我们可以考虑用红外线感应的强光灯。红外系统使用的电是微乎其微的，用一到两年就可以把成本赚回来。如果照明主要是用于装饰而不是功能性的，小功率的电灯就可以了。你门外的灯光有射入邻居家的庭院或者窗户吗？他们可不会感激你。街灯或者其他的强光降低了你的生活质量或者让你难以入眠？你应该礼貌但坚决地向市政府或者灯主人反映情况。所有不好的灯都可以用防护罩罩起来。多余的灯光就如吵闹的音响般让人生厌。在有些案例中，当这些方式都不能奏效时，很多愤怒的市民将此诉讼到小的民事法庭并获胜。但这样的极端做法很少见。

在这一点上，如果你将你的望远镜与邻居分享，一起观看宇宙的奇迹，可能会收获一些隐性的利益。晚上在户外，你可以善意地指出光污染的现实。

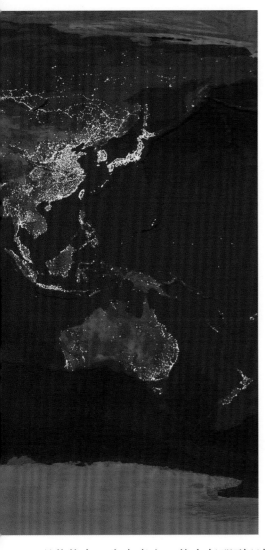

基本上每个人都愿意学习关于环境的问题。不要说教，只是简单地告知情况。很多人都是善于接受的，有些人可能还会为你将灯关掉。

想了解更多关于光污染的信息，请联系国际暗天协会。这是一个非盈利组织，旨在提高人们对问题的意识（登陆 www.darksky.org）。2001年，《乔治·赖特学会》杂志将整一版面用来介绍光污染，特别是与美国国家公园和其他暗空保护区有关的。这整一版（18册，第4期）在以下网站中可以找到：www.georgewright.org/pubslist.html。

你的观察地

几乎任何地方都可以进行天文学观察。即使受光线或者薄雾的影响，我们还是能够观察到天空的一些天文现象的。偶尔，在极其不利于观察的条件下，也能有一些惊人的发现。1983年，英国的寻星家乔治·阿尔科克在一次户外观察时证明了这一点，当时他在厨房喝茶休息，坐在桌旁，他拿起那副双筒望远镜，通过关闭的窗户开始扫视，看到了熟悉的天龙星座群。他将双肘靠在椅子背上稳定他的15×80的双目镜，发现了一块模糊地，他知道这并不属于天龙星座。这是一颗彗星，这是他的第5个发现。

阿尔科克的彗星发现表明理想的天气并不是观察天空的先决条件。英国的爱尔兰岛以多云天气著称。阿尔科克的成功在于持之以恒。

当然，理想的情况下，所有的业余天文学家都喜欢住在大山里。那里一年四季至少有200个晚上是晴朗的。而现实是，即使天空很干净，我们很少能充分利用它。令人沮丧的是，自然和观察者的计划不能融合。

我们来看下阿尔科克的例子：接受当地的天气，并充分利用它。想象一下当专业的天文学研究者一年前就预订了世界上最大的望远镜，长途跋涉几千米去使用它，但当地却阴云密布时的心情。任何情况下，最让人沮丧的通常不是晴朗天空的天数，而是当地的观测条件。我们多数居住在城市或者离城市很近，那里光线的密度一年比一年恶化。在一个大城市中心，光污染太严重了，以至于只有月亮、金星、木星以及其他第一星等的星星可以穿过大气，甚至从某种程度上绕过强光的干扰。

智能街灯

标准的眼镜蛇头的街灯（顶图在北美大大小小几百万个灯柱上随处可见。这种基本设计在40年前被设计研发出来之后就没有多大的改变。现在，这些装置的中央灯不仅照亮了底下的街道，同时也水平地射向镜面半球面的各边。而这些从旁边射向远处的完全是浪费的照明。上图是比较节能的光线完全阻隔的街灯。该设计采用的是平面镜，消除了水平方向发散出去的光线。这种设计更高效地将光线射向需要的地方，减少光线射入驶近的司机或者附近行人的眼中。下次当你在晚上乘坐飞机时，注意底下街灯的光线如何射入你的眼中。

城市中的观测

不在我的后院

与不需要的光线近距离邂逅，以巨大的多屏幕剧院形式，在离温哥华郊区那些业余天文学家很近的地方。通过游说，终于说服减少探照灯的使用频率。

肯·赫威特怀特（摄）

业余天文学家泰德·摩尔克赞住在离多伦多中心几个街区外的一幢33楼高的公寓中。摩尔克赞坐在公寓屋顶，下面是灯火辉煌的城市夜景，他用肉眼看到了头顶第五星等的星星，甚至隐约看到了天鹅座顶部的银河。用11×80的双筒望远镜，他可以毫不费力地看到第九星等的星星。在相似的条件下，很多人没有尝试就选择了放弃。通过充分利用现有的资源，摩尔克赞执行了一个人造卫星观察项目。通过这个项目修复了几颗丢失的人造卫星，同时将另外一些人造卫星轨道进行了精加工。

有些住公寓的人可能只能通过窗户进行观察，但这总比什么都看不到强，即使很多光线通过窗玻璃后就会弯曲或者产生多个影像进入双筒望远镜或者望远镜的视线。

住在郊区的观察者可以将他们的望远镜架在院子的某一块空地上。该空地最好有篱笆或者灌木将周边门廊或者路边的街灯遮住。几分钟以后，当观察者的眼睛已经适应半黑的天空时，他就可以看到很多东西。通常情况下，在大城市的郊区可以看到第四星等的星星，而在较小的都市的郊区就可以看到第五星等的星星。当然，这与当地的环境条件有关，一旦采取措施阻止光线直接射入（通过竖篱笆或者种植一排浓密的常青树），效果是出人意料的。

假设，在当地的观察点，在顶部可以观察到第四、第五星等的星星，在40°高度的地方可以观察到第三星等的星星，在20°以下基本观察不到星星。这样的条件可以给我们提供什么呢？很多。月亮、金星、木星、土星很明亮，且多数不受光污染的影响。大城市热量产生的逆温层和污染使空气比较稳定，有时候视线比乡村更好些。在大城市观察木星或者火星得到的视野通常和黑暗地区的差不多，可以给到你的望远镜前观察的人展示一幅幅华丽的画面。

其他的观察，如观看掩星现象或者明亮多变的星星、检验最亮星群、追踪小行星的路径等经常会受城市环境条件的影响，但从总体上看，上述景象在中等污染的环境中还是能观测到。

城市照明能让夜空变亮，望远镜的辨别率并不受影响。举个例子，在郊区第四星等的夜空中，用20.32厘米的望远镜观察大概只能看到在暗空情况下7.26厘米望远镜在第六星等的天空看到的目标。但20.32厘米的仪器的辨别率并没有改变，而至于能看到什么就需要再详细地研究得出了。当然，这样的对比得出的结论并不是完全正确，跟观察到的具体物体有关。使用光污染护目镜也会改变这个等式，但改变有限。使用光污染护目镜能更容易看到星云，但不能将城市的夜空转变成郊区的暗空。

评估观察点

当你考虑购买一架望远镜的时候，如果能将具体的观察点考虑进去将是非

评估你的观察点

你如何评估你的观察点？经验是最好的指南，但现在我们有一个清单可以帮助你评估你的观察点。如果你使用不止一个观察点，每一个观察点都需要单独来评估。

便捷：如果你能从自家的后院舒服地观察，可得5分；如果需要走几步才能到观察点，可得3分；如需短途开车去，可得2分；如果需要开一个小时或者更长时间，只能得0分，也就是不适宜作为观察点。

楼层：如果你的观察点就在你储存仪器的仓库的外面，可以得5分；如果还需要用车子来装卸仪器，只能得3分；如果还需要走楼梯，那只能得0分了。

隐私：不会受到人、动物或者不必要的车灯的影响或干扰，可以得5分；如果你有时在观察地会感觉紧张那就只能得0分了。

光污染的总体情况：在晴朗的夜空，如果你可以看到头顶第六点五星等的夜空，银河显而易见，最近的城市灯罩中的光线在地平线上不高于10°，则可以得10分；如果你完全不能看到银河或者任何比第五星等更微弱的星星，那就只能得0分。可以考虑折中的情况。

当地的光污染：这是一个至关重要的因素。如果你不能避免如月光那么明亮的光源，那只能得0分；如果在观察时，你需要不断地移动来防止光线的影响只能得4分；如果最亮的光线比金星射入的光线还微弱，则能得10分。

水平线：朝南清晰的、平坦的地平线可以得5分；朝南但障碍物高于30°的得2分；各个方向都有类似障碍物的得0分。

昆虫：蚊子是观察者的天敌。如果一年中至少一个月有蚊子的干扰，那至多要减掉5分。

雪：在天文学中，雪没有一点可取之处。除了它伴随而来的寒冷，雪地会反射光线并增加光污染。观察点每个有雪覆盖的月份都必须减掉1分。

最大可能的得分（一个离你家很近的观察点，完美的暗空，很少受到蚊子和雪的干扰）是40分。高于20分的观察点都可以被认为是比较理想的地方。

 圆月俯视灯火辉煌的洛杉矶盆地。照片由利奥·亨兹拍摄。

173

照片由P.Cinzanoetal提供，版权由皇家天文学会所有。

那些暗空在哪里？

问题的答案与你住在哪里，你指的"暗"到底有多暗有关。因为真正的暗空可能在离你好几小时路程以外，而中等暗度的环境可能相对就在附近。有经验的观察者将肉眼能见的第七级星等称为极好的暗空。从这张地图（右边）的黑暗地区可以看到那些天空。灰色区域也是极好的观察点，肉眼能经常看到第六点五星等的星星——淡紫色部分至少能看到第六星等的星星。对今天光污染泛滥的年代来说已经很好了。绿色区域在水平线就有显眼的光污染，但头顶还可以，顶部还能有接近第六星等的视线。黄色表示即使是在头顶，天空被恶化，即使肉眼看第五点五星等的星星都很模糊。橘黄色是遥远的郊区，在大城市那个方向的大片天空受光线的污染，头顶天空只限于第五星等。红色是靠近郊区的环境，第四星等的星星很少能被看到。白色是严重的城市光污染。通常，可见的最微弱的星星是第二点五星等（以上只是平均数，每个人的可见星等又有所不同。）

常有益的。除非已经没有选择了，否则不要仅仅依靠那些虽然理想但比较偏僻的地方。仔细评估你家附近的观察点或者观察点的便利性，请考虑以下几个方面：

• 当地观察点是仅限于双筒望远镜还是有足够的空间使用望远镜且可以保护合理的个人隐私？（如果你很容易被邻居或者路人看到你在用望远镜做什么事情，不要简单地以为他们想到的第一件事会是天文学！）

• 如果当地的环境适合使用望远镜，但你需要将望远镜搬多远才能到达目的地？

• 与偏僻的地方相比，在当地的观察点，你将仪器拆成多少片用于安装更合适？

• 在安装望远镜时，需要来回去车上或者家里取零件几次？

• 在组装或者拆卸望远镜时，设备在没人照看的情况下安全吗？如果不安全，那么所有的东西可以一次性搬走吗？

• 是否有电动机的充电设备？

考虑完了以上几点之后，关键的问题是：一个望远镜是否同时适用于当地和偏僻的地方？一架不需要拆卸的，或者只需拆成几块就可以携带的比需要好几个步骤安装和拆卸的更被频繁使用。首先，这一点看起来似乎不起眼，但当拥有一架新的望远镜的幸福感日渐消失时，拆装望远镜的过程就会是一个很大的问题。每次将望远镜运到当地或者偏僻的观察点时，"设备效应"让那些零部件显得格外大而笨拙。通常，解决问题的方法是备两个望远镜：一个适合不是很理想的当地观察点和另一个在偏僻的暗空观察点。

偏僻的观察点

很少有人能在自家后院看到第六星等的星星。很多业余的天文学家一定要寻找这样的地方，但如果你住在一个有100万人口的城市或者城市附近，要到这样的地方去就必须要远行。开90分钟的车去观察银河是再平常不过的事了。

但即使在城市之外，还有很多障碍。越来越多的房东安装了夜间安全灯，它们的光线可以射出2米之外进入观察者的眼角。除了日益恶化的郊区农场和家用照明，还有一个问题是即使你到了郊区你又要到哪里去观察。

对双筒望远镜的观察者来说在车辆不多的乡村小路上停下来观察没有问

题，但对那些不能在短时间内将望远镜装置拆下装入车中的人来说就不是很理想了。甚至有可能被误认为是入侵者或者其他犯法的人。业余天文学家还讲了一些关于被可疑的土地所有者（谁能责备他们？）或者更糟糕的，一车闹事者拦住的可怕故事。

　　独自一人开车在乡间小路上寻找可以观察北极光、流星雨或者明亮彗星的理想暗地就如赌博一般。但有时，这是唯一的方法——特别是地平线附近的彗星或者其他一些特殊的天体需要有特定的观察点。但总的来讲，预知的安全的黑暗的地方，没有入侵者的冒犯应该是长期的目标。你可以先向当地的天文俱乐部了解下情况，如果没有俱乐部，也可以问下当地的业余天文爱好者。弄清楚他们一般去哪里寻找暗空。他们可能在一个比较理想的地方有一个个人观察台，或者他们可能在一个国家公园或者露营地发现了一处合适观察的地方。

　　一个理想的观察地由哪几部分组成？银河必须显而易见。在非常理想的条件下，肉眼能看到银河成织纹状，在暗色星云中有些地方紧密，有些地方还有裂纹。从离地平线5°的角度上可以看到第三星等的星星，而从双筒望远镜中可以看到真正水平线上的星星。要想不受从附近的城镇或者更远的城市的地平线折射过来光线影响是不可能的，但如果最大的光束射向天极（北，在北半球），这一点并不恼人。那个方向的物体在两个季节之后将在头顶出现。

观察点的特殊地形也会影响天空的状况。最糟糕的情况莫过于下雪。不仅仅是因为天气寒冷，而是雪地会反射光线。即使是几乎没有光污染，满天星星照亮了大地，当这些光线被反射回天空时，它们会从下面照亮空气中的灰尘和湿气分子。观察点选在雪地里会因为天空的光线被反射而减弱大约一半星等。寒冷、刺骨的夜晚初略观察似乎很好，但北方冬天晚上的明亮一部分是由猎户星座的光线和它附近的一些多星星的星座产生的假象。

一个理想的黑暗的地方是一块独立的、周围有较多植被的、地势稍高的空地：浓密的植被，灌木丛，或者树木，或者这些种类的集合体。针叶树比落叶树更受欢迎，那是因为前者释放少量的湿气（如露水）进入空气。另一个好处是深色植物更容易吸收天空中的光线。比较厚的地面植被就如一床绝缘地毯，在夜间它缓缓地释放大地的热气，在白天又可以和没有植被的土地一样通过吸收热量保护大地。

沙漠看上去是观察天空的理想之地，其中一个很重要的原因是：沙漠中有很多干燥、没有露水、晴朗的夜空。但惨淡的沙漠土质使它具有了易反射光线的特质，同时昼夜温差较大使当地气流不稳定。天空可能晴朗，但不稳定的气流层会影响高分辨率的行星影像。当然，沙漠地区多风，且由此带起的灰尘可能破坏晴朗的夜空。如上所说，我们有很多理想的观察经历，如在美国的亚利桑那州，加利福尼亚，犹他州和新墨西哥州。吸引我们的主要是那里出现晴

从城市观察到的行星

2002年5月3日，丹·佛克记录了在多伦多夜空用肉眼看到的五颗行星。从右下角到左上角分别是：水星、金星、火星、土星、木星。

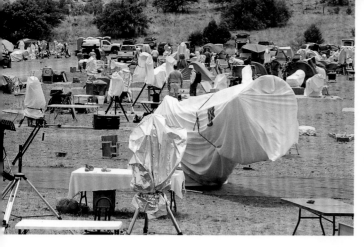

朗夜空的概率，在那里我们可以享受比家里多一倍的天文景象。

🔭 暗空观察地会议

业余天文学时代到来的一个显著标志是在理想的观察地集会的次数爆炸性地增长。会议的日程是在观察中寻找乐趣并和其他的业余天文爱好者形成互动。直到20世纪70年代，只有一个主要的集会，在佛蒙特南部的斯坦勒番。但在今天的美国北部，至少有12个主要集会，另外30多个集会每次都会吸引一百多名天文爱好者。其中有一个肯定是开车就能到达的。

斯坦勒番是北美第一个也是最好的一个业余天文爱好者的集会。每年夏天的一个周末，好几千人聚集在一个名为斯坦勒番的花岗岩小圆丘上朝拜天上的星星。这个集会由1926年只有20个爱好者组成的小型的聚会到现在有3000人蜂拥至这些岩石堆，撑起演讲帐篷，检查展示的望远镜的同时享用成千上万个汉堡包和热狗。毫无疑问，这是很令人羡慕的。从周五晚上到周日黎明的集会期间，望远镜被安装起来主要用于判断光学和力学上是否合理。另外一些安装的望远镜主要用于观察。斯坦勒番曾经是一个极好的黑暗观察点，但就如其他地方一样，它也逃脱不了城市化的影响，曾经原始的天空慢慢地被污染。但不管如何，现在那里的天空仍然属于第二星等。

与斯坦勒番不同，多数的业余天文爱好者在喜欢的观察地集聚还是最近几年才兴起。一些集会追溯其起源则仅仅是单个爱好者的不知疲倦地努力，如已故的克里夫·爱马仕。他是洛杉矶东北部大熊湖附近每年五月份举办的河边集会的驱动者。曾经的河边望远镜制造商会议天文学博览会（它的前身是河边望远镜制造商会议）现在主要聚集了一些商贩，而望远镜的制造只是一个附加的吸引点。有名的业余天文爱好者会做一些关于观察技巧、天体摄影术和装备使用的讲解。但是最吸引人的王牌是商贩区里各大主要望远镜制造商代表。他们很多有打折的望远镜出售。夜空会受到来自洛杉矶盆地照明光线的影响，海拔也是其中的原因之一。总的来讲，观察点属于B+的状况。集会一般定在纪念日的那个周末，有几年会受到月亮的干扰。

另一个大的天文学年会是得克萨斯星聚会。自20世纪70年代后期以来，每年的5月份在福特·戴维斯附近得克萨斯西南的普鲁德农场举办。聚会时间会持续一周，从最近的比较好的空中勤务区米德兰得或者艾尔·帕索开车大约需要两个半小时。但这个集会对那些对暗空如饥似渴的业余天文学家来说可谓是最大的奖励了。南纬（北纬31°）以及观察点和大城市的完全隔离给天文学家提供了北美最好的天空。它属于暗空等级A+。

天梯

在星聚会上，人们可以用比我们愿意运输的大好多倍的望远镜观察，观看到的壮丽景象总是让人难忘。上图是澳大利亚的观察者约翰·班伯利第一次在得克萨斯星聚会上通过劳瑞·米歇尔的91.44厘米多布索尼尔看到的漩涡银河。

艾伦·戴尔（摄）

艾斯特罗费斯特和草原天空星聚会定在每年的9月份在伊利诺伊中部举行。它们是主要的露天集会，有良好的观察条件（天空等级为B）。这些周末聚会是中西部最大的业余天文学爱好者集会。会上有很多很好的天文学装置展示，有些由业余爱好者提供，而有些则由商业参展者提供。

其他一些能吸引大量人群的暗空集会地是2月在佛罗里达凯斯的冬日星聚会（天空等级为B，有很好的视线）；宾夕法尼亚中北部的黑森林星聚会（天空等级为A）；8月安大略省蒙特森林附近的斯塔费斯特；8月在萨斯喀彻温省西南部的萨斯喀彻温夏日星聚会。以上这些信息可以在主要的天文学杂志的网站上找到或者用谷歌搜索星聚会的名字找到聚会的网站。

限制星等的因素

通过望远镜看到最微弱的星星有多模糊？这不仅仅取决于装置的孔径。影响因素包括视线、观察点空气的透明度、望远镜光学仪器的质量、它们的洁净度、望远镜的类型、它的放大率、观察者的经验、倒视的使用以及被观察的天体的类型。

很多业余天文学的指南中有一两个小段落和一张表格来说明限制星等的情况。表格中列出了望远镜的孔径和对应限制的星等，但并没有将以上提及的因素考虑进去或者阐明哪些因素需要考虑。在本书第59页的表格中，我们列出了限制望远镜发挥作用的因素，星等列表是基于好的光学仪器、透明的暗空和有经验的观察者用20×～30×每英寸的孔径高倍放大看星状物体之上的。一旦没有符合以上任何条件，都有可能因为以下原因而没能看到期待的物体。

一个有经验的观察者通常比一个新手能看到更微弱的星等。上千小时的望远镜观察将眼睛训练成能察觉到细小的细节的灵敏仪器，不管是对某一天体特征的定义还是一缕小的星云。所有因素中，经验是最重要的。每个人的视觉敏锐度都不同，但差别不会超过半个星等。

年轻人的眼睛通常对物体的最小可视度更为敏感些。但那些五十几岁甚至更大年龄的观察老手的眼睛与30年前相比，能看到星等相差20%以内。年轻观察者眼睛的可见能力最大扩大到7毫米或者8毫米，而年长者大约在6毫米甚至更小，但并不影响等式——高放大率通过加暗天空的背景、更小的出射光瞳使人看到更微弱的物体。

很多业余天文学家一直以来都认为采用低倍率和最大的出射光瞳可以看到最佳的暗空微弱物体。这个规则适用于一些大的、分散的星云状物体，但当你观察微弱的星星时是完全不适用的。

即使是在最暗的夜空，天空的背景不是黑色而是灰色的。在低倍照明时，视线中有更多的天空景象，所以通常天空的亮度随着倍率的降低而增加。相反，天空的背景会随着倍率的增加而变暗——当然，有一定的限度。倍率超过50×每英寸孔径几乎没有任何优势。

简单地讲，高倍率的优势是使天空背景变暗，而星星的实际大小并没有发生变化或者只是边际上增加了一些。点源在越暗的背景上越容易被发觉。同时视觉的敏锐性在高倍率望远镜下也会有所提高。孔径超过20×每英寸，出射光瞳会下降至1毫米甚至更小，所以那些位于瞳孔的锥形光束就会穿过人类视线系统在光学上最理想的部分。

任何通过望远镜观察过的人都熟悉视线不佳的效果，比如出现如月亮上的涟漪，或者波动破坏了行星的表面。星星和深空物体也会受视线的影响。微型的星点源在高倍率下会变得模糊且歪曲，它们不像是在好的视线情况下都汇聚成小点，而是不断地扩散开去。微弱的星星在非常平稳的气流中，且气流动荡的条件下更容易让人觉察到。视线差的环境条件会使平稳气流的夜晚的渗透限度降低一个星等。

不同类型的望远镜会有不同的星等渗透限度吗？会的，但变化不是很明显。这更多地取决于光学仪器的质量而不是望远镜的类型。高质量的光学仪器可以产生极小的星星影像而不是小到不能在一般望远镜中成像的尘菌。星星的光线越是集中到一点就越容易让人看到。星星每单元表面的亮度比使用质量差的光学系统或者不合理的平行光学仪器后发散的光线高。

最后，没有仪器辅助的肉眼如何？

视觉星等限度

大熊座和小熊座是测定你肉眼星等的理想视力表。选择你喜欢的观察点，在最晴朗、最黑暗的夜空来测定你的限度。星等测定时需省略小数点以避免和星星的影响混淆。以下插图用于双筒望远镜观察。

从上到下：北极星 小熊星 北极星。

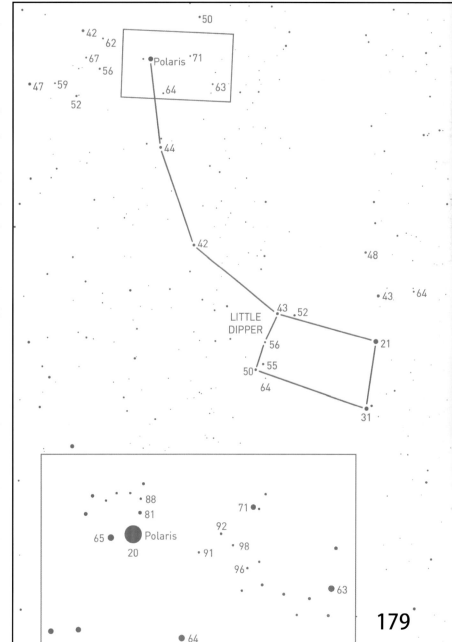

179

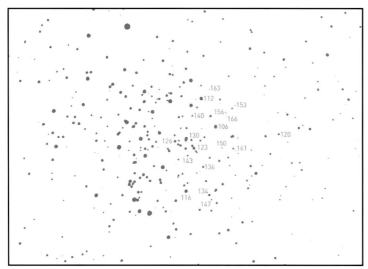

対多数人来讲，标准的肉眼限度是第六星等。非常罕见的例子是，在极好的天空情况下，视力很好的人可以看到七级或者是七点四级的星等。通常情况下，限度是六点五星等，但这还取决于特定的天气状况。与同样孔径的望远镜相比，双筒望远镜因为它们固定的低倍率而更受限制。如果用标准的50毫米的双筒望远镜看到第九点八星等，用80毫米的眼镜看到十点八级星等已经是很大的成功了。

望远镜限度

在晴朗无月的夜晚，用这张M67星群图表来测量你的望远镜所能观测到的星等。星等以十分之一为计，小数点可以省略。作为定位，北（朝向北极星）是顶点。

底片由马丁·吉曼诺提供

🔭 世界上最暗的观察地

我们所说的世界上最暗的观察地指的是能够进入的最暗的观察地。如果你不能带着你的望远镜和其他观察装置进入，那就没有实际意义了。

我们还有另外一个限制：海拔。对很多人来讲，高海拔会让人眩晕并且伴有呼吸困难。另外很重要的一点是，9000英尺以上稀少的氧气开始对人们对黑暗的适应产生负面的冲击——你慢慢地失去了在夜晚觉察微弱物体的能力。如在夏威夷莫纳克亚山14000英尺的山顶，肉眼看到的天空中的星星比在9000英尺高度看到的星星要少很多。

因此我们对真正理想的暗空观察点的定义为必须位于介于海拔3000～9000英尺之间，气候干燥、湿度低，远离光污染源，有铺好的道路可以通行的地方。（在尘土飞扬的道路上艰苦跋涉，带起的灰尘会覆盖你的光学设备，进一步破坏你的支架和驱动。）符合以上定义的比较有名的地点是澳大利亚、智利的部分地区，美国的西部和西南部，夏威夷的部分地区，不列颠哥伦比亚省和亚伯达。一些最大的研究天文台都建在这些地方。我们在这些地方进行观察。

但是，即使最富有的天文爱好者也不可能为了每一阶段的观察而飞到那些

晴空钟

北美观察者必需的一个工具是阿提拉·丹口的网站www.cleardarksky.com以及他的晴空钟。在这里你可以找到上万个观察点的云量、透明度、视线和湿度的预测。

眼角余光法

眼角余光法可以使观察者不直接观看却能发现更为微弱的物体。这个技术很简单。稍微偏离正在研究的物体，但继续关注它。当观察者将目光放在物体的中心与边缘的中点时效果最佳（假设观察的物体在中心）。这种技术在观察扩散的物体如彗星、星云和银河时很有用，但它同时也可以显示微弱的星星。

从不同的角度使用眼角余光法是一种很好的尝试。因为眼睛外围敏锐的弱光传感器有不同的感应。用眼角余光法平均可以增加半个星等。但多数的业余天文学家并不认为看到的现象是确切的，除非是用眼睛直接看到。如一篇日志中所言："通过眼角余光法得到但不确定直接看到的结果。"这种观察结果通常被认为是可能。确切的微弱物体至少需要通过眼角余光法很清晰地看到，并直接也能看到。

眼角余光法的主要优点是至少可以让人意识到这个微小物体的存在。然后，一旦目标被察觉，可以关注图像，并试图得到直接的证实。

世界级的观察地去。在家附近找一处理想的观察地还是首选。将一些合适的观察地进行比较，我们必须首先了解影响所有观察地的因素。

•自然天空的亮度。不管你在地球的哪里，夜空有它自然的亮度。灰色的天空对完全适应黑色的眼睛特别显眼。三种来源会影响自然天空的亮度：①星座光（在太阳系中围绕太阳的尘埃粒子反射的太阳光）；②大气中永久的北极弱光；③星光产生的地球大气光线。自然天空的亮度是特定的，总是存在的。

•大气削弱。空气中的微小粒子分散着吸收从天体中发散出来进入我们眼中的光线。这些小粒子主要是灰尘和水汽（湿度）。这些由光污染产生的发光粒子是我们在观察地看到的天空亮度的主要原因。假设即使没有光污染，粒子的吸收因素在海平面的观察点占了至少0.3的星等，在海拔7000英尺的地方占0.15星等。 这是假设在干燥的观察地。在北美东部一处典型的观察地因平均高湿度而减少了另外0.2个星等（带有水汽的空气与干燥的观察地进行比较）。

星星的亮度，即它的星等有一个范围，可以推断出你能看到什么。星星越亮，它的星等越低。5个星等中，每2个亮度的差异都相差100倍。

星等	天体
-27	太阳
-13	月亮
-4.2	最亮时的金星
-2.9	最亮时的木星
-1.4	天狼星（最亮的星星）
0～+1	15颗最亮的星星
+1～+6	8500颗肉眼所见的星星
+6～+8	双筒望远镜所能见的深空物体
+6～+11	业余望远镜所见的深空明亮的物体
+12～+14	业余望远镜所见的深空微弱的物体
+1～+17	大的业余望远镜所见的物体
+18～+22	大的专业望远镜所见的物体
+24～+26	大的地面望远镜所能观察到的极其微弱的物体

在极佳的观察地，如智利的阿塔卡玛沙漠和美国西南最好的观察地，所有的因素加起来与通过航天飞机观察相比，就差了1/3～1/2的星等。该结论由天文学家、宇航员在航天飞机和地球上最好的观察地进行实地观察后证实的。

北美有很多天文观察点，但一些地球上的天文观察老手证实具有传奇色彩的观察点并不占有观察最佳星空的垄断地位。如，美国西南地区的观察者和天体摄影家并不是在晴朗的夜空一窝蜂地跑去加利福尼亚的帕洛马山或者亚利桑那的基特山峰。他们知道在这些州有很多和帕洛马山和基特山峰差不多的地方，有些甚至更好。关键是光污染——更精确地说，要尽量避免它。

在北美光污染地图中，所有黑色和深灰色地区是追求原始天空的最佳之地。当然也得承认，在光线饱和的波士顿-华盛顿大都市或者中西部人口较多的州，如伊利诺伊、印第安纳、俄亥俄州并不是驱车就能随便找到黑色或者深灰色区域的。相反，亚利桑那州、得克萨斯和新墨西哥的部分地区比基特山峰天文台更暗。有了这张地图，当你去人口比较稀少的地方时，你就可以有所准备了。

第9章 观察月亮、太阳和彗星

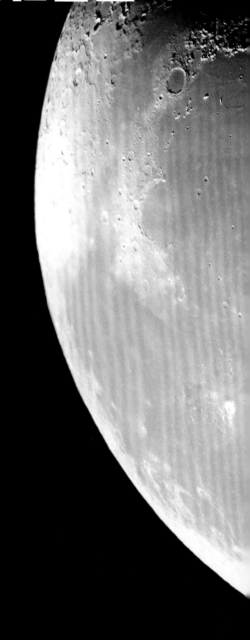

月亮和太阳，

可能算是400年前伽利略用自己的望远镜，

观察到的第一批天体了。

当他第一次看到月球褶皱的表面，

该是多么激动啊！

这也是望远镜作为一个探索工具的部分遗产。

即使是粗糙的32×的装备，

以及我们所知的光圈上的各种误差，

伽利略仍然观察到了

之前人们未曾观察到或者想象到的：

月亮上有环形山，

太阳上有黑子。

即便今天也是如此。

太阳黑子或者月亮环形山

通常是一台新望远镜带给我们的第一个惊喜。

很多业余天文学的新手们

惊奇地发现右边所有关于月亮的细节

在一架现代入门的望远镜的目镜中都可以看到。

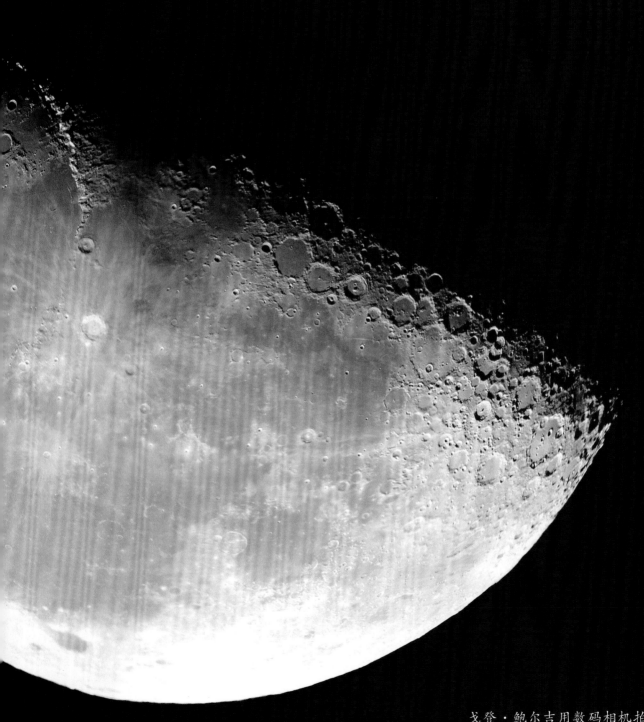

戈登·鲍尔吉用数码相机拍了5张下弦月的图片，然后又将它们拼成一张无缝的高清晰度图像。

月亮观测

　　每个人第一次通过即使是最简单的光学仪器看月球都会立刻被我们最近的宇宙近邻的精彩画面所吸引。眼睛和脑子会对那些扑面而来的细节应接不暇——褶皱的平原、高低不平的环形山杂乱地堆在一起，山脉、山谷——所有这些都荒凉地存在着，并没有因为任何一缕薄雾而失真（那是在月球上）。月球离我们太近了，所以即使视线很差，我们还是可以轻而易举地看到月球的一些特征和很多的小细节。总是有很多有趣的事等着我们去发现。

　　今天，望远镜观察月球只限于对那些平时几乎没有机会通过望远镜观察天空，发现宇宙奇迹的人们。除土星之外，月球是第一个被展示的离地球很近的外星体。因为没有大气的保护，几十万年来，月球表面一直受流星雨，彗星和小行星的撞击，残留物自太阳系形成以来一直留在那里。月球表面的环形山就是证明。从更小的范围讲，"阿波罗"号中的飞行员踢起的粉末状物质就是微小陨石与月球表面摩擦产生的细如粉末的碎片。

　　直到20世纪60年代早期，月球表面还是有很多需要我们业余天文学家去破解的秘密。20世纪30年代后期，月球朝向地球的那面被人们用2000米分辨率的相机拍摄下来，其中有一些照片显示靠近明暗分界线的一些特征，分辨率为几百米。和深空物体定时曝光不同，用同样的望远镜，以地球为基础的月球照片显示的细节很少。曝光1～2秒钟，典型的高分辨率摄影会因为地球大气的剧烈气流而降低。我们说的高分辨率指的是月球上很小地方的特写镜头，而不是整个月球的图像。

　　即使今天，月球摄影与我们通过同一架望远镜看到的景象还是相差甚远。它需要有好的视线，网络摄像头的叠加技术或者一架CCD照相机和眼睛辨别的相匹配。有经验的观察者能在特定的观察条件下抓住瞬间理想的视线。在这种时刻，2000米以上的分辨率在15.24厘米的目镜中是很平常的，偶尔，一些细小的细节会神奇地出现。但你必须耐心地等待。

移动的明暗界限

月球的阳面和阴面的分界线夜复一夜地跨过月球表面，使月球的明暗界限区有了新的特质。那长长的影子阐述了很多的细节。这一系列图像是连续四个晚上拍摄的，记录着月球从下弦月到新月的过程。

艾伦·戴尔（摄）

尚待发现

今天，多数的业余天文学家更多地把月球当作是自然光污染源——一个讨厌的天体，它的光线破坏了他们观察其他更微弱的天体的视线。除了像亲戚朋友、左邻右舍展示之外，月球很少被认为是值得用望远镜去观察的天体。现实是，有太多的业余爱好者被这个观念所欺骗。他们认为既然没有什么新的东西可以被发现，那也就没有了观察的意义。月球是外星体的一片神奇的土地。要观察它，观察者需要知道如何去观察而不是去观察什么。

一张月球的高分辨率相片也只是月球让人难以忘怀景象的一小部分，这是我们用中等孔径的望远镜可能可以看到的景象。确实，在观察月球时，对孔径的要求和其他星体刚好相反。有时候孔径越小，效果反而越好。因为月球太亮了，即使高功率的小孔径也有足够的光线清晰地显示月球的特性。当使用的孔径大于15.24厘米的时候，我们看到的事物不是受望远镜的限制，而是受大气稳定性的限制。当然，过高功率、孔径大于60×每英寸，图像会因为光学系统分辨率的限制而变得很模糊。但是通常，可以用比观察其他天体更高的放大率来观察月亮。

如我们可以用12.7厘米复消色差的折射透镜放大450倍来观察月球。但通常情况下，我们用220倍的放大镜来观察月球，图片很清晰且具体，和在海拔1600千米，从绕月球旋转的宇宙飞船的舷窗眺望出去的景象一致。将这样的望远镜放在坚实、平稳的赤道装置上，我们的人造卫星将给我们带来迷人无比的未知世界。月球的明暗界限在暗影中不断变换着，改变着表面特征那些细小的视觉变化。在最好的月球图集中，你甚至可以区分每一个特征。

什么会将你的眼球吸引回月球？是那份精致的美，以及月球表面不断变化着的明暗界限呈现给我们的那个荒芜的外星自然。

月亮观测设备

第一眼看，月球在望远镜中的图像异常明亮。但这个闪光只要用一片月球中性滤光片（约15美元）就很容易控制。和其他深空光滤器一样，将滤光片拧入3.175厘米的目镜底部。中性滤光片过滤了百分之九十的光线，但不会对图像产生影响。这个低科技含量的配件能用在多数望远镜中减少月球的光线，使其达到一个比较舒适的程度。

另一个降低亮度的方式是使用一个两级过滤片（约40美元）。以两片单独的3.175厘米的过滤片出售，或者更好的，两片在房屋里的过滤片，适合放在目镜的上面。一个调节阀通过在对偶滤波器中改变极化的量，规范进入目镜的光线量，从50%到少于1%。平时随意的扫描效果也很好，但一个挑剔的观察者会注意细小的分辨率变化，而用一片中性滤光片通常不会发生这种情况。但是，对一般的月球观察者而言，可变的偏光器更简单。有时候，也是除了极端地放大之外的唯一方式，用它在大望远镜中将月球的光线调到满意的状态。

月球素描

20世纪70年代，阿里斯塔克环形山附近40千米地区的透视图。该图抓住了月球日出时明暗界限上丰富的细节。业余天文学家马修·斯纳科拉将他的15.24厘米标准牛顿折射透镜放大175倍完成的。

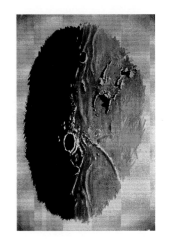

柏拉图的火山口

传统测试好的光学仪器和平稳视线是在月球过了新月后的一两天。观察柏拉图环形山的火山口（最大的有3000米宽）。网络摄像叠加由麦克·维斯完成。

巨大的克拉维斯

月球观察者最喜欢用各种型号的望远镜观察巨型的环形山克拉维斯。克拉维斯山长225千米。用45.72厘米牛顿折射透镜观察后，通过网络摄像叠加技术可以看到的最小的特征大约有1000米宽。通常被认为是观察者从地球上观察能看到的最大的图像。在克拉维斯中最大的环形山是50千米宽的鲁斯福特；左下的大环形山是布兰坎纳斯（横跨105千米）。

麦克·维斯（摄）

一个更专业的削弱光线的装置，25.4厘米，比牛顿和施密特－卡塞格林还大的轴外控光装置。将它放在仪器之前。只是一个简单的卡板或者金属面具，有一个1/3孔径的洞，精确地讲是圆形平边朝向边缘，这样它不会受副镜或者支撑板阻碍。

与使用全孔径相比，使用轴外控光装置可以减少13%的光线进入望远镜，这跟使用标准的中性过滤片的效果相似。因为现在孔径和折射透镜一样不受阻碍，相反，使用轴外控光装置对月球观察绝对是个不错的选择。

一些使用消色差透镜的月球观察者更喜欢有色护目镜。以绿色、深黄色和橙色为佳。这些廉价的有色护目镜在降低月球亮度的同时可以减少色差，因此能更好地显示画面。整体的颜色偏差很容易被忽略。其他种类的望远镜中，有色护目镜并没有显示出多少优势。

探索月球远景

任何人在观察星空时，如果让公众或者朋友观看月亮，都会被问到一个问题：我们是否能看到宇航员登陆的地方？宇航员登陆的地方可以通过月球地图确定下来，但人们真正想知道的是是否能看到宇航员的足迹或其他留在表面的设备。回答这个问题最好的方式是告诉他们在理想条件下能看到的最小的环形山是世界上最大体育场的好多倍，然而阿波罗飞船的宇航员留在月球上最大的一个硬件比可以停两辆车的车库还要小。

看到月球变化的可能性就好比是陨石撞击地表或者可能的火山活动，都是极其微小的。大陨石撞击月球产生喷雾云的情况一两个世纪才发生一次，至少在白天是这样的。月球的夜半球应另当别论。发生在1999年和2001年的狮子座流星雨中，低照度的摄像机通过中等孔径的望远镜记录了月球夜半面在撞击时产生的火花。这些由流星产生的火花可能有乒乓球那么大。如果是月球的白昼，将需要有更大的物体才能产生可见的火花。不管怎样，到现在还没有这方面的记录。

几十年以前，有一群天文爱好者一直在探寻所谓的瞬间月球现象（月球内部释放的气体可能引起尘云的产生）。这对业余天文学家来说是比较可行的观察项目。但是，现在没有确实的证据证明这类活动一直在进行着。

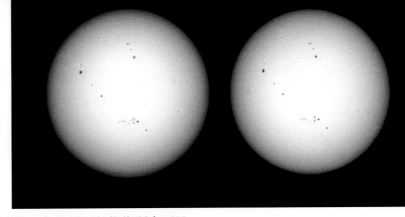

太阳观测

只有使用合适的护目镜才可能观看光线异常强烈的太阳表面。不要用任何光学装置观看太阳，除非你确定该光学装置有安全的过滤功效，或者你知道什么是安全的护目镜。一个高

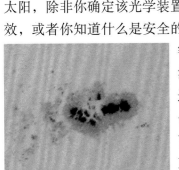

密度的护目镜是必需的。它必须不仅能将所有可见波长减少到安全等级而且能阻止红外线和紫外线。这是一件非常严肃的事情，因为这些不可见的波长会破坏眼睛的视网膜，更严重地会使人半盲或者全盲。请不要冒险。天文学是不对个人造成伤害的仁慈的爱好，但这还是会对人造成伤害的。

多年来，特别是针对日食现象，有很多材料被推荐为太阳护目镜。它们大多数都不安全。不要使用烟色玻璃、太阳眼镜、彩色或者黑白胶卷（不管密度有多大）、摄影的中性滤光片或者极化滤波器。更有人使用啤酒瓶底来观看。这听上去很好笑，但很多业余天文爱好新手使用的太阳滤光器比上面所列的要危得多。

这些问题护目镜，通常来自一些小的望远镜商店，特别是那些在宅前出售的老式模型。它们通常是一块深绿色的玻璃被拧进目镜的底部。这样的太阳护目镜不安全是因为它位于望远镜焦距的地方，那里是所有光线和热量汇聚的地方。当仪器对准着太阳时，护目镜附近的温度可以达到几百摄氏度，致使镜片碎裂，太阳光线进入。现在的目镜太阳护目镜比以前少多了，但仍然是送给孩子做圣诞礼物的小型望远镜的一个配件。

现有肉眼观察太阳最简单、最安全护目镜是第14号焊工护目镜。在存货丰富的焊接供应商店有售。一块矩形状的5.08×10.16厘米护目镜只需几美元。因为这些护目镜在焊接中都有明确的规格。它们可信并且密度也合适，是完全安全的。只有第14号护目镜是合适的，更普通的12号焊工护目镜太浅了。

用第14号焊工护目镜观察太阳，请在你观察太阳之前将其放置在你的眼睛前面。有20/20视线或者更好的人将能看到地球大小的或者更大的太阳黑子。视力特别好的人，在只有焊工护目镜而没有光学仪器协助下几乎每天都能看到太阳黑子。

如果将两片焊工护目镜安全地重叠在镜头前面，一架很少用的双筒望远镜可以成为观察太阳黑子的永久装置。我们能看到面积如亚洲大小的黑子。但是如果要看黑子的细节，那么就需要有望远镜的协助

太阳黑子的观察

如果用于观察整个太阳，无论是投影的或者过滤的，一个小的、便宜的折射透镜就可以完成。为了证明这一点，鲍勃·波茨拍了两张相似的照片（见上图）。用两个70毫米折射透镜，一个150美元，另一个比它高10倍的价钱。左边的太阳黑子图像是使用70毫米的远地点折射透镜拍到的。壮观的特写。

（见下图）是用前沿的研究装置拍摄的，显示了很多让人难忘的细节。

照片由卫星系统提供

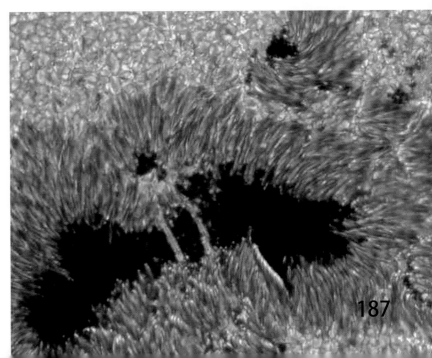

187

太阳滤镜

安全的太阳滤光器必须装在望远镜前面。它们可以由金属外套的玻璃制成或者是聚酯薄膜。

艾伦·戴尔（摄）

太阳景象投射

一个没有过滤装置的望远镜可以用来将太阳的影像投射到一张白纸上，不过必须小心。最好使用价格低廉的目镜，因为太阳光的热量会破坏目镜的涂层。

艾伦·戴尔（摄）

了。有一架60~80毫米的折射透镜是比较理想的，再经过一定程度的过滤或者用于投影，将会展示出太阳黑子里面和周围的细微结构。

通过投影仪看太阳

太阳投影是一种不过滤而观察太阳的方式。将望远镜瞄准太阳，通过观看仪器的影子，而不是通过镜筒瞄准太阳，更不是用寻星镜来观察。（在观察太阳的时候，请遮住寻星镜的前方。）当望远镜的影子渐渐成圆形时，望远镜差不多已经瞄准了太阳的方向。将一张白色的卡片放在离目镜一英尺的地方用来获取太阳的影像。用一副30×的目镜聚焦在投射的影像上。这是集体观察的理想方式。而将白色卡片架在画板或者三脚架上并且避免太阳直射效果更加明显，与前者形成鲜明对照。当然，这与通过直接过滤得到的景象不能等同。

即使这样，投影在绘制太阳黑子位置和它们相对大小上也很受欢迎。为了保持定位的一致性，我们需要通过观察日轮偏离来决定每幅素描中天体的东西轴。偏离运动的中线是天体的东西轴。几个月的绘图显示了太阳黑子的波动起伏。小的黑子可能持续好几天或者逐渐形成大的黑子群，然后在太阳表面停留几星期。由于3.5星期的太阳自转期，我们观察到的景象每天都有细小的变化，一星期就会有较大的变化。

如果用于投影，望远镜的孔径不能超过80毫米。这样在观察时可以避免对目镜的损害。小的折射透镜最理想。较大的望远镜就必须用控光装置来保护。用一张有洞的厚纸板遮住孔径对折射透镜或者牛顿很有用，但千万不要用反折射望远镜（施密特-卡塞格林或者马克苏托夫-卡塞格林）来进行太阳投影。因为仪器内的快速增温会导致一些不必要的视觉效果，甚至破坏望远镜。

太阳黑子的盈亏以11年为一个周期。太阳黑子的上一个活跃期在2001年。但整个周期太阳活动继续，所以不管你什么时候观察都能看到一些太阳黑子。在一个大的太阳黑子周围你将会有一些惊奇地发现，如果用合适的护目镜直接观察那将会有最好的观察效果。

望远镜的太阳光护目镜，又称全孔径护目镜，或者预滤器，一般紧贴在望远镜前，在光线进入镜筒前，安全地减少阳光的密度。最耐用的护目镜是涂有镍镉合金的平行面镜。千棵橡树光学仪器是任何型号望远镜护目镜的主要供应商。价格从50美元的60毫米折射透镜到150美元的30.48厘米施密特-卡塞格林不等。

金属涂层的聚酯薄膜是一种牢固的塑料材料，差不多包装纸的厚度，是镜片护目镜的另一种选择。聚酯薄膜必须压煅在望远镜的前面。很多望远镜制造商也会制造这些护目镜，或者你可以在大的望远镜经销商那边购得过滤材料自己制作一个。我们发现聚酯薄膜的质量相等或者好于

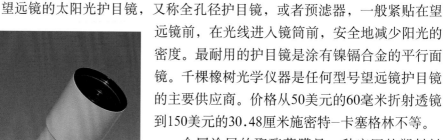

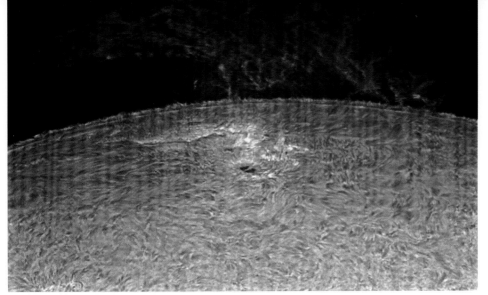

杰克·牛顿正在工作

将科罗纳多90毫米的氢-阿尔法护目镜贴在12.7厘米的折射透镜上。杰克·牛顿用一架米德式皮科特CCD摄像机拍下了令人称奇的太阳图像。他拍了两张，表面短时曝光图像和模糊突起的长时曝光图像，然后用数码技术将两者叠加成左边最终的图像。

光学的镜片护目镜。特别是巴德太阳光过滤材料。我们通过试验发现，你只要花钱买一些巴德太阳光过滤材料，用10.16厘米的远地点折射透镜就可以最清楚地看到太阳黑子的详情。

一些聚酯薄膜护目镜会出现不自然的蓝色影子。通常用于观察火星的第23A目镜护目镜的这一特性属于可校误差。在火星观察中，它会吸收蓝光，给日轮一个黄色的投影。多数金属涂层的镜片能呈现更自然的黄色太阳。

另一点需要注意的是：不是所有的聚酯薄膜都有这样的作用。不要跑去当地的五金或者汽车配件商店去买聚酯薄膜用来自制护目镜。多数被称作空中地毯、用于汽车或者野营窗户的金属涂层的聚酯薄膜在太阳观察中是不安全的。它不够密，并且不能有效阻止有害的红外线和紫外线的侵入。我们只用那些由望远镜制造商提供的，专门用于天文学的护目镜。用这样的护目镜，你、你的朋友和家人才能数小时安全地观察太阳黑子。

以上我们讨论的太阳光护目镜中显示的太阳光都是白色的。也就是说，护目镜减少了整个光谱范围的其他光线。一种非常专业的太阳光护目镜能够消除除了由656nm的氢原子发散出的单一波长的光线以外的所有光线。当你在只有氢原子发散的光线中观察太阳时，之前不可见的特征开始出现，如太阳的突起、细丝和闪光。正常情况下，只有在日全食的时候我们才能看到太阳突起。如果使用氢-阿尔法护目镜，每个无云的天气我们都可以看到。

氢-阿尔法护目镜增加了天文爱好者观察的维度，但它们却很昂贵。根据孔径和频带宽度的不同，价格在700～10000美元不等。最普通的型号是40～90毫米的孔径配同样范围的折射透镜。科罗纳多和晨星是主要的制造商。因为白天的视线比晚上差，太阳使空气和地面温度升高，与此同时护目镜孔径超过90毫米优势就减弱。同样，氢-阿尔法护目镜比其他典型的天文配件更易碎。在运输过程中需要加倍小心，可使用很多泡沫作为保护。

科罗纳多个人太阳望远镜

科罗纳多个人太阳望远镜是一个专业且不太昂贵的氢-阿尔法太阳护目镜。它可以被放在三脚架上用于速视。尽管是40毫米孔径，但它能显示极佳的突起景象。

彗星

艾伦骑了一颗彗星

满足于自己征服了最后的防线，作者戴尔站在彗星状的"脏雪球"顶部——北美最大的购物商场停车场上的一堆冬天残余的积雪。

彗星是冰冻物质和尘埃的凝结物。不是冰川类型的冰而更像是一堆如一座小城大小的脏冰。彗星和其他行星一样绕太阳公转，但其路径更长、更夸张。当彗星靠近太阳，进入火星轨道后，它就成了业余天文学家的观察目标了。这时，太阳光加热彗星结冰的表面，释放的气体和灰尘在真空的太阳光压力和太阳风的作用下留下长长的一条尾巴。

历史上，除了有几次例外，彗星一般以它的发现者命名。如哈勃彗星，它是由新墨西哥彗星探寻者艾伦·哈尔和亚利桑那州的业余天文学家汤姆·鲍勃于1995年7月的同一个晚上发现的。

肉眼看得到的彗星尾巴很少，一般10年2次。当然，那只是一个平均数。在1957年，时隔6个月就看到了两次彗星现象。而1996年和1997年中时隔12个月只有两次彗星现象。

至今为止最有名的哈雷彗星出现在1910年4月，给人们留下了深刻的印象。当它到达第一星等时，有成千上万的人看到它拖着一条30°的尾巴。彗星因其76年的轨道而出名，这和人的生命长度相近，使这个轻柔如羽毛般的天外来客成了一生一次的景观。虽然天文学家准确地预测了1986年彗星的弱势回归（北半球至多3.5星等），但当科学中心或者天文学俱乐部公布集体天文观察时，一大群人出现在现场。很多人慕名而来，扫兴而归。虽然当时新闻媒体对彗星的亮度有广泛而准确的报道，但我们生活在一个充斥着名人效应的时代，显然哈雷先生的彗星就是天文学的名人。

海勒波普彗星

1997届大学天文学班的学员用双筒望远镜观察海勒波普彗星。这是1910年哈雷彗星优雅划过东北天空之后最适合观察的彗星。

特伦斯·迪金逊（摄）

明亮的彗星：1957～2007年

虽然哈雷彗星在1986年的表现令人失望，但在过去的50年还是有一些彗星给人留下了深刻的印象。1957年，两颗肉眼能看到的明亮彗星几乎以背靠背的形式出现在人们面前。第一颗艾伦德·罗兰德彗星在4月份的上一周成了第一星等的明亮物体，拖着15°长长的尾巴。它以闪亮、反螺旋而著名。因为我们从地球上观察，那条尘尾像是从彗星核延伸出来直指太阳。

那年的第二颗彗星是马克斯彗星。它是在6月29日被一名飞行员用肉眼观察到的第一星等的物体。八月的第一周，彗星就清晰地出现在夜空，总体上位于第一星等，并拖着一个5°的尾巴。

1962年华丽闪入人眼睛的是赛基·莱恩斯彗星。在4月的夜空中位

于第三星等。通过双筒望远镜，我们可以看到一条长于10°的尾巴。

20世纪最亮的彗星是1965年的伊卡亚·塞基彗星。它有一到两个太阳直径之间的大小，是俯冲进入星星表面少有的掠日彗星一族。如果将太阳挡住，在彗星绕太阳急转后，彗星表面的冰蒸发形成密集的雾气和巨大的尾巴。这时，即使是大白天，人们不用其他仪器协助也能看到伊卡亚·塞基彗星。当离太阳只有2°之遥时，彗星有令人称奇的十级星等和2°的尾巴。在10月的最后几天里，当它旋转着进入晨曦的天空，从小而明亮的彗星核中延伸出一条迷人的45°尾巴。虽然伊卡亚·塞基彗星在南半球表现得巨大无比，但在北纬40都左右却很难看见，因为它的角度和地平线几乎持平。

伯纳特彗星是由南非的约翰·伯纳特于1969年在一次彗星寻找中发现的。在1970年4月的北半球，伯纳特彗星在夜空中显得格外显眼。总体上它位于第二星等，拖着一条20°的长尾巴，这是一颗被业余天文学家首次用彩色照片拍下来的彗星。

3年以后，出现了一个臭名昭著的科豪德科彗星。1973年3月18日，德国汉堡包天文台的路波斯·科豪德科发现一团微小的第十六星等的浓烟，一颗彗星在一张他2周前拍摄的照片上。12月28日，轨道计算显示，这颗彗星与太阳最近点的距离比地球与太阳之间的距离还要长5倍。1974年1月初，科豪德科彗星将出现在金星和木星附近的夜空。

它将会有多亮呢？1973年9月，美国国家航空航天局公布了一份科豪德科彗星指南。指南预测该彗星将达到和金星持平的第四星等，使其成为四个世纪以来最亮的深空彗星。天文学爱好者对此充满期待。

到了12月，显然某些地方出了问题。这颗所谓的世纪彗星的表现远远低于人们的预期。即使处在最好的状态，科豪德科彗星也不会超过第四星等的亮度，用肉眼只能隐约可见。公众所期待的燃烧的景象完全没有出现。

科豪德科彗星给了天文学家一次深刻的教训：彗星的亮度是不可预测的。在科豪德科彗星的案例中，这是彗星第一次从奥尔特云进入太阳系内部，彗星库超过了海王星。当彗星第一次暴露在太阳的高温下，在距离太阳很远的地方，已经蒸发的物质在凝结的彗星核附近形成了一团巨大的云。这样就产生了一个假象：随着彗星接近太阳，其活动会继续加强。但一旦这些物质消散，彗星的亮度就会迅速下降。

科豪德科彗星总是被记忆成是一颗失败的彗星。在科豪德科彗星之后，天文学家学会了在对彗星亮度进行预测时采取保守的态度。他们决定再也不作同样愚蠢的预测了。

世纪尾巴

2007年1月，麦克诺特彗星的彗尾成为近代历史上最有名的尾巴。该现象被澳大利亚的瑞克特沃德（见上图）和新西兰的安德烈·杰罗尼克（见下图）拍得。麦克诺特彗星的一条惊人的条形状尾巴犹如风中的喷泉，在夜空中横扫40°。天体几何使南半球的观察者能看到最佳景象。

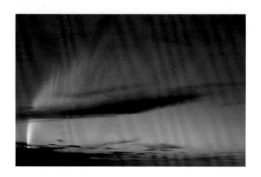

哈雅库塔克彗星

在一代人的彗星干旱后，哈雅库塔克彗星于1996年春天出现在北半球的天空。拖着细长的55°长尾巴，它在3月下旬达到了第一星等，当它靠近地球时，整晚可见。这个5分钟的彗星照片是由特伦斯·迪克逊用180毫米F2.5的望远镜在富士400胶卷上冲印出来的。

之后出现的是韦斯特彗星。它是1975年11月在智利的欧洲南部天文台被发现的。因为它接近太阳的距离和科豪德科彗星相似，但却比科豪德科彗星要暗淡很多，所以并没有产生太大的吸引力。但两者的命运刚好相反，韦斯特彗星比预期增亮的速度要快很多。

1976年3月初，这位宇宙来访者从太阳的背面出来，进入了晨曦的天空。3月7日，它的亮度位于第一星等，漂亮的30°长尾装点着北半球黎明前的天空。

到3月13日，一场彗星秀在未被大众察觉中结束。因为科豪德科彗星在人们的脑中还记忆犹新，新闻编辑也忽略了韦斯特彗星，所以除了业余天文学团体之外很少有人知道。其他人（包括作者）因为坏天气而错过了韦斯特彗星。

一颗彗星的亮度比预计高出50倍肯定是有原因的。在近日点时，三个巨大的厚块脱离了韦斯特彗星的彗核，释放了比一般彗星更多的气体和灰尘。

灰尘是关键。灰尘粒子是光线理想的折射物。无数灰尘在太阳光线的压力下，形成巨大明亮的尾巴。

最近的彗星

在1995年，有一种彗星干旱的说法，指的是一代人之前，从韦斯特彗星之后就没有明亮的、拖着长长尾巴的彗星出现过。这种干旱到1996年早期结束。彗星寻找者日本的虞姬·哈雅库塔克用一副25×150的巨型寻找彗星的双筒望远镜发现了一颗相对较小的彗星，后来确定它有2000米直径的彗星核，而哈雷彗星也只有11千米的冰核。而哈雅库塔克彗星与月亮之间的距离在它的14倍之内，这在宇宙范围内讲已经是很靠近了。在那样的距离中，即使一颗小彗星看起来也很大。（相比，1986年的哈雷彗星比月亮要远400多倍。）

在3月底到4月初，哈雅库塔克彗星拖着一条60°的尾巴——比北斗七星要长2倍，在它快速移动划过天空时到达了第一星等。很多观察者仍然认为哈雅库塔克彗星是他们见过最漂亮的彗星。

接下来出场的是当之无愧的彗星之王：海勒·波普彗星。几乎每一个读到这几页的读者都会记得这个壮观的物体，它到达了第一星等，并且在1997年的3~4月份一连几星期都可见。虽然精确的对比比较困难，但海勒·波普彗星可能是自1880年以来北半球让人印象最深刻的彗星了，取代了1910年的大哈雷彗星。20世纪90年代不仅结束了彗星干旱，而且成就了两颗永恒的彗星。

2002年春天，海勒·波普彗星出现后5年，北半球的观察者饶有兴致地观察到了另外一颗漂亮的彗星。当艾可亚·张接近地球时，它就进入了第3.5星等。在3月底至4月初，从太阳中慢慢消失。在黑暗的郊区天空，用双筒望远镜可以看到一幅精美的景象，一条5°~10°的尾巴华丽地扫过天空。虽然从各方面看，艾可亚·张和哈雷彗星相似或者甚至超过哈雷彗星，但它并没有引起人们太多的兴趣，这一点再次证明了强大的文化现象。

2007年的第1个星期，当一颗彗星出现在黄昏中，继而进入了北半球夜空成为第一星等令人惊叹的符号，它已经远远超过了人们的预期。另北半球星空观察者遗憾的是，1月12日，即使麦克诺特彗星沉向近日点的时候，它还是保持着黄昏时的亮度。但当它离地球只有5°时，麦克诺特彗星到达了第5.5星等，肉眼整天都能看到（如果观察者位于屋顶或者其他障碍物的背后）。它是1965年继艾可亚·塞奇彗星出现后最亮的一颗彗星。和半个世纪前的艾可亚·塞奇一样，它在之后的2个星期里移动进入了南半球，形成一幅巨大的景象，它是最大的彗星之一。

海勒·波普彗星和海牙·谷泰克彗星的位置对中北纬度的观察者有利。而麦克诺特与它们不同，它向南半球的观察者炫耀其巨大的喷泉状的尾巴。尾巴中含有丰富的灰尘和羽毛状的条纹，这是真正的超乎想象的惊世奇观。

在整理最近的一些彗星资料时，我们不禁想起那颗因木星巨大引力而被拆

21世纪彗星

艾可亚·张彗星最亮时属于第三星等。在2002年的春天我们肉眼可以看到它。这是一颗用双筒望远镜可以看到的美丽彗星，有一条明亮的7°的尾巴。图片由艾伦·戴尔用尼康180毫米光圈2.8镜头的相机拍摄的。

大海勒波普

典型大彗星的两条经典尾巴：一条笔直的蓝色气尾和一条弯曲的白色尘尾。1997年春天是观察海勒·波普彗星的最佳时候。那条气尾能自己发光，而那条尘尾借助太阳的折射光线而发光。接近零星等级，在城市的街道上肉眼就可以看到这颗彗星。这张400速度的十分钟胶片是由特伦斯·迪克逊用19.05厘米光圈/2.3马克所托维牛顿拍摄的。

散的彗星：鞋匠莱维9。拆散的碎片于1994年7月冲入巨大的星球，留下木星累累伤痕的多云表面。我们用60毫米的折射透镜可以看到木星表面被撞击的痕迹。这是木星表面上最显著的特征。鞋匠莱维9的共同发现者，彗星专家杰恩估计，这种型号的彗星（母核差不多2000米宽）平均每1000年与木星相撞1次。

发现彗星

大约30年前，多数的彗星是由业余天文学家用中等型号的望远镜扫视夜空的时候发现的。有些天文爱好者将这种活动变成了业余的事业。不夸张地讲，他们每一次新发现都刻在了他们的望远镜上，为他们赢得了举世瞩目的荣誉。

那样的日子一去不复返。除了来自同辈日益激烈的竞争，彗星猎寻者在1998年迎来了一个大的改变。那年，应美国国家航天航空管理局和其他科学机构的要求，美国空军开始用一米长的由机器人控制的望远镜来找寻可能会在将来的某时撞击地球的行星。这架望远镜被证明是极好的寻找彗星的仪器。新墨西哥基地的仪器，我们所知的里尼尔望远镜（英语中林肯、离地球较近的小行星研究的首字母）自运行以后，发现了北半球可见的3/4的彗星。

里尼尔望远镜的成功和随后其他机器人控制仪器的相似结果几乎将业余彗星猎寻者挤出这个行业。里尼尔之前，业余天文学家一般一年发现4～8颗彗星。现在1年只有1～2颗。用肉眼意外发现就更少了，也会有人偶然发现以前没有发现过的彗星。

但就是在2001年一年一度的萨斯喀彻温夏季星聚会上，200名天文爱好者聚集在省东南部的一个黑暗省级公园里，发现了未曾被观察的彗星。凌晨3点30分，业余天文学家文斯·佩特瑞尔正在通过他新的50.8厘米的折射透镜望远镜欣赏着天空时，他想将他的望远镜瞄向金牛座的蟹状星云，但却转错了方向。虽然那个错误意味着他没有发现蟹状星云，但佩特瑞尔却意外地发现了一个暗淡模糊的物体。这个物体后来被证明是罕见的用肉眼能看到的彗星。

佩特瑞尔彗星是第十星等的彗星。那就意味着需要用20.32厘米的望远镜才能观测到。虽然这颗彗星已经算是最亮了，但是偶尔发现彗星的可能性也让全世界寻星界感到震惊。

彗星神话

2002年4月3日晚上，天气多云。在作者狄金森的天文台，云层遮住了安德里美德银河旁边的艾可亚·张彗星。但气象卫星在网络上的快速监测显示7米以北有一处空地。狄金森将摄像装置放入车中，车子马上飞奔而去。一个多小时以后，我们从车窗里可以看到从云堤中探出来彗星了。狄金森马上将车子开下高速公路，滑行至卵石路上。他在几秒钟之内装好了装置。只有一次可以拍摄的时间。这张90秒曝光400速度的胶卷是用一架135毫米光圈和2.8的镜头完成的。

艾伦·戴尔（摄）

在新世纪的开始几年，有很多令人惊奇的彗星发现——有些让那些娱乐星空观察者感到壮观，有些只让业余和专业的天文学家着迷，而有些确实只是很古怪。

★思科万斯曼-沃取曼3（73P）

2006年4月，这个奇怪的彗星回归时已经被分成好些碎片，形成一条彗星链划过天空。

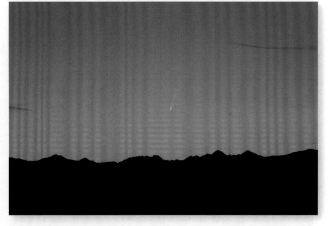

★麦克诺特彗星（C/2006 P1）

2007年1月，这颗彗星出现在北边天空，我们用肉眼就能看到，成为澳大利亚的奇观。

★赫尔墨斯彗星（17P）

2007年10月，这个通常很微弱的彗星因为百万年一遇的原因而炸裂，发出巨大的亮光，即使在城市中也能用肉眼看到，如英仙座中的一颗模糊的星星。

★马克霍兹彗星（C/2004 Q2）

2005年1月，这个经典的用双筒望远镜观察的彗星拖着一条薄薄的气尾和一条短而粗的尘尾，以合适的角度经过昴宿星附近。

要了解彗星新闻，请访问一些杂志的网站，如天文学，天空与望远镜，天空新闻。或者直接点击spaceweather.com，这是了解瞬间天空事件最新消息的好网站。

第10章 观察行星

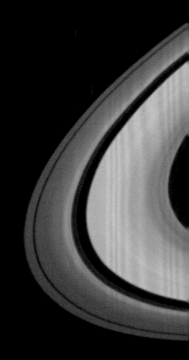

几万年以前，

史前的第一个伽利略发现一些明亮的星星在夜色的星空中移动。

这个早期的行星天文学家可能也是第一个占星家，

因为一个自然的问题随之而起。

为什么一些小的、明亮的星星群会移动，

而其他的则是静止不动的呢？

占星冥思之外，

观察行星是今天休闲天文学的主要内容。

一年中的多数夜晚，

至少五分之一的行星是肉眼可见的，

通常它们是天空中最亮的物体。

当两颗或者更多的行星聚集在一起，

景象壮观得让那些通常不往天上看的人都情不自禁地抬起头。

此时，如果月牙也进入画面，

那将是一幅自然界最迷人的画面了。

通过望远镜，

行星向我们展示了无穷尽的似远又近的迷人景象。

哈勃空间望远镜描述了土星让人惊叹的美艳。

在哈勃空间望远镜的镜头里,土星是
那么的漂亮,闪烁着其全部的光辉。

来自其他世界的诱惑

水星

从2008年通信宇宙飞船传回的影像看，水星表面到处都是坑壁。地球上的望远镜只能显示最深处行星的一些影像斑点。

照片由美国国家航空航天管理局提供

自从伽利略在1610年用他新的望远镜第一次观察金星、木星和土星，他发现了一些明亮的物体，如木星和绕着它转动的卫星，人类才意识到，除了我们自己，还存在着其他外部世界。在伽利略富有历史性的观察之后的四个世纪里，望远镜中的行星吸引了一代又一代的天文学家。今天那些行星是我们寻找奇迹的目标。

虽然典型的七大行星在太空时代都有特写镜头，但事实是它们其中的3颗即火星、木星和土星，在业余天文学家的望远镜中显示出不断变化的表面特性和细节，说明它们是位于金字塔顶部附近迷人的天体目标。

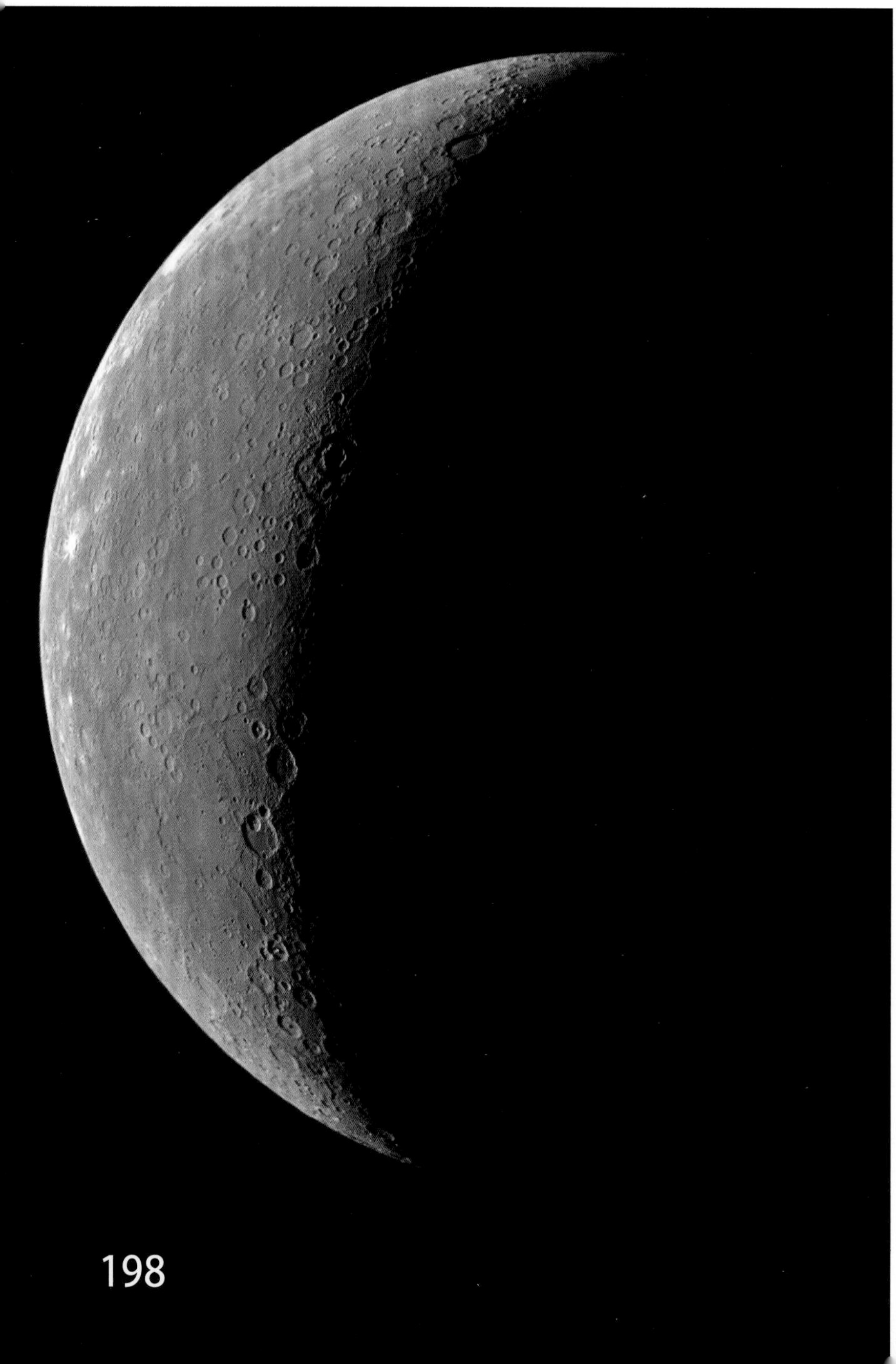

水星

水星在很多方面和我们的外星邻居月亮很像。它的直径是月亮的1.4倍。水星是一颗小行星，水星上空气稀薄，到处都是环形山。水星距离地球是月亮距离地球的300多倍。对于地球上的望远镜使用者来说，这个小小的世界通常直径只有六至七角秒，看上去只比天王星稍微大一点。

水星表面材料的折射率和颜色跟月亮上的几乎相同。毫无疑问，将来的探寻者会发现这两个世界有相似的风景。1974年，水手10号宇宙飞船第一次飞越水星观察它多坑的表面。宇宙飞船的第二次探索是在30多年后。2008年信使机器人装置再次飞向水星，为对水星内部长期的轨道研究做准备。

在太空时代之前，望远镜第一次观察水星是由一个希腊出生的法国天文学家尤基·安东尼亚第记录的。他成了最伟大的视觉行星观察者之一。在20世纪20年代，安东尼亚第用30.48~83.82厘米孔径的折射透镜出色地完成了工作。他几乎是独家研究了水星。从白天到明亮的黄昏，他记录了在行星灰白、乳灰色的表面的明

暗地带。最终，他制作了一张地图，显示了水星88天的自转周期，以及水星围绕太阳转动的事实。安东尼亚第得出结论，那就是水星有一个半球永远面对着太阳。

安东尼亚第的结论并不完全正确。通过天体力学的作用，水星绕着母星转动，但并不是他所认为的那样。事实上，在绕太阳一次转动时，水星只转了一半，之后同样的一面在两次转动后又回到了朝阳的位置。这是一个复杂的天体时钟装置，和业余天文学家没有多大的关系。因为观察水星对业余天文学家来说本来就是最棘手的任务。现在的问题是不管使用了什么仪器，用望远镜观察水星到底有多难？

首先从方便这个因素来看，行星的观察者通常在夜空观察水星。这对肉眼观察者或者双筒望远镜观察者来讲没有问题，但是对用望远镜的观察者来讲，状况会比较糟糕。通常，水星与水平线的角度小于15°，这样观察水星的视线比较差；另一方面水星还会"游动"，这让人比较绝望。更糟糕的是，颜色失真很明显，特别是蓝色、绿色和红色的边缘，这是大气折射导致的发散效果。这样会使天体看上去比实际的位置更高些。这种效果同时与波长有关（比长波短些），所以对位置较低的行星来讲，这样会使行星低的一边产生红色边缘，而高的一边产生绿色（或者蓝色）边缘，使整个行星呈现出五彩缤纷的画面。

但任何体面的望远镜都能看到水星的相位。通常通过3周的夜空观察，我们可以看到水星从圆形到精致、细长的月牙形，和月亮3天的周期相似。

🪐 日间观察水星

如果想要通过望远镜观察水星，看到好的视觉效果，那么你要按照安东尼亚第的方法做：白天观察。有些人把这个方法用到金星的观察，因为金星也可以通过以下的技术观察到。如何在亮蓝的天空找到行星是一个挑战。以下是一个最简单的方法。

选择水星作为"晨星"的一天作为开始，然后用肉眼或者双筒望远镜确定其位置。在北半球，8月、9月、10月和11月底是最佳的观察时间。因为此时黄道与水平线的角度较高，这样水星也被置于较大的高度。在这4个月的跨度中，实际可以观察的时间差不多是2~3个星期可以看到1~2次。

家庭描绘

戴瑞尔·阿彻花费了好多年，终于成功收集了所有行星的网络影像图。从左：水星、金星、火星、木星、土星、天王星和海王星。按照同一比例排列那就意味着这幅画将我们在望远镜中看到的各个行星之间的距离比较准确地表现出来了。木星作为基线，它表面直径为45角秒。水星和金星显示了相位，因为它们的轨道位于地球的内侧。

金星的阴影

金星可见的表面是一条薄雾毯子，最上面是一层密集、多云的空气。在这里看到的不定形的特性可以在唐·帕克的紫外线摄像图中检测到。但这些即使不过滤，在一般的望远镜中也看不到。

用带有两级均衡的、电动的赤道装置的望远镜观察行星，确保望远镜合理地追踪水星，从晨曦到大白天。在太阳升起后的90分钟，水星位于东边水平线之上，与其成30°的位置。如果视线好的话，就足以看到它的清晰全貌了。白天观察最好是在太阳升起但空气和地表还没有被加热之前。地面、空气加热产生的对流气流一直打扰着太阳天文学家。因为太阳同时也会加热望远镜，对流气流在仪器内外都会加强，在接近中午时，视觉效果不可避免地进一步恶化。

白天观察行星时还需要一个很重要的配件，即由黑色施工纸或者类似的材料做成的一个伸展露罩。这张纸包住望远镜镜筒，并向前伸展，至少要超出露罩一英尺。这样可以防止光线直接进入折射透镜的镜头，如施密特－卡塞格林的改正透镜或者牛顿的副镜。当锁定水星后，有些观察者会架起一把折叠伞或者建一个简易的遮光物将整个范围遮起来。

白天或者黎明是最佳的观察时间。在这些时候，水星成轮廓清晰的盘状，并带有黑白分明的斑点。但是，在完美的观察条件下，水星却呈现出独一无二的伪装。它比金星更灰白，乳状的表面有模糊的条纹，像精美的砂纸。观察者能否真正看到水星上的坑洞还值得怀疑，但显然这个行星和金星有所不同。

金星

夜空中，金星是除了月亮之外最闪亮的行星。它在所有天体中占据了极其重要的位置。因为它在天体中的地位太显著了，所以人们不可能会误认。黄昏时的西边或者日出前的东边，金星的亮度无人能匹及。

金星的亮度主要由两个因素造成。金星比其他行星距离地球更近，是月亮之外最近的天体。金星空气中高浓度的雾气即我们从地球上看到的金星表面折射性很强。射到金星上的65%的太阳光线被折射回太空，这个比率在太阳系中是最高的。因为金星是除了水星之外，距离太阳最近的行星，它表面每一单元都能收到很多太阳光线，呈现出让人眼花缭乱的景象。

虽然用肉眼能看到金星所向无敌的壮观景象，但当我们用望远镜观察它时，多少会有些失望，因为它看上去除了像一个白球外没有其他显著的特征。但它和水星一样，同样会产生相位的变化。它的轨道位于地球内侧，但金星与太阳的距离是水星与太阳距离的2倍，因此，绕太阳运转时需要更长的时间。这样我们就有更长的循环周期和比水星更好的观察条件。

云层的厚度和裹着金星的薄雾极其一致。因此有时，当我们通过

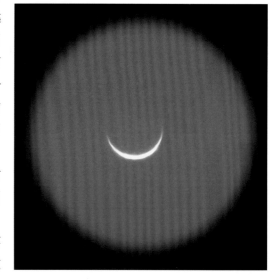

蛾眉相位的金星

在白天或者黄昏，深蓝天空中看到的金星相位图。薄薄的蛾眉相位给人的印象尤其深刻。艾伦·戴尔用10.16厘米的爱博折射透镜拍下了这个电子影像。

望远镜观察行星的时候，这些云层和薄雾会限制我们的视觉，只能看到昏暗的一块和更亮的两极。只有当紫外线光波在我们眼里不可见时，云层的特征和循环运动才会比较明显。不管如何，在过去的一个多世纪以来，观察者描绘了这些特征和绘画，而这些绘画有时与地球上的望远镜记录下的紫外线图片一致。那些黑色的小片，虽然让人难以捉摸，但它们在被拍摄下来之前很早就被画下来了。

在夜色昏暗的情况下用望远镜观察金星时，因为行星和天空的颜色相差甚大，一些小的细节很容易被忽视。同样，很多望远镜的偏差在我们视线不可监测范围内。折射透镜中微小的色彩偏差就会在金星周围形成蓝色或者紫色的圆晕。牛顿中的副镜会从影像中延伸出尖状物。这些效果都会影响细节画面，使行星洁白的色调和对称的相位出现偏离。但最大的偏差并不是由望远镜产生的，而是由地球上的大气产生的。大气的折射使光线发散开来，这一情况我们在上节的水星部分也讲到过。

超高的比照、恼人的光学效果和大气发散的组合，意味着观察金星最不利的状况是低位置的暗空。和水星一样，白天更适合观察金星。同样，在秋天早上日出前或者日出后的那一小段时间是观察金星的最佳时刻。因为金星比水星更亮，离太阳更远，观察金星的理想条件会比较宽松些。

下午3点后是金星最亮的时候，在晴朗、深蓝的天空中，我们用肉眼就能看到金星。（靠近东距角）或者上午10点前（靠近西距角）。即使在白天用肉眼不能看到金星的几个小时中，我们用双筒望远镜就可以看到它的景象。

水星和金星

水星虽然比金星要微弱很多，但它仍然属于明亮且容易找到的行星，就如清晨星空中证明的一样。

艾伦·戴尔（摄）

望远镜中观察到的表象

在白天深蓝的天空中，用望远镜观察金星，它犹如一颗悬挂在天空中的美丽珍珠。它的相位很清晰，朝向太阳的一边尤其清晰夺目。在深空低位置的天空中，金星在强烈的对比和光学效果下消失了。

白天，位置越低，金星表面的亮度也越低。存在朝向太阳的边缘（临边）和白天/黑夜线（明暗界限）的差别。因为明暗界限只接受太阳切入的光线而朝阳的那面可以有直射的阳光。所以它比明亮的临边光线要弱些。

可见的明暗界限实际上存在于几何中，或者说明暗界限位于太阳的垂直下方，与金星面呈90°角。因此，当这个行星的一半被照亮时（两分法），它在望远镜中显示的其实一半都不到。

因为金星在7个月的周期中经历了从满相到娥眉相位，视觉上的两分法比几何上的两分法会提早几天。而当金星出现在早晨的天空中，开始从娥眉相位到

201

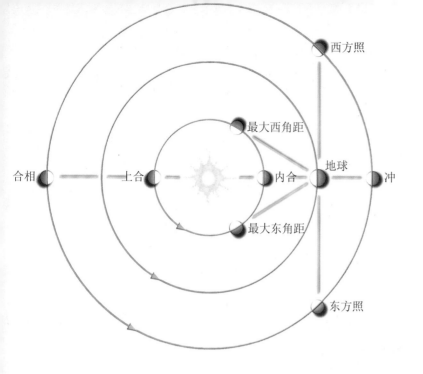

西方照

最大西角距

合相　　上合　　内合　地球　冲

最大东角距

东方照

満相时，效果刚好相反。十几年以来，业余天文学者记录了这些变化。令人称奇的是，早上的影像跟晚上的影像并不相匹配。视觉和几何两分法的不同表现在夜空有4～6天，而早晨的天空有8～12天。到目前为止还没有比较合理的解释，但这些差异却实实在在地存在着。鉴于以上的区别，在观察时，可以考虑比预期时间提早几天观察（由加拿大观察者守则的皇家天文学学会提供；列出的内容为"夜空时，金星位于东边最大的角距"或者早晨的天空中，金星位于西边最大的角距）。

内合

相位关系

在行星绕太阳运转中，当我们描绘它们的某种关系和位置时，我们会用到很多天文学术语。这张图表是基于观察者手册中的图解简化而来的。地球的轨道位于图示三个轨道的中间。位于地球内侧绕太阳运转的行星有四个特殊的结构：内合、西角距、上合、东角距。地球外侧的行星有不同的特殊结构：冲、西方照、合相、东方照。

天体的钟表装置每19.5个月就将金星处于内合。观察金星最有意思的时间是在内合前后各2个月。内合是指当金星离地球最近，亮度少于40%时。在金星处于内合的日子里，当它在高于或者低于太阳几度的天空中滑过，它纤细的娥眉状相位可以扩大到60角秒。

那些即将趋于内合和在内合之后的几天是观察金星的最佳时间。因为除了月亮之外，没有其他天体能够在这样薄的相位角度中被观察到。在观看金星细长的娥眉状相位的时候，主要目标是月角（蛾眉状相位点）的伸展进入行星的夜半球。这不是幻影，而是太阳光照亮了金星的上层大气。有时候，这个伸展犹如一个完整的环。极其稀薄的蛾眉相位和月角非常细长，如鬼魂般的延伸形成一个实心球。观察这种现象需要不寻常的环境条件，但也是有可能的，且不需要大的望远镜。

火星

除月亮之外，火星是宇宙中唯一一个能用望远镜看到它固体表面很多细节的行星。但是因为它离地球太远，人们在地球上很难清楚地看到火星的一些特征。

当火星离地球最近的时候，我们用微型光学仪器通过望远镜观看火星，我们不得不对这个和地球很相似的星球留下深刻的印象。南北极的冰盖、橙红色沙漠中的黑色大陆、沙尘暴和时而飘过的云，而所有的这些在地球上都有。而火星上所没有的，是占据地球很大面积的海洋。不管如何，没有任何星球像火星那样与地球有那么多的可比之处，包括24.6小时的自转周期和它的轴倾斜与地轴的倾斜也只有两度的区别。所有的这些使火星成为太阳系中和地球最像的一颗行星。在视线较好、望远镜的光学仪器适合观察火星的情况下，我们很容易理解为什么那些19世纪后期的观察者都深信他们是在观察一个可以栖居的世界。

灰白、粉橘色的沙漠悬浮在空空的黑色空间中是一幅迷人的、让人难忘的景象，但这样的景象并不常见。每两年中只有2~4个月时间，当行星在0.8天文单位中时（1个天文单位是指地球和太阳的距离），才有足够大的火星面来显示丰富的细节。但即使是那时候，观察火星对眼睛和望远镜也是一个极大的挑战。

大的望远镜会受地面气流的限制，一般低于0.3弧秒的特征就很难被监测到。这是一个微型的角度，相当于当火星距离地球最近时，火星上80千米的分辨率。但我们可以通过相对较小的望远镜看到。一般理想的视线限度是0.5弧

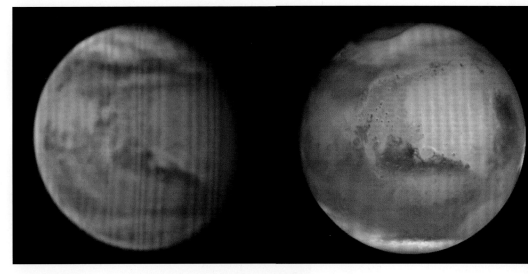

火星的两面

这些精美的2001火星图像是由电荷耦合器元件行星影像专家艾德·格拉芙顿用35.56厘米的施密特－卡塞格林拍摄的。

火星上的生命和波西瓦尔·罗威尔（1855～1916年）

1894年，波西瓦尔·罗威尔，一个富有的美国外交官成了一名天文学家。他在亚利桑那州的佛兰格斯卡夫建了一个天文观察台，研究30多年前由意大利天文学家杰尔维尼尔·斯奇尔帕瑞利写的关于火星稀薄直线特征（"运河"）的报告。斯奇尔帕瑞利用的是21.59厘米的折射透镜，而罗威尔的新仪器是60.96厘米的折射透镜。

用新的望远镜观察火星，罗威尔很快相信他所观察的运河是由火星人建造用来保存沙漠行星中日渐减少的水资源。随着1895年一本关于他的理论和观察情况的书的出版，罗威尔很快成了那个时代最有名的天文学家。

在接下来的20多年里，罗威尔继续他的火星研究，发表一些他和他的员工观察到的情况，受到了报纸业的欢迎。科幻小说家在读了罗威尔的理论之后，马上执笔写了星球大战，一本关于火星人侵入地球的科幻小说。

这些运河最终被证明是人脑将观察到的小细节与直线特征联系起来的产物。事实上，火星上并没有直线。既然播下了种子，从那以后，火星人就成了我们想象中的一部分。

波西瓦尔·罗威尔给人留下了深刻的印象，图中他坐在厨房加固的木质椅子上，在亚利桑那州佛兰格斯卡夫的罗威尔观察台用60.96厘米的折射透镜观察火星。今天，这架望远镜看上去仍和那时一样。图片由罗威尔天文台提供。

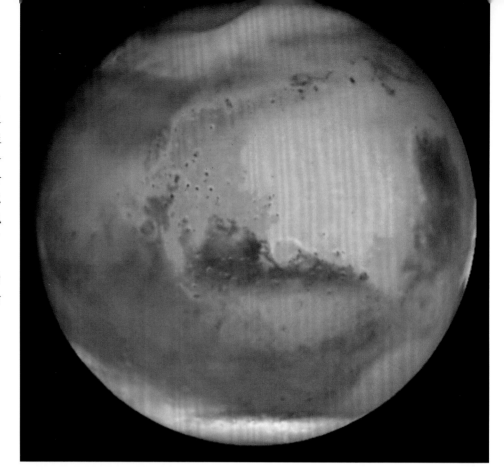

哈勃关于火星的描绘

此张关于火星精美影像的图片摄于2001年6月26日，是在火星沙尘暴开始肆虐前一天拍摄的（纯属偶然）。在不到两个星期的时间里，风暴将整个行星都裹了起来。虽然大气研究院很乐意去研究它，但这个风暴最终持续了5个月，破坏了地球上业余天文学者的视野。北是最高点，子午湾是中间的黑色特性，大瑟提斯高原在右边边缘附近。

业余天文学家拍摄的火星

2007年11月11日，在几乎完美的视野中，拉尔夫·梅尔用鲁磨娜拉网络照相机和35.56厘米的施密特-卡塞格林望远镜捕捉到了上面哈勃影像相似的画面。那时候，火星的视直径只有13弧秒。

秒，而1.0弧秒是多数观察点一年中多个晚上的视线。一弧秒是一架10.16厘米望远镜的分辨率；从理论上讲，半弧秒是一架20.32厘米望远镜的分辨率；而0.3弧秒是38.1厘米望远镜的分辨率。

在地球大气气流的作用下，很少有38.1厘米的望远镜能发挥最大的分辨率。但当几近理想的条件具备时，用大孔径的望远镜可以清晰地看到很多火星惊人的细节。大的光学仪器会使行星看上去更亮，同时也增加了行星表面的色差。

👀 观察火星

在火星2年1次最接近地球的几周里，任何带有70毫米孔径的高质量望远镜都能看到火星表面的特征，包括火星暗区从一个冲到下一个冲的改变。曾经被认为是火星上植被的区域随着季节的变化而变化，这些改变是由大风以每小时400千米的速度在这个沙漠行星中传输轻黑灰尘所导致的。因此给这些改变绘制地图是火星气象学和地理学的一项研究。行星观察是一个充满挑战但又让人受益的领域。

火星表面特征的清晰度，白色的两极冰盖和大部分桃色球体上黑色不规则的区块很大程度上取决于火星中的大气。沙尘暴会降低火星表面很大区域的能见度。在那以后，火星可能一连好几星期被部分或者完全覆盖（如2001年6月底发生的沙尘暴，破坏了之后连续五个月观察火星的视线）。当红色行星熟悉的沙漠地区发亮，吞噬了附近的黑色特征时，有经验的观察者可以预测到将要出现沙尘暴了。火星上的沙尘暴不仅很少，而且不可预测。详细记录在案的只有几次：1956年，1971年，1973年，1977年，以及上面提到的2001年和2007年的2次。

火星的南极点朝向地球，这对相反方向的北半球观察者有利。明亮的白色南北极冰盖在主要的观察期收缩，90天集中在相反的地方，有时在主要极地冰盖上显示出缺口，或者独立小片。然后，火星上南半球的夏天开始了。当南极冰盖减少到一个小小的白色按钮时，较大的北极冰盖的部分渐渐显露出来。火星北极极冠，带蓝白色的大气薄雾，经常给北极冰盖套上面具。（详见上页照片）。两极冰盖都有不会消失的残余冰核。在冰盖上面更大的广阔地区，冰冻的大气二氧化碳随着季节变化快速地扩张或者收缩。冬天，极地地区异常严寒，温度低于140°。

观察火星最好的是35×每英寸的孔径，对大望远镜来讲可以用25×至30×的17.78厘米望远镜。在避免辐照效应和对比现象的情况下，用上面的望远镜可以观看到让人愉悦的影像。以火星为例，辐照会使极地冰盖明显增大，使微小的、黑暗的细节变成沙漠区域。这种效应对放大率小于25×每英寸孔径的望远镜来讲很令人讨厌了。

除仪器之外，经验是监测火星上丰富细节的主要因素。诀窍是在换一个方向之前，你至少用2个月时间观察火星锻炼你的眼睛使其能够观察到我们邻居世界中的微小特征。然后，在相反方向，当出现最佳视线时，你可以通过眼睛和望远镜发现最好的画面，而不是在黄金观察时间，发现要观察的这个红色行星是那么有挑战性。

如右图图表所示，除了每26个月左右的节奏外，火星的冲也有它的周期。15~17年中会有7~8个冲，从不利的到有利的。火星的视直径可以是25弧秒或者14弧秒。在周期的顶端，（图表中没有显示）在不利的冲时，将火星置于天空的较高位置，不利于北半球观察者观察，而在有利的冲时，将火星置于较低位置。幸运的赤道以南的观察者享受着相反安排带来的效果。

火星大冲
平均每26个月，火星和地球距离最近，这就是我们所说的火星冲。有利的冲（对地球上的观察者来说）发生在火星的近日点。2003年，近日点的冲是自圣经时代以后火星离地球最近的时候，直径为25弧秒。相比较的是1980年的远日点的冲，直径只有14弧秒。

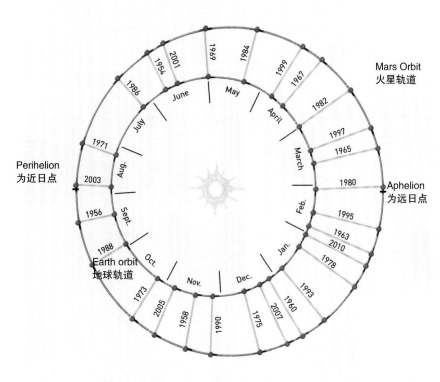

205

🔭 行星滤镜

将便宜的彩色护目镜（每个大约20美元）装入3.175厘米的目镜镜片底部，通过减少折射透镜的色差和增加各种望远镜的对比改善观察火星表面特征的视线。一个蓝色的护目镜（冉顿 第80A）可以显示漂浮在火星大气中的无尘云朵。另外的护目镜有橙色的（第21A）和红色的（第23A），它们可以提高黑暗地区的对比度。红色的护目镜配小于20.32厘米的孔径会显得暗些，但可以试着同时使用两个以获得观察火星的最佳效果。

大的望远镜也可以从护目镜减少火星面的亮度中受益。除此之外，一个红色的护目镜通过减少最易受大气气流干扰的短波而改善视线。对于孔径大于20.32厘米的望远镜，也可以试试深红色的第25号护目镜。总的来讲，大于12.7厘米孔径的望远镜比小的望远镜能更好地利用彩色护目镜。从影像真实性的角度来看，没有什么能和没有过滤的珊瑚色沙漠、纯白色两极和灰绿的黑暗地区相媲美。

一个消紫护目镜（约40～100美元）对适合观察行星的特殊望远镜消色差折射透镜特别有用。护目镜控制望远镜中的色差效果（颜色偏差）。行星，特别是火星、木星和金星周围淡紫色晕的色差很明显。晕是蒙在整个行星表面很明显的发散光，它减少了火星表面的对比度和细节。我们在消色差折射透镜中测试了几个消紫护目镜，发现它们都不同程度地抑制了蓝紫色圆晕。但它们又引入了一种微黄色，这是过滤了光谱的蓝色部分后留下的自然结果。总的来说，对比度有了改善。经过测试，消紫护目镜中最好的是由鲁米肯提供的。

火星：全程旋转

1988年秋天，是火星三十多年里最接近地球的时候（一个近日点的冲）。这八幅系列图像由唐·帕克通过40.64厘米的望远镜拍摄的。在最佳的观察条件下，业余天文学家可以用15.24厘米或者更大的望远镜看到同样的细节。度数显示的是火星中央子午线的经度。中央子午线附近的主要黑色特征已经命名。按照传统，南在这些火星图片的上方，正如我们在牛顿折射透镜中看到的一样。

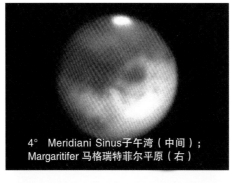

4° Meridiani Sinus子午湾（中间）；
Margaritifer 马格瑞特菲尔平原（右）

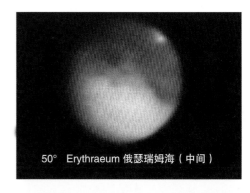

50° Erythraeum 俄瑟瑞姆海（中间）

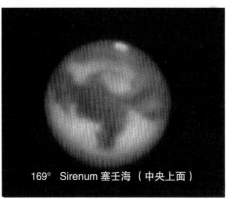

169° Sirenum 塞壬海（中央上面）

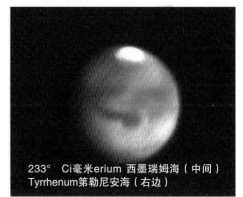

233° Ci毫米erium 西墨瑞姆海（中间）
Tyrrhenum第勒尼安海（右边）

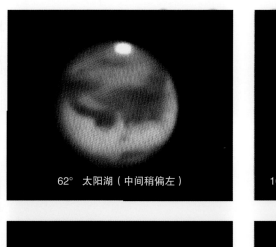

62° 太阳湖（中间稍偏左）

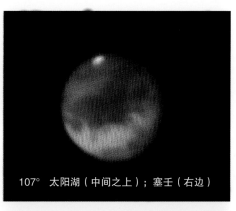

107° 太阳湖（中间之上）；塞壬（右边）

286° 大塞地斯（中间偏下）

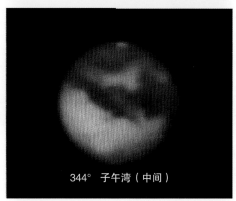

344° 子午湾（中间）

但即使是最好的消紫护目镜，也不可能与消色差折射透镜与爱博折射透镜相比。再者，和星云护目镜给深空观察带来的引人注目的优势不同，以上提到的各种行星护目镜只能提供细微的而不是深刻的改进。经验是增加行星在你的望远镜中的细节最好的方式。

这是关于行星护目镜的最后一点，也是我们觉得最重要且最具美感的一点。作为长期的行星观察者，我们享受到自然行星色彩的美感。对我们来讲，这是用爱博折射透镜观察行星的最大的吸引力之一。

木星

和火星需要极佳的光学仪器和相对高倍率来观察细节不同，木星的一些特征只需要80毫米的折射透镜在100×望远镜中就很容易看到：主要的带、红点（除非它非常淡）和4颗伽利略卫星的影子。通过望远镜，木星的面根据火星距离地球的不同，比火星要大4～100倍。我们也可以通过80毫米的折射透镜在100×～130×之间的望远镜监测到木星赤道地带、热带和温带地区的黑色突起的主要干扰。

望远镜越大，看到的景象越多。但对于所有行星观察者来讲，孔径之于光学仪器的质量是次要的。木星是一个明亮的物体，有足够的亮光。将这些光变成清晰的高分辨率的图像是关键。在绝对理想的视线中，25×～35×每英寸孔

木星带

木星带

木星云层带面最大限度地展示了木星的细节，给人留下深刻的印象。任何人可以在最有利的条件下通过大望远镜观察到。这张是在完美视线的夜晚，通过45.72厘米斯塔马斯特–牛顿望远镜观察到，然后通过几百次快门，由网络合成技术制作而成的。

麦克·维斯（摄）

卫星和它的影子

当木星接近冲时，它的卫星在它们自己投射的影子附近出现。2001年11月，在路易斯艾杰伦的25.4厘米牛顿望远镜中，我们看到木卫一正好在它自己影子的右边。木卫二在最右边。通过便宜的网络叠加技术将20几张图片制成的最后图片效果。

径已经足够用来观察木星了。得到的图像轮廓清晰分明，光线聚焦。

选择一些典型的，如一个10.16厘米的折射透镜或者20.32厘米的施密特–卡塞格林，观察者能期待看到什么？因为木星表面不断变化着的云层，表面特征也随着观察季节的不同而不同。但是，根据风流动驱散云层的不同，我们有时可以看到3～4个黑暗带，有时可以看到10个。表面隆起、投影、环圈和一般的湍流在赤道黑暗带边缘很明显。即使大红斑退去，它的归宿红斑穴南赤道带的凹痕应该是可见的。但当出现木星大气圈的对流作用现象时，有几个绝对的规则。1989年年底，南赤道带消失了几个星期，红斑在多年几乎不可见的情况下又显示它的突出地位。1990年，当赤道带回归时，红斑又消失了。

多年来，几颗大红斑1/4～1/3大小的白色椭圆，从被红斑占据的一个带向南移动到另一个带。在20世纪90年代，白色椭圆开始融合。到2002年，只有一个大小为红斑的1/3的椭圆留了下来。然后在2006年，这个白色椭圆变成了微红色，和大红斑的颜色很相似，被戏称为小红斑。至于之后发生了什么就留给大家想象了。

红斑是涡核旋转上升形成漩涡云透入到木星较低水平的地方而形成的。它成珊瑚色或者略带桃红色（很少是红色），通常与木星上其他颜色差别很大。说明它的原始材料可能比其他特征的要深一些。红斑沿逆时针每6天旋转一周，但业余的装置通常不能检测到反气旋。我们看到的红斑只是模糊的结构，随着

伽利略卫星

当木星和它的四颗最大的卫星出现在一个小的100×的后院望远镜中时，我们可以在数码相机中看到它们的图像。木星和它的四颗卫星很亮，它们的亮度可以盖过任何的光污染，所以即使在一个大都市中间的阳台观察点也可以看到。

简·贵孟德（摄）

时间的变化颜色也会发生变化。随着南赤道带移动经过红斑，受红斑干扰，旋转的宽条云随后起伏波动。随后的特征通常比斑中的细节更加明显。

20世纪60年代早期，两条赤道带几乎融合，它们之间的活动非常奇特。黑色物质形成的厚的、扭曲的桥跨过更亮的赤道地带。这样的活动只是简单的云和循环现象。这些亮区位于比暗带更高的高度，主要是由氢氧化铵组成。带与带之间相互侵入，随着带与区之间相互滑动而不断地显现、消失。赤道带和赤道带相互连接的部分被称之为系统Ⅰ，而木星的剩余部分（除了极地地区）成为系统Ⅱ。极地地区指代的是系统Ⅲ。如果用于业余观察的目的，我们只要关注系统Ⅰ和系统Ⅱ就可以了。

系统Ⅰ的周期大约为9小时50分，系统Ⅱ自转的速度比系统Ⅰ慢5分钟。这两个系统在赤道带中相互滑动，使它们成为木星可见表面中最活跃的部分。系统Ⅱ中包含了大红斑。用观察者手册中的表格和计算方式，你可以算出系统Ⅱ的经度。如果系统Ⅱ的经度在红斑50°之内，这时斑是可见的。在20世纪80年代，红斑和系统Ⅱ处于相对静止，经度偏差不大于10°～20°。在20世纪90年代，它开始以每年几度的速度移动，到2008年，就将近120°了。在过去，红斑一年就移动了将近30°，很难预测下一刻它会在哪里。一旦观察到，2天零1小时之后你在同一地点又能看到它（5个木星运动周期）。

木星表面成白色乳状，明亮、显眼，但有一部分被称之为临边昏暗，木星面边缘的亮度只为中间的1/10，只有当被找出来时才显得明显。对眼睛来讲不明显，因为面边缘与天空的黑色相邻。临边昏暗是由于木星高反射云之上的上层大气中的薄雾吸收了太阳光线，减弱了木星表面边缘云特征的能见度。如大红斑在木星表面边缘就不可见。而我们通常只有在大红斑转动1/4的地方才能清晰地看到它。木星所有的特征都是如此，在他们转动出视线之前的2.5小时中很少是可见的。

即使完全是新手，也只要花上几个晚上的训练，就可以随着木星的转动，花几个小时画出木星漂亮的带状图。"你看得越多，看到的也越多"，是用在观察木星的至理名言。

木星的条形地图

20世纪80年代中期，加拿大皇家天文学会哈密顿中心的五个会员用俱乐部的12.7厘米折射透镜系统地绘制了木星的图像。通过观察木星完整的周期，将他们的素描结合制成墨卡托样的行星地图。

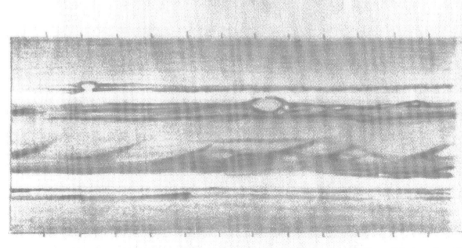

30° 200° 220° 240° 260° 280° 300° 320° 340° 0° 20° 40° 60° 8°

卫星	直径（千米）	目视星等	轨道周期（天）	距离行星中心 最大距离（弧秒）	视直径	阴影直径（弧秒）	有效阴影直径（弧秒）
第一卫星	3630	5.0	1.77	138	1.2	1.0	1.1
木卫二	3140	5.3	3.55	220	1.0	0.6	0.8
加尼米德	5260	4.6	7.16	351	1.7	1.1	1.4
卡利斯托	4800	5.6	16.69	618	1.6	0.5	0.9

注：包括半影区的更暗部分。

追踪四颗卫星

　　木星的一颗卫星跨越木星多云表面的过程是天文学中最富戏剧性的景象了。当四颗大的卫星的其中一颗触到木星表面时，它开始从黑色天空中让人眼花缭乱的点变成了木星面临边微小、脆弱的面了。每一颗卫星在越过木星时都会有自己

影子旅行

在这个哈勃空间望远镜的图像中，木星的第一卫星将它的阴影投射到这个巨大行星的云层上。主要影子的半影环，在上面的表格中有提及。

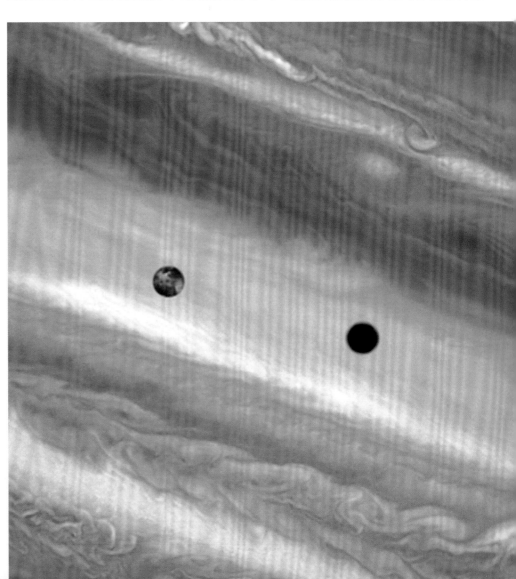

的特征。

木星的第一卫星，位于4个大卫星的最深处，呈现亮桃色，有高表面光亮。当它进入木星表面时，它通常是较暗临边的一个明亮的点。当它开始过渡时，它在白色区域消失了，因为它们有相同的反射率。在较暗带之前，卫星通常是微小但明亮的一点。

木卫二是木星4大卫星中最小的一颗，但它的表面反射率最大。它很白，特别是当它进入临边云层密布的大圆盘边缘的一个小白点时。当木卫二大踏步地进入大球前面时，通常会遇见该区

域的白云，然后从我们的视线中消失。这可能是看整个过程最难的一颗卫星。只有当木卫二跨过一个黑带时，我们才能观察到它过渡的整个过程，而这种情况是非常少见的。

加尼米德是卫星中最大的一颗，通常很容易观看它穿越木星表面的全过程，因为它的体积大，且它的颜色比白色云要暗而比一些黑云要亮。当越过一块白色区域时，加尼米德呈浅褐色，如一颗模糊的卫星影子，有层次地叠在临边上，而当临边叠在卫星上时，临边比加尼米德暗，所以卫星在黑暗的地方呈现出明亮的一点。和木卫二一样，每当加尼米德进入一个过渡区时，它总是会消失。那是因为那个过渡区位于临边和木星面中间明亮部分中间，其密度和加尼米德的相似。

卡利斯托可能是最容易跟踪的一颗卫星，因为它的暗表面物质使它比任何遇见的物质都要暗，除了当它进入或者出这个过渡带时木星表面的最边缘时。卡利斯托的交叉口是目前为止四颗伽利略卫星中最罕见的一颗：它17天绕木星一周，而加尼米德7天就完成一个周期，木卫二3.5天完成一个周期，而第一卫星只要42小时就可以完成一个周期。对多半木星的12年太阳轨道而言，木星的卫星系统都形成一个角度，这样卡利斯托经过木星的上面或者下面，错过和木星面的过渡带。木星卫星的影子比过渡带更容易观察，因为它们是一些黑点，比任何行星的表面都要黑好多。但是，影子的大小经常发生变化，其中加尼米德最大，第一卫星第二大，木卫二第三，而卡利斯托最小。加尼米德的影子在60毫米的折射透镜中可见。而其他的则需要70毫米的折射透镜才能看到。

壮观的行星

这张环形的行星插图出现在理查德·普罗科特1865年出版的《土星和它的系统》一书中。

没有环的土星

当土星绕太阳转动时，它的环会因为我们在地球上观测点的不同而有不同程度的倾斜（虽然，和地球的轴一样，它们固定在太空中）。1966年，土星环侧向地球，有几个月不可见。只有环影（最暗带）保留了。右边是土星的两颗卫星。插图由特伦斯·迪金逊用17.78厘米的消色差的折射透镜拍摄。

土星

没有任何照片或者描述能准确地表达这个浮游在黑天鹅绒夜空惊艳的环状行星。在后院望远镜所能看到的天体景象中，只有土星和月亮能让第一次观察的人兴奋地尖叫。

土星环最有可能是当彗星撞击土星的卫星时，一些碎片留在土星的轨道上，最终形成环状结构。另一个可能性是这些环是土星的两颗卫星相撞而形成的。无论哪种情况，无数碎片的重复撞击都会将它们碾碎，这些环形小卫星的大小从那些像冰雾状微小的水晶到小山大小的飞行冰山。这些环中的每一个粒子都是一个个体或者是土星的一部分。虽然当这些粒子在土星主要卫星的引力或者相互之间的引力的影响下，会相互轻轻地撞击。

土星的环系统很巨大。从环的一边到另一边，跨越的幅度相当于地球到月亮之间距离的2/3。但是那些组成环的分子很少偏离这个平坦表面几百米，使这个结构的厚度大约为50层楼房那么高。

基本上任何一个望远镜都能显示土星的环形结构。一个直径为60毫米的30×～60×的望远镜就能清晰地显示。如果使用10.16厘米或者更大的望远镜，那视线就很醒目了。这样的仪器同时可以显示土星大家族的其他几个卫星，它们是土星上面或者下面的那些小星星。

宇宙飞船发现了成百上千个可辨认的环，但只有三个可以通过地球上的望远镜辨认出来。它们被简单地定义为环A、环B、环C。环A和环B在任何望远镜中都可以看到。它们之间被卡西尼环缝分开，这个缝隙大约有一个美国那么宽。卡西尼环缝看上去和土星周围的天空一样黑，但它其实是一块粒子密度不是太高的区域，而不是一块空白的空间。这个环缝很大程度上是由土星的卫星

环王

这是一张由后院仪器获得的最精致的图之一。这张网络合成的图像是达里尔·阿彻用克莱斯特隆35.56厘米的施密特–卡塞格林望远镜捕获的。环中的主要缝被称作为卡西尼缝。恩克缝是靠近环外边缘的黑线。恩克从来没见过这条缝，但最终还是以他的名字命名了。

辉煌的土星

这张是由英国业余天文学家、艺术家保罗·多尔蒂提供的关于土星的最佳插图。20世纪80年代，他在自己的观察台用40.64厘米的牛顿折射透镜观察到的。外环中间的昏暗区域是1837年由约翰·恩克第一次记录下来。

密马斯引力干扰的结果。绕空隙而行的环粒子和密马斯卫星一样，会受引力的影响而进入不同的轨道，这样，很大程度上清理出了一块区域。在旅行者和卡西尼宇宙飞船中看到很多由其他空隙产生的环可能是通过同样的方式产生的，但其中可能涉及更多其他卫星和大的环粒之间复杂的互动。

环A是最外面的一个环，只有环B的一半宽度，且没有环B那么亮，但区别并不是很明显。最里面的环C最暗，所以通常需要有经验的眼睛和至少15.24厘米的望远镜才能区别它。环C又称绉环，是一个如幽灵般的结构，从环B的内边缘延伸到木星的中间。卡西尼之外的另一个缝在地球上的望远镜中可见：恩克缝，位于环A的外边缘。恩克缝很难用后院望远镜监测。第一个被认为在那个位置观察到这个缝的是爱德华·基勒。那是1888年，那时他正在用里克天文台的91.44厘米的折射透镜1500×的望远镜研究行星。但让人困惑的是，这个缝的名字是以德国天文学家约翰·恩克命名的。60年前，恩克用一个小望远镜发现在环A中间有一块昏暗的区域，而不是一个缝。他从来没见过我们几天所说的恩克缝。恩克的昏暗地带在那边，但随着时间的推移，它的强度有所减弱，在过去的25年里并不是特别明显。天文学家认为再重新命名特征来更改误称已经太晚了，所以用环A中的另一个缝，由宇宙飞船发现的一个更窄的缝，来纪念基勒。

🔭 观察土星

如果观察条件允许，你可以花几小时的时间通过目镜观察土星。这是一颗值得在夜间观看的行星。随着观察难度的增加，以下是我们需要寻找的一些特征：

◆环本身。通常只要用30×望远镜就可以清楚地看到了。如果用60×的望远镜去看，它就像一台洗涤剂围绕着一块大理石。

◆土星照在环上的影子。在冲附近，这是一个小的行星，但当它离开冲时，它会迅速增加。

◆卡西尼缝。一架80毫米的折射透镜可以看到它。但如果要清晰地观察周边的所有景象，需要一架好的12.7厘米仪器监测。

◆土星的昏暗带将乳黄的赤道地带从米黄色的温和带分离出来。

◆环在土星上的影子。这个影子相对比较窄，但如果你真要去看的话还是可以看到的。根据地球、太阳、土星的几何位置，当环经过土星时，它的影子可以出现在环上方或者下方的土星面上。

◆土星大气中轻柔的云的特征是比较难观察到的。土星上有木星上没有的很高的氨冰晶薄雾，而这些可减少表面特征的对比度。有时候会出现白点，甚至连续几个星期干扰画面，但这种情况非常少见。1933年、1960年和1990年都有出现过这种情况。在强度最大的时候，这些白点可以通过10.16厘米的望远镜观察到。

◆恩克缝。这是土星特征中最难辨认的一个。这个缝很薄，大约320千米，只有有经验的人用精密的孔径和最好的望远镜才能被监测到。

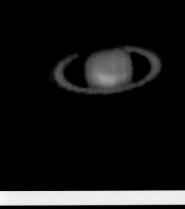

罕见的土星事件

顶部：一颗明亮星星前面一条罕见的土星路径，1988年7月拍摄。

上图：1990年观察到环形行星罕见的白点。

唐·帕克（摄）

卫星	直径 （千米）	目视星等	轨道周期 （天）	距离行星中心 最大距离（弧秒）	视直径	阴影直径 （弧秒）
泰坦	5150	8.4	15.95	197	0.85	0.7
里尔	1530	9.7	4.52	85	0.25	0.2
戴奥尼	1120	10.4	2.74	61	0.17	0.15
特提斯	1060	10.3	1.89	48	0.16	0.15

注：当环几乎侧向时，我们才能看到泰坦的影子。其他卫星的影子很难见到。

土星的卫星家庭

土星的卫星中有7个可用20.32厘米的望远镜就能看到的。虽然它们的数量要超过木星的四个大卫星，但土星家族更不容易被观察到。

泰坦是第八星等的物体，绕土星运转，大约16天为1个周期，是迄今为止土星最大的卫星，是在任何望远镜中最容易观察到的。当它离土星最远时，它距离土星的中心大约五环的直径。泰坦是太阳系中唯一一个有可观大气的卫星。

用70毫米的折射透镜就可以看到距离土星不到两环直径的第十星等的卫星里尔。但当土卫八在轨道中运转时，它的可视性排在里尔之后。很奇特的是，土卫八在土星西部的时候比在土星东部的时候亮5倍。土卫八的亮度范围从第十星等到第十二星等。卫星的一边具有雪的折射率，而另一边则像是黑色的岩石。当土卫八最亮的时候，它位于母行星以西12环直径处。因为很多星星看上去都位于和土星同样距离的地方，所以有必要同时在几个观察点进行观察确认。

里尔以内的两个卫星分别是戴奥尼和特提斯。两颗卫星都是10.4星等的，用15.24厘米或者更大的望远镜都可以看到。戴奥尼往里，在环边缘飞速运转的是恩科拉多是和密马斯。两颗星比第一星等更暗，很难进行监测。

天王星

天王星是1781年由英国天文学家威廉·赫歇尔发现的。他可是迄今为止最伟大的观察天文学家。当赫歇尔用15.748厘米牛顿望远镜执行系统项目、检查每一个可见物体时，他观察到了一个第六星等的"星星"，而它并不是一个简单的光点。赫歇尔习惯性地用他的高倍率望远镜研究天体，当他看到天王星的

左边为木星图　右边为土星图

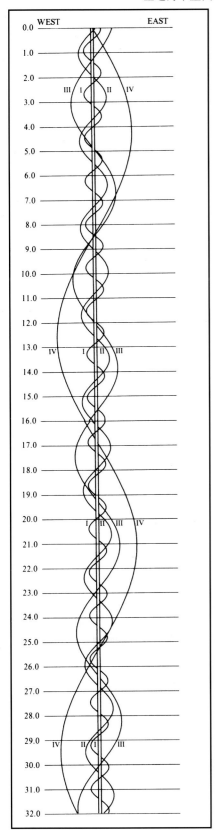

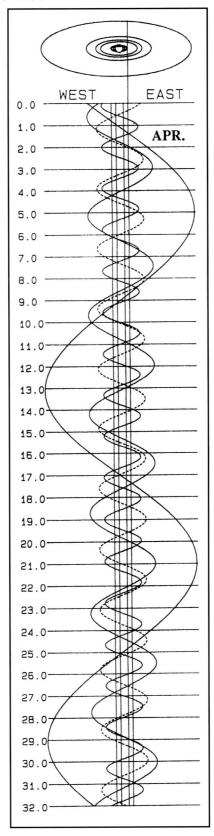

本月使用左图那样的螺丝锥图表来识别木星和土星的四颗最亮的卫星。水平线代表零点宇宙时间，日期上显示为晚上7点，（美国东部标准时间，前一天）。木星图表中两条垂直线表示行星面。曲线是不同时候卫星运动的位置。土星图表中四条垂直线表示土星面（里面两条）和土星环（外面两条），土星的四颗卫星，从里到外，特提斯、戴奥尼、里尔、泰坦。本年度土星卫星图在观察者手册中有发表。木星图表在观察者手册和其他所有主要杂志中都有发表。

由美国海军观察台（木星）和拉里·伯根提供

时候，他用的是227×望远镜。

1781年，赫歇尔在哲学汇刊中发表了他的发现。他写道：根据经验，我知道恒星的直径不是按照高倍率而相应放大的，行星也一样。因此，我就用460和932的倍率，但我发现彗星的直径根据倍率而相应地增加了，而我用来相比较的其他星星并没有按照相应的比值增加。

赫歇尔开始认为他发现了一颗彗星，但很快就清楚他发现的是一颗土星之外绕太阳运转的行星。它曾经被看到过，甚至还被标到星图上。在5.7星等中，天王星用肉眼勉强可见，而用双筒望远镜观察就容易得多了。但只有当它的3.9弧秒的面不像星星时，用100×的望远镜才能看到。显然，在赫歇尔之前，没有人用过足够大的放大率。

与赫歇尔使用的望远镜相似大小的现代望远镜很容易显示天王星灰白、蓝绿色的面即行星厚厚大气的最上层。在过去的两个世纪里，观察者报道了天王星均匀薄雾表面亮色、暗色的印记。虽然这些观察通常被驳斥，但哈勃太空望远镜显示在这个第七大行星上有亮色和暗色的云飘过。但在业余天文学者的望远镜中很难被监测。

1980年，在天王星的自转周期被确定以前，业余天文学家、著名的目视观察者斯蒂芬·欧麦拉使用哈佛观察台22.86厘米的折射透镜开始为期3年的天王星观察项目。追踪行星在大气中的模糊印记。他测定了天王星的自转周期为16.4小时。当1986年，旅行号宇宙飞船达到天王星时，进一步确认了欧麦拉观察的云的纬度中，自转周期的误差为6分。

天王星的五颗卫星在旅行号宇宙飞船飞越之前就已经被发现了，而另外十颗是由宇宙飞船的摄像机揭开了它们的神秘面纱，但其中最亮的也只有14星等。天王星距离我们太遥远，所以对多数业余天文学家来讲并不是很吸引人的观察目标。

海王星

在某些方面，海王星比天王星更能引起业余天文学家的兴趣。当然，它也更富挑战性。对双筒望远镜观察者来说，海王星像星星一样，属于7.7星等。在2010年之前都位于东摩羯座，而那以后的很多年里，位于西宝瓶座。可以参考观察者手册或者天文学的杂志，每年海王星的位置图表可以指导双筒望远镜或者小的望远镜观察者辨认海王星。

虽然100×的望远镜可以显示圆盘面的海王星，但只有倍率接近200的望远镜才能准确地显示它。它2.5弧秒的面在15.24厘米或者更大的望远镜中显示蓝色，而在小的仪器中，大体上显示的是灰白色。

海王星有一颗大的卫星和一打小的卫星。当旅行2号宇宙飞船在1989年8月遇到这颗行星的时候，发现了六颗小的卫星。特赖登是最大的一颗卫星，属于

13星等，一般较大的望远镜都能看到。

　　2009年5月28日和29日晚上，当木星和海王星之间相差不到半度的时候，在中等倍率的望远镜视野中可以看到有意思的一对。在伽利略时期也发生过类似的事件。那时候还未为人知的冥王星在这位天文学家的粗糙的望远镜中像是一颗木星附近的星星，被他记录在他的观察日志里。

第11章 寻找深空探索的方式

熟悉夜空的地理和位置是一个业余天文爱好者所必须掌握的。

我们的这本书可以作为了解天空的指南，

但所有的这些知识只有通过实践观察夜空，

才能理解你所看到的现象。

没有这些实践知识，

最昂贵的望远镜也不会让你爱好天文学。

我们发现这个建议多次被忽略。

人们买一些有漂亮支架和定位圆的望远镜

（支架上有数字的转盘）

或者智能电动机可以自动指向几千个物体，

但他们却连一个星座都不认识。

或者他们知道猎户座和仙女座，

但不知道一年中观察两个星座的最佳季节。

不明白天空给我们展示的是什么或者天空是如何运作的，

一些观察者可能用新望远镜度过几个让人沮丧的夜空后，

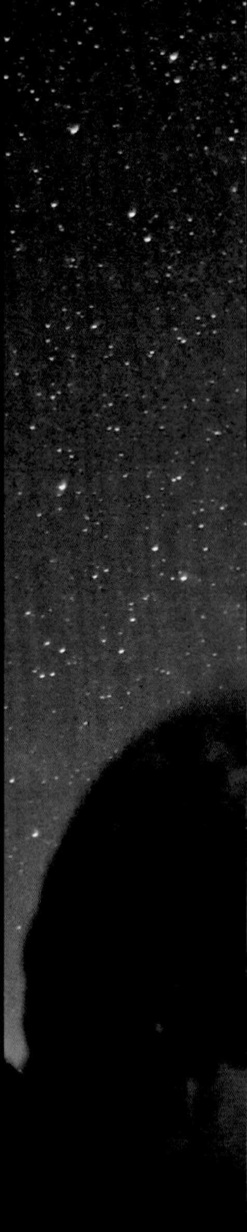

和很多有经验的业余天文学家一样，罗·然尼伯格通常就用星图、寻星镜、激光指示器来定位深空的物体。他的望远镜是一架20世纪30年代的被修复的11.43cm飞科折射透镜，配上一个现代家庭自制的经纬仪支架。

图片由特伦斯迪金逊拍摄

219

天球

想象天空是在我们头顶转动的一个巨大的穹顶，这让我们了解天空如何运作的最方便的方法。从地球上北纬地区看，那个穹顶是倾斜的。穹顶北极指向北方半空中。

所有的图表都是根据Starry Night Pro™/ Imaginova进行了调整

天空如何运作

在我们开始钻研观察星空的工具和技术之前，我们将先探索天空的运行机制：它是如何运动的？为什么星星和行星会在那里？强调这些是来源于我们观察的哲学。

我们认为业余天文学的关键不是通过望远镜的目镜进行观察，而是一次个人探索宇宙的体验。我们从开始认识大熊座、猎户座和明亮的行星开始。然后再辨认那些不太明显的星座，通过了解地球的自转和绕太阳公转进一步认识天空的运动。我们的探索可以通过双筒望远镜观察到更亮的星群、星云、一条或者几条银河而扩展到几千甚至几百万光年的地方。几个月之后，季节的变化使我们头顶上的天体景象也出现了适当的周期变化。你将会发现和了解每天晚上天体在我们头顶上的转动。

在这一步之前，任何型号的望远镜对你来讲都只会分散而不是帮助你集中注意力。在一个星空观察新手明白天空是怎么安排的，又是如何移动的之前，试图用一架望远镜去观察天空只会带来困惑。在你学习了一些基础知识之后，下一步就要学着用星图去寻找某一特定的物体。

夜空移动

只有当你脑子中有记忆图像时，在夜空下你才会有一种舒适如归的感觉：你站在一个巨大的半球形物下，而这个半球形物永恒地绕着一个轴转动。根据你在地球上的位置，穹顶倾斜的角度也不一样。如果你在北半球，那么天空的转轴指向北方，而不是在你的头顶，反之就是南方。想象那些星星和星座都被固定在那个转动的穹顶上，就如那些古代天文学家认为的那样。而在穹顶上驰骋的是一些移动的目标——太阳、月亮和行星，它们在固定的可预测的路径上穿梭在星星之间。

世界在转动

天空每天从东到西的运动是一个显然的事实，至少白天是这样的。每个人都看到太阳从东方升起，从西边落下，也知道这不是地球绕太阳运动的结果，而是地球自转的结果。晚上也同样，只是同样的运动在晚上不是很明显，致使满天的星空在我们头顶旋转。星星同样也从东到西移动，有时候通常会让不了解天空的人们感到新奇。

转动的天空

以超宽角度观察东北部天空4小时，极地附近的星星向左绕北极星转动，而季节性星星从东边升起，向右转动。

天球之下

要了解这些运动，我们可以想象一下地球被一个点缀着无数星星的巨大穹顶包围着。地球的南极和北极指向天球的两极。天球被天体赤道分成南北两

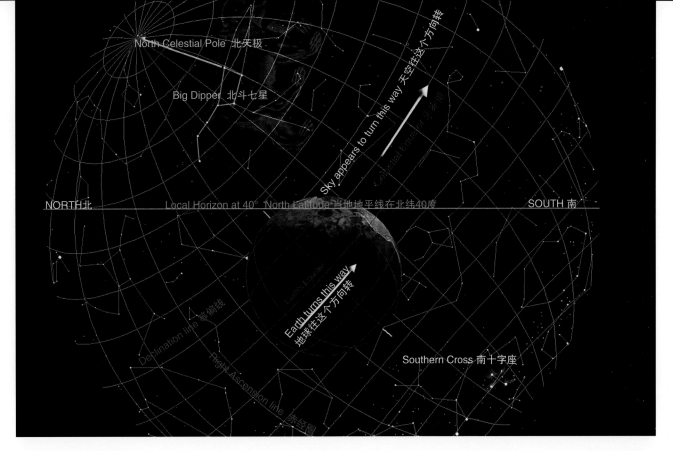

半，而地球赤道投影在太空中。地球在天球中从西到东自转。因为居住在地球的表面，所以我们没有感受到地球的运动。相反，我们感受到天空以相反的方向在我们头顶转动，从东向西。整个天空好像都是绕着两极在转动。

现在我们需要做个小小的大脑体操。如果我们生活在北极，那么天极应该就在我们头顶正上方。天空应该和地平线平行。但我们很多读者都生活在北半球中纬度（我们选择北纬40°）。我们当地的地平线，一条与那个纬度的地球相切的线，穿过天球。天空中任何低于那条水平线的都不在我们的视线范围内。

从我们北半球中纬度地方来看，天球似乎是倾翻的，天球的北极和北极星朝向正北，与北水平线成40°角。天赤道弧跨过我们天空的南部。从这里我们看到了太阳、月亮和行星在南部。当地天空的两极和赤道都不会改变，除非你往南或者往北移。但整个天空在晚上会发生转动。

🔭 北极星在哪里

多数的观星者知道这个把戏：两颗位于北斗七星舀酒斗形出口的星星指向北极星。如果找到了那颗星，你就找到了真正的北极。北极星不会随着夜间时间的变化而变化。但你在哪里找到北极星与你在地球的多南或多北有关系。北极星在你北水平线之上的纬度就是你的纬度。

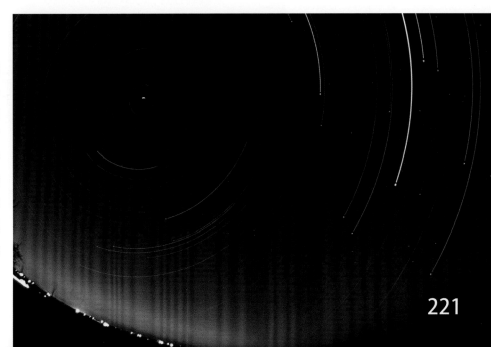

往北观察

晚上，当我们朝北看，以北极星作为北部天空的标志，我们看到天空绕着天极在转动。北极星一晚上几乎不移动，而天球看上去是以逆时针方向绕着它转动。和北斗七星一样，北极星附近的星星和星座是周极的，它们不会落到地平线以下，而是无止境地绕着极地转动。

极地附近的踪迹

朝正北方向观察6小时，星星绕着北极星（天体北极）转动，最终变成了条状（最短的亮条位于旋转点附近）。

向东观察

在北纬，东边的星星升起时与地平线成一个角度，星星升高的同时慢慢地向右边移动。

所有的图表都是根据Starry Night Pro™/ Imaginova进行了调整

Celestial Equator 天赤道

North celestial Pole
北天极

Big dipper
北斗七星

NW

NE

NORTH 北

North celestial Pole
北天极

Celestial Equator 天赤道

NE

SE

EAST 东

SOUTH 南

WEST 西

往南观察

当我们凝视正南方，能看到星星在天空中从左到右移动（东到西）。这部分的天空中包含所谓的季节性星座，那些在一年中会发生变化的星座，不像极地附近的那些我们整年都可以看到的星星。

南天空的踪迹

朝正南方向观察1小时，我们了解了那些星星如何在与地平线平行的水平路径移动。

注：

在南半球，天空绕着南极沿顺时针方向转动。星星仍然是东边升起，西边落下。但当你朝它的相反方向——北极看时，东边在你的右边，而西边在你的左边。所以随着时间的推移，季节性的星星、太阳和月亮从右到左在空中移动。

向西观察：

天体位于西部。星星看上去向右移动，然后在西地平线沉下。

223

从北纬50°观察

如从加拿大西部，北纬50°的地方观察，北极星在北地平线50°以上的北部天空闪闪发亮。即使在极点移动，北斗七星整晚整年可见。

从赤道观察

对任何适应北部天空的人来讲，在赤道看到的景象（可能在肯尼亚的游戏公园）很奇怪。星星笔直升起，与东地平线垂直，向西垂直落下。这样就出现了快速的日出和短暂的日落，太阳很快就落到了地平线之下，出现了典型的赤道夜空。在地球上的这个位置，天赤道直接经过头顶。两个天极位于地平线上，呈正北和正南两个相反方向。

所有的图表都是根据Starry Night Pro™/ Imaginova进行了调整

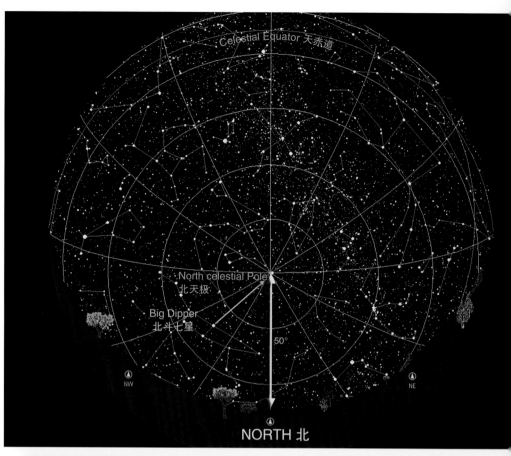

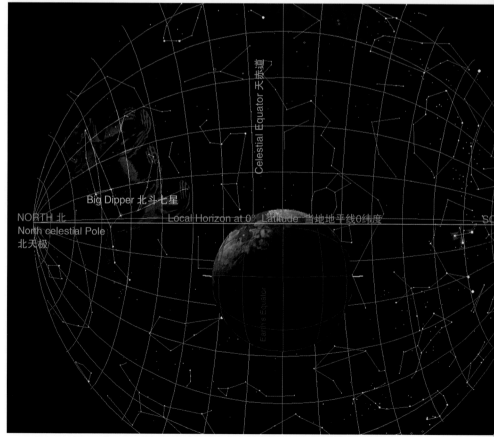

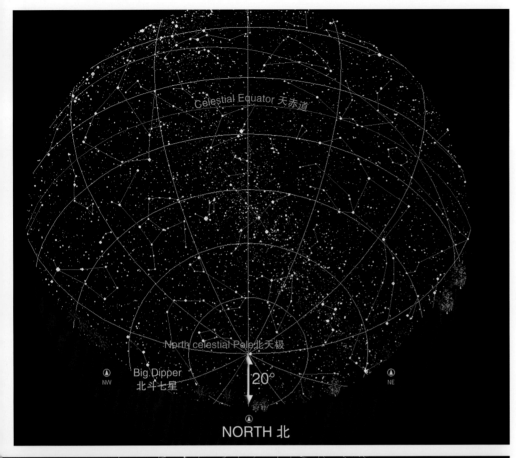

Celestial Equator 天赤道

North celestial Pole北天极

20°

Big Dipper
北斗七星

NW
NE

NORTH 北

从北纬20° 观察

从北纬20° 的夏威夷和墨西哥观察，北极星位于低空，与地平线成20° 角。在这个纬度一年中的某一时候，北斗七星会滑到地平线以下。

从南纬30° 观察

从澳大利亚、南非或者南美的纬度，用北半球的观点来看，这里的天空完全颠倒了。当然，南半球的人去北半球，他们也会觉得美国、欧洲的天空也刚好颠倒了。在南纬30° 的地方，北方的天体永远在地平线以下。天空绕着南天极（正南方，南十字座指向正南方）沿顺时针方向转动，在地平线上所成的角度与该地在赤道以下纬度一致。现在天赤道成弧度跨过北部天空。南半球的人朝北去看太阳、月亮和行星。

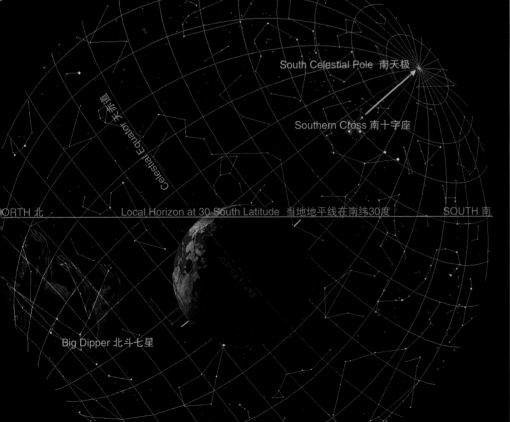

South Celestial Pole 南天极

Southern Cross 南十字座

Celestial Equator 天赤道

NORTH 北   Local Horizon at 30 South Latitude 当地地平线在南纬30度   SOUTH 南

Big Dipper 北斗七星

🔭 地球的轨道旅行

地球被认为是绕轴转动，用24小时完成一个周期。地球也绕太阳转动，周期需要一年。地球的公转周期为365天。地球绕太阳转动产生了天空每年1次的大运动：季节性星座游行。我们在6月看不到猎户座，在12月看不到射手座。因为每一个星座都有它的季节。

太阳路径
地球绕太阳运转，太阳看上去是从西到东运动。太阳运动的假想线被称作黄道。这是12月21日我们从太空中看到的画面。

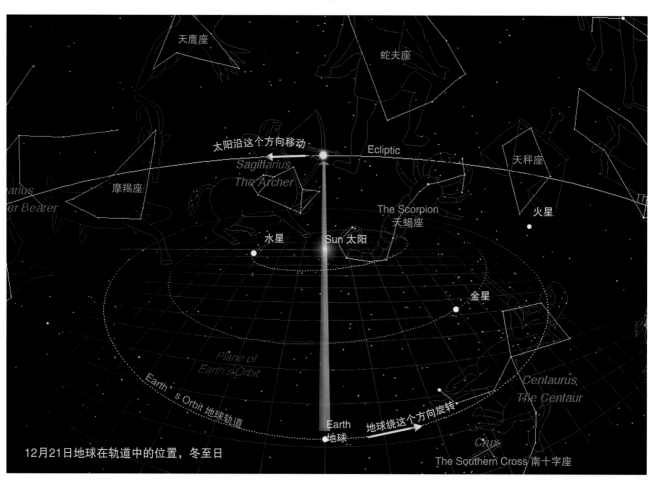

12月21日地球在轨道中的位置，冬至日

太阳和星星
这张图片是由太阳观测卫星拍摄到的。我们在地球表面无法看到这样的景象。太阳（用黄色的圆面代表）被星星包围着（在这里是被射手座的星云包围着）。

照片由美国国家航空航天管理局提供

🔭 从太空中俯瞰的景观

假定我们无所不能，我们在北半球的冬至日——12月21日俯视地球在轨道中的位置。从地球上看太阳，我们看到太阳坐在射手座中。随着地球绕太阳转动，太阳在星空中慢慢地向东转移。太阳从射手座移动至摩羯座。太阳在天空中的路径是一条黄道线。1年中，太阳沿着黄道，穿过我们熟悉的黄道十二宫。太阳在黄道带的每一个星座中停留差不多一个月。但是你在下图中可以看到，太阳在第十三个星座（蛇夫座）也会停留一段时间。很久以前，蛇夫座的足（旧称）位于天蝎座和射手座之间。

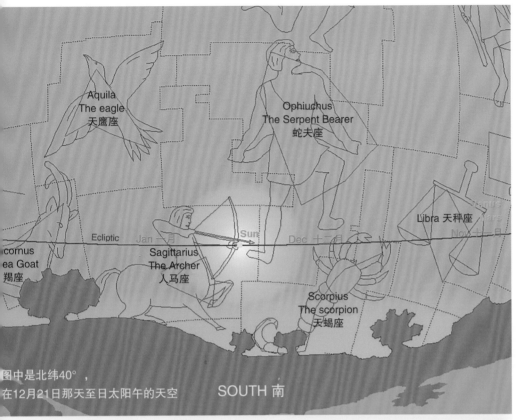

图中是北纬40°，
在12月21日那天至日太阳午的天空

SOUTH 南

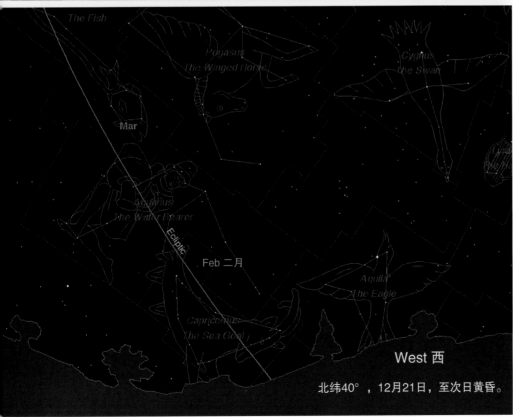

West 西

北纬40°，12月21日，至次日黄昏。

白天从地球上观察到的景象

12月21日正午，将你的视点从高空转移到地球表面的中北纬度，太阳位于猎户座的正南。当然，猎户座和周围的其他星座在白天不可见。但6个月以后的夏夜，当太阳沿着黄道移动180°进入双子座时，我们发现这些星座都朝向正南。6月，双子座、猎户座和冬天的星座会占据白昼的天空。

在夜幕降临时观看

在12月21日那天，等到夜幕降临后朝西看，射手座和太阳一起沉下，而摩羯座和宝瓶座的星星在黄昏低空中闪烁着，但不持久。第二天，太阳继续沿着黄道旅行（当然，实际上地球在移动），这些星座在太阳的背后消失了。到1月，它们在夜空中消失，而十二宫中的双鱼座和白羊座在西方的低空中。经过四季这一队变化着的星座像钟表一样重复着轨迹。

所有的图表都是根据Starry Night Pro™/ Imaginova进行了调整

星座进行曲

2月：猎户座在正南方发光

在这一系列的三张图表中（右边的一张及后一页的二张）显示的是不同晚上同一时间从北纬40°往南看，看到的天空（8点，标准时间）。连续的三张图片拍摄时间相隔1个月。在2月中旬，晚上8点，猎户座的星星在天空正南方向闪烁着。天狼星闪耀在南-东南方向。而狮子座的星星在东边缓缓升起。

每年，我们都可以看到星座因地球绕太阳的转动而发生转移。就像春天的鸟儿，秋天的叶子，每一个季节都有我们熟悉的星座。人们总是惊奇于业余天文学家只要简单地抬头就能说出星星的名字。每年星星和星座都会回到天空中的相同位置。只要花一年的时间去观察它们，你就会了解以后每一年它们的运动规律。如果在2月，南部天空闪亮着的星星肯定是天狼星。但两个月之后，天狼星就转至西南部的低空了。而它在南边的位置已经被其他新星取代了。

地球绕太阳转动的进程使星星的升起和落下每一天都会提前4分钟。（精确地讲，应该是3分56秒。）而1个月总共为2小时。如，猎户星座在3月份比在2月份要早落下2小时。12个月之后，星座升起提早的时间达24小时，刚好是完整的一天。同一个星座今年2月在正南方，明年的2月份又会在同一地方出现。

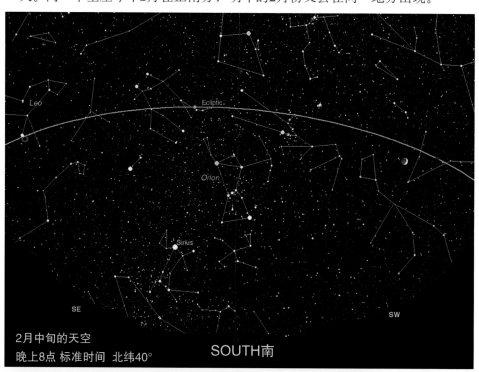

2月中旬的天空
晚上8点 标准时间 北纬40°

SOUTH南

冬日的天空

在4月，往西，我们能看到猎户座的星星。冬日的天空在黄昏的微光和光污染中从附近的城市中渐渐地沉下。在北纬40°，4月的夜晚是最后能看到猎户星座的时候，而下次再看到就要在8月的黎明，它从太阳背后出现。

游走着的行星

　　每年，星星和星座都会回到同样的地方，而行星并不是这样的。就如地球绕太阳运转，其他的行星也是如此——每颗行星都有自己的运行速度。在我们肉眼能观察到的行星中，水星绕太阳转得最快，而土星最慢。行星们在星星的背景下绕轨道运转，即使是几天或者几小时都很明显。以木星为例，它向东运动，从一个黄道星座到另一个黄道星座历时1年，所以它需要12年时间才能绕天空一圈。

3月：西南天空的猎户星座

30天之后，晚上同一时间，猎户座正慢慢地移向西南方向，2小时后经过寻星者一个月之前站的地方。天狼星刚刚经过子午线。子午线连接正南和正北，将天空一分为二。狮子座现在高高地挂在东边天空。

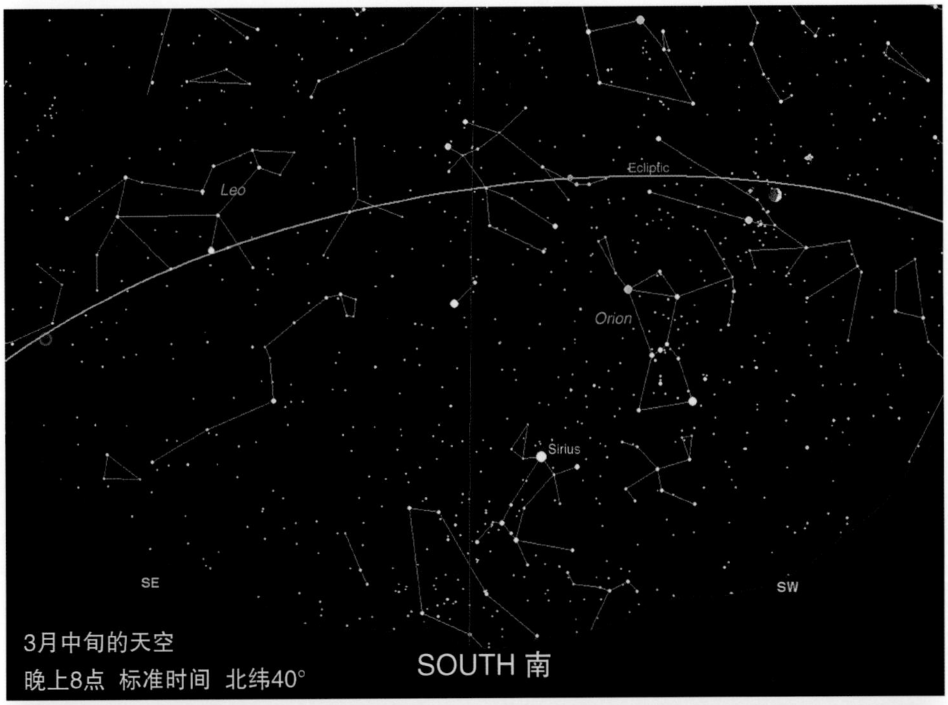

3月中旬的天空
晚上8点　标准时间　北纬40°
SOUTH 南

4月：猎户座向西下沉

到4月中旬晚上8点（晚上9点，夏令时），猎户座渐渐西沉，而天狼星也在西南的低空。春天的狮子座星星现在在正南，而环绕在猎户星座周围的冬天的星星给春天的星座让路。到4月，日落推迟，夜色也没有像2月份那样来得早。等到天空完全黑时，猎户座也就不见了。

所有图标均由The sky™/Software Bisque进行了调整

4月中旬的天空
晚上8点　标准时间　北纬40°
SOUTH 南

从太空中观看太阳系，我们通常用黄道作为标准的水平面来描述它。从这一点看，地球与黄道垂直的那根线成23.5°角。地球自转轴的倾斜导致了四季的产生。当北半球倾斜远离太阳时，人们在北半球就经历了冬天，而南半球倾斜靠近太阳，人们享受着夏季的阳光。6个月之后，地球出现在太阳的另一边，北半球朝向太阳，北半球是夏季，而南半球则是冬季。

所有的图表都是根据Starry Night Pro™/ Imaginova进行了调整

行星的路径

天球包含一些基本的线和点，而天极和天赤道就是其中之一。而另一条主要的线就是黄道，它被描述为太阳环绕天空的一条路径。它同样也可以被描述为地球绕太阳转动的平面。

在同样的平面上，或者相差几度，行星绕轨道运转。太阳系就像一个扁平的面，从几十亿年前气体和灰尘的旋转平面到最终的形成。沿着天空中的黄道，我们很容易发现月亮和行星，古怪的矮子行星冥王星，还有一些小行星和很多彗星在远离黄道的地方。

它们的共同来源解释了为什么所有的行星都沿着同一方向绕太阳转动。从北俯视，我们看到行星都是沿逆时针方向转动。但有些行星的转动轴成倾斜状。地球就是其中之一。我们的地球倾斜为23.5°。因为这个原因，黄道并没有和天赤道重合。

摆动的地球

地球除了自转和绕太阳公转外，还进行着其他的运动，这些运动的影响比自转、公转要小得多。26000年以来，地球的自转轴以顶点为中心，绕着半径成

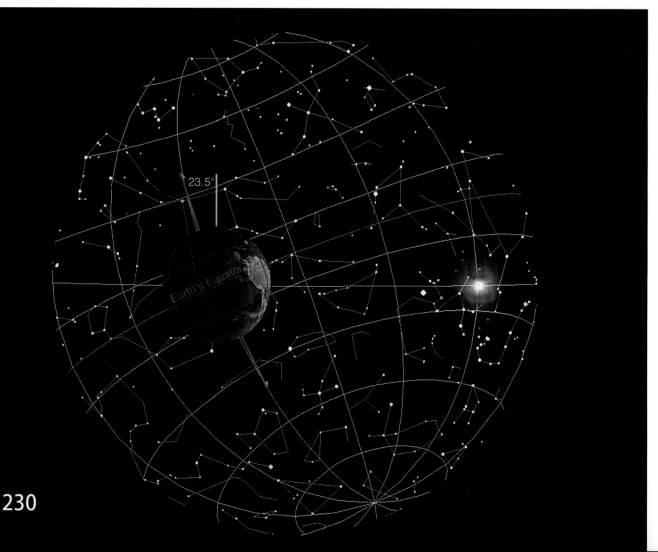

23.5°。摆动的中心是天极，上图表中一根垂直绿线从地球中突起。缓慢地移动会使天空的北极（北天极）慢慢地偏离北极星。12000年后，织女星将成为北极星。

将垂直的地球倾斜

要了解为什么黄道在天空的那个位置，我们可以旋转之前的几幅场景。保持地球的自转轴是垂直的，天赤道成了水平面，而黄道在赤道的上下23.5°之间晃动。从9月至3月，太阳位于赤道的南边，而从3月至9月，太阳位于赤道的北边。黄道跨赤道时是春、秋分。

图表都是根据Starry Night Pro™/ Imaginova进行了调整

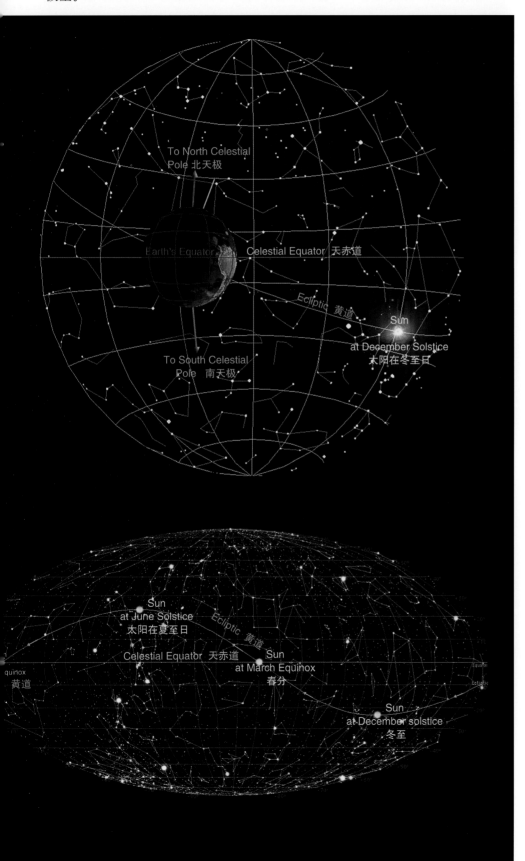

天空被展开

现在让我们把从地球上看到的整个天空展开成一个天空图表。黄色线是构成天空地图的赤经和赤纬的网格。黄道在赤道的上下摆动。当太阳沿着黄道移动时，它每年都会到达四个主要点。两个至日时，太阳离天赤道上、下距离最远（23.5°）。另外两个点是昼夜平分点，这时太阳刚好跨过赤道，朝向北或者南。

图表根据天空图表Ⅲ™/南星系进行调整

🔭 黄道的高点和低点

冬天的高点

冬天，黄道摆向天空的低点（见本书第227页，白天从地球上看到的景象），但晚上刚好相反。在寒冷冬天的夜晚，我们看到的黄道位置是太阳在夏天时的位置。冬天的行星通常出现在高空（如2007年的火星）。2007年12月的满月位于历年满月的最高位置。

所有的图表都是根据Starry Night Pro™/ Imaginova进行了调整

通常人们都会误认为季节变化是由于地球与太阳之间距离的变化。虽然地球的轨道稍微偏椭圆形，但一年中距离的变化对气候影响甚少。太阳纬度的变化（由于地球的倾斜）即在夏季纬度较高，而在冬季较低，导致了四季的变化。要了解去哪里寻找月亮和行星，了解摇摆的黄道并在脑海中勾画一幅黄道位置图非常重要。以下插图描绘了从北纬40°观察到的天空。

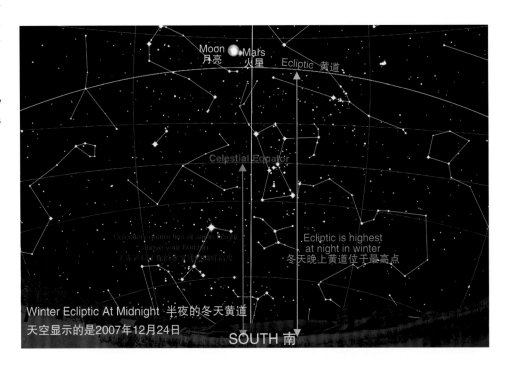

Winter Ecliptic At Midnight 半夜的冬天黄道
天空显示的是2007年12月24日
SOUTH 南

春天的摆动

在晚冬或者晚春的夜晚，我们朝西看，黄道高于天赤道的那一段在西边。这时，晚上的黄道摆到一年中高于赤道的最高角度，把那些黄昏的行星，如水星和金星置于最高位置。新月也升得很高，我们很容易看到瘦瘦的新月。因为行星都沿着黄道，所以，如图所示，它们可能在天空中形成一条直线。

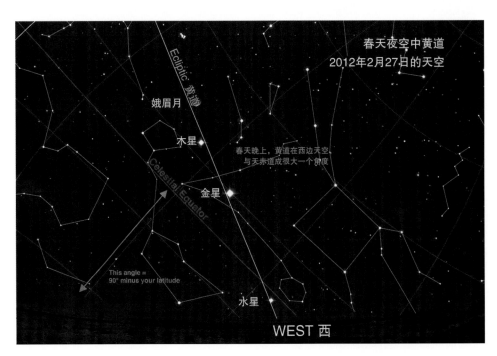

春天夜空中黄道
2012年2月27日的天空

WEST 西

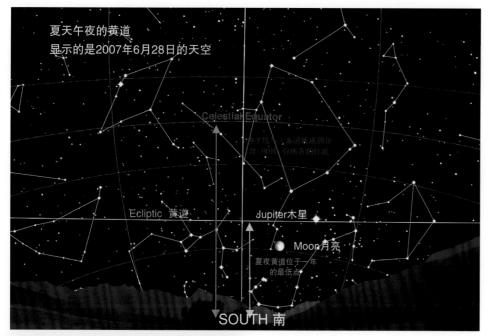

夏天午夜的黄道
显示的是2007年6月28日的天空

Celestial Equator

地平线与天黄道所成的角
总是90度你所在的纬度

Ecliptic 黄道

Jupiter木星

Moon月亮

夏夜黄道位于一年
的最低点

SOUTH 南

夏天低点

夏天的晚上可能温暖宜人，但它绝不是北半球观察行星的好季节。晚上，黄道在南部天空中摆向低处，跟夏季的行星一样。2007年6月，当木星靠近天蝎座时，它在天空较低的地方，刚好位于大气的黑暗和气流中，在望远镜中呈现模糊的景象。夏天的满月位于低空中。2007年，月亮的位置特别低，因为它摆到黄道以下5°，这将近最大的幅度了。

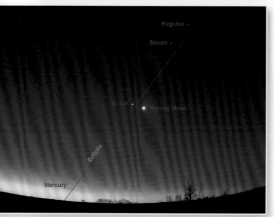

Regulus

Saturn

Venus · Waning Moon

Ecliptic

Mercury

真实场景

左边照片，摄于2007年11月黎明前，显示了行星和月亮如何在同一直线上，而黄道在秋天的早晨与地平线成一个斜度。

注：

在南半球，规则也同样适用。晚上，黄道朝向北，而不是南，在冬天位于高点，而夏季位于低点。

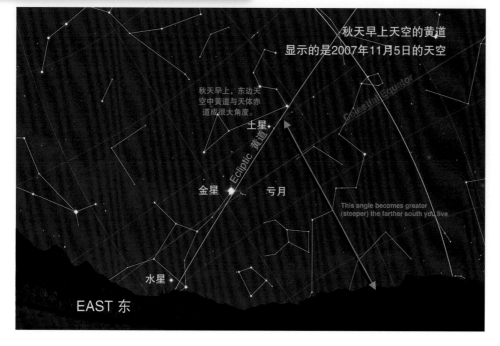

秋天早上天空的黄道
显示的是2007年11月5日的天空

秋天早上，东边天空中黄道与天体赤道成很大角度。

土星

Celestial Equator

Ecliptic 黄道

金星   亏月

This angle becomes greater
(steeper) the farther south you live

水星

EAST 东

秋天的角度

秋天，黄道的弧度在夜空中很低，但到黎明时刚好相反。晚夏和晚秋的早上是观察微弱行星和新月的最好时间。在东边天空，黄道处于一年中角度最大的时刻，使秋天的早上成为观察让人难以捉摸的水星的最好时候。秋天同样是观看星座微弱光线（跟随黄道带）的最佳季节，而春天是观察星座夜景的最佳季节。

月亮绕地球一圈的时间约为27.3天，这称之为恒星月周期。然而由于在月亮绕地球旋转的同时，地球也会部分的沿轨道绕太阳公转，所以月亮必须多花两天的时间回到原来的月相上。第一轮满月与新满月的时间间隔为29.5天，这就是形成公历月基础的塑望月周期。

🔭 经过一段相位

月亮的相位是最容易让人误解的自然现象。它并不是我们通常认为的是由地球影子越过月球表面而形成的。那是月食。当你大脑中形成一幅画面：地球位于太空中，而月亮每月一次在自己的轨道上绕着我们转动。

地球和月亮都从太阳光中取暖。我们两个世界面光的一面是白天，而背光的一面是黑暗。现在让我们把自己置身于远离地球面向太阳的地方，俯视我们星球的夜半球。让月亮绕着地球转动，我们能看到什么？

🔭 从太空中观察

当月亮位于地球和太阳之间时，月亮的夜半球面向我们，我们称之为新月。这段相位我们看不到，除非月亮正好在日食时直接从太阳前面越过。虽然月亮继续绕地球转动（在下面插图中从右到左），我们看到月亮的昼半球越来越大。首先，新月之后的大约一星期，在1/4相位之后，我们看到月牙。然后，月亮在位于太阳90°的地方；在另一星期的凸相位之后，月亮在它的轨道上到达了太阳的背面。月亮朝向我们的一面完全被太阳照亮，形成满月。满月出现在新月之后的14.5天。

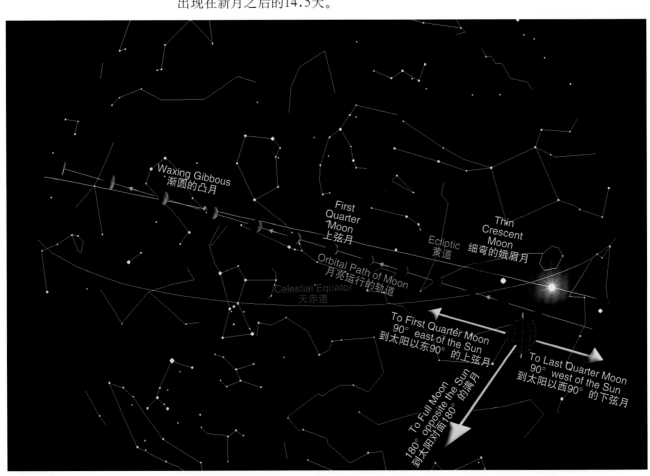

🔭 从地球上观察：晚上

再回到地球，这是我们经过同样的周期看到的景象。右上角的景象描绘的是两星期中同一时间的夜空。我们选了一幅2002年初的景象，但在其他任何年份任何月份同样适用，只是月亮的路径由于黄道角度的四季变化而发生变化。

在月盈期，我们先看到的是挂在微弱低空中娥眉般的月牙。这大约是新月出来后的2天（比这更小的就很难看到了）。月亮绕地球的运动使其每个晚上越来越往东行进，随着时间的推移，我们看到它在夜空中越来越高。新月出来后的第7天（每个小月亮上面的数字表示几天的年龄），月亮在日落时位于正南。这是上弦月，之所以这么叫是由于月亮沿着轨道转了1/4。我们看到月亮表面一半的面都被太阳照亮了。

月亮继续变大，通过凸相位后到达满月。在太阳的反面，满月从东边升起，而太阳从西边落下。满月位于午夜的正南方，整晚都闪耀在天空中。

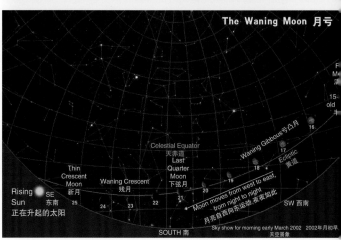

🔭 从地球上观察：早上

现在我们去看早上天空的景象。我们仍然看南方，但太阳将从东方升起。这时，满月位于西边的天空，即将下落。每过一个晚上，月亮的相位随着它移向太阳而由盈转亏。每一个晚上，月亮都比前一晚往东移动大约12°。因此，每1小时月亮大约移动它自己直径的距离（0.5°）。这个运动是月亮绕地球旋转的结果。

日出之后的晴朗早上，随着月亏期的继续，我们看到西边天空一个凸起的月亮。在新月出来后的21天，月亮又在距离太阳90°的位置，形成日出时正南方向的下弦月。这时，一个老的、瘦的月牙在太阳之前升起，挂在黎明的低空中。在上一个新月之后，当月亮位于地球和太阳之间时，整一个周期需要29.5天。新月开始的1周左右，被称作月黑夜，这对那些需要黑暗、没有月亮的深空观察者来说非常宝贵。

🔭 为什么不是每月都有月食

在上面的插图中，注意月亮如何沿着黄道运动，但结果不是很明显。它的轨道倾斜，与黄道成5°角，这就是为什么我们不是每月都能看到月食——因为月亮经过太阳面的上面或者下面，或者地球的阴影。但当月亮在它新月期或者满月时跨过黄道，我们就能看到某类月食了。这样的现象一个自然年度大约有4～7次。月食也是成双成对出现的。在日食之前或者之后的2周，当月亮经过太阳时，我们通常能看到月食，因为那时月亮移动会经过地球的阴影。

月盈，月亏

当每天晚上月亮的相位不断增大，从新月到满月，这个周期被称作上弦月。过了满月后，月亮每晚慢慢变小，开始转亏。

图表根据SkyChart III™/南方天空系统进行改编

235

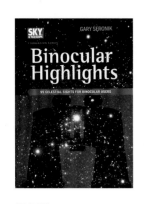

最好的
双筒望远镜指南

为帮助你用双筒望远镜探索天空，我们推荐使用加里·斯洛尼克的《双筒望远镜聚焦》（天空出版社，2007）。一张可以随身携带的光盘中展现了双筒望远镜目标的宽视角和精致的图表。有了这本指南，你就可以成为一名寻星专家。

寻星法

每个新望远镜用户问的主要问题是，我怎样才能发现东西。最直接的回答是寻星法。这是每一个业余天文学者必须掌握的。我们需要它来读星图——夜空的地图。

为了能够舒服地阅读星图，我们推荐先花几个月时间用双筒望远镜观察星星。在熟悉一些简单光学仪器的性能之后，双筒望远镜会帮助你学习使用星图来寻找明亮的目标。这之后，用望远镜来解释图表（用小范围和倒影）就是一个小的进步，而不是很多新手认为的巨大跳跃。

学着寻星

成功寻星的关键是模式识别。首先把你的目标在合适的星图上定位。星图必须足够深，这样才能尽可能多地显示天空中的星星作为寻星的敲门砖。下一章节中提到的第六星等的地图是最起码的。在你的目标附近选择一颗明亮的星星，辨认一条从导航星到你的目标的星星路径。寻找可辨认的星星链条或者三角形作为路标。

下一步就是将你脑子中的路线转移到天空中去。这就是熟悉天空、星座的大小和角距的重要性，因为只有知道了通过何种方式找图表才能与天空中的定位相符合。也就是要了解你头顶正上方的天穹是如何定位的。了解了以上这些后，当你向东看，北天极就在左边；因此，你就必须把上方为北的星图沿逆时针方向旋转去符合肉眼看到的天空的现象。再一步就是在倒置的寻星镜中将星图简单地上下颠倒去搜索符合我们观察的景象。

一个与两极垂直的赤道仪（和多布森望远镜刚好相反）可以使寻星技术更加简单。不管它指向哪里，望远镜都沿着赤经和赤纬的平行线移动，使我们很容易追踪星图网状结构的东西或者南北路线。

寻星镜的帮助

寻星镜
上文提到的双筒望远镜指南的作者加里·斯洛尼克是一位终身的寻星者。他自制的牛顿望远镜极其轻便，主要为远行至遥远的观察点而设计的。在那里，他用寻星镜和星座给人的视觉线索来驾驭夜空。

一个好的寻星镜（至少6×30，最好是7×50）对使用寻星技巧来说是必需的。作为补充或者一个选择，我们也推荐一个反射寻星镜，如Telrad或者Rigel快速寻星镜（详见本书第5章）。这些通常比红点辅助仪要好，因为红点辅助仪可以自动追踪明亮的星星，但是对那些微弱的目标来说就是一个很大的挑战（我们很难通过一个小瞄准孔看到微弱的星星）。在黑暗的天空中，一架Telrad或者快速寻星镜就能使你定位多数的目标。很多电脑软件项目可以将Telrad或者快速寻星镜的掩模图样覆盖到星图中，这样你就可以在家打印你自己的寻星图表了。

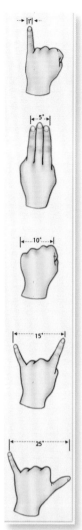

专业的书为望远镜寻星之旅提供了的很多选择，包括标有寻星路线的图。

这两本标题为寻星的书，艾伦·麦克罗伯特（天空出版社）和罗伯特·加芬克尔（剑桥出版社），都为我们选择了便捷的天空之旅。《高级观星》（生活；业余天文学的平装书也有售），由艾伦·戴尔编著，包含了每月星图表和寻星图的细节等标准的背景材料。

《向左看猎户座（剑桥出版社）》是一本由盖·康寿曼格诺编著的适合初学者的指南。书中提供了上百张最好的深空物体的观察地图。

艾瑞克·卡口斯卡的《观察者的星图》（斯普林格出版社）是一本高阶著作。该小书有50张图表，每张图表都有寻星镜可以看到的广角的星座图和特写镜头。

方便的天空测量

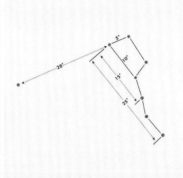

一个估计天空角距的方便的方式就是伸开你的手至一臂之长。左图显示的各种形状是标准的距离单位，是多数寻星技术中需要用到的。北斗七星也是天空中角距的一个永恒标准。

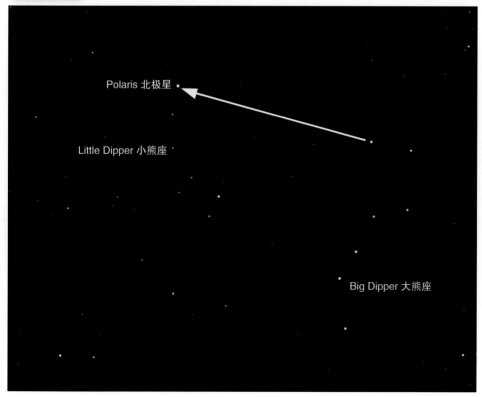

将本页中间的北斗七星图表与照片左侧的真正物体进行比较，勺碗里的指针指向北极星，大约1个勺柄的长度。

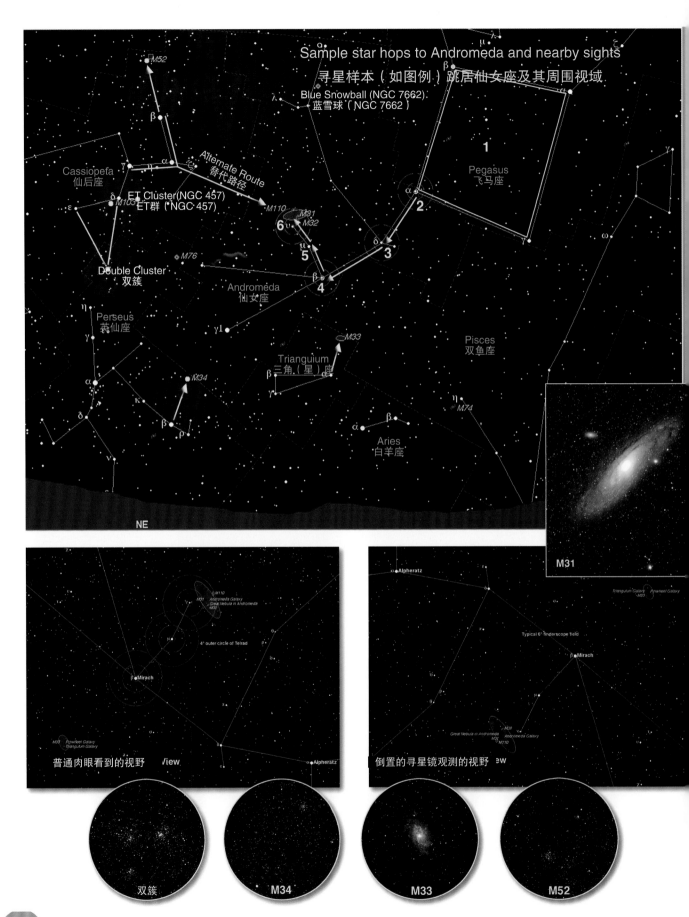

Sample star hops to Andromeda and nearby sights

寻星样本（如图例）跳居仙女座及其周围视域

Blue Snowball (NGC 7662):
蓝雪球（NGC 7662）

Pegasus
飞马座

Cassiopeia
仙后座

Alternate Route
替代路径

ET Cluster(NGC 457)
ET群（NGC 457）

M110
M31
M32

Double Cluster
双簇

M76

Andromeda
仙女座

Perseus
英仙座

M34

M33

Trianguium
三角（星）座

Pisces
双鱼座

M74

Aries
白羊座

NE

M31

普通肉眼看到的视野 View

倒置的寻星镜观测的视野 ew

双簇

M34

M33

M52

238

🔭 一个寻星样本

一个暖和的8月周末的晚上，天空中没有月亮。银河在头顶上方闪耀，秋天的星星正在从东边缓缓升起。它们中间的有一颗星是观星者最欢迎的目标：仙女座星系。它在离我们250万光年之外的地方，根据梅西尔星云目录（仙女星系），我们知道它是我们用肉眼能很容易看到的最远的星系。它也是北天空最大、最亮的星系，为双筒望远镜或其他望远镜提供了值得一看的目标。那你怎样才能看到呢？

1.首先选定最近的、醒目的星座或者星型（比如，有名的天马座）。在8月的夜空，天马座慢慢从东边升起，呈现它的一面。一旦你确认了天马座，你得转动你的星图使其与天空中的位置相一致。

2.找一颗明亮的星星作为起点（在这里，仙女座α星或者壁宿二）。红圈表示Telrad寻星镜可以显示的目标。

3.开始寻星！将视线从天马座往西移向下一颗最明亮的星星，仙女座的δ星，一对Telrad圈，或者星场。

4.继续。移动同样的距离到仙女座的β星，又称作奎宿九。到这里你需要转个弯。

5.往北转大约一个Telrad圈，或者星场，直到你看到一个相对较暗的星星，仙女座的μ星。

6.继续往北朝最后一站，直到你看到另一颗亮星，再稍微暗一点的仙女座ν星。当仙女星系在那颗星星的低倍率目镜范围内时，你就找到了目标！

另外一条去仙女星座的路线是想象下W形状的仙后座中最西边的三颗星星形成一个箭头指向仙女星系。这对望远镜寻星来说是一个大的跳跃，你可以用这个想象指针来确认你是否在一个正确的区域。

当你在寻星的黄金区域，试着去寻找这些美好的画面：

★双星团在仙后座W形第一侧边之外。因为离得太远，所以在光污染的天空观察它着实是一个挑战。但是成百上千的星星在两个明亮星团中闪耀的景象值得我们去寻找。虽然没有梅西尔目录编号，但观察双星团已经超过了其他多数梅西尔物体团。

★M34是梅西尔目录中明亮、疏松开放的一团（详见本书第12章），在英仙座（又称为大陵五）的星场中璀璨夺目。

★类似的，螺旋银河M33，位于三脚星座，在三脚星座的α星的星场中。它在仙女星座的β星之下。和M31一样，M33是附近星系当地群的一员。注：M33是一个模糊的星体，在明亮的天空中或者小孔望远镜中很难区别开来。

★连接仙女座α星和β星的线指向M52，另一个有成百上千星星的开放的星团。如果M52位于星场之上（β星场），且没有其他明亮的星星链来引导你，在寻星过程中很容易迷失方向。

P236左下：
奎宿九（仙女座β星）是一颗可以用肉眼看到的星星，是用Telrad寻找M31的起点。

P236右下：
用倒置的寻星镜开始寻星，将仙女座的β星（奎宿九）置于寻星镜六级星场的顶端。

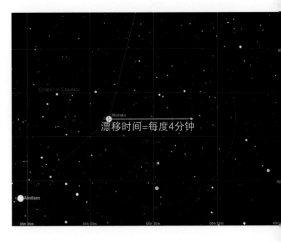

漂移时间＝每度4分钟

确定视野的星场
了解你的低倍率目镜的星场很有用。将望远镜瞄准天赤道上或者附近的星星。关掉驱动机，让星星在星场中飘移。一颗赤道的星星需要四分钟才能转移一个角距。把星星跨越天空星场直径的时间分成四份来得到目镜看到的实际星场。

图表根据The sky™/ Software Bisque进行调整

星 图

即使你打算用电脑自动控制的望远镜或者定位度盘，你还是需要一本星地图。就如行驶在高速公路上需要用地图一样，星图对业余天文学家来讲也是必需的。天文学家就像一个旅行者，如果没有为旅行选择一份合适的地图也会在天空中迷失方向。

如果你打算跨国旅游，那么首先你需要一张国家地图，然后你需要一张州或者省际地图来得到更多的细节，最后你需要一张地区或者城市地图来找到自己想要的信息或者你特别感兴趣的地方。当天文学家用双筒望远镜或者望远镜探索夜空时，他们采取同样的过程。

为了得到初步的景象，整个天空必须在一张地图上。这样的参考资料可以在每月一期的天文杂志中找到图表。同样很受欢迎的是转动天空图，我们可以通过调整显示一年中哪些观测目标会位于地平线以上。在那些天体投影图或者星形轮中，我们最喜欢的是由大卫·钱德勒设计的《夜空》，耐用的塑料版本，12美元一份。星形轮有很多种不同纬度范围的版本。买一份适合你观察的纬度或者地区，天球投影图对学习陌生的热带或者南半球天空有很大的帮助。

第五星等指南

大约30美元的入门指南书包含第五星等或者5.5星等的图表。多数包含供泛读的入门材料和上千个最亮双星和深空物体的目录。这些目录是我们所喜欢的。

尽管现在手提电脑和便携式电脑泛滥，但不要在这一领域使用电脑软件。在夜间的户外，一个1000美元的笔记本并不比一张12美元的天球投影图更方便。但是，我们可以在家里用软件和在线网站帮助打印自定义星空图。

除非你只用肉眼来观察天空，一般情况下，你需要不止一张全天图表。星图将天空分成很多份，每一个小的区域都详细描述了天空的内容。星图表根据它们星等的限度进行分类。每增加一个星等就可以增加不止两倍数量的星星和其他天体，但是星图也会随之增大。更多的细节则适合有更丰富经验的人使用。

五星等图

对那些刚刚开始夜空之旅的人来说，入门书提供了很多第五星等的星图和很多支撑材料。这些入门书包括特伦斯·迪金森的《守夜者》（萤火虫丛书出版），特伦斯·迪金森的《爱默德天空指南》和山姆·布朗（科学的爱默德出版社），伊恩·瑞德帕斯和星图制图专家威尔·泰瑞尔的《每月天空指南》。特别吸引人的一册是大卫·H.勒维的《天空观察》（自然公司）。

两本受欢迎的压缩版指南都叫作《星星和行星》，一本是拜伦的自然指南系列之一，另一本是由多林-金德斯丽出版的。后者的作者为伊恩·瑞德帕斯。每一本都有极好的半球月图表供读者学习。柯林斯·吉姆系列的《星星》是一本新奇的袖珍指南，小而精致的星座全书适用于任何望远镜和双筒望远镜。

🔭 六星等图

每一个业余天文学者都需要有一份第六星等的星图作为观星的基本工具。在这一类中，没有比威尔·特瑞的明亮星图更好的了。这是一份极好的实用第六星等图，共10大页，整页都有图表，涵盖了6.5星等的整个天空。每一个图表中又包含了一些星云、星团、星系、双星和各种星星的表格。所有至第七星等的开放球状星团和第十星等的星系都有显示。双星和星云只限于那些小望远镜。平装版，仅售10美元。

精装版、全彩的《剑桥星图》（剑桥出版社，30美元）共有20张图表，包括第6.5星等和900个深空物体。这幅地图比精简版的《明亮星图》涵盖更多的信息。不过两本书都值得推荐。

世界上最著名的第六星等的星图是《诺顿星图》。1910年第1次出版。第20版是在英国天文学作家和编辑伊恩·瑞德帕斯的审核下重新改写的。这次修订改动幅度较大，并配上了新的地图图表。里面有15幅6.5星等的主要地图，每页有27.94厘米×43.18厘米，分布在两页纸上，之后两页上有关于此图的相关参考表格。遗憾的是，表格仍然沿用原作者阿瑟·P.诺顿的。而这些表格反应的是20世纪早期观察的品味。变星和双星占据所列物体的70%，给喜欢这些物体的粉丝们观星提供了极好的参考材料。星团、星云和星系被归为另外的30%。图表部分之后有150页的表格和参考材料。

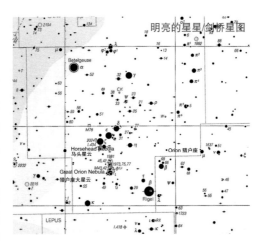

明亮的星星/剑桥星图

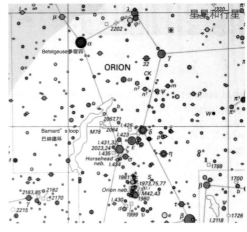

星星和行星

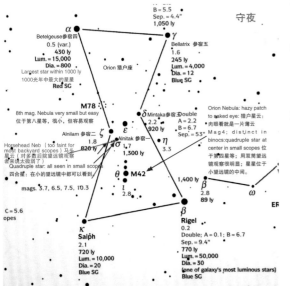

🔭 七星等图

有两册书属于第七星等。一册是杰·M.帕萨乔夫的《星场指南》，还有一册是威尔·泰瑞恩每月的天空地图和图表（米夫林出版社）。这是在皮特森星场指南系列中，为博物学家广泛推崇的非常成功的口袋书。这种版式对观鸟者可能有用，但对观星者来讲是一个败

对照图表

星图按照它们星等的不同而有所不同。星等每上升一级相对应的细节内容也会有很大的增加。对照左边的图表和下两页中显示的共七张部分猎户座的星图，我们发现天空随着星等的变化而越来越暗淡。

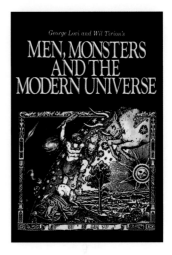

合二为一的书

乔治·罗维和威尔·泰瑞恩编写的《人类、魔鬼和现代宇宙》是独一无二的好书，既包含了明亮的星图，又是一本太空神话的书籍。

笔。泰瑞恩漂亮的第七星星等图被分成52幅图表，而每一幅图表都只有10.16厘米×12.7厘米大小，显然开本太小，不能包含很多细节。小版式的书不适合这样复杂的内容。实在很遗憾，把很多有用的信息整理成575页的小型书，价格不到25美元，虽然是一份非常有价值的参考书，但不是一幅实用的地图。

我们认为，这一类的其他星图是观察者必备的书。2007年由天空出版社出版的《口袋天空地图》内容很齐全。让人惊讶的是，书中描绘了1500个深空目标，包括黑暗的星云、80幅成对的图表。其中图表做成活页的形式，方便携带，也很容易放进任何的装置箱中。星星都位于第7.6星等的，而深空物体都属于11或12星等的，包括赫谢尔观察到的400个物体和55颗红色碳星。这是一幅多数望远镜用户都可能需要，也是每个人应该有的星图，只要20美元。

八星等图

天体摄影天才威尔·泰瑞恩在他的《天空地图2000.0》（天空出版社和剑桥出版社）中明确了第八星等的星图。这是一张大的地图，有26张图表，每张都是30.48厘米×31.8厘米页面。书中天空的样版大约呈40°×60°。如果再小一点，就不可能涵盖每一个星座的信息，从而让人很难感受到被观察的那部分天空。

现有的地图通常有三种形式：豪华活页彩图；小一点的案头版黑白图表，白色的星星在黑色的背景中；场地版，有白色星星和黑色背景用来保留望远镜中的夜间视线的，价格大约在35美元。案头版和场地版都是20.32厘米或者更大望远镜用户的理想选择。豪华版需要大约60美元。塑料复合版的价格是这个的两倍以上，因为它防水、防褶。我们推荐用这个。天空地图2000.0是第六星等图的升级版，很适合在办公室使用，而口袋装的天空地图在任何场合都比较方便。

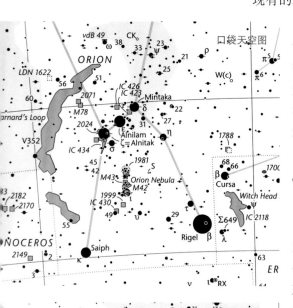

口袋天空图

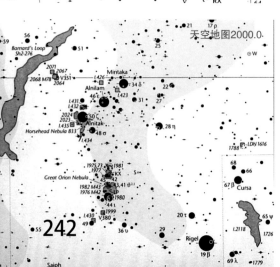

天空地图2000.0

九星等图

编辑一份9.75星等的星图是一项不朽的事业。为满足敬业的业余天文学者的观察行程，300000多颗星星和14星等的成千上万的深空物体需要描绘下来。此项任务首先在20世纪80年代由威尔·泰瑞恩，巴瑞·拉帕坡特和乔治·罗维3人联合完成，他们一起出版了《测天图2000.0》（威尔曼贝尔出版社）。必要细节的范围意味着我们需要一张如桌布大小的星座图。显然，这并不实际。相反，天空被分成220张双页图表，分两册，每册都是22.86厘米×30.48厘米的页面。

为了使内容更精确，携带更方便，这套地图在2001年作了较大幅度的修改，成了一大力作。新版本加入了改进的宽角度图表和26张天空区域特写的图表。两卷册共160美元。补充版的一册《星场指南目录，测天图》应该算是迄今为止业余天文学家拥有的最高级的星图了。

十一星等图

很难想象有比测天图更高级的星图了，但千禧年星图就是其中之一。该地图由天空出版社和欧洲太空总署出版。3册装的地图利用依巴谷卫星的超精确星图数据描绘了11星等的100多万颗星星。描绘整个天空需要3册，22.86厘米×33.02厘米开本的1548张图表。图像范围很大，每一张图表只涵盖5.4°×7.4°，天空的这块区域相当于法国在世界地图上的大小。深空狂热者和星图爱好者必须拥有这一套。但平装版的千禧年星图（250美元）太大以至于不能在现场使用，所以很容易被那些习惯传统软件如指南、超级巨星或者天空等的观察者忽略。

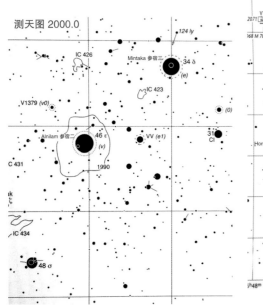

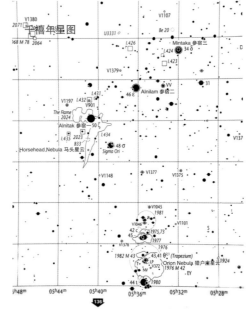

有用的查找卡

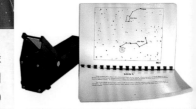

两个帮助寻找深空物体的有用书籍因需要快速反应而没有被多数观察者欣赏。布伦特·华森的《天空亮点》图表书（右上）中一个物体有一张图表，用泰尔瑞德标度线突显。这些图表采用塑料复合板以活页的形式做成，很耐用。在天空亮点出版社，1263百弗利路、邦德弗、UT84010有售，价格从25～50美元不等。

乔治·科普精彩的艾斯特罗卡（右下）涵盖很多物体。每张7.62厘米×12.7厘米的指示卡描绘了一个主要深空物体和附近几个物体的特征。每一张卡有一个宽角度图表表示哪里去看这些星座，同时附赠的一张图表涵盖了寻星镜的区域。这些卡在目镜中很容易应用，可以翻过来对应寻星镜中的合适角度（通过闪光穿过卡片）。还有一组卡片适用梅西尔物体，另两组用于暗淡些的深空目标。卡片一套70张，3套共30美元，已经属于特价了。你也可以通过Astro Cards, Box 35, Natrona Heights, PA15065这个地址订购。

我们推荐的阿斯特罗卡配件是背光式亮卡机（40美元）。它一次可以夹住并照亮一张卡。阿斯特罗卡也有相应的电脑软件（40美元），这样用户就可以打印自定义的图表了。

第12章 深空探索

专业天文学家在山顶天文台观测星空时不是通过望远镜的,
而是使用巨型照相机将星光记录到电子仪器上。
通过目镜直接观测遥远的星系和星云。
微妙的光芒目前是业余天文学者的专属。
今天的后院观星者与19世纪和21世纪初
伟大的视觉观察家一样,
他们也是在夜晚通过目镜成就了他们的伟大发现。
通过业余望远镜,
星系团看起来可能就仅仅是在视觉界限上昏暗模糊的一片。
乍一看印象不深,
但是你会逐渐意识到每一个这种模糊的斑点都是另一个"银河
系",内含了丰富的恒星、行星,
甚至可能有像我们一样充满好奇的想法的生命体。
深空探测需要我们的眼睛,
也同样需要我们的想象,
这两者同样重要。

后院天文学者的深空探索意味着使
用双筒望远镜和望远镜去探索银河
系的旋臂深处，甚至是银河系以外
的星系。这是最终的观测探险和对
宇宙广袤的思索
图片由艾伦·戴尔拍摄。

太空地理

太空的深端是从太阳系的边缘开始延伸到星系团和神秘的恒星状球体。从字面上理解，它包括了宇宙中除了我们的太阳以及它的家族附属成员以外的所有事物。深空包含了夜晚空中很多类型的星星。然而，当业余天文学者谈论到深空物体时，他们通常是指那些扩展天体：我们银河系的星团和星云，还有银河系外的各种类型的星系。

星云
三叶星云散发出红色和蓝色的光芒。
艾伦·戴尔（摄）

球状星团
半人马座是迄今为止所知的最大最明亮的一个球状星团。这个星团含有百万颗恒星，在大口径望远镜中能呈现出令人惊叹的景观。
艾伦·戴尔（摄）

开放星团
昂宿星团是最著名的开放星团，能被人们用肉眼轻易观测到，能在一个小口径望远镜中呈现出完美的画面。在漆黑的夜晚，我们能通过目镜仔细地观察它周围星云状物的最明亮的光束。
艾伦·戴尔（摄）

🔭 深空展览园

家用型望远镜能探测到的千余种天体中的任何一个都可以归类为深空展览园中半数天体种类中的一种。

◆ 开放星团

开放星团是由恒星因互相的引力影响而聚集在一起而形成的。一个开放星团中的每一颗星星都是同时从一个类似于猎户星座和三叶星云的星云中产生的。我们的星系中大约收录了1800个开放星团，其中大多数都可以通过家用望远镜观测到。在开放星团生命的初期，它们会在空中穿行10～25光年，最终它们会各自解散，将它们的成员——星星散布在我们星系的旋臂周围。

◆ 球状星团

球状星团就像是个小型的球状星系，在一个宽度为25～250光年的空间中包含了密密麻麻成千上万的远古太阳。我们发现大约有150个与我们的银河系有

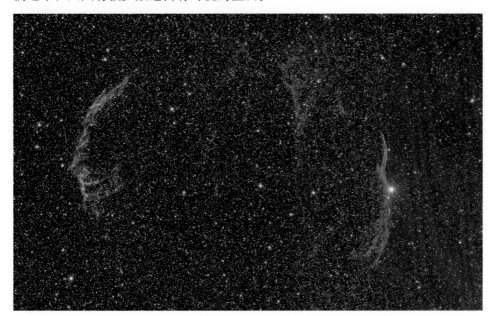

密切的关系，多数能被业余望远镜观测到。其中大部分是于9000万至1100万年以前随着自身星系的生成而生成的。距离我们最近的球状星团就在我们的星系中心，和我们之间约有几千光年的距离。

行星状星云

环状星云可能是很多观测者使用望远镜观测深空时的首选目标。我们能在天琴星座中很轻易地找到它，它非常明亮，即使是在受到光源污染的天空我们也能看到它。请注意右上角更为遥远的星系。

克里斯·舒尔（摄）

❖ 恒星星云

恒星是由星际尘埃和气体间的云形成的。这些氢气和复杂的分子构成的寒冷区域处在银河系的旋臂上，在这里，周围超新星的冲击波触发了星云的最初断裂。恒星开始在星云最密集的区域形成，它们星光的紫外线赋予了周围气体能量，最终产生了可视的星云。大多数星云只能在太空中穿越几十光年的距离，而蜘蛛星云却保持了一个穿越900光年的记录。

❖ 行星状星云

在生命即将终结的时候，质量为太阳1～6倍的恒星将会在恒星风暴不断吹拂下丢失重量，多达1/4的质量会消失在太空中。这个过程大约需要几千年的时间，通常会涉及几个恒星的喷射。在这个喷射的过程中，快速移动的气弹变得老化、缓慢，就形成了复杂的星云结构。衰老的恒星就会萎缩成一个炙热白色的矮星，大约只有一个小行星的大小。在我们星系的区域中大约有1500个行星状星云。

❖ 超新星遗迹

数以万计的恒星的生命是突然终结的。仅仅在几分钟的时间里，恒星质量的90%在太空中消亡了。剩余的核心则溃散成一个超密度的中子星或者也可能成为一个黑洞。在这个过程中，恒星散发出的能量堪比一整个星系的能量，这是一个恒星生命的临终绝唱，却也是罕见的。大质量的恒星中只有少数有可能成为超新星。在历史上，我们星系中只有少部分恒星发生了超新星爆炸，而它们之中，又只有极少数还留有可视的星云。

超新星遗迹

在天鹅星座东侧的羽翼上，排列着这些羽毛状光弧，它们是一颗千年前爆炸的恒星所遗留下的物体。即使是用80毫米的望远镜，只借助星云滤镜也能清晰地看到面纱星云的细节。

艾伦·戴尔（摄）

我们的银河系

太空中最大的星系就是我们的银河系。在夏季、秋季和冬季的漆黑夜晚，它遥远的恒星混合在一起构成了一个群星弥漫的集体横跨天际，被一条星际尘埃构成的暗带一分为二。这张照片是在南半球拍摄的，显示了从人马阿尔法星（下）到牵牛星（上）之间的银河，银河中心就在图的中心位置。

艾伦·戴尔（摄）

遥远的星系

请将这张照片与上面那张照片进行比照。它们看起来很像，因为它们是同一类天体的图片：一个侧向螺旋星系。不同的是，我们就生活在银河系中，靠近它的外侧边缘。而这里所示的NGC891星系，我们是在900万光年之外的位置，穿越星际空间看到的它的影像。

❖ **银河系**

银河系这个术语会给人产生一定的迷惑性。夜空中，我们肉眼所能看到的所有物体（除了仙女座星系和麦哲伦云以外）都属于我们的螺旋状星系。我们将整个星系称作银河。但是在其原始的意义上，这个术语仅指夏季、秋季和冬季横跨星空的灰色光线带（在拉丁文中叫作Via Lactea）。在希腊神话故事中，"银河"一词的典故出自赫拉克勒斯打翻了牛奶倾泻在天际。伽利略望远镜观测发现这条乳白色的光带实际上是由恒星组成的。我们肉眼所看到的恒星都离我们很近，但是组成银河的恒星距离更远，它们的光线汇聚在一起，从几千光年外的银河系旋臂上散发出光芒。

❖ **星系**

我们的银河系，包括它的恒星、星团和星云，是数百亿星系中的一员。这些星系有螺旋状的，椭圆状的，不规则的，形形色色，从矮星系到巨型星系，大小不一。事实上，在我们看起来数不清的恒星实际上不过只是真正的宇宙和我们之间的前景。

宇宙中星系丛生，构成了星团，星团则形成了线状的超星系团。银河超星系团是宇宙中最大的受万有引力控制构造之一。

🔭 **认识太空**

太空中的物体并不是随意散布的。深空展示园中的每一个种类都有它自己的领地。

星云分布在我们星系的旋臂上，因此我们几乎都是沿着银河带发现它们的。大多数的开放星团，恒星星云的产物，也是沿着银河系分布的。

大多数的球状星团处在离银河系中心数千光年远的光晕中。利用我们处于靠近银河系边界的优势，我们正对着它的中心，能看到射手星座和天蝎星座之间的天际中都是球状星团，就像是成群的蜜蜂围绕着一个遥远的蜂窝一样。

银河系以外的星系展示了太空的其余部分。我们很少看见银河系周围有别的星系，这不是因为它们不存在，而是因为它们被构成我们星系的大量的星际物质给遮挡住了或者掩盖了光芒。

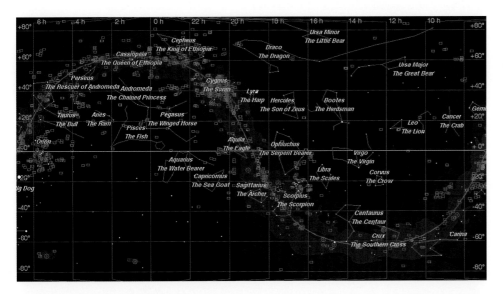

恒星星云

炽热的恒星形成区域（粉红色表示）分布在银河系的旋臂上，即此图上的S型区域带。星云构成了银河系中的天鹅星座、仙后星座、仙王星座、御夫星座、猎户星座以及天蝎星座和射手星座之间银河中心周围的密集区域。银河系外几乎没有发现星云。

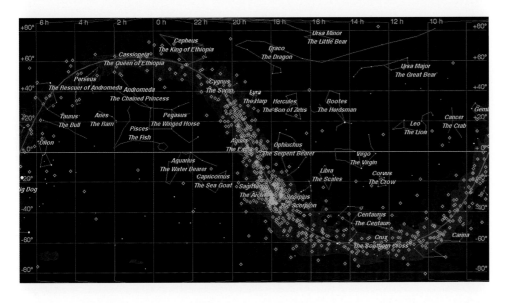

行星状星云

同样作为银河系的一员，这些恒星残骸（绿色表示）主要点缀在银河的盘面上，在银河的中心聚集度很高。在我们周围的恒星中我们能看到远离银河系的邻近行星状星云，例如螺旋星云和夜枭星云。

本页和250页的图表由Voyager III®/ Carina Software技术支持。

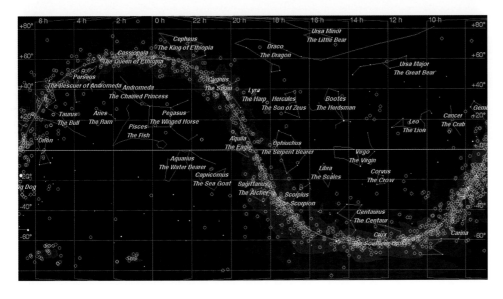

开放星团

与行星状星云一样，大多数的开放星团（黄色表示）分布在银河系中。然而，一些开放星团离我们很近，看起来足够大，我们通过肉眼就能看到它们（例如毕宿星团，距离我们150光年；后发星座星团，距离我们260光年；昴宿星团，距离我们440光年；蜂窝星团，距离我们525光年）。这些星团都在银河的同一平面上。

249

球状星团

由于星系的中心位于遥远的射手星座，在北方夏季的夜晚，大多数的球状星团（蓝点表示）围绕形成一个宽阔的圆环集中在射手星座和天蝎星座区域。有一些叠加在银河系上，但是大多数在我们的星系平面上下浮动。我们在北半球的冬季夜空几乎看不到球状星团，在春季和秋季的夜晚也只能看到少量的球状星团。

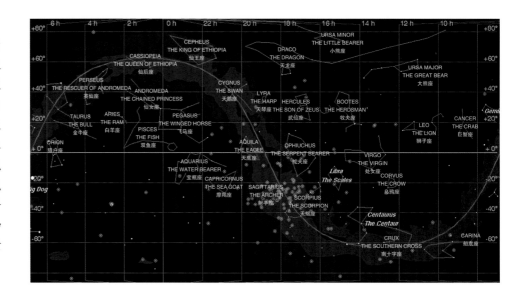

星系

在春秋两季，我们留意一下我们星系薄盘的上下两端，而不是像在冬夏两季那样去关注它的旋臂。我们的视线穿过允许我们看到其他星系的最小量的微暗的星系尘埃和气体。此图右边丰富的星系集合石附近的后发处女星座星系，是春季北半球天空的主宰者。

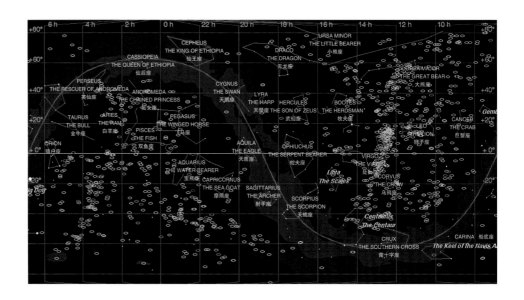

梅西尔天体马拉松比赛

想在同一个晚上看到查尔斯·梅西尔星表目录中所有的110个天体似乎是一个不可能达成的"壮举"。然而这却是一些狂热的观察家们尝试去做的事情。

3月5日到4月12日是最光辉的季节，最理想的夜晚是在新月时的3月30日到4月3日。在马拉松比赛的夜晚，秋季梅西尔天体早早地升上天空，成为众人的目标。参赛者们匆匆忙忙辨认M74，M77，M33和M31及它的伴侣的微弱的光芒。然后比赛进入了较为容易的冬季目标。经过短暂的午夜休息后，马拉松选手们到了"心碎山"：春季星系。从那开始，是一段下坡路，一直到黎明。射手星座是最后一段里程。

计划参加一场梅西尔天体马拉松，最好的参考书是观测指导书，哈弗·彭宁顿编著的《全年梅西尔马拉松现场指导》（威廉贝尔出版社，1997年版）。书中的例证图对于梅西尔天体探索中的任何一个过程都有巨大的辅助作用。

深入太空

太空中永远不会没有东西供你观察。从光凭肉眼就能看见的巨大的天体到需要借用60.96厘米的巨型望远镜才能看见踪迹的又小又昏暗的天体，宇宙提供给人们观测的物体难以计数。虽然我们可以借用任何仪器观测太空，但是一个纯粹的光圈孔径却是必不可少的。

站在深空的高处
多布森尼恩上的大折射透镜和使用梯子才能看到的目镜是深空观察者的最爱，但任何型号的望远镜都可以用来探索深空王国。这个场景是在澳大利亚南太平洋星聚会上拍摄的。

较大的望远镜能够分辨出球状星团中成群的极小的物质。望远镜的孔径越大，星云看起来就越明亮，越像它们的照片一样，使得星系从模糊不清的斑点转化为清晰可辨夹杂着尘埃带的螺旋状物体。当通过一个巨大的60.96厘米的反射望远镜观测时，在小型望远镜中看起来不过是仅含一个或者两个星系的星场就会成为一个包含数十个星系的星系团。

但是，望远镜的光圈孔径并不是深空探测的唯一要求。更重要的是要提升自身一些主要的观测技能和技巧。

学习观测

无论你使用何种望远镜去探索太空王国，这里有一些技巧可以帮助你观测到比你想象中更多的东西。

❖ 培养夜视能力

适应黑暗是我们观测组成太空的昏暗模糊物体所必需的。不要期望你刚刚从明亮的室内走出来就能通过目镜看到很多天体。同样的，玄关的灯光射入你的眼睛也会使你没办法看清昏暗的天体。眼睛需要一个最初的黑暗适应过程，在10～15分钟内，瞳孔会放大到最大。再过15～20分钟，眼睛中会发生一场化学反应，使得它更为敏感。虽然你能承受短时间内接触白色光，但是长时间的曝光会毁了你来之不易的夜视。有一个诀窍就是穿上一件"和尚的袈裟"用以阻挡光线。

❖ 观测天体时不要盯视

当你从某一个侧边观测一个昏暗的天体时，它就会比你在直视它时显现得更加清晰。这种避视能将物体映在视网膜周围更为敏感的杆状细胞内。观测一个天体时不要真正地盯着它看，这听起来非常荒谬，但确实很有作用。

❖ 锻炼摇晃中的视觉

另一种方法是轻微地摇晃望远镜。视野轻微地晃动能够将那些隐没在背景中的微弱目标显现出来。这种方法之所以奏效是因为从出世以来我们的眼睛和大脑都被训练得具备在夜晚中分辨出可疑的物体的能力。

❖ 根据需要合理运用倍率

虽然所有的天文书籍上都反对使用高倍率望远镜，但有时候，我们恰恰需要高倍率。增加倍率能够让天空看起来更黑，能将天体放得足够大，让它看起来更明显。50倍的望远镜中看起来又小又暗的天体在150倍的望远镜中就能显现出来。100~150倍的倍率主要是用来观测多数深空天体，而观测大型天体和寻找目标时则使用较低倍率望远镜。要在大孔径范围中显示出模糊的行星状星云，暗淡的开放星团和小型的球状星团，运用更高的倍率效果会比较理想。

❖ 启程去远方

任何望远镜最好的配备都是一个纯净漆黑的夜空。这对于小型望远镜来说尤其重要。远离一切城市光源干扰，那么即使是一个80毫米的折射望远镜也能将后发室女座星系团的所有明亮的成员显示出来。

拥有大型的反射镜和只有通过梯子才能接触到目镜的杜素式望远镜很受太空观测者的追捧。当然，任何型号的望远镜都可以用来探索太空。这幅照片是在澳大利亚南太平洋观星会上拍摄的。

❖ 不要放弃城市

受城市的局限？其实较为明亮的梅西耶天体，尤其是星团，即使是在城市的夜晚也是看得见的。双星也是城市观星者的目标。GoTo望远镜能够找到那些寻星镜看不到，通过star-hopping寻星法也很难找到的天体。

❖ 在经验基础上绘图

你可能经历过这样的情况，在一个观星会上，一位经验丰富的观测家邀请作为新手的你去看一个非常漂亮的星云。你仔细地看，却发现什么都没看到。这不是星星的错，也不是仪器出了问题，而是你的经验不够丰富所致。我们需要不停地训练我们的眼睛才能看到最昏暗的目标。正如葛雷格·汤普森在他的特邀专栏（见本书第282页）上所描述的一样，最好的锻炼视力的方法就是将你所看到的画下来。随着时间的推移，你会惊讶于你在视力精准度上的进步和提升。经验，通常都是从画草图中累积起来的。为了触及太空的极限，一个纯黑的天空比望远镜的孔径更为重要。

全景

小型反射望远镜和折射望远镜，例如10.16厘米的Tele Vue NP101折射望远镜，能对大口径望远镜观测的景象做一个很好的补充。一个低倍率，带有广角目镜（这里显示的31毫米焦距的Nagler是一流的）的光圈为5~6的小型望远镜可以显示出银河系的全貌，还能显示出任何别的望远镜都不可能看到的大型天体。

适合小孔径的巨大天体

适合大视场望远镜观测的一个绝好的目标就是北美星云。

图片由艾伦·戴尔拍摄。

低倍率极限

就像有个高倍率极限一样，望远镜同时存在一个低倍率极限。使用反射望远镜时，如果倍率低于低倍率极限，你可能会看到副镜周围漂浮着黑影。任何望远镜的倍率低于它的低倍率极限时，意味着你减少了它的有效光圈，离开目镜的光锥将比具备暗适应的眼睛所能承受的范围更宽。并不是所有的光线都能进入你的眼睛。

为了计算在夜晚你能使用的最长焦距（即最低倍率），以7毫米（恰好是暗适应眼睛瞳孔的直径）的倍数扩大望远镜的焦距比数。除非你已经超过了50.6毫米。

望远镜的焦距比数	最长的目镜距离
f/4	28毫米
f/4.5	32毫米
f/5	35毫米
f/6	42毫米
f/8	56毫米

❖ **记录太空日志**

即使你不想培养自己的艺术天分，你也应该建立一个私人的或者是网络的太空日志。进一步检查你所发现的天体，留意那些你还没有找到的天体。记录那些给你留下深刻视觉印象的天体和天空的各种状况。无论用何种形式，记录你的观测将会帮助你更加了解太空。

❖ **天体的详细目录**

运用计算机化的望远镜，天文学家能够从多种数字目录中确定成千上万种天体的位置和身份。这些天体目录是200多年细致观测的结果。在19世纪和20世纪，探索者们用他们那经常不听使唤的望远镜涉猎太空，将所观测到的制成图表，分门别类地收入编录。成就了今天一系列的天体目录，还都被冠上了深奥的名字，直到今天仍然被广泛使用。

天体的详细目录

运用计算机化的望远镜，天文学家能够从多种数字目录中确定成千上万种天体的位置和身份。这些天体目录是200多年细致观测的结果。在19世纪和20世纪，探索者们用他们那经常不听使唤的望远镜涉猎太空，将所观测到的制成图表，分门别类地收入编录。成就了今天一系列的天体目录，还都被冠上了深奥的命名，直到今天仍然被广泛使用。

🔭 梅西尔星表目录

这是最著名的天体目录，它为业余天文学家一族提供了一个最佳最亮的天体观测目标的现成名录。但是具有讽刺意味的是，最初编撰它是为了让人们不要去看它所收录的天体。

18世纪末，查尔斯·梅西尔并不是打算去寻找深空目标的。对他来说，这些只不过是他在寻找彗星的过程中不停撞到的讨厌之物。他发表了这个非彗星的昏暗天体目录是为了让他和与他一起寻找彗星的同伴们不会被这些天体所干扰。而今，梅西尔的彗星发现已经被人们忘记了，而他这张讨厌之物的目录却流传至今。

最著名的梅西尔天体是昴宿星星团M45，仙女座星系M31，武仙星座中的一个球状星团M13，和猎户座星云M42。梅西尔星表的最新版本中包含了110个天体，为北半球的观测者提供了一个天体观测的最佳选择。

有几个梅西尔天体的身份经常受人质疑。有证据表明M91和M102分别是对M58和M101的错误观测所致。M104和M109是梅西尔的同伴皮埃尔·梅襄发现的，他发现之后报告了梅西尔，但是这两个天体并没有收录在出版的梅西尔星

双筒望远镜星团

很多梅西尔天体可以通过双筒望远镜观测。这幅图就是M11在双筒望远镜中的影像。我们可以看到在盾座丰富的星场中有一个明显的恒星群块。

艾伦·戴尔（摄）

表目录中。这两个M天体实际上是梅襄天体。M31的一个伴星系NGC205显然曾经被梅西尔记录过，虽然他从没把它收入他的目录中。今天的天文观测者将它命名为M110。

纯粹主义者有时候将梅西尔天体的数量减至99个或者100个。作者戴尔为加拿大皇家天文协会《观测者手册》所编撰的一个版本中收录了全部的110个条目，包括一些天文学家认为是附属替代品的两个昏暗的星系M91和M102。

在野外的天空，所有的梅西尔天体都可以通过80毫米的望远镜观测到，其中很多天体仅仅需要7×50的双筒望远镜就能看到。梅西尔本人使用的最大的望远镜是一个20.32厘米的反射镜。通过1～2年的时间追踪梅西尔星体将会有一个很大的收获。在这个过程中，你将会非常熟悉太空，学会如何用望远镜观测光线微弱的天体，获得足够的资历使你能成为一位经验丰富的观测者。

彗星狩猎者：查尔斯·梅西尔

1758年9月12日，法国天文学家查尔斯·梅西尔在追踪一颗彗星时在天空中遇到了一些意想不到的东西。他如此描述它："金牛星座南部牛角上的一个星云状物。它没有恒星，它只是一束白色的光线，就像是小蜡烛细长的火焰一般。"梅西尔并不是第一个发现这个天体的人，早在他发现这个天体的27年之前，英国天文学家约翰·贝维斯就对它有所记录。但是梅西尔对这个最后以蟹状星云而闻名的天体的再一次发现却激发他收录更多的"伪彗星"天体，以免天文学家将这些天体与真正的彗星混淆。

1760～1798年，梅西尔在巴黎克鲁尼酒店的屋顶天文台里发现了13颗彗星。这使得他被国王路易十五授予"彗星狩猎者"的头衔。梅西尔的首本《星云和星团目录》于1771年发表，包含了他和他的同事发现的41个天体。为了补足数量，梅西尔又增加了四个著名的天体：猎户座大星云复合体（M42 和 M43），蜂窝星团（M44）和昴宿星星团（M45）。这样，他第一次列出了一个含45个天体的简洁名录。梅西尔在1783年和1784年出版了修订版本，将梅西尔天体的目录增加到103个。随后，这个目录总数又增到109个，也有说法说是110个。

梅西尔天体的编号顺序是偶然生成的，因为这些天体是根据梅西尔发现它们或者是了解认识它们的时间先后顺序而编号的。虽然他曾经动过重新编序的想法，将所有的条目按它们在空中从西向东的正确上升顺序而编号，但他从没有正式发表过这样一个列表。自身的疾病和年老体迈，加之法国大革命的爆发，阻挠了他重新编号的实施。

查尔斯·梅西尔使用的最大的望远镜是190毫米和200毫米的反射镜。但是，它们的镜片的聚光能力和现代80～100毫米的反射镜的聚光能力不相上下。肖像由欧文·金格瑞西所画。

NGC 和 IC目录

大多数的深空爱好者完成了梅西尔星表的探索，那么然后是什么呢？接下来的目标是收集NGC天体。

NGC是New General Catalogue（新总表）的首字母缩写，这个目录已经有120年的历史了。此目录最初是由丹麦天文学家约翰·路易斯·埃米尔·德雷尔在英国皇家天文协会的支持下编撰的。1888年出版的NGC星云和星团新总表是在数十个观测者对于7840个天体进行观测的基础上编撰的，它替代了之前的目录和列表。甚至连梅西尔天体也被标注上了NGC代码。NGC目录包含了1888年人类所知的所有星云和星团。事实上，很多"星云"其实是在那时还不被人所知的星系。那时候，任何不能分解成恒星的天体都被称为星云。

不像梅西尔星体表目录那样随意编号，NGC天体都是严格按照赤经顺序编号的。编号从赤经0时开始（或者说是从1888年时的0时赤经开始）从天空的西边到东边逐个编序。然而，成功编序的NGC天体可以被南北倾斜度分离开来。

NGC发表之后不久就进行了修订。1895年和1908年的修订版本中增加了两个补充索引目录。被标注为IC（或者简称"I"）的天体都是在这些修订条目中的。第一批IC包含了1888～1894年发现的1529个天体。

NGC之父

从1874～1878年，德雷尔在爱尔兰的比尔城堡庄园中使用当时世界上最大的182.88厘米的利维坦望远镜探测太空。然后，他继续编撰《新总表》（NGC目录表），一直沿用至今。

资料由阿尔马天文台提供。

赫歇尔时代

没有一个家族对于科学所产生的影响能够盖过赫歇尔家族对于天文学产生的重要影响。1770年，身为专业音乐家的威廉·赫歇尔学起了制作望远镜的工艺，生产了带有金属镜的牛顿式反射望远镜，在当时被公认为顶级的产品，使得他仅靠销售望远镜就成了一名百万富翁。1781年3月18日，赫歇尔用他那16.002厘米的反射望远镜观测到一个天体，最初他以为是一颗彗星。后来证实了那是天王星，是在历史上被人类发现的第一颗行星。英国国王乔治三世任命他为私人天文学家。为了生活，赫歇尔制造了很多更大的反射镜。其中有一架是121.92厘米的，在1789年时这个尺寸已经到达顶峰了，他就是用这架望远镜观测太空的。

赫歇尔观测太空时的主要助手是他的姐姐卡罗琳。在卡罗琳·赫歇尔自身的太空探测生涯中，她发现了8颗彗星，也为发现仙女座星系的伴星系M110做出了贡献。同时，她也为他们姐弟组合所发现和记录的星云星团的目录编撰提供了巨大的帮助。

威廉·赫歇尔唯一的儿子，约翰继承了他们的光辉事业，发现了2000多个新深空天体，很多都在南半球天空。1864年，约翰·赫歇尔将他整个家族终身的事业成果编撰成册，发表了《总表》，详细收录了5000个星云和星团。作为视觉天文学的专家，约翰·赫歇尔成了一名摄影先锋人物。在玻璃平板上拍摄的第一张照片就是1839年约翰在他们在英国乡村的家里拍摄的他父亲那架即将被拆的121.92厘米的望远镜。

威廉·赫歇尔根据旧传统称它为40英尺的反射望远镜，这是根据焦距的长度而不是孔径大小而定义的。他用这架40英尺的望远镜在英国的斯洛福镇发现了数以百计的深空物体。

第二批IC包含了另外3850个天体，其中很多都是在1895～1907年通过新摄影技术发现的。大多数后续IC天体（数字在1529之后）都太昏暗，不能被视觉检测到。它们是看不见的天体。

最明亮的NGC天体是80毫米望远镜容易探测的目标。深入观测NGC目录的望远镜的最小尺寸是12.7～20.32厘米。

太空中的天鹅

天鹅星云，也称为M17或ω星云，是梅西尔星表中一个最亮的星云。这张由艾伦·戴尔摄制的数字图像（见上大图）最大程度地展示了它炽热氢气散发出的洋红色光芒和蓝色光芒的交织混合。模拟目镜中的视图（见上小图）显示了你借助一个星云滤镜，通过合适孔径的望远镜在黑夜下所能看到的影像，一个仅仅显示该星云最明亮部分的更精妙的黑白图。

🔭 赫歇尔星表

想要探索梅西尔目录以外天体的痴迷太空观测家可以去搜寻400个最佳的赫歇尔天体。1970年，由天文观测家和作家詹姆士·马拉尼提议，佛罗里达圣奥古斯丁的古城天文俱乐部的成员们着手对18世纪末期威廉·赫歇尔最早发现的2477个天体，最初的NGC核心天体目录进行归类。在这个目录的基础上，该俱乐部筛选出了400个最佳的天体，就是所谓的赫歇尔400。它们都以NGC编号而被人所知，同时根据原始目录也都具有一个赫歇尔编号，这个编号比NGC编号早了将近一个世纪。

赫歇尔的天体目录编号和分类系统如今基本上都已经过时了，但是对于他最初的发现——采样赫歇尔400仍然被人们所用。威廉·赫歇尔从英格兰观测到的这个NGC天体的"最佳"子集都是北半球天体。欲知详情，请登录ObsetMng俱乐部的天文联盟网站www.astroleague.org。

🔭 考德威尔目录

1995年，一个全新的最佳天体目录主要通过《天空和望远镜》杂志的推荐被介绍给业余爱好者。英国著名的天文学作家帕特里克·摩尔从NGC目录中挑选了109个最容易被发现的最佳的非梅西尔天体。他的列表中没有M天体，他以自己的姓氏考德威尔·摩尔对他的目录进行编序。因此，我们有了考德威尔1，或者说C1，它指北天极附近的一个星云，NGC188是它更为人所知的名称；考德威尔2就是NGC40，是仙王星座的一个行星状星云，如此等等。这些天体根据倾角的递减由北向南排列，包含了南太空的天体。

考德威尔目录看起来是探索梅西尔目录以外的天体不错的选择。

很多GoTo望远镜将此设置为菜单选项供使用者选择观测目标。然而，这个列表却受到了许多深空观测者的反感和排斥，他们反对将已经具备广为人知的目录编号的天体进行重新编号。另外一个问题是有一些考德威尔天体，虽然表面看起来是空中的最佳天体，其实却远远没有达到这个标准。考德威尔5，也就是IC342，是一个弥散的螺旋星系，对于大多数小型望远镜观测者来说是个极大的挑战。考德威尔17（NGC147）也同样如此，它是M31一个几不可见的伴星系。考德威尔31（IC405）是御夫星座中一个昏暗的星云。还有考德威尔51（IC1613），是鲸鱼星座的一个模糊的本群星系。

我们都不喜欢使用考德威尔目录。20世纪80年代，作者德尔整理出了一份"110个最佳NGC天体"的清单，每一年都刊登在加拿大皇家天文协会的《观测者手册》上。另一个比较好的资源是猎户望远镜提供的Deep-Map 600，它收录并绘制了所有的梅西尔天体，另外加上了100个最佳的变星、双星和色星，以及大约400个出色的非梅西尔天体。它是由世界上经验最丰富的太空观测家之一斯蒂夫·戈特利布所选择收录的。

由资深太空观测家詹姆士·马拉尼编著的《天上的收获：300个太空展示品》（多佛出版社，2002年版）是另一个不错的资源。马拉尼从过去一个世纪的天文观测者的成果中所选择的天体和描述是对太空充满惊奇的介绍。拥有一架计算机式望远镜和一本上述提及的太空指南书，你就拥有了带领你去领略雄伟太空景观的工具和信息。

双子星团

深空天体中最明亮，也是最著名的天体之一，英仙星座中的双子星团没有被收录在梅西尔星表中。为什么会这样，至今仍然是个谜。它在NGC星表目录中是NGC869和NGC884，在帕特里克·摩尔的考德威尔目录中编号是14。

艾伦·戴尔（摄）

总星表之外

新总表虽然拥有几千条目录，却忽视了另外一个完整的天体类别：暗星云。18世纪末期，威廉·赫歇尔在观测太空时遇到了这类暗天体，他称它们为"不含星星的斑点"。但是，却留给美国天文学家爱德华·巴纳德编撰第一本此类天体的目录，这类天体又叫作B天体。巴纳德的"349个太空暗天体目录"包含了他1927年的著作《特定区域或银河系的影像图集》。

先进的业余天文学者追寻了包括发射星云在内的前缀为Ced（塞德布劳德1940年目录），Sh2（夏普利斯目录），Mi（明考斯基目录），vdB（范登博格目录）和Gum（考林·甘姆1955年星云探测）的天体。大多数的非NGC天体都非常小或者非常大，它们都极其微弱。

随着星云滤镜的出现和广泛应用，经验丰富的业余天文学者通常能将一度被认为是无法看到的非NGC行星状星云分辨出来。其中很多是来自于1967年佩里克和科胡特克的星系行星状星云目录，它们也因此以PK命名。多数的视星等在13～16等。这个群体中的一个子集是阿贝尔行星状星云，是乔治·阿贝尔在检查20世纪50年代帕洛玛121.92厘米的施密特望远镜拍摄的照片时所发现的100

天鹅星座β星的南方有一个又大又独特的星团，但是梅西尔星表和NGC星表中都没有将其收录在内。这个双筒望远镜观测目标正式编号是柯林德尔399，它以布洛奇星团或者衣架星团的名字而被世人所熟知。你能看到它颠倒地悬挂在银河系丰富的星场中吗？

个体型巨大、光线昏暗的行星状星云。

详细绘制了开放星团的星图集的前缀是Be（伯克莱），Cr（柯林德尔），Do（多利兹），H（哈佛），K（金），Mel（密洛特），Ru（鲁普雷希特），St（斯多克）和Tr（特朗普勒）。很多这些非NGC星团曾经被早期的目镜观测所遗漏。这是因为它们既没有足够大的体积，又没有足够多的成员，以至于它们无法从周围的星场中显现出来。

在过去的几十年里，天文研究观测台做了专门的研究调查，收录了几千个没有被编入NGC星表的星系。先进的星图集和计算机程序绘制了这些星系，并标注为UGC（1973年版的《乌普萨拉星系总表》），MCG（从1962～1974年汇编的《星系形态表》）和 ESO（1982年欧洲南方观测台发布的南半球昏暗星系表）。很多家用电脑设计的星图程序的星系数据是从PGC（《基本星系目录》）中抽取的。这个目录是在1989年对早先的星系目录的再编。

世上还有另一个星系目录，它所收集的星系在其他的星表目录中都不曾出现过，那就是MAC目录，或者称为米切尔匿名目录。这是业余天文学者拉里·米切尔编纂的27000个他在帕洛玛巡天计划的图像中所发现的还没有被正式编号过的星系。

现在大型的多布森望远镜能够让业余天文学者观测到星系团的全景。直到航空摄影技术的运用，人们才知道星系团的存在。这个领域的主要目录是乔治·阿贝尔于20世纪50年代编撰的。较亮的阿贝尔星团（在图表中标注为A天体，但是通常最亮的成员是NGC或UGC星系）在大型反射望远镜中看起来就像是一片发光的斑点。

深空之旅一：恒星

并不是所有的天体目标都要在一个极黑的天空中才能够观测到。在城市局限的环境下，很多类型的恒星就是其中一个不错的景观。

🔭 双星：恒星中的宝石

绝大多数的恒星（估计高达50%）并不是单独存在的，而是属于两个甚至更多个恒星构成的运行轨道体系中的一员。这是由于它们起源于同一场气尘云。

很多双星都具有规律的轨道运动，尽管这可能需要几个世纪的时间让双星彼此之间互相环绕运动。而有些双星只是一起在太空中穿行（称为CPM，或称共自行双星）。

有一些双星并不是一起的，而只是凑巧在空中排成了一排。这种类型中最典型的例子是大熊星座ξ星，它更为人知的名字是开阳，是北斗七星勺柄中间的一颗星。它肉眼可见的伴星第五星距离它3光年，因为太远了，所以不在同一运行轨道中。然而，第五星本身是一个真正的双星，它的组件之间分离14角秒，在任何望远镜中都能分辨出来。

在我们看来，最好的双星分为两大类：颜色对比强烈的双星（比如黄色和蓝色）和颜色接近、亮度一致的双星（通常是白色或者是浅蓝色），在目镜中看起来就像是一对前灯一样。御夫星座γ星和室女星座γ星是典型的"前灯"双星。如果光度跨度太大或者过度分离，就会让双星失去它作为双星的特性。

双星也被编译成目录。最主要的列表是《华盛顿双星目录》（WDS），多达十万条目录。一个更实际的目录是1932年罗伯特·艾肯特发表的《艾肯特双

南方的梅西尔天体

梅西尔7，是由希腊天文学家托勒密在公元2世纪时首次发现的。它是最南端的梅西尔天体，掠过北纬地平线，从南面的位置是很容易用肉眼看到这个开放星团的。

多姿的双星

也被称为天鹅座β星，是天空中最美丽的一对双星。即使是在低倍率的望远镜中，也能将它交织的金色和蓝色光芒分离。

艾伦·戴尔（摄）

星目录》。它包含了17180条目录。19世纪时，著名的双星观测家威廉·O.斯特鲁维和舍伯恩·伯纳姆都编撰过双星目录。某些双星至今还以它们的斯特鲁维编号或伯纳姆编号而闻名。

在历史上的指南手册上，双星的颜色读起来就像是画家调色板上的蜡笔颜料一般（天蓝色，丁香色，海蓝色，蔚蓝色，玫瑰色），或者是像珠宝商托盘上的宝石银矿（金色，银色，蓝绿色，翡翠色，黄玉色）。请注意，这些色彩是非常微妙而且是很主观的。只有很少一部分的双星，例如辇道增7（也叫作天鹅座β星），仙王星座δ星和仙女星座γ星，呈现出鲜明的色彩。大多数双星的色调都比较暗淡。

此外，由于和较明亮的主星之间形成了反差，较昏暗的伴星一般看起来都比较虚幻。例如，心大星的伴星其实并不是绿色的，它是因为受主星明亮的橘黄色的影响所以呈现出绿色。

测量恒星色彩的一个客观的方法是将恒星的蓝光谱值（B）减去黄绿视觉光谱值（V），B减V所得的数值，叫作色指数。色指数为0是蓝白色恒星，如织女星。蓝色恒星的色指数为负数。在光谱的另一端，我们的黄色的太阳的色指数是+0.65，红巨星的色指数在+1.5 ～+2.0。

双星能检测你的望远镜光学镜片。双星成员之间的距离在1～2角秒的，用10.16厘米以下的望远镜去分辨是勉为其难的。双星成员之间的距离小于1角秒

目光锐利的道斯

"运用一个廉价的仅为4.064厘米的折射望远镜，在健康允许的情况下，我几乎每夜每夜的工作，发现并清晰辨认出双子座α星，参宿七，天琴座ε1和ε2，猎户σ聚星，宝瓶座ξ和许多其他的双星。"

如此的敬业和奉献为威廉·道斯赢得了17世纪中叶最佳观测家的荣誉。当你也尝试用一个4.064厘米的折射镜分离这些双星时，你就会折服于道斯的敏锐度。运用一系列更大的折射镜，道斯牧师（他曾是受命教长）对双星位置进行了精确地测量，至今仍然为人们所依赖。为了寻找性能更好的望远镜，道斯成了美国折射镜制造者克拉克的首位重要客户。道斯的支持稳固了克拉克企业，使得它继续生产出了世界上最大的折射望远镜。在今天的业余天文圈中，道斯因其提出的分辨倍率法则而享有盛誉："我因此测定，2.54厘米的孔径只能分离由中心距离为4.56的两个六星等组成的双星。"因此，任何已知孔径的分辨倍率都可以用4.56的分数表示。

我们今天仍然使用这一法则来计算望远镜的分离倍率。但是要记住，这条基于经验的法则适用于亮度适中且等同的双星。成员的亮度跨度很大的双星很难被分离。

威廉·道斯在望远镜中目光敏锐犀利，然而在生活中却很"近视"。传说当他在街上遇见他的妻子时，他会从她身边经过而认不出她来。肖像由皇家天文协会提供。

恒星的颜色

恒星颜色越蓝，温度越高。红色恒星是温度最低的恒星。这个丰富的星场中包含了IC410星云（左）和火焰星云IC405（右）。同时还能看见一长串被称为"小鱼星群"的恒星链，它包含了红色低温的御夫座16，蓝色高温的御夫座17和白色温度居中的御夫座19。

的需要20.32厘米及更大的望远镜进行分辨。由于大气流的作用，几乎没有望远镜能够将距离小于0.5角秒的双星分离开来。

成员之间的距离在2角秒的极其明亮的双星，例如双子座α星和双鱼座α星，即使是在大型望远镜中都很难被分离，尤其是在视线一般的夜晚。由昏暗的伴星围绕着耀眼的主星做轨道运动的双星（例如心大星，参宿七，或者天狼星附近不出名的白矮星）在任意型号的家用望远镜中都是不易被分离的。

某些双星的轨道运动周期长达数年。1933年，天狼双星成员——天狼星和它昏暗的白矮伴星之间的分离是最小的（仅为2.5角秒），之后它的分离将变得越来越容易，到2022年将达到最大值11角秒。室女座γ星（太微左垣二）在2008年达到近星点，双星之间的距离仅为0.4角秒，然后它将经过长达169年的逐渐分离过程。

碳星：宇宙的清凉之地

某些恒星的亮度在几个小时、几天或者几个星期中会有所脉动。例如英仙座的大陵五，它属于食变双星。大多数的变星实际上是指大小和亮度有变动。

长周期变星是其中华美的天体，它们的光线上升和下降之间的周期一般是数个月。很多长周期变星都被归类为碳星，它们的表面温度低于3000℃，属于迄今所知的温度最低的天体。仅此一点，就使它们成为银河系中最红的恒星之一。

它们表面的大气凉爽，足以保证碳化合物将蓝光吸收殆尽。大气的这种滤光作用使得这些星星保持着特有的深红色彩。

碳星确实是呈红色，就像灼烧生辉的煤炭一般。它们不像红超巨星，比方说参宿四和毕宿五，它们看起来更多的是呈橘黄色。最著名的碳星之一是被约翰·赫歇尔命名为石榴星的仙王座（μ）。另外较为出众的是1845年被约翰·欣德发现的"欣德的红星"，也被称为天兔座R和南十字星座中南十字β的一颗红色伴星——宝石南十字星，它高达5.5的色泽指数使它成为迄今所知的

字母

天文学家将恒星的颜色进行归类，用光谱字母表示，从高温到低温正好组成了一串神秘的口诀，非常有助于记忆: Oh Be A Fine Guy/Girl Kiss Me.（这里的温度指绝对温度，0K相当于零下273°）。

光谱分类

O =蓝色
温度 =25,000K 及以上
B = 蓝白色
温度= 10,000~25,000K
A =白色
温度 = 7,500~10,000K
F = 黄色
温度 = 6,000~7,500K
G = 橘黄色
温度 = 5,000~6,000K
K = 橙色
温度=3,500~5,000K
M = r红色
温度 =3,500K 甚至更低
我们的太阳属于G类型恒

石榴星

在IC1396星云北部（此图上方）是石榴星。这是一颗颜色深红的巨星，也是太空中最明亮的碳星之一。

艾伦·戴尔（摄）

最红的星星之一。

星球的颜色强度是根据望远镜孔径的大小而有所变化的。有时候用小型望远镜观测到的碳星的色彩要远比用巨型望远镜观测到的色彩强烈得多。作为一种变星，碳星能在数以百计的时日中缓慢地在五个星等的范围中脉动变化。并不是所有的观测者看到的星星都是深红色的，这可能是由于每个人对颜色的感知是有差异的缘故。可以尝试细微的散焦图像，这样可以获得更加精细微妙的色彩。

尽是希腊文明

1603年，约翰·巴耶发表了《测天图》，这是一套恒星体系图表，在该书中他以希腊字母为恒星命名。通常，他会将星座中最亮的星星命名为阿尔法（α），第二亮的星星为贝塔（β），依此类推，直到欧米噶（ω）为止，用完希腊字母表中的24个字母。直到今天，我们仍然沿用这种巴耶恒星命名法。举个例子：天狼星就是大犬座（α）星。

在这种传统的命名方法中，星座的名字是用拉丁词语的属格或者所有格命定的。因此是Gamma Arietis表示白羊座中的γ星，而不是Gamma Aries。同样的，还有Sigma Orionis（猎户座Σ星），Delta Cephei（仙王座δ星）和Alpha CanumVenaticorum（猎犬座α星）。

于1729年出版的约翰·弗拉姆斯蒂德的著作《弗拉姆斯蒂德星图》法语版中，介绍了由西向东对星座中的星星进行编号的体系，被人们称为弗拉姆斯蒂德编号。大多数肉眼可视的星星都拥有弗拉姆斯蒂德编号。天狼星就是大犬座的第9号星。

世界上首本计算机绘制的星图集是由史密森天体物理观测台于1960年出版的。这本星图集涵盖了视星等9等以上的260000颗恒星。例如，天狼星在此星图集中的条目是SAO151881。大多数的GoTo望远镜是根据恒星的SAO编号顺序追踪它们的。

最新最全面的恒星目录是第谷星表，它收编了1990年欧洲依巴谷高精视差测量卫星所观测到的百万余颗恒星。在这个星表的分类中，天狼星的编号是HIP32349。

恒星可以同时拥有很多个名字。织女星在巴耶星系表中被称为天琴座α星，在弗拉姆斯蒂德星系表中被称为天琴座第3号星，在SAO星系表中则是SAO 67174。双星分别是天琴座NO.1和NO.2星，又叫作天琴座第4号和第5号恒星。图表由TheSky™免费提供。

深空之旅二：星团

天体摄影师能够完美地捕捉到一个星云或者一个星系的所有光辉，这些光辉只能在胶片或者CCD芯片上呈现出来。然而一旦涉及星团，他们的观点就不攻自破了。几乎没有星象图能够捕获到星团上星尘的仿若钻石般熠熠生辉的视觉效果。

OGLING开放星团

开放一词意指他们的松散性是用来描述以下这类星团：星团中所有的恒星都是可以被单独观测到的，这与球状星团的模糊不清是截然不同的。开放星团的范围可以从铺满整个目镜的耀眼星场到只有在适当的倍率下才会显现出影像分解的星团。

星团在目镜中显示出来的清晰程度取决于很多因素。其中之一是星团的尺寸。巨型星团（表象直径超过30角分）要求一个宽视场和低倍率。例如，昂宿星团和蜂窝星团在寻星镜中观测就要比在长焦望远镜中观测来得更为清晰。为了能全面清晰地观赏一个星团，你需要一个尺寸为星团尺寸2倍大的视场，这样星团才能从它的背景中清晰地显现出来。相反的，小型星团（小于5角分）需要在高倍率下进行分辨。

开放星团的视星等范围从昂宿星团的1.5星等到比12星等更微弱昏暗。你也许会认为星团越明亮，它看起来就越清晰。事实上并不一定是这样。一个星团的视星等只是对它包含的所有星星整体亮度的一个衡量。如果某个星团缺少那么几颗特别明亮的恒星，那么它的表象就很可能对不起它的高星等的评定。

一个星团最引人入胜的是它的富有（恒星成员的数量）和它与周围星场的对比。最好的星团通常包含100颗甚至更多的恒星成员，这使它们赢得了官方的认定。拥有50~100颗恒星成员定为中等，拥有少于50颗恒星的则属于贫瘠。

仙后星座中的NGC7789星团是最不为人知的最富有的星团之一，而盾牌座中的M11星团则是世界上最著名的同时也是天空中最完美的星团。夺人眼目

野鸭星团
此图中M11星团是通过小型望远镜观测到的。这是空中最富有的开放星团之一。早期的观测者将它想象成为展翅飞翔的野鸭。因此野鸭星团成为它广为人知的别名。

星团对比
这两个仙后座的星团显示了不同类型的星团所拥有的范围。NGC7789星团（左）是众多昏暗恒星的集合。NGC457星团（右）则拥有更为明亮的恒星，但是为数不多。你能在这个星团上看到外星人的轮廓吗？
艾伦·戴尔（摄）

为了对开放星团的外貌进行分类，天文学家运用特朗普勒定级分类法，这经常会在太空目录中列出：

星团的密集度：

    Ⅰ 疏散，中心有一个高密集度；

    Ⅱ 疏散，中心有一个低密集度；

    Ⅲ 疏散，中心没有密集度；

    Ⅳ 没有从周围的星场中很好地疏散开来。

星团的亮度范围：

    1 亮度范围小

    2 亮度范围居中

    3 亮度范围大

星团的含量

    p 含量低，含少于50颗恒星

    m 含量中等，含50～100颗恒星

    r 含量高，含多于100颗恒星

 最好的开放星团密集度为Ⅰ或者Ⅱ，同时含有大量的恒星（r），昂宿星团（见图左上角）被分为I3r（高度密集，高亮度，成员众多），而更为巨大的毕星团在它的底部（土星附近）被划分为II3m。**图片由艾伦·戴尔拍摄。**

的珠宝盒星团NGC4755拥有一个令人眼花缭乱的如蓝宝石般的星场，场中有一颗异常醒目的红星，恰似一颗红宝石。宝石星团NGC3293也是如此。另外一些贫瘠的星团因为某些不一样的特点也非常吸引人。仔细凝视仙后星座中的NGC457星团，你将能看到外星人的轮廓。猎户星座中的NGC2169星团所构成的图案非常像数字37或者字母XY，这取决于你对于这种天体心里映射的转译。

光芒四射的球状星团

想要完整地欣赏到球状星团的壮丽奇观需要高精准的光学镜片和镜孔。一个性能良好的10.16厘米规格的望远镜就能开始分辨北方最好的球状星团，例如武仙星座中的M13星团，猎犬星座中的M3星团，巨蛇星座中的M5星团，还有南太空中的奇观，如射手星座中的M22星团，天坛星座中的NGC6397星团和孔雀星座中的NGC6752星团。通过更小的镜孔，我们甚至能看到传奇般的半人马星座ω星和南外太空杜鹃星座中的47号球状星团爆炸生成恒星的过程。用孔径在25.4～30.48厘米的望远镜观测空中任意一个最好的球状星团，它们就像是装满恒星的玻璃糖罐一般。

然而并不是所有的球状星团都像所展示的那样令人目眩，球状星团的外貌因为它们外表的尺寸和密度的不同而不同。

IX等球状星团

巨大、自由又亲密，这是形容南天坛星座中的NGC6397星团。该星团被评为第四亮的球状星团，美丽的它看起来呈三维图形，能轻易地被分离。

艾伦·戴尔（摄）

球状星团的大小范围是1～20角分。星团尺寸越大越好。小型球状星团呈现出的是一个边缘模糊的球状体，很难被一一分辨。大型球状星团能够被分辨到什么程度取决于它的密集度。有些球状星团因为它的高度密集以至于在巨型望远镜中都不能将它的成员逐一分辨出来。

另一方面，有一小部分球状星团因为它们非常松散，所以看起来就像是高含量的开放星团一样。玉夫星座中的NGC288星团，牧夫星座中的NGC5466星团和天秤星座中的NGC5897星团是这种类型星团中的最佳例子。它们都能通过巨型望远镜被观测到。低倍率的小型望远镜中只能看到它们圆形的光辉。在这一类星团中，最值得一看的古怪球状星团是天箭星座中的明亮的M71星团。很多年来，它都被划分为开放星团。在另一方面，船尾星座中NGC2477星团则是一个高含量的开放星团，非常接近于一个球状星团。

银河系最遥远的球状星团显得又昏暗又渺小（直径只有1～2角分），只能通过巨型业余望远镜分辨它们。它们就像星际间的流浪者一样，如天猫星座中的NGC2419星团（距离我们300000光年）和海豚星座中的NGC7006星团（距离我们185000光年），我们几乎看不到它们。

遥远的球状星团

被称为是星际间的流浪者的NGC2419星团因为太遥远了，在大多数的望远镜中都只能看到它微弱的一圈光晕，目镜根本没办法分辨它。

克里斯·舒尔（摄）

如果说触及更遥远的外太空听起来吸引人，那么可以去看看射手星座的M55星团。这个很容易被分辨的球状星团属于另一个星系，不易被察觉的人马矮星系，也是最新发现的银河系的邻居。

如果你是居住在北纬40°以下，你可以去看一看NGC1049星团，该星团模糊，视星等为11等，直径只有0.6角分，属于矮椭圆星系中的天炉矮星系。虽然大部分业余望远镜没法看清昏暗模糊的星系，但是这个从40万光年远的地方发出耀眼的光芒的球状星团却能够凸显出来。

但是，NGC1049星团并不是我们所能观测到的最远的星团。拥有宽阔视野的仪器能追踪球状星团直达250万光年以外，环绕着仙女座星系的星图。已经有300个类似的球状星团被收入目录。它们中最亮的星团也只能被30.48厘米孔径

正如开放星团一样，对于球状星团外貌的定级也有一个分类体系。由沙普利发明设计的球状星团评级体系由罗马数字 I 到 XII 分别命名：

I 　　　高密集度，非常不易被分离

II～XI　密集度依级逐渐下降

XII　　　密集度最低：非常松散的球状星团，很容易被分离

最好的球状星团集中在中间地带，大约是 V 等到 VII 等，这种星团既不是高含量又不是很容易被分离。 I 等和 II 等的球状星团看上去含量太低，而 XI 等和 XII 等的球状星团则太松散，他们看起来就像是含量高的开放星团一般，而不是我们所希望的外貌特征。

武仙星座中的球状星团M13是北太空中最靓丽的景观之一，它的密集度被划分为V等。通过10.16厘米的望远镜就能看到分辨它。25.4厘米或者更大的望远镜则能看到它爆炸生成上千颗星星。**图片由艾伦·戴尔拍摄。**

甚至更大的望远镜观测到。当视星等为15等左右的时候，我们就很难将这些星团从我们自己所在的星系的昏暗背景中区分出来。由凯普尔和塞纳编著的《夜空观测者指南》（威廉贝尔出版社，1998年版）提供了一个很好的证认图。

另一个对大视野的挑战就是捕获球状星团帕洛马15，这个星团绝大部分都被银河的光辉和中介的星尘所掩盖埋藏。它们是在帕洛马巡天计划（POSS计划）中被拍摄到的，在目镜中只能看到它们的影像斑点。当你完成了这些，你可以尝试观测Terzan系列目录下的更暗淡的球状星团（都是11等）。这种对于天体捕获的挑战正是它吸引人的地方。

深空之旅三：恒星的诞生地

色彩鲜艳的星云图像是天文学的象征，期待能通过目镜看到它们绚丽的身姿的愿望诱惑着很多刚拿起望远镜的人们。如果是这样的话，那些视图是注定要让人失望的。人类的眼睛没有那么敏感，并不能够捕获到胶片或者CCD芯片在长时间曝光中所记录的色彩。我们真正能看到的是一股股灰白色的天体烟灰。只有极少部分（猎户星座，船底星座伊塔星和一些行星）明亮到能够被眼睛的色彩接收器接收到。

尽管如此，一个30.48～30.48厘米的望远镜能够显示出最亮的星团的丰富细节，看起来就好像是摄影一般，即使只是黑白二色。某些星云，如猎户星座星云，在现实生活中远比它们在天文照片上来得好看。眼睛能随着恒星深入到星云中捕捉到它们从亮到暗的全过程的细节。这些细节在长时间曝光的图片中是看不到的。

炫目的气云

猎户星座星云（M42）是最早被业余天文学家们观测到的太空天体之一，同时也是每一个观测家反复多次观测的对象。它是一种发射星云，能发出自己特殊光芒的星云。每个发射星云内部都嵌着一颗火热的蓝星（更多的时候，是一群蓝星，例如M42中心的四颗成梯形排列的恒星），重新构成周围的云。恒星向星云内部发出的巨大的紫外光，星云中的中性氢原子吸收了紫外线，并因此变得活跃起来。结果，原子被分解成了大量自由运动的电子和质子。这个过程叫作电离，中性氢气经过电离变成单独游离的氢原子，被称为H-II。发射星云通常被称为H-II地带。

分散的星群

每个仰望天空的人都会发现一个有趣的现象：众多的星星排列起来很像某些事物，当然，不是说它们随机的排列形式，而是它们真正的固定样，那些星星凑巧摆成了我们感觉非常熟悉的形状。它们不是星团而是星群，很多星系图表中没有对它们进行标记。其中最著名的例子就是在昏暗的鹿豹星座中的甘伯的串珠。甘伯的串珠是由视星等在5～8等的恒星组成的二度长的一串星链，在双筒望远镜中能清晰地观测到它。在赤经3小时57分，赤纬63°观测它，能看到它的南端小型的开放星团NGC1502。以下是其他比较出名的星群：

- 仙后星座附近，M103星团中的风筝星群（赤经1小时40分，赤纬+58°30′），是一个含有5等到7等恒星的三度长星群，看上去就像一颗长着尾巴的钻石。

- 仙后星座中M52的西南方（赤经23小时07分，赤纬+60°），是一个三度长的星链。从一边看起来就像数字7。

- 北极星形成一个45角分宽的半圆形星群，像发光的宝石一般，被罗伯特·伯恩罕二世称为婚戒。

- 在御夫星座所拥有的丰富的星场中有十几颗恒星组成了一度长的小鱼星群（赤经5小时18分，赤纬+33°30′）。

- 在M50星团的西南方，靠近麒麟星座和大熊星座的边界（赤经6小时53分，赤纬-10°12′）是数字3星群，由加拿大人蓝迪·帕坎首次发现。

- 天龙星座中的W星群（赤经18小时35分，赤纬+72°18′）看起来就像是仙后星座的缩略版。

- 最后，英仙星座或者说天船三周围有一群明亮的星群，看起来就像是正式的星团一样。确实，它被命名为Melotte 20星团。但是，这个星群属于OB星协，是五千万年前形成的高热的年轻的恒星所组成的一个群体。现在，它们只是松散地分布在银河系的英仙臂附近。

1980年，加拿大观测者路易森·甘伯首次注意到了一个二度长的星链，见右上图。作家瓦特·史考特·休斯顿将它命名为甘伯的串珠。右下图是英仙星座星群，是双筒望远镜绝佳的观测对象。

最终，电子和质子通过重组又形成了中性氢气，但是由于游离的电子被收回，他们丢失了他们作为在一系列狭窄的波长中的可见光的多余能量。

在照片中，发射星云看起来是红色的。这是由于它们发出的光的波长在656.3nm时，氢-α谱线在光谱的红色端谱线深的缘故。然而在目镜中，如果发射星云能显现出一点颜色，那就是绿色。M42就是这样一个例子。它的绿色光线一部分来自于波长为486.1nm的氢-β谱线，但它主要产生于一对波长为500.7nm和495.9nm的发射光线。这两条光线来自于失去了八个电子中的两个电子的氧气。双重离子氧被称为O-III。事实上，星云在这些离散的波长中发射光线保证了星云过滤颜色的可能性。它们允许特定的波长通过，阻止了所有其他的波长，这样就进一步显示出了天体和太空背景之间的反差。

巨蛇星座南部的鹰状星云（M16）是一个很好的例子。即使是在一个黑暗的天空中，没有一个护目镜要想发现该星云是非常困难的。通过一个护目镜能够清晰地将它灰暗模糊的区域从周围的星星群中显示出来。其他一般在夜空中都几乎是不可见的更为昏暗的星云，如果借助一个护目镜，也都能戏剧性地看到它们。

最佳的北部星云

猎户星座星云由M42和M43组成，是北半球的观测者能够看到的最明亮的星云。它的氢原子发射的光芒是粉红色的。上图是发出青色光芒的反射星云NGC1973 - 5 - 7，也被称为奔跑的人星云，你看见它了吗？

📷 反射星云

大多数星云滤波器并不能增强反射星云的视图效果。这些天体并不是用自己的光源发光，而是由于反射周围的星星尘埃粒的光芒而发光。"尘埃"是指任何比分子大的星际物质。我们认为星云内部的尘埃是结了冰的石墨。反射星云的光谱和一颗恒星的连续光谱是一样的。由于重组的恒星通常是蓝色的，反射星云也同样是蓝色的。

反射星云的类型比发射星云要少很多。大多数的反射星云比发射星云更加暗淡更加难于被发现。因为他们通常被周围耀眼的光源所隐盖。

寻找反射星云的其中一个风险就是目镜上沾有一滴露水或者一个污点，这样的话主镜片只能看到一圈灰白的光芒围绕着一颗明亮的恒星。例如，想要看昴宿星团周围的星云状物，就需要一个异常干净的光学镜片。在潮湿的天气中星星的图像也会变得朦胧不清。所以，观测反射星云最好是在干燥、透明的夜晚。

最佳的反射星云

M42不远处的M78是太空中最明亮的反射星云之一，它的上空有NGC2071做伴。
艾伦·戴尔（摄）

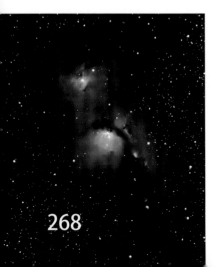

📷 灰暗的星云：空中剪影

虽然和明亮的发射星云和反射星云一样由同一种混合气体和尘埃所组成，但是暗星云缺乏任何内嵌的星源或能够照亮或温暖它们的邻近恒星。他们看起来就像是没有星光的冰冷的缝隙，黑色的斑点遮蔽了它们背后隐藏的所有物质。

有些暗星云可以被我们的肉眼所发现。在距离我们4000～5000光年的天鹅星座，银河被它旋臂上的尘云撕裂形成了暗色的裂缝和轨迹。5°宽的煤袋星云靠近南十字架，是一团朦胧的尘埃，距离我们约500光年。

并不是所有的暗星云都是如此大型的。很多都只能够恰好进入低倍率望远镜的视野。但是，你该如何观测一个不发出任何光线的物体呢？其中的秘诀就是运用一个宽视场（一个度或以上）去看镶嵌在明亮的恒星周围的暗色地带。这并不一定需要一个大型望远镜，一个8.89厘米（90毫米）短焦距折射镜就能达到10×70或者11×80的巨型望远镜一样的效果。

你一旦发现了暗星云，你如何识别它们？大多数的GoTo望远镜的数据库中是没有暗星云的。我们可以从银河系图集（见338页），或者印刷版的星图集例如《天空星图手册》、*SkyAtlas 2000.0*或*Uranometria 2000.0*跟踪它们。在计算机程序方面，可以尝试运用皇朝8.0向导或者繁星之夜天文模拟软件。你可以运用上述这些对暗星云进行定位，例如射手星座中的B86和B92。它们都是由依附着银河系的小型的、非透明碎片组成的。巴纳德E星是一个三级星云，由天鹰星座中最亮的星星：牛郎星的B142和B143组成，它是双筒望远镜绝佳的观测对象。

最著名的暗星云，也许也是最让人捉摸不透的由隆起的灰尘构成的马头星云B33。它位于猎户星座腰带部位的南边。在透明的天空中，使用大于20.32厘米的望远镜和星云护目镜或星云滤镜H-beta有助于我们看到微弱的发射星云IC434，由它形成的发光背景显现出了令人惊讶的微小的马头剪影。

观察任何暗星云都需要一个黑暗的天空。否则银河系太过耀眼，会让我们忽略了寻找这一类令人难认捉摸的天体。

臭名昭著的马头星云
这个暗黑星云的名声众所周知，但却很少被看到。在视觉上，昏暗的马头星云中的头部几乎是不可见。

马头星云的上部是蓝色反射星云NGC2023和玫瑰色发射星云NGC2024，它也被称为火焰星云或者坦克轨道星云。

蛇星云
这道曲曲折折的星云由微暗的尘埃组成，位于蛇夫星座，被编录为巴纳德72号星云（B72）。

艾伦·戴尔（摄）

深空之旅四：星星归于何处

星云通常因为它们的外貌而拥有一个怪诞的名称。也许哑铃星云（M27）看起来像一个杠铃，但是对于这个行星星云来说更好的名字可能是"苹果核星云"。左图显示的是青色和紫红色，但是对于我们不太敏感的眼睛来说，这个物体看起来更像是模拟目镜的图像。

并不是所有的星云区域都是恒星的形成区域，恰恰相反，有些是恒星的死亡之地。在天空中，我们可以看到垂死的恒星在生命终结的时候所丢弃的外壳和电子气。这类物质很多都成了银河的污染垃圾，但是最终它们都会被恒星组成的星云所扫除，然后它们作为星系回收计划中的一部分继续形成新一代的恒星。举个例子，我们的太阳被认为是第三代恒星，是由更早一代的恒星所加工过的原子所构成的。

事实上，所有比氢元素更重的元素，包括碳、氧、铁和每一个生活所需的关键元素，都是由恒星内部所锻造形成的。看看行星星云和超新星遗迹，你就能看到构成你的元素是从哪里来的。

烟迹行星

尽管它们拥有这样一个名字，行星星云与行星的形成毫无关系。它们是被衰老的恒星在它们生命的最后一个不稳定的阶段所丢弃的气体外壳。天王星的发现者，威廉·赫歇尔是这个命名法的"罪魁祸首"。他不知道它们在恒星的生命旅程中所扮演的角色，而命名它们为行星星云是因为它们让他联想到了天王星的外貌特征。从此，这个名字就这样定下来了。

因为行星星云被认为只能持续略多于10万年的时间，所以它们必须要不断地形成新的物质。事实上，很多只能通过巨型望远镜才能观测到的奇怪的、紧密的天体现在被定义为原行星盘，是新形成的星云早期外围的包裹物。我们能够通过业余望远镜看到成型完备的行星星云的特定范围，大约在1/4光年到1光年之间。我们能看到的所有位于银河系的物体，都不超过几千光年的距离。

太空观测家将行星状星云分为三大类：体型大而光线明亮的；光线明亮但是是星形的；体型大但是光线微弱的。这种差异部分是因为内在的因素，部分是它们的距离导致的。

❖ 体型大而明亮的行星状星云

作为体型大而明亮的行星状星云，戒指星云（M57）是最典型的范例。视星等为九等，横跨70角秒，此行星状星云的表面异常明亮。即使是一个60毫米口径的望远镜也能轻易地在黑暗的天空中看到它那烟圈般的形状。然而，要想看到戒指星云的另一个特征，视星等为十五等的中央恒星就不是那么容易了。我们曾经在超级荒漠的天际通过施密特−卡塞格林望远镜看到过它，但它通常被周围的星云所淹没而难于被发现。

另一个例子则就在附近：狐狸星座的哑铃星云（M27），它体型巨大，光线明亮，足以被人们通过双筒望远镜观测到。一个装有滤镜的大型望远镜能比很多照片上显示出更多哑铃星云的细节特征。M27展示了一种经典的双叶状结构，很多小型行星状星云也具有这样的结构，例如南天空最好的行星状星云——苍蝇星座中的螺旋行星状星云，NGC5189。

❖ 小型行星状星云

类似于戒指星云和哑铃星云等体型大而光线明亮的行星状星云只是例外。多数属于"光线明亮但是是星形的"行星状星云，我们很难将它们与恒星区分开来，尤其是在用低倍率的望远镜观测时。它们中大多数的直径在20角秒以下，这让它们比土星盘还要小。极少数具有戒指一般的环状烟圈结构，寻找这类小型行星状星云是非常有价值的。

我们最喜爱的一对星云是仙女星座北部的篮球星云（NGC7662）和双子星座中的爱斯基摩星云（NGC2392）。它们非常明亮，视星等分别为九等和八等。直径为30角秒的天鹅星座中的眨眼睛行星状星云（NGC6826）在行星状星云的分类标准中属于大型星云。它以10等的中央恒星为特征。如果你一直注视

众多行星状星云

虽然行星状星云通常显示为球形，实际上，它们呈现各种各样的结构。从左上方顺时针方向如下所示：

NGC40，仙王星座中一个不平常的红色行星状星云；

NGC1514，位于金牛星座，中心有一颗明亮的恒星；

NGC2392，双子星座中的爱斯基摩星云；

NGC7008，天鹅星座中一个奇特形状的行星状星云；

NGC7662，仙女星座中的蓝雪球星云；

IC289，仙王星座中一个昏暗但是很清晰的行星状星云。

所有的图片均由克里斯·舒尔（ST−7 CCD摄像机）处理成统一规格。

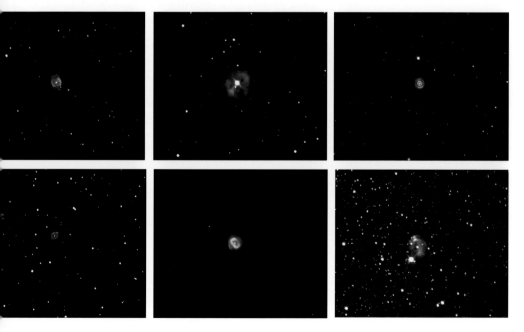

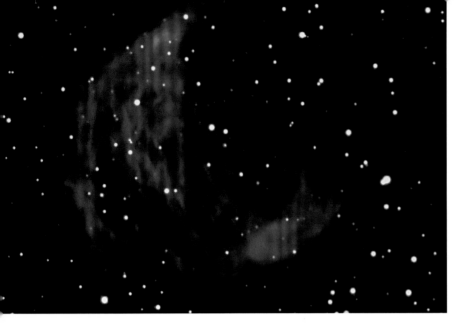

这颗恒星，那么星云好像消失不见了一样，如果从另一边倒视，星云又会重新回到你的视线中。

直径小于10角秒的行星状星云，无论它们多么明亮，都是难以被发现的。即使是用高倍率的望远镜，它们看起来也不过像是蓝绿色的恒星。

有一种方法能有助于我们观测行星状星云，那就是将一个星云滤镜放在你的眼睛和目镜之间，并将它在光路之间移进移出。这样，恒星和天空背景都会在滤镜中变得黯淡，而行星状星云仍然会保持一样的亮度，这就使它凸现出来了。你可以试一试这种方法去观测两个微型但是明亮的蓝色行星状星云（视星等为九等）：武仙星座的NGC6210和蛇夫星座的NGC6572。

神秘的水母星云

借助一个星云滤镜，我们通过规格适中的望远镜就可以惊奇地看到阿贝尔行星状星云中昏暗的水母星云。如果没有星云滤镜，很多昏暗的行星状星云我们都无法看到。

❖ 体型大但是光线微弱的行星状星云

行星状星云的另一个类型是体型大（直径超过60角秒），但是光线暗淡。螺旋星云（NGC7293）就是一个典型的例子。它的直径足有半个月亮那么大，但是因为光线暗淡，在一般的天空状况下我们很难看到它。在这一类型中的另外两个例子是天鹰星座中的NGC6781星云和鲸鱼星座中的NGC246星云。没有一个星云滤镜，我们是很难看到如此暗淡的行星状星云的身影的。当我们在黑暗的天空下使用了滤镜，通过口径大于25.4厘米的望远镜就能清晰地看到它们了。

直到20世纪70年代末，达到能见度极限的行星状星云被认为是只能通过专业严格的摄影技术才能拍摄下来的物体。乔治·阿贝尔分类表或者PK目录中收录的大型但是暗淡的行星状星云现在都能进入配备具有光储存系统的望远镜的深空探索者的视线。其中最好的就是双子星座中的阿贝尔21，也被称为PK205+14.1或者水母星云。它的磁盘直径超过11角分，在行星状星云中属于十分巨大的类型。

著名的蟹状星云

在这张罗伯·甘德勒提供的CCD图片中我们能清晰地看到M1向四周扩展开的红色卷须状物。但是在目镜中，我们只能看到它的中央那一圈不定型的光圈。

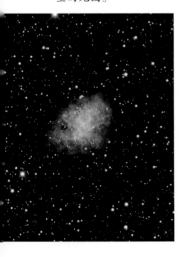

当你追踪行星状星云的时候，你要记住正式认定的星等指数并不一定能够真实地反映它们实际的明亮度。大型、弥散的行星状星云通常被定为八等或者九等，这让人们觉得它们是很容易被观测到的。但是这些星等级数是衡量物体所有光线的输出强度的总和。一个大型但是暗淡的行星状星云也许和一个结构紧密，明亮的星云的视星等是一样的。

同时，大部分的星等是用一套标准的光度测定过滤镜测定的，这类滤镜的通频带与行星状星云发射的绝大多数光线的光谱的绿色部分是不相一致的。被列为12～14星等的小型行星状星云能比相同星等的一个星系看起来更为明亮。当你运用星云滤镜——观测行星状星云时的必备仪器时，情况更加明显。通过望远镜，当你观测行星状星云的时候，这些什么应该被看到，什么不应该被看到的预先的假设最好都能抛开。

爆炸超新星遗迹

我们早该在银河系中寻找一颗明亮的，肉眼可见的超新星。但是我们必须先观测空中为数不多、杂乱的古老的超新星遗迹，直到有一个新的产生。天鹅星座中的面纱星云就是最好的例子。在大型望远镜中通过星云滤镜观测，面纱星云的两个主要弧线呈现出扭曲的复杂网状形态。如果没有滤镜，即使在一个黑暗的天空，我们也很难看到面纱星云。

在双子星座伊塔（η）星附近的IC443是一个类似的超新星遗迹，呈现为新月弧形。因为它的光线极其暗淡，即使是对于一个配备30.48厘米望远镜并使用滤镜的富有经验的观测者来说也是一个挑战。在南部的天空，我们可以通过大口径的望远镜看到船帆星座超新星遗迹的细微碎片。

天鹅星座中央的新月星云（NGC6888）很多时候会被误认为是超新星遗迹。虽然它类似于在一次猛烈的爆炸中产生的碎片，这个星云实际上是从一颗属于稀有类型的超热星——沃尔夫拉叶星上吹散出来的一个物质外壳。它是由于强烈的恒星风所形成的，而不是通过某一次灾难性的爆炸所产生的。

位于猎户星座东边的巨大弧状的巴纳德环（Sh2-276）也不是超新星遗迹，而是另一个被恒星风吹散后的气泡形成的星云状物。

最著名的超新星遗迹是明亮的蟹状星云（M1），这是将近10个世纪之前，在公元1054年被看到发生爆炸的超新星遗骸。我们说"被看到发生爆炸"是因为蟹状星云距离我们4000光年，所以真正的爆炸发生的时间应该比爆炸时产生的光线到达我们的视线时的1054年早4000年。

因为年轻，M1没有像比它年龄大得多的面纱星云一样扩展形成开口壳或者弧形物质材料。在视觉上，蟹状星云要让很多观测者失望了。在小型及中型口径的望远镜中，它看起来就是不定形的一片模糊。只有在大口径的望远镜中才能看到它那些微小的细丝状物质。1844年，威廉·帕森斯（罗斯伯爵）用他那91.44厘米的反射望远镜最早发现了蟹状星云的细丝状物。是否使用星云滤镜对于这个天体来说没有任何差别。因为这个星云最明亮的部分一直以它中心的一颗16星等的脉冲星产生的连续光谱发出光芒。

冒名顶替的超新星

天鹅星座中的新月星云（NGC6888）表面看起来就像是爆炸后的超新星遗迹，实际上却是一颗活跃的热星的气体碰撞被恒星风吹散后形成的壳状物质。

深空之旅五：银河系之外

到目前为止，我们的太空之旅所描述到的恒星、星团和星云都是处于我们的银河系之内的。现在，我们将走出银河系。

星系是目前为止天体中数目最多的一类。有几千个比13星等还要明亮。视星等13等是有效区分中等亮度的星系和那些模糊及不可见的星系的有效分界线。

然而，就像其他的天体一样，别太相信任何公布的视星等指数。大多数星系的视星等都是针对摄影意义而言的，也就是说它们是在光谱的蓝色部分上测量的。这些数值通常至少比黄绿视觉等级昏暗半个等级。当只提供一个摄影等级的时候，星系通常看起来要比它的星等所拥有的亮度更亮。

狩猎星系最好是在深黑的夜空配备大口径望远镜。至少要使用一个15.24厘米的望远镜，才能辨认出星系，而不是模糊的斑点。星系痴迷者则都想使用30.48厘米至更大口径的望远镜。

然而，星系并不仅仅是供大口径望远镜拥有者观赏的。双筒望远镜能显示出众多明亮的星系，而更多的能通过小口径望远镜，甚至8.89厘米的望远镜都能观测到。这在仙女座星系中尤其显著，你也许认为它离我们很近，其实是非常远的，它的光要通过250万年才能到达我们的视线。

银河系的双胞胎

在一个黑暗的观测点通过一个双筒望远镜可以看到椭圆星系M31，它跨越3°～4°，是绝大多数双筒望远镜视场的一半大小。椭圆星系伴侣M32和M110看起来就像是两个毗连的光源。通过望远镜看到最明显的特征是一对黑色轨迹将旋臂分离开来。此图上方为北。

艾伦·戴尔（摄）

📷 仙女星座星系

人们观测星系的首选通常是仙女座星系 (M31)，但是新手常常会对最初的那一瞥感到失望。原本期望能在目镜图像中看到一个长时间曝光的照片，而实际上只能看到一个平凡的斑点。观测仙女座星系最好的方式是在黑夜中使用双筒望远镜。宽在4°以上的仙女座星系甚至能在7×35s的摄像机中显现出来。

用一个15.24厘米或者更大口径的望远镜观测仙女星系，则看到的远远不止一块弥散的斑块，你可以用它去寻找两根穿透中心光芒的黑色带子。这两个尘埃构成的轨道将仙女星系的旋臂分了开来。沿着旋臂方向的更远处的斑块则是明亮的NGC206。现在调到高倍率，对着中央核心放大。寻找一下众多环绕着被誉为巨大黑色铁架的恒星中所发射出的强烈的星形光束。

观测仙女座星系的实验表明，小型望远镜无法显示出星系的更多细节，但是能显示出它的全貌，这个特征取决于该星系的地貌类型和在我们视线中的定位。

经典的螺旋星系
距离M31星系不远的是本星系群中的一员三脚星座星系，也叫风车星系M33。在它的一条旋臂中我们能看到粉色的NGC604星云。虽然通过双筒望远镜我们很轻易就能看到M33，但是要想看清它的旋臂，则需要20.32~25.4厘米的望远镜。

📷 星系展览园

星系形式多样，或许是数十亿年的初始条件造成了这种结果。椭圆星系自然进化成螺旋星系的古老理论在很长一段时间中被人们忽视，然而，埃德温·哈勃发明的分类法一直沿用至今。

❖ 椭圆星系

仙女星座星系的两个亲密伙伴：M32和M110都是典型的椭圆星系，是宇宙中最常见的类型。观测椭圆星系也是最没趣的。大多数的椭圆星系没有明显的内部结构：没有尘道、斑点或者臂状结构。它们只是从明亮的核心过度到黑暗的太空中的不定型光晕。

根据椭圆度的大小，这类星系有类似于彗星一样的圆形形状，也有狭长的片状。椭圆星系等级划分为E0~E7。E0和E1的星系是圆形的，E4是类似于足球形状，E6和E7则非常扁平。在梅西尔星表中，处女座群星系最亮的成员中许多都是椭圆星系 （即M59，M60，M84，M85，M86和巨大M87）。

❖ 螺旋星系

当人们听到星系这个词的时候，首先想到的是一个螺旋形的物体，它优雅的弧形臂状是璀璨星空的一个缩影。虽然大部分邻近的明亮星系都是螺旋形的，但是并不是所有的都展示出它们经典的风车结构。这部分取决于星系是倾斜侧对着我们还是正面朝着我们（这是观测螺旋臂状的最佳方位），还是介于两者之间（通常情况都是如此）。

旋涡星系

典型的旋涡星系是M51，与小星系NGC5195相伴。因为M51正对着我们，所以能看到它美丽的旋臂。当然，需要通过一个至少20.32厘米的望远镜才能观测到。

罗伯特·甘德勒（摄）

最好的螺旋星系是漩涡星系M51。到底多么小的望远镜就能向世人展示它正对我们时的螺旋臂状值得商榷。大多数人都非常熟悉这个星系看起来应该是什么样子的，他们想象中的螺旋结构中间只有一小束圆形光芒。但可以肯定地说，即使是初学者，也能通过20.32厘米的望远镜感受到它的螺旋臂状。

螺旋星系的一个变异体是棒旋星系，棒旋星系的旋臂是从星系核心突起

世界上最大的望远镜建在雾城爱尔兰。曾有一段时间，它的拥有者不是政府或大学，而是一身缠万贯的个人。威廉·帕森斯，罗斯家族的第三个伯爵，他在帕森城自己的私有土地比尔城堡庄园中建造了利维坦，这个182.88厘米的反射望远镜是吊在两堵砖墙之间的电缆上的。

罗斯伯爵从1845年开始观测太空，并立刻发现了M51具有螺旋状结构。他和他的助手们，其中包括因NGC星表而扬名的约翰·德雷耶，他们看到很多其他的星云也呈现出螺旋结构。他们将观测到的用图表记录下来，至今视觉观测者们还为这些图表的精确度和优美度赞扬。19世纪末是视觉观测的黄金时代，而且几十年来的星空发现，利维坦都占了主导地位。很多当今大家都熟知的天体名词，例如巨蟹和旋涡，都是由罗斯伯爵和他的助手们创造出来的。

巨型望远镜能将很多星云状物体分解为恒星。利维坦曾经的使用人大胆断言，所有的星云都是恒星的简单集合。其中有一个观测家，J.P.尼科尔呼喊道："巨型镜子本身继续阻碍着这些不可捉摸的星云状物出现，这些星云状物毫无疑问是互相关联的恒星组成的集合。"帕森城的观测者所宣称的部分内容属实，一些他们发现的"星云"，其实是星系，确实是由恒星组成的。但是这需要光谱学、摄像学去证明，这些新技术已经淘汰了利维坦和目镜草图绘制技术。

上图这张19世纪末罕见的照片显示，利维坦的一个观测者高高地站在梯子一侧，他只有一个小时的时间观测一个天体，因为这个天体将绕过子午线向南运行。尽管存在这样的局限性，观测者们仍然运用目镜画出草图，这样一个唯一方法记录了大量的太空天体。

的一个星状棒上开始的，而不是从它的核心开始的。这在照片上是显而易见的，但在目镜中却并不明显。狮子星座中的M95是一个棒旋星系，但它在大多数望远镜中看起来更像一个椭圆星系。即使是最典型的棒旋星系，天炉星座中的NGC1365，也至少需要一个30.48厘米的望远镜才能看到它的棒旋结构。

相反地，侧向星系更容易被观测到。由于它们的星盘成一定的斜角，侧向星系看起来就像是细细的条纹。因为它们的光线集中形成一个紧密的形状，所以侧向星系对于使用小型望远镜的人来说是很好的观测对象，它们很容易被观测到的。它们中大多数是螺旋形的，也有一些是细长的椭圆形。有一种过渡类型的成员叫作S0螺旋星系，例如六分仪星座中的纺锤状星系，同样也是完美的侧向星系。

最完美的侧向星系是后发星座中的10星等系NGC4565。即使是8.89厘米的反射望远镜也能清晰地显示出它耀眼的细长光线。通过大型望远镜我们可以看到它被一个星系般宽的尘埃带一分为二。此星系长16角分，在星系标准中属于大型星系。

猎犬星座是侧向星系伟大的狩猎场。NGC4111，NGC4244，NGC4631，NGC4656和曲棍星系都是值得关注的对象。向南，仙女座星系群的外部边缘的NGC4762，是已知的最贫瘠的星系。

当你选择要观察的对象时，就去找那些星系编目尺寸不对称的，例如，长10角分，宽1角分的星系。这是侧向星系的象征，而且观测起来肯定很有趣味。

❖ 古怪的星系

有一些星系形状并不规则，所以没有被归入任何一个单纯的类别下。这一类的星系是一个小

螺旋星系远景
位于猎犬星座的尘土飞扬、凹凸不平的M106螺旋星系（上）和后发星座中典型的侧向螺旋星系NGC4565（下）都属于最好的星系。插图显示的是通过20.32～30.48厘米望远镜在黑暗的星空下观测到的景观。
罗伯特·甘德勒（摄）

277

群体，它的成员外形古怪或者包含混乱的细节。例如繁杂的星云状物，斑驳的黑色暗带或者是离散的附属物质。其中最好的例证是大熊星座的M82，与恒星形成过程中的连锁爆炸反应喷射出的物质流一起爆发。猎犬星座的NGC4449看起来是个奇怪的矩形。

南太空的NGC5128星系或者叫人马星座A，是另一个不规则天体，同时也是一个无线来源。它看起来就像是个明亮的椭圆星系，星盘中间有一个暗色带穿过，很可能是两个星系碰撞后产生的天体。

乌鸦星座的双天线星系NGC4038和NGC4039以及后发星座中的老鼠星系都是两个星系碰撞产生的，而且这两部分还尚未融合在一起。

观测者若想寻找丰富的扭曲星系可以去查阅霍尔顿·阿普1963年编制的星系目录，该目录列出了338页的不寻常星系。现代比较好的参考书是杰夫·卡尼普和丹尼斯·韦布出版的《阿普罕见星系图集》（威廉贝尔出版社，2007年版）。

其余少部分的古怪星系独具特色，例如鲸鱼星座中的M77。它是一个椭圆体，以一个星形物为核心，是具有核能量非类星体的赛弗特星系中最明亮的一员。

❖ 类星体

很多人听说过类星体，但是并不是所有的业余天文学者自认能看到类星体。室女星座中的3C 273类星体是这一类不寻常的天体类别中最明亮的一员，视星等为13等，它的亮度会发生变化。

接下来比较亮的类星体的视星等大约在14～16等。然而，所有能看到的不过是颗微弱的"恒星"。但是大约在2亿～3亿光年以外的3C 273是通过业余望远镜能看到的最远距离的天体之一。找到它，你可以看到遥远星系因为其物质流注入一个巨大的黑洞而产生的一个超亮核心。

🔭 本星系群

星系是群居物种，以群的方

大熊星座双星系
典型的螺旋星系M81和雪茄形状的不规则星系M82（记住，M82是一个偶数但却是一个古怪罕见星系！）又大又明亮，足够双筒望远镜观测到。如目镜所示，低倍率小型望远镜能将两者纳入一个视野内。
艾伦·戴尔（摄）

本星系群
大多数本星系群的星系，例如IC10，都是不规则的或者是矮椭圆星系，表面亮度非常微弱。能够在目镜中发现他们诡异莫测的身影就算大功告成了。
克里斯·舒尔（摄）

壮丽的星系

马卡里安星系链，穿过这张照片上部的一长串星系是太空中最美的景观。一个晚上，我们通过孔径为10.16厘米，光圈为6.5的反射望远镜用能提供41×和2°视野的纳格勒目镜仔细观测它。十个星系漂浮在星场中，就像是细小的、苍白的雪花一样。我们既能看到整个星系链也能看到位于东南的巨大的椭圆星系M87，这是处女系团的真正的重力中心。
艾伦·戴尔（摄）

式释放它们的宇宙生命。银河系也不例外。它属于一个叫作本星系群的小型群体，此群体最大的两名成员是银河系和仙女星座中的M31。北太空另一个也是唯一一个显著的成员是三脚星座中的大型螺旋星系M33，紧挨在M31的南边。在南半球，两个麦哲伦星云是与银河系一样肉眼可视的星系。

观测本星系群的所有成员是一项极具挑战性的项目。除了到现在为止我们提到过的星系，其余的目标都是非常昏暗很难被发现的。本星系群大约由40个星系构成（每年都会有新成员被发现）。少数是不规则星系，但是大部分都是矮椭圆星系，它们包含的恒星极少，并且光线微弱。

不规则星系NGC6822（人马星座中的巴纳德星系），鲸鱼星座中的IC1613，仙后星座中的IC10的视星等相对都很高（大约在10等），但是它们的成员都太过弥散以至于即使在漆黑的夜幕下也很难被人发现。

矮椭圆星系并不是特别昏暗。利用大口径的望远镜，业余爱好者能够追踪到仙女星座Ⅱ，狮子星座Ⅰ，天龙星座矮星系和玉夫星座矮星系，但是看起来都是仅仅发出少量可见光芒而已。

星系群

天空中还有其他一些相似的家族关系：有些星系相互关联，有时候甚至相互影响。它们又不足以被称为团，但是拥有一个包含3个及更多的成员，足以吸引人的眼球。其中最完美的是狮子三重星系。狮子星座中的两个明亮的螺旋星系M65和M66与一个大型的侧向星系NGC3628构成了一个三角形。位于涡旋星系东南七度方向的是更为灰暗的NGC5353群体。拥有25.4～30.48厘米望远镜的观测者能找到一个包含5个12～14星等系的高倍率视场。最出名的星系群可能是位于螺旋星系NGC7331西南的斯特藩五重星系，聚集了飞马星座昏暗的13～15等的星系。

南太空的观测者能够看到天炉星座中的NGC1399周围的星场在一个1°的圆环中包含了9个星系。

星系群的主要名录是保罗·希克森1994年编制的致密星系群图集，收录了100个紧密联系的含四个及更多星系的星系群。大多数星系群包含13~16等的昏暗的星系成员，寻找"希克森"星系群是大口径望远镜的工作。艾尔文·辉伊出版了优秀的观测指南，可以通过网站www.faintfuzzies.com使用。

处女星座星系团

当我们面对北方天空中的春季星座：大熊星座，猎犬星座，后发星座，狮子星座和处女星座，我们是从我们的星系盘直接望到位于后发星座和处女星座交界处的南银极。这条视准线经过了最少量的星系尘埃，保证我们能看到最大量的遥远星系。

后发室女区域中大量的星系构成了一个星系团，是最近的大规模的星系集合。这个星团的中心位于7000万光年之外，在星系尺度上却只是一步之遥。事实上，因为这个星团的亲近度，星系成员分散在广漠的太空领域，从大熊星座南部一直到处女星座。我们的本星系群位于这个星团的边界地带。

探索后发室女区域星系所面临的一个问题就是它包含太多的星系但是又缺乏明亮的指引恒星，所以它们很容易渐渐迷失成为一些模糊的斑点。因此，一个好的星图集就至关重要了。

"星系王国"的中心大约位于M84和M86周围。这两个双子椭圆星系是马卡里安星系链中的最明亮的成员。

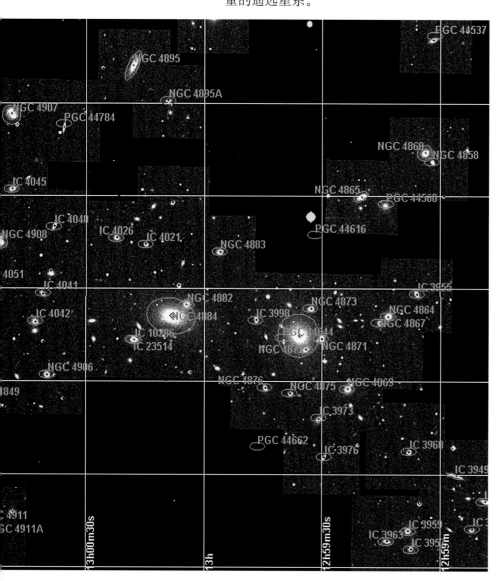

只是星系
阿贝尔1656的中心包含了两个明亮的NGC星系4874和4889，周围环绕着数十个昏暗的星系，由此构成了丰富的后发座星系团。这张图是微软8.0向导所绘制的，包含了帕洛马巡天计划（POSS）所拍摄的图像。

遥远的星团

如果你喜欢后发室女座星系团，你可能希望尝试观测另外一些内容丰富但是更为昏暗的星团。这些天体在宇宙层级的最高层并且属于最具挑战性的深空观测对象。因为它们距离遥远，每一个都包含了一个至多个跨1°～2°的区域。通常，整个星团在一个视场中看起来就像是一个微弱、模糊不清的斑点集合。

星团一般对望远镜的孔径要求比较高，最好是35.56～50.8厘米。由电脑程序绘制的印刷品探测星图例如《指南》、《巨星》或者《太空》都是精确寻找和鉴定星团中每位成员的得力助手，因为即使是鸿篇巨制的千年星图集（MSA）也还不足以鉴定出最大星团的每个独立成员。

阿贝尔1656是后发星座星系团（MSA星图集第653号）。这个星团最亮的成员是一对视星等为12等的星系：NGC4874和NGC4889，距离我们3.5亿万光年。我们曾经通过一个12.7厘米的望远镜看到过这些星系。在这两个巨型椭圆星系附近是大约50个光线非常微弱，介于13～16等的星系，需要至少30.48厘米的天文仪器才能观测到。

它附近是狮子座星群中的阿贝尔1367，以视星等为13等的椭圆星系NGC3842（MSA星图集第703号）为中心。大约50个亮于16等的星系组成了这个星团。秋季星空最受人欢迎的是阿贝尔246，位于英仙星座的双星大陵变星的东部2°位置（MSA星图集第98号）。这个星团是由一长串视星等在14～15等之间的星系组成，以爆发星系NGC1275为核心。

能被观测到的最远距离的星系团记录保持者是阿贝尔2065，北冕星座星团（MSA星图集第646号）。通过一个35.56厘米的望远镜，在原始纯净的天空下，业余天文学者曾经观测到这个星团，它看起来就像是天空中的一个灰色斑点。阿贝尔2065距离我们至少100万光年，将近是仙女星座星系400倍距离。除了极少数几个明亮的类星体，阿贝尔2065标志着天文学家观测宇宙的边缘地带的开始。所以向着这个前沿领域，努力前进！

狮子三重星系
左图的M65，左下角的M66和上端的NGC3628可以呈现在同一个1°的视场中。
艾伦·戴尔（摄）

281

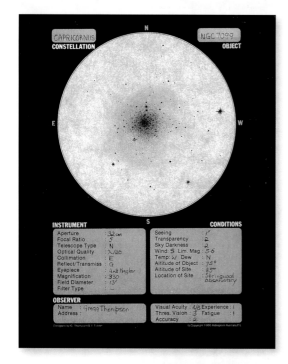

此文由居住在澳大利亚布里斯班的太空观测专家格雷格·汤普森撰写，他同时是《超新星搜索图表和手册》（剑桥出版社，1989年版）的合著者。

一个天体的绘图记录远比文字记录更能表达出它的细枝末节。"但是我不会绘图。"有人如此宣称。绘制天体图并不需要米开朗基罗一般的天赋，这种特殊的绘图只是用不同程度的阴影记录简单的形状。

你所需要的装备只是普通的白色道林纸和一支软2B或者4B铅笔。用笔尖描绘恒星和其他明确清晰的天体，用笔侧描绘模糊的星云状天体。石墨铅笔是将深空天体自然展现出来的最简单的工具。

当然，用铅笔在纸上绘图意味着你在白色的背景中画出黑色的星星，看起来更像是一张照片的底片一般。但是纠结于此是毫无意义的，因为这远比你试着在黑色的纸上用粉笔或者白色蜡笔绘图更实际一点。

经过30多年对于天文图的研究和试验，我强烈建议如下两点：

1. 将表示目镜视野范围的圆圈的直径画成15.24～20.32厘米。大多数观测者将此圆的直径画成这个数字的一半，这太小了。

2. 增加倍率，直到能最清晰地看到你要观测的那个天体为止。不要刻板遵循早前的天文书的建议，实际上多数太空物体在高倍率中要比在低倍率中显示得更为清晰，这是因为随着它们的尺寸变大，它们与黑色背景的反差就会更加明显，这样就能更清晰地看到它们。

最大程度地利用一页纸，并且在底部保留一个备注区，备注上影响你作图的所有因素。这类标注能成为非常有价值的参考。记录该天体的名字，图像定位（通过观察图像，通过无定位场时的漂流标注北向和东向），望远镜孔径大小和放大率，目镜的类型，滤镜的类型（如果用到的话），海拔高度，大气的稳定性，夜空的黑暗度（透明度），观测地点和你是绘制了一张精细的图表还是仅仅只是一个草图。

开始，我们可以画通过望远镜看到的简单的天体，例如环星云（M57）。另外一些比较适合初学的是肉眼可视或者通过双筒望远镜能看到的星团。例如后发星座星团，蜂窝星团，昴宿星团和毕星团。然后慢慢地尝试去画那些光线微弱一点，细节更多一点的天体。

我们总是要先确定目标相对于其他天体的主要特征，例如一些明亮的恒星或者星系的整体形状。当你对整体的外貌描绘很满意的时候，也要将细节描绘清楚。请将明亮的恒星画得更大一点或者给它们画上一些穗状或者一些衍射环来显示它们的相对明亮度。

一个有经验的观测者必须学会如何去看。首先要给自己的眼睛一点时间去适应全黑的视野。新手总是用几秒钟时间匆匆扫过目镜，然后就坚信这就是他们所"看到"的事物。我们要仔细观测才是。

当你努力去画出你所看到的天体时，一件神奇的事情发生了：你会发现你看到的远比你想象中的多得多。绘制出目镜中的图像迫使你去注意细微的结构。仔细观测一个天体达10～20分钟将会给你带来意想不到的收获，而这些细节是那些粗粗一瞥的人所无法看到的。

球状星团M30的一副目镜草图显示出了格雷格·汤普森用31.75厘米的牛顿望远镜观测它时所看到的细节。注意到观测形式的标准，汤普森发展了轻松一致使用望远镜。那些尝试着画过太空天体的人说，这很快就将眼睛锻炼得更为注意细节了。

太空的另一边

在天文学上有这样一种说法：上帝将所有的天文学家降生在北部，而将所有最佳的天体目标悬挂在南部天空。当你位处赤道以下时，你就会意识到这句话蕴含多少真理了。从北纬40°开始（即欧洲和美国中部），任何斜向南-50°以上的物体都将低于地平线，并从视野中消失。空中最佳的天体都在那个地平线以下，最好的星云、星群和星系，都在南太空。

背后的天空

对来自于北半球中纬度地区的大部分读者，天空看起来从半腰向北太空以北极星为标志的北天极扭转了一点。向北看，你会看到太空逆时针旋转了，左侧的星星到了西方，而右侧的星星则从东方升起。转过身来，再往南方看，你看到白天的太阳和晚上的星星，它们随着地球的转动从左向右移动穿过天空，自东向西。

现在，我们跋涉到南方位于赤道30°以下的地方（澳大利亚的悉尼，智利的圣地亚，或者南非的约翰内斯堡），然后抬头看，你一定会发现你很快就迷失方向了。白天，太阳仍然是从东向西运动。再抬头看北方，它在白天是从右向左移动的，与北方人通常看到的恰恰相反。在晚上向北方看，星星也一样是反向运动的。现在转身朝南看，那里，星星围绕着南天极以顺时针的方向旋转，周围是一片空白区域，一颗较亮的"南极星"都没有。

姿势的改变

从南纬开始，很多北方人所熟悉的星座呈现出颠倒的姿势。这里，猎户星座在4月运行到西部的时候，它的尾部和头部调换了位置。它的腰部位置指向天狼星，老人星和大麦哲伦星云在它的左上方。

艾伦·戴尔（摄）

去往何方

我们多次在赤道以南进行"朝圣之旅"，不放过任何一次机会。最初的目的地在北纬30°以南一带地区，这里洋流和信风交汇产生了沙漠性气候。选择的地区包括澳大利亚、智利、南非和所有天文学的神往之地，特别是拥有主要天文台和众多星星的地方。

位于智利中部和北部的阿塔卡马沙漠和安第斯山脉的天空享有最好的观测天空的美誉，因此越来越多的世界主要天文台建造在那里。我们获得特许在位于拉塞雷纳北部的拉斯坎帕纳斯天文台观测，那里堪称是人间天堂。天空漆黑如墨，视野稳定，那些恒星和行星看起来没有一丝的闪烁，就像是存在于大气层之外似的。

南部的象征

南半球数个国家的国旗上都可以看到南十字星座的身影。它光线明亮，结构紧凑，紧邻煤炭暗袋星云，被论证为最好最明显的暗星云。

艾伦·戴尔（摄）

黑暗的大陆

澳大利亚就像是19世纪50年代的美国一样，它大多数的城市都不受光源的污染。请将此图与第八章的北美地图进行对比，你就会发现为什么在澳大利亚寻找一片纯黑的天空是如此容易。

智利天文学家经常在拉塞雷纳以北，距离圣地亚哥2小时的飞行路程的艾尔基谷建造大批的美国和欧洲的天文台。另一个日益受欢迎的位置是更遥远的圣佩德罗·德·阿塔卡马，智利北部的一个高海拔城镇，天文学家艾伦·莫里在此建立了一个公共天文台（www.spaceobs.com）。曾在那里停留过的朋友都极力赞扬它。在非洲南部地区，南非和纳米比亚的一些乡下迎合了业余天文学家的喜好，成为来自欧洲的天文学家的首选之地。重点推荐的位置，请查阅www.sossusvlei-namibia.com。

但是对于很多北美人及近年来的我们来说，最终选择的目的地是澳大利亚。因为你能讲他们的语言（在某种程度上），能开租用来的车（他们是靠左行驶的），还能找到充足的停留和驻扎之所，而且还能经常和一群友好的当地业余爱好者在一起。

澳大利亚和所有的拥有南半球太空的国家一样，人口稀少，空气纯净，光源污染极少。我们发现根本不需要跑到乡下（深入内地）去寻找纯黑的天空。在距离悉尼、布里斯班和墨尔本2～3小时车程的地方就能发现超级好的天空。根据我们的经验，这些地方的天空纯净漆黑得丝毫不亚于类似艾尔斯山的乌卢鲁岩等内部地区的天空。气候数据可查询澳大利亚统计局或者登录气象局官方网站（www.bom.gov.au）。

赫歇尔在开普敦

想象一下，你是世界上第一个用45.72厘米望远镜探索整个天空的人，想象一下在你那位于温暖宜人的亚热带风景区的乡间别墅的后院，你拥有全世界最黑的天空。这是现在的天文学家的一个梦想，但是在1834～1838年，约翰·赫歇尔在南非观测南部太空就是如此度过时光的。"不管未来如何"，他的书中写道，"在那片明媚的土地上旅居的日子将会一直是我的地球朝圣之旅中快乐的一部分。"

为了进一步完善他父亲威廉所汇编的太空星图，约翰和他的妻子玛格丽特以及他们的3个孩子收拾行囊，带上一架46.99厘米的反射望远镜登上航船开往了好望角。赫歇尔一家很快成为开普敦欧洲殖民地有名的公民，白天他们进行社交活动，晚上则探索太空。在这段时间里，约翰·赫歇尔发现了2100个双星和1300多个星云和星团。1837年，他记录了罕见的船底座伊塔星的爆炸，它在极短的时间内发射出耀眼的光芒，这场爆炸使它成为空中最耀眼的星星之一。

在开普敦的时光是赫歇尔在天文学的职业生涯上的巅峰时期。回到英格兰后，他已成为业内的大师，但是他很少再用望远镜，他的那架45.72厘米望远镜被扔在了地窖中，镜片上沾满了污迹。"随着我的《南非观测录》的出版，"赫歇尔自我总结说，"我下了一个决定，我想我的天文事业就此终结了。"

在南非开普敦的时候，约翰·赫歇尔的主要仪器设备是一架6.096m高，46.355厘米孔径的望远镜，它被架在户外的一个天然山坡上。一个近赤道的安装好17.78厘米折射透镜则封装在一个小屋中。

−50°以下，遥远的南太空含有在各种分类中属于佼佼者的展示天体：最好的星云、开放星团和球状星团。再加之令人惊叹的麦哲伦星云和一片银河，这一番景象远远胜于北太空。所有的北部天文学家都应该到南方进行一场"朝圣之旅"。

船底星座星云

它比猎户星座星云体型更大，结构更复杂。这使得它被誉为空中最好的发射星云。其核心是飘忽不定的伊塔星。

宝石星团

开放星团NGC3293位于船底座星云的上部，处在星云状物场中。

珠宝盒星团

这个如宝石般的星星集群，由约翰·赫歇尔命名，与南十字星毗邻。

人马星座Lambda区域

这里是另一个让人叹为观止的星场，包含了位于上部的开放星团NGC3766和复杂的IC2944星云。

足球星团

约翰·赫歇尔曾说开放星团NGC3532是他见过的此类天体中最辉煌夺目的星团。

杜鹃星座47号

虽然没有人马星座那么大，这个雄伟壮丽的球状星团仍然被很多人认为是最完美的星团。它就像是一条星星隧道一般，不能不看！

 此页所提到的所有天体以及南太空其余的很多景观都是双筒望远镜或者66~90毫米的小孔径望远镜观测者的理想目标。

大观星会

参加澳大利亚的观星会，你会发现一些令人惊叹的景色。一定要记得请教别人给你展示一下侏儒星云。

艾伦·戴尔（摄）

从悉尼或者布里斯班开车朝着东海岸的大分水岭前进，距离不远就能找到远离海洋的干燥、干净的天空。在中西部地区，新南威尔士的新英格兰地区，或者是昆兰士南部，墨尔本北部，玛瑞河流域，和弗林德斯山脉的阿德莱德北部都是极好的观测点。

在这些地区，你能看到年度的观星大会，例如阿卡卢拉观星会（1月，南澳大利亚），南太平洋观星会（4月，靠近新南威尔士的马德几），边境观星会（8月，靠近新南威尔士的奥伯里），昆士兰观星会（8月，林威尔），IceInSpace天文盛会（10月，新南威尔士的猎人谷），维多利亚观星会（10月，维多利亚赫尔）。你可以直接在谷歌上搜索观星会的名字找到相关链接。

澳大利亚的一个首选之地是科纳巴兰布兰（www.coonabarabran.com），是那威和奥克斯利高速公路上的一个小镇，别名"澳洲天文之都"。澳大利亚主要的望远镜光学测试基地，赛丁泉天文台就在帝汶路上，它拥有令人叹为观止的天空。科纳是我们在澳大利亚时最常光顾的地方。

何时出发

尽量安排好商务旅行或是个人假期，在新月时避开城市的灯光。最佳的时间是南半球的2~4月，夏末和秋初。夜幕刚刚降临，麦哲伦星云早早地升起了；夜深人静时，银河从船帆星座穿行到人马星座，星系散发出耀眼的光辉，在我们头上闪耀直到黎明。你能看到南半球银河的全貌和南半球最完美的天空。如果是10~12月去，你能清晰地看到麦哲伦星云和船底十字星座，但看不到位于天蝎星座和射手星座中的银河中心。如果是6月到8月之间去，你能在寒冷的冬夜看到银河中心，但是麦哲伦星云却在地平线下浮动。

宏伟的银河

这张宽角度的全景图摄于四月，它展示了南太空银河的全貌，从右边西边的船尾星座和船帆星座，穿过南天极以南的船底星座和十字星座，直到东部一个包含矩尺星座、天坛星座、天蝎星座和射手星座的丰富星场，位于左边。在南半球的秋天，麦哲伦星云在天极下方徘徊。

艾伦·戴尔（摄）

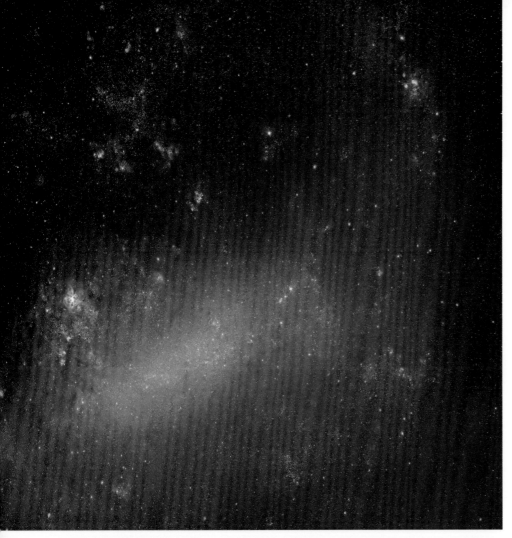

大型的麦哲伦云

即使南太空除了大型麦哲伦云外没有任何别的新天体，南方之旅仍然是值得一去的。在一个只有几度宽的场中，数十个星云和星团将它形成为银河系的一个伴星系。在它们中间，巨大的蜘蛛星云NGC2070，图中左侧所示，是肉眼可视的，尽管它在另一个距离我们160000光年的星系上。

艾伦·戴尔（摄）

也许你认为澳大利亚是一片干燥的甚至是被干旱破坏的大地（它确实如此），但它在晚上仍旧会是多云的天气。我们有几趟旅程中整整一个星期会因云雾耽搁，甚至会被雨水困扰。几月未下雨，可偏偏天文学家一到达就下雨了！在我们多数的澳洲之旅中，我们平均50%的晚上拥有好天气。为了最大限度地利用好一场严肃的天文观测旅行，我们建议必须保证能有整整两周时间处于一个全黑的环境中，并且在新月之前到达目的地。这样你有足够的时间检测装备和熟悉天空。记住，这就是一次全新的开始！

带上什么装备

你会需要一本简单的季节性星图。为了识别恒星和星座，我们要从最基本的星表"星辰穿顶"入手，如杂志和导引指南书上所示，或者是南半球的平面球形图。

如果你想寻找双筒望远镜的目标，你最爱的涵盖了整个天空的星图集可能没有收录你的目标，这些晚上你是在异国的天空下。因此，在南太空观测的最好的指南书是史蒂夫·梅西和史蒂夫·夸克编制的南太空星图集（新荷兰

抬头向上看

向南30°，银河系的中心从我们的头顶经过，它的对称螺旋臂在空中跨过。你看它就像是壮丽的侧向星系，它是天空中最唯美的景色之一。

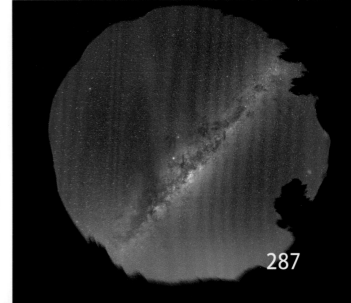

船底星座和星团

在双筒望远镜中，南方的银河汇成了一个最引人注目的星场，巨大的船底星座星云周围被各种各样明亮的星团包围着。可以在夏威夷和佛罗里达看到这个区域，它只从赤道南部升到高空中展现最美的景致。

出版社，2007年）。加拿大皇家天文协会的观测手册也收录了一系列南太空的"奇观"。使用这些参考图册，你的目标就明确有序了。

至少带上双筒望远镜。很多南太空的景观太大，太明亮，以至于不能在双筒望远镜中得以完美展现。下一步是一架66～80毫米的反射镜，拥有固定的3脚架，平滑的盘头或者一个较小的地平装置。你所需的就是两个目镜：一个低倍率的20～26毫米的目镜和一个高倍率的6～10毫米的目镜。但是不要忘了星对角。近赤道装置和驱动是必不可少的，如果你想在短时间内看到大量的天体，成为一个多产的观测者，那么一个小型的GoTo将会助您一臂之力。

即使是在后9·11时代，带着望远镜通过机场安检也是没有任何问题的。现在考虑一下你能带多少东西。经济舱的重量限制是非常严格的：一般来说，托运行李每袋限重22.5千克，手提行李每袋限重6.75千克。望远镜的广告语"航空便携式"在现行规定下并不一定行得通。三脚架望远镜是最重最难携带的，相机和镜头会迅速地增加重量，所以重新思考一下你真正需要多少装备。

银河系核心

位于天蝎座和射手座中，我们星系的中心附近围绕着黑色暗带高高在上，形象鲜明，为银河系创造了一个三维的外貌。几个晚上探测银河中心所带给你的回报将会让你一次又一次想去澳大利亚旅行。

换一个地方旅行

当然，如果你是南半球的居民，你已经知道了南半球太空的景观。你所想要看的是你在每一本天文学书上看到的北太空的神奇景观，是那些在北部地平线以下的天体。仙女座星系和涡旋星系将是你的目标。如果你打算前往北方，最佳的选择是北美的亚利桑那州、新墨西哥州和得克萨斯州，这里的天文台、天文胜地和观星会都将带你进入一个更大的领域。如果你想寻找北方的星系，最佳的时间是3~5月；如果你想看天鹅星座和御夫星座间北部银河系的星团和星云，最佳时间是9~12月。6~8月是美国西南部的雨季。

不管你住在哪里，与其花费3000美元甚至更多钱购置一架新望远镜在同一个半球观测天体，不如花同样的钱到地球的另一边去看看。当你走在陌生的天空下，抬眼一看，发现没有一个是你所熟识的天体，你将会笑得非常灿烂。

Part 3　先进技术与技巧

第13章　数码天文摄影

正如我们所说，胶卷是死的。

如果您还是少数坚持使用胶卷拍照的顽固分子之一，

那么恭喜你如此忠实于传统。

然而不幸的是保持"优良的传统"似乎只是你执着于使用胶片相机的唯一原因。

数码拍摄技术无论从哪个方面来说都要比其略胜一筹。

天文爱好者对这夜空拍照的"爱好"称为数码天体摄影技术。

我们都目睹了这场革命的到来。

追溯到20世纪初期，

当时拙劣的CCD天体照相机拍摄出粗糙的天体相片，

贻笑大方。

然而这些0.1～百万像素的相机就像是不灭的恐龙脚下仓惶落跑的渺小的哺乳动物一样销声匿迹。

是的，有一天，

他们的后代将取代整个"世界"。

那个时代已经到来！

这一章便叙述了如何使用数码相机拍摄夜空。

方式有很多种，

我们只介绍一种相机，

它已经完全颠覆了我们拍摄天空图像的方法：

数码单反相机（DSLR）。

我们在天空中看到的一切都可以用影像捕捉到。天体摄影技术（即使采用了数码技术，我们还是可以如此称呼）的诱惑便在于其能够捕捉到天空中物体的斑斓色彩，而用肉眼却只能看到一片黑白。如右图著名的8分钟泻湖三叶星云的展示照片，由法国天文学家勒让蒂尔使用77毫米1/4BORG-APO折射镜以及修改后的佳能5D DSLR（数码单反相机）相机拍摄。

291

胶片VS数码，第一组

两张图均为月色下的加拿大亚伯达的路易斯湖。都是在感光度ISO100下拍摄的，耗时相同。然而数码拍摄的照片中阴影部分要比胶卷拍摄的图片要小很多，它可以将很多胶卷相机无法捕捉到的细节拍摄清楚。数码相机的速度并没有比胶片相机快（图片中亮的部分看起来效果接近），数码相机只是在将光量子转化为图片的过程中处理得更好一些。

数码单反相机（DSLR）的革命

在此书的早先的版本中，我们并未介绍到数码单反相机（DSLR），那是由于当时的此类相机不但价格超高而且在性能上并不适合于天文学拍摄。然而事物就是如此瞬息万变！就在2002年那版书出版不到一年的时间内，佳能就研发出了完全可行的数码相机，正如其突破10D那样。长曝光看起来相当不错。往日用胶片拍一个黑白的星云图需要1小时，用这个数码相机只需要5分钟。哇！

使用专业的天文学数码相机（称为CCD相机，因为他们使用的是电荷耦合器芯片）的用户非常了解和熟悉用电子传感器拍摄黑白物体要比胶片拍摄要快得多。然而真的要实践起来，还是一个大难关。相反，单反相机可以像已经沿用几十年的胶片相机那样使用，我们已经了解了如何使用。

有那么一台相机，在当地的相机店里就能买到，既可以拍摄白天旅途的风景，也可以捕捉深夜星空猎户星云的缤纷色彩。数码单反相机已经实现了天体摄影技术的平民化，让每个人都能拍摄出版级别的高清天空相片。

当然，还有其他一些专门用于星云和星系拍摄的低成本数码相机。然而，数码单反相机（DSLR）的魅力在于其能够用于各种天文课题的拍摄，从横跨整个天空的北极光的超广角拍摄到深空星球的望远镜式特写镜头等都可以实现。并且不需要电脑，不需要纠结不清的各种电线和外接电源，也不需要学复杂的控制软件以及专业相机要求的抛盖在头上的黑幕和平场曝光。

我们都要购买数码单反相机，并且手头上可能已经拥有了一些型号的相机。由于数码单反相机的多功能性、简单易用性以及突出的照片品质，我们认为数码单反相机（DSLR）是目前天文学爱好者拍摄夜空图片的最佳器材。当然我们知道还有其他的专门应用于此领域的相机类型，比如拍摄行星的网络摄像头等。但是数码单反相机（DSLR）目前在这个领域占主导地位。对于那些想拍摄各种星空图片的爱好者来说，数码单反相机是他们最好的选择。事实

胶片相机的"背水一战"

从这张在感光度ISO100曝光时间长达6.5个小时的照片上来看，用长时间单拍曝光拍摄星星轨迹图仍然是胶片相机比较擅长的一个领域。超长的曝光时间着实挑战了数码单反相机噪点的极限。

上，您可能已经拥有了一台。如果是这样的话，您只需要一些简易的配件和有用的指导便可投入到您一生的天文摄影事业中去了。

胶片VS数码，第二组

左图是用柯达Supra 400胶片拍摄的IC443星云图。右图是用佳能20Da数码单反相机在感光度ISO400的模式下拍摄的同一个星云图。显然，用数码相机拍摄的图片显示了更多的星云细节，右图中的星星更加紧密，并且"谷粒式"的噪点也要少很多。那么真正的大区别在哪里呢？胶片曝光的图片用了80分钟，而数码单反相机的曝光时间仅为15分钟。

选购数码单反相机（DSLR）

面对那么多种类的数码相机，我们会傻了眼。如果你在考虑买一个天文摄影的数码单反相机的话，就不要想太多，直接买佳能（Canon）的就可以了。是的，就算你已经收集了一系列的尼康或是潘泰克斯（Pentax）的镜片也不要紧。买佳能的不会错。理由很简单，长时间曝光拍摄的照片品质，没有任何一家生产商的可以跟佳能的相匹敌。佳能相机拍摄的照片噪点少，基本没有图像失真的情况（如颜色"诡异"的星星，过度曝光减弱导致的星星模糊不清，黑色像素，照片边际泛红等），而这些问题是其他品牌的相机棘手的问题。佳能数码单反相机（DSLR）拍摄的长时间曝光照片更加清晰平和。佳能公司只是更加注重于解决当曝光时间超过1分钟或持续进行的情况下产生的噪点以及其他问题。基于这个原因，公众相机检测报告很难区分出各个品牌性能上的区别，只有在拍摄夜空长时间曝光照片上，这些相机之间的性能差异才变得比较明显。

在数码相机这样一个反复无常的复杂市场中我们就推荐一个品牌的相机，或许有失谨慎。当然也有可能其他的一些品牌的相机已经在性能上超越了佳能，成为更好的选择。然而，近几年的数码单反相机并没有多少发展，当然通过我们近距离的观察和检测也没有什么特殊发现，也就是说，佳能应该还是稳坐其领导地位的。但是目前尼康（Nikon）有赶超的趋势，其2007年的型号比如D300，就已经在其噪点性能上有赶超佳能的架势。

那么怎么处理这些非佳能的镜片呢？可以用结合环将尼康、潘泰克斯、奥林巴斯或是其他牌子的镜片装到佳能EOS相机体内。非佳能的镜片必须用纯手工模式进行操作，但对于天文摄影而言，我们本来就是这样使用镜片的。否则

相机比较

经过我们多年的相机平行比较（比如佳能400D，尼康D80和潘泰克斯K10D之间的比较），佳能的长时间曝光性能都比其他要突出，它拍出的图片噪点更少、更保真。

293

自2008年起，佳能和尼康的数码单反相机都采用了35毫米胶片尺寸（24毫米×36毫米）的全帧芯片。然而，大部分数码单反相机还是采用较小的APS-sized芯片（15毫米×22毫米），这个价格更便宜，也不需要那么多镜片和望远镜光学部件。

你就得做作者戴尔（Dyer）第一次用佳能数码单相反机拍摄出夜空后所做的繁琐事情了：打包好收集了30年之多的尼康胶片相机和镜片，然后将这些东西弄到二手相机店里去。

也就是从那个时候开始，胶片在天文摄影界已经"名存实亡"了。

相机内部

既然已经提到了佳能，我们应该说明一下哪些品牌的数码单反相机能够拍好短曝光时间的天文照片。这其中包括很多主题，比如夕阳西下的混合景色、月色夜景、北极光景象以及月球和其他星球的望远镜式景色等。若不使用快门方式的话，这些都可以在1分钟曝光时间内完美捕捉到。所有品牌的相机拍摄短曝光时间的主题都还不错，并且在很长一段时间内这些主题基本上已经涵盖了天体摄影技术的一大部分内容。但是在目前很多爱好者感兴趣的长曝光时间拍摄彩色星云和星星的领域内，佳能无疑是居领先地位的。

关于这一点，很多执着的天体摄影师可能会问他们的简易式傻瓜相机是否也可以拍出同样的效果。好歹他们的相机可能也有个800万或1000万像素，而且跟数码单反相机一样的价钱。但是其答案显而易见：不可能！

左图为傻瓜相机高质图感光度ISO400，30秒曝光下拍摄的夜景。图中有很多噪点，并且在阴影处看不出任何细节物，空中只看到少数星星。右图为数码单反相机在相同曝光时间下拍摄的图片，我们能看清星星、云朵以及阴暗处的很多细节。

想要知道其中的缘由就得了解相机的内部结构。我们平常所谓的简易式傻瓜相机的镜片都是固定的，可能也会聚焦，但相机不能拆卸。整个相机是一个封闭体。镜片里的光直接进入传感器芯片，然后在相机的后部成像，然后立即可以在相机里看到电子图像。

通过比较，我们可以发现，数码单反相机的镜片可以拆卸更换，有各种镜片可以选择比如超宽镜片和长焦镜片等。单反透镜上的光不是直接进入传感器，而是传到一个反射镜片上，将光线反射到聚

焦屏幕上，称为"单镜片反射"。你通过光学取景器看到的图像就是这个屏幕上的图片。传感器被一个反射镜片和光栅覆盖，防止灰尘进入或是在你移开镜片的时候避免损坏。通常，在你按下快门，感应器前面的光栅开启，反射镜弹起，这个时候光线才能进入感应器。

🔭 傻瓜相机VS数码单反相机

以上便是傻瓜相机与数码单反相机在机械原理上的区别。然而这两者之间的感应器芯片还有更大的区别。为了使得傻瓜相机简单易用，其采用的是很微小的芯片。一般只有4毫米×5毫米大小。相比之下，数码单反相机的芯片则要大很多，约有15毫米×22毫米大小。而傻瓜相机要在这么微小的芯片内容纳下800万~1000万像素，并且单反相机也是相同的像素量，那么到底会有什么区别呢？

其中的区别就在于单独像素点的尺寸大小。数码单反相机内，像素点大小通常只有5~8um（1um=1/1000毫米）。这已经够微小的了，但是如果将800万或是1000万像素挤入傻瓜相机如此微小的芯片内，其像素点只有2~3um，比光波还要微小。如此小的像素对于天体摄影来说并不是个好消息。如同一个小口径望远镜，小像素点能收集到的光线远远少于大像素点能收集到的光线。记录下的光子信息被转化为光子信号，而这些信号很容易被杂乱的不需要的光子而产生的噪点所湮没，所有的数码感应器都存在这样的问题。数码单反相机中，虽然也会存在着坏的噪点光子，但是光线所产生的好的光子数量要多于坏光子数量。

白天光线充足的情况下，傻瓜相机的拍摄效果不错。但是夜间，在光子数量稀少的情况下，两者间的差距就显而易见了。经过长时间曝光出来的照片上满是星星点点的噪点。而用数码单反相机拍摄的夜景图片则要清晰整洁得多，这里面的主要原因就是因为数码单反相机的像素点比较大，在曝光过程中收集了足够多的光线。所以结果是，尽管相机的像素接近，但是用于长时间曝光的天体摄影的话，傻瓜相机根本比不上数码单反相机。事实上，傻瓜相机对于天文拍摄毫无用处。

视野

大芯片的优势在于无论使用何种镜片或望远镜都能有一个较宽阔的视野。入门级的CCD相机与同等APS尺寸芯片相机相比，视野要小很多。

CCD VS数码单反相机

在相同的夜空测试中，我们可以看到数码单反相机（佳能20Da）的拍摄效果几乎与冷光CCD相机（ST-402）相同。两者曝光时间均为8分钟，尽管CCD相机还需要通过红、绿、蓝三层滤镜。

原装VS改装

从上图恒星海山二星云图（Eta Carinae）照片对比来看，原装相机拍摄深空物体的效果也相当不错。但是滤镜经过改装后的相机对于红色氢阿尔法波长的感光度更加敏感一些，其拍出的相片更加清晰。经改装后的相机能够拍摄出暗淡的星云，而原装相机则做不到。

📷 数码单反相机的选择

相机的型号更新很快，基本上每款型号的相机市场寿命仅为12～18个月。所以此书不可能为您推荐某个特定型号的相机。若您已经拥有一个数码单反相机，要注意相机型号不能低于佳能20D或是佳能Rebel 350XT。2004年和2005年上市的800万像素的相机用于天体摄影已经绰绰有余。自从这些相机问世后，除了那些具有更高级特性的相机或是像素更高的相机外，没有别的相机能够在低噪点水平上出其左右。

佳能相机中性能较好的是价格稍贵的佳能5D。它具有1300万像素，芯片尺寸为35毫米胶片尺寸大小（24毫米×36毫米）。其他便宜一些的佳能相机采用的是APS-Sized感应器，芯片大小为15毫米×22毫米，目前胶片的帧的尺寸大小称为先进摄影系统（APS），该系统在数码相机问世前广受推崇。大部分尼康、宾得和索尼的数码单反相机都是使用类似尺寸的APS芯片。

全帧相机，如佳能5D、1Ds型号和尼康的3D相机，在装了镜片或是望远镜后可以摄取到更广阔的视野。大的芯片能够摄下更广阔的天空。但是同时它也无情地记录下了镜片或是望远镜上的偏差，以及帧边角上的瑕疵，将星星扭曲成了模糊的彩色"海鸥"像。所以全帧芯片相机必须配备极佳的带平扫描场的光学配件，还有专门为深空图像摄影设计的望远镜或是能够安装平扫描场透镜的望远镜。对于大多数人来说，购买APS尺寸的相机更加实际。

自2008年初开始至今最热销，性能好价格合适的相机有中档的佳能1000万像素的40D。低成本的佳能Rebel系列（在北美是这么叫的）是一入门级的价格水平。尼康相机的1200万像素的D300相机要比其早先的型号好很多。除去这些中档的相机便是进一步的全帧芯片相机。除非你有足够优质的光学镜片来喂，要不然很难负担得起。相反，700～1800美元的经费已够你买一个入门级到中档的数码单反相机，也能够拍摄出出版级别优质的图片了。

低价成像器
美国Meade的DSI或是Orion的StarShoot相机引进了高级的CCD成像技术，但是在图像品质、芯片尺寸以及像素等的成本支出上，数码单反相机占有绝对的优势。

原装VS改装

无论你选择了何种价位的相机，其本身必然面临了其他的选择：你是在当地相机店里购买一个原装相机还是改装相机呢？经过改装的或是光谱增强的数码单反相机中，第三方公司（比如美国的Hutech科技或是加拿大的KWTelescope）通过增强其对深红色的感光度来提高相机性能，其内部通过氢气释放出了大量的光，使得相机能够记录下昏暗淡漠的星云。改装的在性能上要比原装的相机好很多，更加不用说其在曝光时间方面的绝对优势了。

改装相机，供应商通常是将感应器前的标配红外线切断滤光器更换为一种新的滤光器，这种护目镜能够使更多光线进入光谱的红色可见光内，并且还能切断非正常聚焦的红外线。2005年佳能出品了20Da，是一款装配有H-alpha通滤光器为特色的专业相机。佳能20Da是一款出众的天体摄影相机，有一定的用户市场，但不适合日间拍摄。

经过第三方改装后的相机拍摄出的图片带有淡粉红色。所以如果您主要将该相机用于日间拍摄，恐怕改装相机并不是好的选择，尽管可以通过后期制作矫正颜色。但是如果您的相机主要是用于深空摄影的话，我们强烈建议您使用改装佳能相机，用于深空目的的摄影非其不可。改装相机的拍摄效果与普通相机的拍摄效果有着天壤之别。

选购镜片和配件

普通的数码单反相机应付在三脚架上拍摄的主题照片绰绰有余了，比如夕阳景色、日食月食和曙光等。但是很快您就会发现自己不能满足现有的镜片种类，您需要更长聚焦长度的镜片，从超广角镜片到更长的摄影镜头等。另外一个聚焦的局限性是聚焦比例问题，多数为f/4~f/5的慢速透镜，用于光线充足的景色拍摄效果还好，但若是用于夜景拍摄未免过于迟缓，拍摄星座图像或是卫星跟踪图像的话理想的选择还是快速f/2或f/2.8透镜。我们比较喜欢固定聚焦长度的透镜，因为星相领域的拍摄是对镜片的最严峻的考验。虽然我们还是倾向于使用佳能的镜片，但是我们发现适马的一些镜片也相当不错，比如适马的8毫米和15毫米的鱼眼镜片。

另外一个必不可少的配件是无线快门线。只需要一个简易的开关装置即可（约35美元）。但是需要注意的是佳能和尼康中价格低廉的相机的连接器与其主流的数码单反相机的连接器类型是不同的。我们建议使用带有内置计时器的，如佳能的TC-80N3或是尼康的MC-36（约200美元）。这些配件可以为您节省一系列的曝光时间以及时间间隔设置。对于无人化深空摄影和时间间隔摄影来说是相当不错的选择。不幸的是，这些配件的版本不适用于佳能和尼康价格低廉系列的相机。

还有另外一个重要的因素便是电源。准备一个用于替换的备用电池或是交流电源。Hutech公司生产了一种电源适配器，适用于佳能12伏特以上的交流电源，其他相机的12伏特电源适配器一般都是国产的。

配件

我们建议使用一个带有简易开关装置的无限快门线（见右前图）或是一个程序化控制时间间隔计时器（见左前图），右转角聚焦放大镜（见右后图）以及可延长使用时间的双电池包（见左后图）。定点整夜拍摄的话最好使用交流电源以保证足够的电力供应。另外还有千万记得准备存储卡！这样可以在极大降低拍摄成本的同时还提高了拍摄数量。

聚焦VS固定镜片

请看星星图片（见上图），该图使用佳能L一系列聚焦镜片宽度为f/2.8在16～35毫米的高质模式下拍摄。下方的图使用的是固定的35毫米L一系列f/1.4的镜片在f//2.8宽度下拍摄的。图中的星星十分细小。快速f/1.4和f/2.8镜头孔径在短时间曝光拍摄时能捕捉到很多细节，比如三脚架白色银河系等。另外不错的镜片还有佳能的135毫米f/12和15毫米f/2.8。

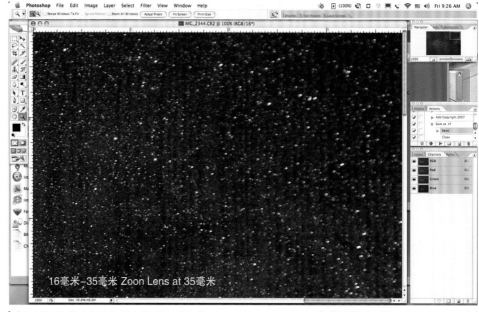

16毫米-35毫米 Zoon Lens at 35毫米

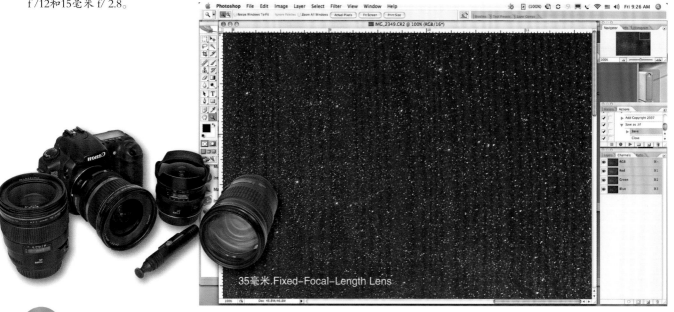

35毫米.Fixed-Focal-Length Lens

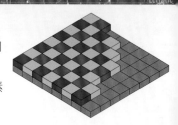

★贝尔彩色图像采集阵列模式

数码单反相机里的像素点都由一个个微小的红色、绿色或是蓝色的滤镜覆盖，这些滤镜如右图的贝尔图像采集陈列模式，以该模式的创造者柯达的波斯贝尔命名。一个像素点记录一个单色过滤像。在生成彩色图像过程中，相机确定了每个像素点记录的数据并且将其与周边的像素点混合。这个解码编译的过程称为色彩还原。

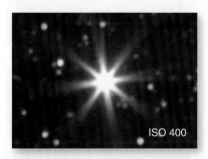

ISO 400

★暗框

大部分数码单反相机都有一个长时间曝光以减少噪点的选项。开启该功能后，相机会利用快门关闭进行二次曝光，与实际曝光时间相同。该暗框记录的便是噪点，减少了主曝光过程中的噪点影响，从而大幅度消除了在长时间曝光过程中产生的斑斑驳驳的噪点。

★ISO速度

胶片速度是以国际标准化组织（ISO）速度衡量的：也就是ISO400的胶片速度是ISO100的胶片速度的4倍（即只需要其1/4的曝光时间）。数码单反相机也可以通过类似的ISO设定提高其感光度。较高ISO设定值，可以在较短曝光时间内拍下物体，但是会有较多的噪点，如左边图片所示。各个图片是在不同ISO值下拍摄的，ISO1600下拍摄的图片上噪点比另外两张要多很多。

ISO 800

★JPEG还是JPG图片

JPEG格式下的图片被压缩了文件尺寸，这样不可避免地造成了一些数据缺失。

★低通滤镜

数码单反相机的感应器处由滤镜覆盖，防止红外线进入。该滤光器主要功能是"反图像失真，低通"，消除方形像素点的锯齿形边缘，使图像细节更加柔和。

ISO 1600

★百万像素

排列为3500×2300的芯片像素超过了800万。从理论上讲，像素点越多，图像细节越细致。

★微米（1/1000000米）

像素点尺寸或像素覆盖是以微米为单位计算的。（1微米=1/1000毫米）。通常，数码单反相机的像素点大小在5~8微米。小的像素点能拍出更细致的细节，而大的像素点的照片噪点少，因为大像素点能收集到更多光子数量。

★像素点

数码感应器上的感光因素称为像素，通常我们叫像素点。

★原始图像（RAW）

数码单反相机也可以调成RAW格式拍摄照片，通过压缩，deBayering或者色彩纠正的方式保存所有的单色数据。然后RAW文件在后期的软件处理（比如Adobe Camera Raw或专业的天文学图片处理软件）中将色彩还原。

数码单反相机对焦

好，更好，最好

右图为摄像镜头在不同聚焦情况下拍摄的照片，请看效果。顶上的图看上去显然较柔和，中间的对比图强一些，但是星星的周围有色差光晕。底上的图聚焦准确无误，星星清晰明了，星云带彩。

聚焦点

尽管所有的自动对焦镜片都有无限远对焦功能，但是实际上在对远程目标对焦的时候很难找到最准确的聚焦点。使用上图镜片，最佳聚焦点就在无限远之内。

高对比度图

放大镜探测器有助于通过取景器进行精确光学聚焦。但是首先用你的眼睛进行相机上的屈光度调节，然后打开放大镜上的屈光度调节器，将图像调成最清晰状态。在这个条件下，再进行镜片或望远镜聚焦。

在日间进行相机对焦很容易，只需要打开自动对焦功能，按下快门即可，相机会自动搞定一切。但是若要夜间对着天空拍摄，恐怕就没有那么简单了。除了夕阳暮色外，在拍摄其他夜景的时候相机很难找到对焦点。若没找对焦点，相机可能连照片都拍不下来。唯一的解决办法就是将镜片调到手动对焦模式。以前还没有自动对焦镜片的时候，您只需要旋转镜片将焦点调至无限大，就可以确认对天空拍摄是否对好焦了。但是如今的自动对焦镜片能无限远对焦了，但是对天空的聚焦点找得不是很好。

事实上不仅仅是镜片需要手动对焦，而且相机本身的对焦过程就应该得到精致处理。若焦点有一丝头发那样的偏差，拍摄出的星星图片就会发晕、发胀或是边上有颜色或是由于镜片的内在的偏差造成的红色光晕。好的镜片可以拍摄出没有斑斑点点的色彩的星星图片，但前提是要准确对焦。

比如在进行月亮摄影的时候，将相机装上望远镜的聚焦放大镜后，出现的图像昏暗而粗糙，很难准确地找出最佳聚焦点。那么如何解决这个问题呢？

佳能、尼康以及第三方供应商如Hoodman和Seagull生产的直角放大镜取景器就能起到很大的作用。其2倍功率使其更加容易辨别出聚焦点，并且在直角取景器的作用下，通过相机出现在放大镜图像更加舒适柔和。最好的方法是首先对着一颗较亮的星星对焦，而不是直接对着月亮或是行星对焦。前后调节聚焦点，调节各侧焦点放大星星图像，这样您就可以找到最佳聚焦点。经过反复试验调节后，再放大，重新判定在不同聚焦设定下的聚焦点是否有改进。

市场上还有一些其他的用于望远镜拍摄的辅助品。恒星科技出品了Stiletto，一种刀锋式聚焦放大镜，您只需要在放置相机的地方装上该物，聚焦后，换上相机即可。

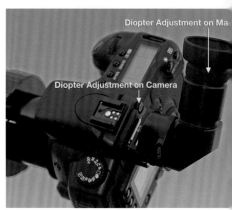

除了可以进行曝光时间设置，快门速度和ISO速度设置外，数码单反相机上还可以进行一些别的设置，这些是胶片相机上所没有的。

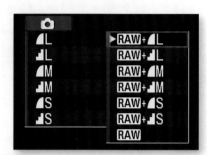

★文件格式

数码单反相机有多种图片保存格式，如压缩JPG文件格式或是RAW文件格式或是两者一起保存。JPG格式保存的图片，还可以选择保存图像的尺寸大小（L,M和S），以及压缩的数量（用阶梯形粗糙度图标表示）。除非延时摄影这种本身就要较少图片尺寸的情况，其他拍摄尽量使用最大尺寸和最小压缩量模式拍摄，RAW也是同理。

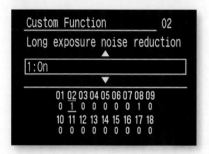

★长时间曝光和噪点减弱

在自定义功能下开启该选项，设置所有拍摄曝光时间长于1秒，并使相机进入暗场模式。在该模式下图片的显像时间翻倍，您可以再拍一张照片。有些相机还有高ISO噪点减弱选项，该功能使得在ISO400或者更高的速度下拍摄的图片滤像更柔和。有些相机在该功能下拍摄时星星就会模糊，但是佳能40D则不会，它在减少色彩噪点（只对于JPG格式，不针对RAW格式）的同时不减弱星星图像。

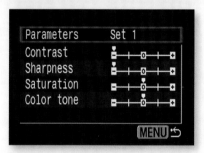

★图像参数或图片类型

在所有数码相机中您都可以通过一系列的参数预设或自己调节参数来更改图像的对比度、尖锐度和饱和度等（佳能称这些为图像类型）。这些设定只针对JPG格式图像，对RAW图像不起作用。然而，对于天文摄影，我们发现事实与我们想的截然相反，减小这些对比度和尖锐度反而可以提升相片的质量，以及其在夜色下捕捉模糊昏暗细节的能力。进行自定义设置前，请尝试各种不同的设置。

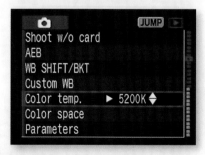

★色温

按常理来说，将相机设定在自动白平衡（AWB）状态即可。但是为了确保在延时拍摄时帧与帧之间的一致性，比如为日光照明下将色平衡设定在某个固定的值，通常为5200开。虽然这个设置在RAW格式下会被保存，但是在转化RAW格式图片的时候其色温和白平衡很容易更改，比如在Adobe Camera Raw中。因此如果你设置错误并且拍摄了RAW格式，要修改这些数据还是很容易的。

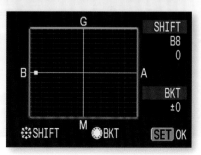

★色平衡

类似地，色平衡的数值一般设定在中间值。但是用滤镜改装后的相机进行日间拍摄的话，你必须进行非正常红色的纠正，试着将色平衡调至蓝色一端（该设置对于佳能5D有效），色温值调低，大概3000开即可。另一种方法是参照相机的说明手册，通过拍摄白卡纸进行自定义白平衡设置。多尝试几次找出你的相机的适合值。

良好聚焦

无论你如何拍摄高质的图片，拥有一个优秀的10：1双聚焦速度的聚焦装置，比如Feather Touch 聚焦放大镜，会让聚焦变得更容易。所有为天文摄影设计的放大镜都应该配有这样一个优秀的聚焦放大镜。

Stiletto聚焦放大镜

对于没有实时聚焦的相机，可以使用Stellar 科技出品的刀锋式的Stiletto聚焦器，跟望远镜一起使用效果不错。将聚焦器代替相机的机体位置，对准一颗亮的星星，然后你会看到一个明亮的亮光圆盘，中间有一条黑带。当黑带消失不见的时候，对焦就完成了。

计算机对焦

这种方法要求将图片加载入计算机，然后通过专业软件，如Cercis DslrLite等进行图片分析，得出星星尺寸等的数据和图形数值。这个聚焦过程繁琐和冗长：拍摄下图片，检查，调节，再拍摄，再检查，再调节。

"实时图像"对焦

很多数码单反相机如佳能40D都有实时对焦功能。在该模式下，反射镜片移开，使得芯片可以透过光学镜片。你可以在LCD显示屏上看到放大后的实时图像，在这种情况下，进行实时的星星对焦就很容易了。（右图为10倍放大下的一级星星图像。）

望远镜，确实有用，但是却难准确定位焦点。佳能用户的另外一个选择是加拿大KWTelescope公司生产的FotoSharp。该配件可以与相机和望远镜一起使用，并与相机的自动对焦线路相连。若望远镜要对焦一颗闪亮的星星，那么当对星星对焦完成后，相机会发出鸣笛声，与其自动对焦完成时一样。用户对这两个配件都很喜欢，但是它们只在望远镜上有用，对于聚焦镜片则并不实用。比如在肩上摄影时，很难用肉眼判断出正确的聚焦点。

为了保证在任何情况下都能精确对焦，很多人都会使用外接电脑和专业的聚焦软件，如DSLR－聚焦，ImagesPlus，MaxDSLR和Nebulosity（www.stark－labs.com）。计算机反复刷新快门；然后图像加载在显示器上，同时还显示了星星图像的强度数据和图解分析。尽管这种方法看起来很精确，但是大气层环境的变动性使得读出的数据上下浮动，并不稳定。并且下一副图像又会出现延迟现象，这样就导致了使用者很难准确判断出聚焦点何时达到了峰值。使用这种方法对焦着实需要耐心。

目前很多数码单反相机采用了最好的对焦解决方法：实时显示拍摄模式（Live View模式）。在该模式下，相机的LCD显示屏上实时显示了相机捕捉到的画面。你可以对准某一区域放大观察，比如一颗闪亮的星星，然后你可以通过望远镜的目镜进行焦点调节，只要将星星调节到最小的彩色光环即可。将相机的ISO值调至更高，将镜头光圈调至最宽，这样可以帮你找到最佳聚焦点。许多数码相机可以外接电视显示器，将实时信号输入该显示器内，这样在一个大屏幕上更容易看清。实时显示模式快速并且实时进行，不需要等待图片加载，也不需要繁琐的反复试验过程。

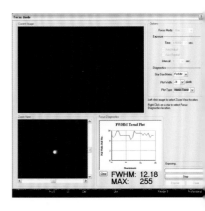

最后一点提示是如何在整夜拍摄过程中重新对焦，温度下降会引起光学部件的焦点发生偏移。通过确保在夜间后期拍摄的图片上的星星清晰度来保证聚焦点正确。这种方法适用于望远镜和透镜。在进行最后聚焦前需等设备冷却，然后每隔1～2小时进行重新对焦。

三脚架上的银河拍摄
数码单反相机的拍摄
威力在这张40秒曝光
的银河南天图中一
览无遗，相机设置在
ISO1600,15毫米透镜
f/12.8焦比。

技巧一：三脚架主题拍摄

只要你能看得到，就一定能拍下来。甚至你所看不到的，也能拍到！数码单反相机足以拍摄到你肉眼所看不到的暗淡的星星以及模糊的银河系带条。只需要将相机固定在三脚架上您就可以对星空星座进行拍摄了。只需使用您现有的设备就可以拍摄出高质相片。可能很多初学者会忽略这一点，他们坚信望远镜和电脑控制系统对于天文摄影是必不可少的工具，但是事实并非如此。他们所需要的只是一些创造力和基础的摄影技巧而已。

📷 照片101

由于许多夜间摄像头很模糊暗淡，相机本身的自动系统很难捕捉到画面，智能相机替代了傻瓜相机。为了更好地进行手动设置，你必须对一些基础知识有一定了解。

相机的快门控制光与数字芯片接触的时间。将曝光时间翻倍（比如从1/2秒增至1秒），则芯片接收到的光的数量也翻倍了。广义上来说如此，但是还有别的方式控制光的接收。

就像你的眼睛一样，相机的镜片有一个光圈，通过它的开放和关闭控制光线接收数量的多少。光圈的大小以聚焦比率表示，即f-比例，它表示物镜焦距长度与口径的比值，相当于相机镜头上的光圈。通常标准焦比数值

手动设置

在进行夜空拍摄的时候，多点自动聚焦和自动曝光功能几乎没用。这个时候相机需要进行手动设置，快门速度是由你而不是由相机所决定的。

有：f/1，f/1.4，f/2，f/2.8，f/4，f/5.6，f/8，f/11等。焦比数值越小，表示镜片光圈越宽，在相同时间内允许进入的光线越多。焦比值减小（如从f/2.8减到f/2），光线摄入的数量相应翻倍，也等同于快门速度翻倍。也就是说在f/2下1秒等同于在f/2.8下2秒，等同于f/4下4秒，等同于f/5.6下8秒。

控制光的另外一种方法是在拍摄过程中改变物体的感光度。在胶片时代，这就得通过更换胶片实现了。而对于数码单反相机，你只需要更改ISO设定即可。将ISO值设定翻倍，那么相应地，芯片发出的信号也翻倍。因此在ISO200曝光时间为1秒下拍摄的图片感光度与ISO100曝光时间为2秒下拍摄的图片感光度强度是相同的。

这就是你改进调节方式的方法。在较快的ISO值下配合更短的快门速度通常不错，但是结果是图片噪点较多，因为放大信号导致了更多的噪点。

📷 短拍

如果只是进行简单的三脚架上拍摄，较好的拍摄时间为早上或者晚上，这个时候行星聚集在一起或是在黄昏的时候排成一条线。有时候被月牙形的月亮聚集。此时你相机里的聚焦镜片应该足以应付了。放大镜头框住景象，然后将光圈放大（f/2.8~f/5），将相机ISO100调至ISO200。试着将曝光时间设在1~8秒。

如果空中有闪亮的北极光出现，请赶快抓紧你的相机！将相机设置在较快的ISO400或是ISO800，曝光时间为5~30秒，光圈为f/2~f/4。短曝光时间可以拍摄下运动的北极光帘幕的静态画面，而长时间曝光可以捕捉到你肉眼可能未能看到的一些微妙的色彩。

非常规行为

放大镜片光圈以减少曝光时间并且将星星拖尾痕迹减到最小。但是这样做经常会导致帧边上的星星扭曲或模糊。此图中，我们将光圈调至f/2.8，图片要干净清晰不少。但是这意味着曝光时间要翻倍，从原来f/2下的15秒曝光增至f/2.8下的30秒，天空中运动的星星拖尾痕也开始显露。如何处理各种因素完全靠自己权衡！

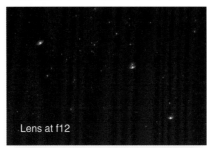

Lens at f12

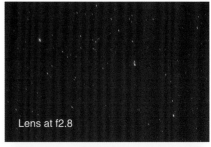

Lens at f2.8

曝光时间为30~40秒的时候，相机可以拍下星座相或明亮的卫星轨道，如国际空间站等。相机设置为ISO400的时候，大部分数码单反相机都能拍摄到你肉眼能看到的星星。更快的ISO800~1600能够拍摄到更多星星，但是噪点也不可避免地相应增加。

对于真正好的拍摄，是挑一个清晰美好的月圆夜和景点再配合月光（不以月亮本身为目标）。将曝光设在ISO400下30秒，光圈为f/2.8。这时候拍摄下的照片景象看起来像是白天，而实际上是深蓝色的月色天空点缀了斑斑点点的星星。

若要拍摄出色的夜景，你可以试着自己增加一些光线。使用闪光灯或电子闪光，烘托前景、照明物体或是人物。数码单反相机的瞬间反馈功能使你可以轻而易举地进行你的光绘艺术作品调节。

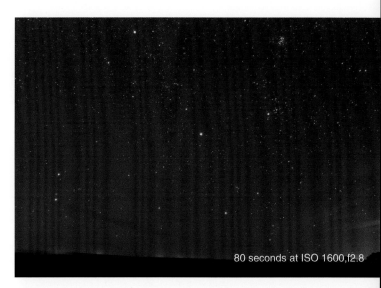

80 seconds at ISO 1600,f2.8

拍摄星星轨迹

使用长时间曝光功能，你可以将地球的转动为你所用，拍摄出超脱尘世的美景图片，比如闪耀的点点繁星和其划满天空的轨迹。星星尾痕照片曾经是胶片相机的专属领域，但是如今在深夜里，用数码相机也能易如反掌地拍摄出星星轨迹图片，并且不会有很多噪点影响。将镜片光圈设置在f/4~f/8，ISO100，快门开在5分钟或者更长时间。在如此黑暗的天空下，如此寒冷的夜和优秀的相机，你能坚持多久？在拍摄过程中请务必确认开启长时间曝光噪点减弱模式。

另外一种选择是使用内置计时器。在快速连拍模式下拍摄多张30~60秒相片，然后导入Photoshop，使用亮化模式制造出单条长的星星轨迹，windows程序Startrails可以将这个过程自动化。

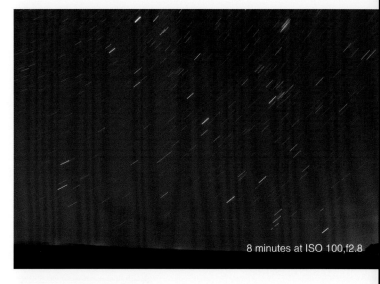

8 minutes at ISO 100,f2.8

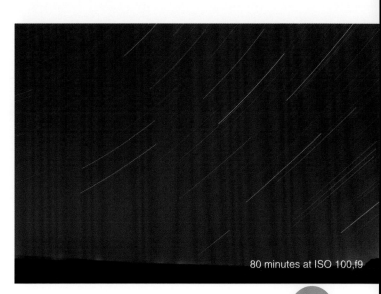

80 minutes at ISO 100,f9

制作电影

Apple QuickTime Pro软件可以将图片连接成动画格式。步骤一：使用打开图片顺序，点击文件夹里的第一张图片。步骤二：QuickTime自动询问设定帧率（通常每秒2～12帧较好）。然后软件便生成动画，若需要导出播放，你可以将尺寸改小并压缩。步骤三：使用导出功能，根据QuickTime提示选项选择帧的尺寸（这里设置为1080×720）。步骤四：进行"信号编码"压缩。（此图为H264）。

三脚架上主题拍摄曝光设置

黄昏景色
1～8秒
f2.8-f5.6, ISO100

曙光景（北极光）
5～30秒
f2～f2.8, ISO400

星座和夜景拍摄
15～40秒
f2～f2.8
ISO800～1600

星星尾痕
星座短拍层次拍摄或5～60分钟单拍，f4～f11, ISO100

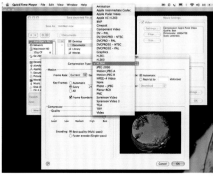

技巧二：定时拍摄

数码单反相机开辟了天体摄影中一个崭新的领域：天体运动的定时摄像。这种摄像可以拍摄到天空的运转和星座在天球间东升西落的过程以及其在两极旋转的画面。动画将运动的北极光帘幕动态化，并且展示了慢速翻滚的夜光云景象。

实现这种功能的工具是一个时间间隔计时器，比如佳能的TC-80N3（下图）。只要存储卡有足够的空间，相机有充足的电池，经过设置它可以自动进行成千上万次连续拍摄。

如果进行旋转拍摄，需要进行专门的设置，30～40秒曝光，f/2.8光圈，ISO1600（最大的星星拍摄），在时间间隔为1秒的情况下进行拍摄。一次拍摄完成，下一次拍摄紧接着开始。将时间间隔设置为最小值，那么星体运转的过程更加流畅，较长的时间间隔，会让星星图像在帧与帧之间跳动。总而言之，你还是用静拍的曝光设置进行拍摄，连续拍摄很多即可。

由于你所拍摄的照片要转化为影片，所以最好拍摄JPG格式图片，而不是RAW，在一张卡内尽可能多地保存帧数量。虽然通过设置可以减小图片的尺寸和像素，但是一帧相当于一个静止的画面。因此最好保持高质全尺寸原图格式。

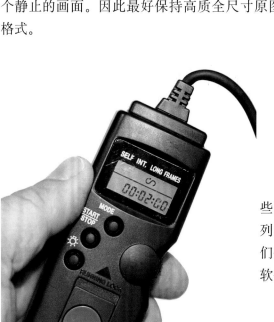

在你拍摄完一套帧图片后，这些图片在相机内已经按顺序编号排列接在一起，形成电影格式。（我们使用的是Apple QuickTime Pro软件）。

技巧三：
通过望远镜拍摄

　　如果你想将月亮填满整个数码单反相机的帧面，那么应使用一个带有800～1200毫米聚焦长度的望远镜。关键是需要一个在一般的望远镜供应商处都可以买到的适配器。尽管有些数码单反相机上自带有无焦距成像并带有透镜的适配器，但是这些没什么用处。为了保证最好的照片质量，需要你移开镜片，用适配器将相机与望远镜相连接。不要使用任何附加的延长管。

拍摄月亮和太阳

　　这套装备同样也适合于太阳的拍摄，但是你必须在望远镜前面安装一个安全的太阳滤镜。

　　在你聚焦的时候，你可能会惊奇地发现牛顿反射望远镜不足以使相机聚焦。最常见的解决办法是将主要镜片向上移1寸，或用小外形部件替代放大聚焦镜，而实际上这些华丽的改装方式并不实用。最好的办法是去买一个天文用的望远镜，并且与供应商确认其与相机聚焦的功能。

　　月亮很亮，因此相机设置在ISO100就足够了。即使这样，曝光时间也不需要几秒或是几分钟，而是1秒就可以搞定。毕竟月亮是一个由太阳照亮的天体，只在夜间的天空中显现。事实上，曝光时间这么短，只要相机上随便装个望远镜都能拍摄，就算是没有自动跟踪系统的相机也可以。

　　在胶片时代，我们已经列过了建议曝光设置表。但是对于数码相机，这些完全没有用处，你只需要尝试找出适合的即可。合适的曝光取决于你望远镜的聚焦比例、天空的清晰度以及月亮所处的阶段。月牙时用1/4秒曝光，1/4月亮时用1/30秒曝光，满月时用1/250秒曝光。

行星肖像

　　拍摄行星或拍摄月亮近距特写的，难度稍高。我们可以通过一个目镜投影仪来获得帮助。与相机适配器相连的延伸管，主要用于装配目镜，将放大了的图像投影到相机感应器上。使用常规的10～20毫米的普罗素目镜（Plössl），这种投影装置可以在原来的聚集点基础上再将图像放大4～8倍。经过这种极限放大功能，并配上一个带驱动的望远镜，就可以看到天空中的星体了。

主焦点月亮

移除相机镜片（仅限于单眼数位相机）并且把机身直接连接到望远镜上，称为聚焦摄影术。通过该技术，望远镜作为一种高超的射远镜，能理想地近观到月亮。该过程是通过5英寸的APO射线和两片巴罗镜片上在感光度为100的情况下时为0.02秒的一次曝光。这样便能有效的获得1600毫米的焦点长度和f12的焦点比率。

在这个过程中要保持星体居中。月亮和行星的曝光时间通常为1/4~2秒，ISO200~800。曝光时间长的话，图像会出现尾痕；没有调速电机的话，图像会模糊。

接合相机

将相机装在观察镜上，需要根据聚焦装置的尺寸使用3.175~5.08厘米的主焦点适配器。许多相机带有投影适配器，可以在此处安装目镜，用于高倍放大。施密特－卡塞格林和ETX目镜需要特殊的适配管。所有部件都需要使用相机特定的T形环将有螺纹的适配器安装到相机镜片座上。

3.175厘米主焦点适配器

目镜投影适配器

T形环

5.08厘米主焦点适配器

Schmidt－Cassegrains适配器

傻瓜相机的无焦距成像

当我们专注于讨论数码单反相机的时候，那些傻瓜相机的用户其实也并不是毫无天文摄影的选择。在傻瓜相机上安装望远镜目镜，也可以拍摄到相当出色的月亮照片。这种方法称为无焦距摄影，只需要在相机上放一个目镜，将相机设在自动状态，然后期待效果尤佳的图片就可以了。但是这么做难免有些粗糙。较好的办法是小心地将相机用夹子或接合环装在目镜，使其成为一体。美国scopetronix是这种接合环相当不错的生产商。

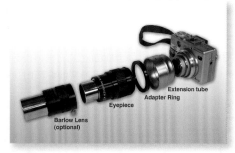

使用低压目镜，然后调节相机的聚焦设定，使得画面填满整个帧面，避免黑色边角或光晕影响。先用眼睛调节目镜聚焦，然后装上相机。使用相机的自动聚焦功能，或开启宏观模式。你可能还需要重新聚焦目镜，但是傻瓜相机的LCD屏幕可以直观看到，所以聚焦过程比较容易。接着选择自动曝光就可以。如果不用自动曝光，那么开启手动设置，保持光圈敞开，然后使用不同的快门速度。拍摄月亮的话，可以使用ISO100的设置，此时噪点最少。

通过望远镜使用镜片不能移动的傻瓜相机拍摄有两种方法：目镜（左图）边上的托架夹固定相机的位置，可以通过相机望穿目镜。或是使用特殊的适配器拧入相机的镜片周边（右图），在顶上装上目镜，完成不透光的目镜与相机连接过程。

网络摄像机的使用

拍摄月亮和行星的主要难点在于周围环境动荡导致的图片糊化。天文学家将这种环境晃动影响称为坏视。为了消除这种影响，行星摄影家拍摄录像，以捕捉成千上万帧画面，希望能从中找出一些较好的图片。数码单反相机不能做这个。此时你可以选择的工具便是网络摄像头。

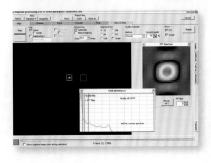

★拍摄设备

网络摄像头以每秒10~30帧的速度通过USB连接直接发送到电脑的硬盘保存。是的，640×480像素的芯片太小，但是用于记录高像素的行星图像已经足够了。过去比较通用的网络摄像头为Philips ToUcam，而不是Celestron、Meade和Orion。其太阳系成像器如上图示，安装在左图的物镜适配器上作为行星成像器（约100~200美元）。更高端的相机，例如Imaging Source和Lumenera（约350美元或以上），拍摄出的图像噪点更少，帧速更快。有必要用到放大功能时，使用一个2~5倍的巴罗镜效果最佳。

★行星图像处理

网络摄像头的真实威力来自于其后期处理功能。其中最主要的处理程序为Cor Berrevoets的RegiStax（registax.astronomy.net），这是一个免费软件。这个软件能够自动解析影像，在成百上千幅帧中分类和筛选出最清晰的图片。调整和分析图片，减少噪点，然后生成高质量的清晰图片，这比其他任何处理技术都要突出。该软件还可以将较小的帧面接合成全幅的月色全景图。学会使用该软件可能需要一些时间，但是其成果却可以跟哈勃空间望远镜相媲美。

★艺术水准

优秀的网络摄像行星的秘密在于以美景为开端。一些最好的业余行星图像是在海平面上拍摄的，在这些点上很少受空气干扰并且悬浮于地面之上。另外的关键点是高精度的光学部件和充分的光圈大小，确保图像光线充足，缩短曝光时间，减少噪点。下图显示了业余可以达到的最佳水平的图像。

★网络摄像头图像

木星的网络摄像头图像（左图）和麦克　沃斯用45.72厘米的Starmaster Newtonian拍摄的95千米宽的月球陨石坑细节图（中间图）。火星网络摄像头图像（右图），Rolf Meier使用Celestron10.16厘米Schmidt-Cassegrain拍摄。这些细节图的水准已经远远超过了之前提到的行星和月球图拍摄方法。

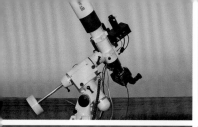

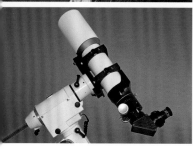

选择望远镜并安装

我们不应该受市场炒作的影响。建议你如果想拍摄到色彩缤纷的深空星体的近距离清晰图像的话，就不要跳入大光圈设备的陷阱，如25.4～35.56厘米的Newtonians，Schmidt-Cassegrains和Ritchey-Chrétiens等。是的，人们确实用这些设备拍摄出了绝美的图片，但是他们都是经过了多年的研究和自我否定的过程的。

光学设备选择

较为优秀的折射望远镜的生产商有（左上角图开始顺时针）Borg、Stellarvue、TMB&Takahashi，以及William光学仪等；更不用说A&M、Pentax、Tele Vue 和Vixen等。

大望远镜的聚焦长度较长，可以进行精确的两极校准。追踪功能也是必需的。叉形支架在田野里很难进行精确的两极校准，而且在赤道式斜批上会有倾斜的现象。（因为主要是进行长时间曝光摄像的）。使用大反射镜的摄像师通常将它们安装放置在昂贵而笨重的德国式赤道支架装置上。大部分人还得跑到有黑色天空的地点上。请记住，我们推荐的价格适中的深空摄影器材是80～100毫米短聚焦Apo折射透镜，安装在一个高品质但是便携的德国式赤道装置上。这样一整套设备的价格约为3500美元左右，包括导航望远镜和低价自动引导系统。它有诸多优势：

- 快速的镜片（通常为/f4～f/6）要求有比许多大望远镜上的f/8～f/11焦比镜片更短的曝光时间。

- 短聚焦长度（400～600毫米）比起大镜片的2000～3000毫米聚焦距离的两极校准和跟踪误差要小得多。

- 在与数码单反相机相连接的时候，其2～3°宽视野对于拍摄大星云图和繁星点点的银河图非常合适。

视场致平器

大部分的望远镜都需要配上视场致平镜。若没有该镜，外围的区域看上去会有扭曲的情况（图中内长方形显示了APS-尺寸相机的视场）。

- 支架和望远镜整套可以便携，可以轻松将设备移到黑色夜空拍摄点上并快速安装。

- 德国式赤道装置易于极线校准。其内置极线望远镜使得极线校准在1分钟内轻松精确搞定。不需要繁琐的反复校准过程。

- 支架灵活多变，并且可以夹持别的光学管，小的折射镜片非常适用于各种观察镜，对大的望远镜起到了完美的补足作用。

你可能会惊讶于一个小小的80毫米望远镜竟然也能用于拍摄暗淡的深空星体。难道这些星体不需要诸多的光圈吗？事实并非如此，在摄影上，真正对其有影响的是焦比而非光圈。一套快速的f 5系统只需f/10系统的1/4曝光时间就能拍摄下星体。

这类小型的望远镜设备在拍摄微小的天空物体的近图方面较为逊色一些，比如星系、行星星云等。这类拍摄就需要有聚焦长度的调节，也就

是说更大的视野、更大的支架以及更高的经费预算。建议您首先使用便携式的设备玩深空摄影。然后，如果您对深空摄影开始迷恋到无法自拔的时候，那就试着玩玩巨型的行星拍摄设备吧。

能否应用于深空拍摄

好吧，我们知道广告上秀出了各种各样 "首次"用大型成品设备施密特－卡塞格林望远镜（Schmidt－Cassegrain）拍摄出的精美绝伦的照片。其技术不过是使用低成本的CCD相机，或许甚至只是通过地平经纬望远镜拍摄许多曝光时间少于30秒的照片，然后将这些照片黏合拼接成单张相应的长曝光照片。这种方法确实也能做出一样的效果。你拍了一些足够好的照片，然后挂到个人网页上，或是E-mail给朋友欣赏。也许这就是你要的全部。但是这个与你在书上、杂志上或是最优秀的天文摄影师网页上所看到的如何进行天文摄影的方法并不一样。专业天文摄影的图片几乎所有都是长时间曝光的效果，同时还保证了图片最少的噪点，最平和的颜色以及最微妙的细节。

我推荐一套相对简单易用的设备，其成本花费不到一辆新车的一半，而你却可以用其拍摄出出版级别的优秀照片了。这本书里大部分的深空图像都是用这套设备拍摄的：一套快速apo折射望远镜和稳重的德国式赤道装置支架。相比之下，我们更青睐于简洁的望远镜管道以及其稳定的光学瞄准功能。

其他我们常问的"关于⋯⋯"的问题是道布森式望远镜能否应用于深空拍摄，答案是："否"。道布森望远镜可以进行月亮快照，但是没有捕捉星星的能力。尽管追踪系统可以另外添加（通过Poncet平台或是电脑驱动系统），这种"改良"后的道布森的望远镜也只能用于网络摄像头拍摄行星图像，而不能用于长时间曝光拍摄。

光学配件

为避免闪亮星星周围的蓝色光晕，我们建议至少采用一个双合透镜，而不是简单一个短筒消色差透镜。焦比为f/6~f/7的望远镜比较理想。再加上一个0.8×缩焦器/视场致平镜（必备）使得焦比调为f/4.6~f/5.6，此时无论天空色彩如何暗淡，相机的速度也能保证较短的曝光时间。

通常来说，一个80~90毫米的apo望远镜，带上一个0.8×缩焦器/视场致平镜，在APS尺寸数码单反相机芯片下可以达到3°×2°角视野，用于拍摄星云和星星群十分完美。这个等级（600~2000美元）优秀的望远镜有A&M、Astro-Tech、Borg、Celestron、Meade、Orion、Pentax、Stellarvue、Synta/Sky-Watcher、 Takahashi、Tele Vue、TMB、Vixen和William光学等。哇！我们拥有或曾经使用过这些型号的光学配件，A&M（80毫米triplet）、Borg（77毫米 ED天体摄影仪）、Takahashi（Sky90）、Sky-Watcher（Equinox80ED），以及William Optics（Megrez 90毫米

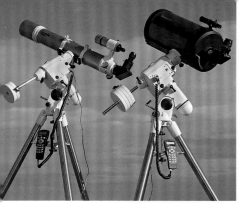

doublet）。并且我们极力推荐这些配件。我们在这个级别配件中主要寻找的功能是10：1双倍数聚焦器功能，它能旋转锁定帧，并防止聚焦点偏移。还能在上面安装无障碍延长管。

更大的100毫米f/6~f/7的望远镜带有更长的聚焦长度。这种望远镜的视野更小一些，可以拍摄更加紧致的天体。但是这种望远镜比较笨重，需要更大的支撑架。我们个人推荐的优秀品牌有A&M（TMB设计的f6triplet）、Borg（101毫米）ED天体摄影望远镜）和

选择支架

我们推荐的经济实惠合理、性能稳定的适用于天文摄影的支架，从上到下依次是：Sky-Watcher HEQ5和EQ-6 Pro（类似于Orion Sirious 和Atlas型号）、Vixen Sphinx,Celestron的CGE，Losmandy G-11）。另外品质顶级的品牌有Astro-Physics和Takahashi。

William Optics（110毫米 f/6 ED doublet和FLT f/7 triplet）。

需要特别注意的是三个型号的100毫米级别望远镜，它们专为大芯片深空天体摄影相机设计制造：Pentax 100 SDUF，Takahashi的FSQ106和TeleVue's的NP101。这几款全都有内置的视场致平器和减弱器，在快速的f/4~f/5焦比下可以拍摄出非常清晰的图片。但是其安装视管的起价均在3000~4000美元。更大一些的望远镜效果自然也会更好但是也需要更多投入，其庞大的体形要求更大的支撑架。

支架选择

若您使用的只是80~100毫米的望远镜，那么小型的支架应该就够用了，便携并且经济实惠。这个类别的望远镜支架我们推荐Synta/Sky-Watcher HEQ5ProSeries 支架（1200美元），在美国称为Orion Sirius出售。它们导向误差低，并带有自动导航器，效果佳，其中GoTo设备也很优秀。

对于支撑大型的望远镜支架，您可以将目光转移到带有彩色Starbook GoTo 设备的Vixen Sphinx支架，带有Gemini GoTo设备的Losmandy的GM8或者G-11支架，或是Takahashi的EM-11支架上。（Vixen的小型支架Great Polaris D2也算过得去，但是其致命的局限在于其迷你的Star-book-S控制器——其只是依靠4个AA电池提供能量，在气温寒冷的情况下支架就毫无用处了。）Sky-Watcher EQ-6 Pro（也称为Orion Atlas 支架）和Celestron CGE较为笨重一些，对付大的反射望远镜或是施密特-卡塞格林望远镜（Schmidt-Cassegrain）应该没什么问题。

下图为一套安装好的天文望远镜摄影设备的实例，都是用我们已经使用过的设备组成的，值得推荐。其核心部分为一个短焦距的80～100毫米的反射望远镜，安装在一个坚固，但是便携的德国式赤道支架装置上。为了能够进行深空摄影，你还必须添加一些由各个供应商提供的必备配件。

安装挡圈

Vixen-标准榫眼板和80毫米挡圈（William Optics，ADM或者Losmandy）。约150美元。

天文摄影用

德国式赤道支架装置

我们比较喜欢是Sky-Watcher HEQ，因为其价格实惠并且追踪能力卓越，GoTo和自动导航能力均比较优秀。可添加重量或额外的秤锤加强其稳定性。价格约为1200美元。

USB与导航器端口适配器

针对不带有自动导航端口的相机，通过笔记本电脑的USB端口将导航脉冲转入支架导航座上。（Shoestringastronomy. com）。这些电缆的费用约为80美元。

笔记本电脑（Mac或者PC）

用于运行自动导航软件，如PHD导航软件（老式的和配置较低的电脑都能运行）。若你已经拥有一台，则费用为0。

主望远镜

Sky-Watcher Equinox 80D，当然还有很多别的选择，主要为f/6～f/7的。价格大约在600～2000美元。

视场致平镜/适配器

包含相机适配接环。这里是Borg7887；类似的型号还有Tele Vue 和William Optics。价格约为150～300美元。

导星镜

66毫米William Optics型号；别的品牌也有类似的型号。一个优秀的聚焦器是不可或缺的。价格约为300美元。

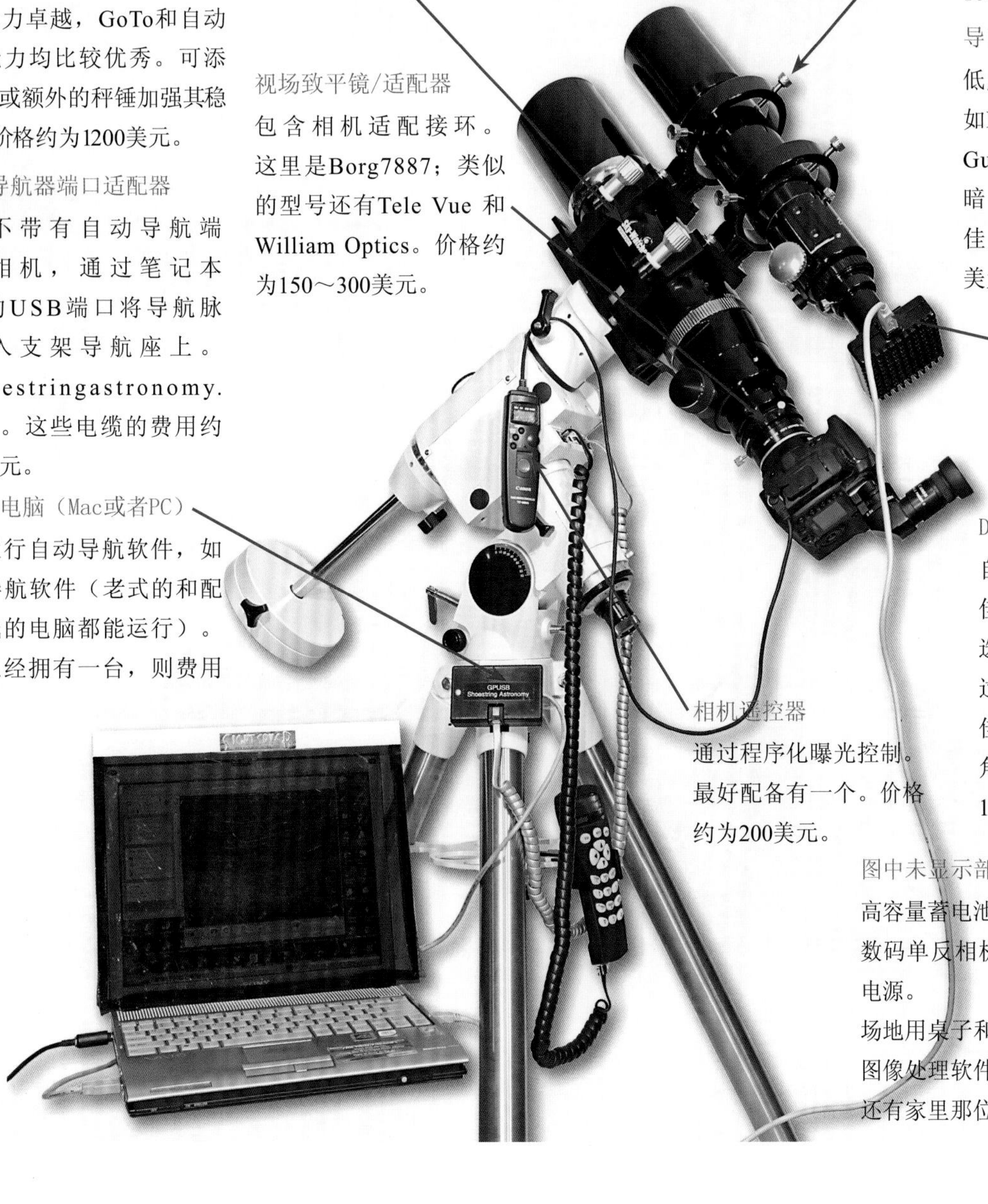

相机遥控器

通过程序化曝光控制。最好配备有一个。价格约为200美元。

导星镜接合环

主要用于将导星镜安全稳固地安装在80毫米望远镜筒的结合环上，带有可调节校准阀门（William Optics，Losmandy或者ADM）。价格约为100美元。

导向相机

低成本的CCD相机，如Meade DSI或Orion Guider等，用于拍摄暗淡的星体效果最佳。价格在200～400美元不等。

聚焦器扩速管

可以帮助相机直接找到聚焦点。价格约为300美元。

DSLR

自从2008年早期开始，佳能40D是再好不过的选择了（最好的滤镜经过改装，图中为老款的佳能20Da，带有配件直角取景器）。费用约为1200～1800美元。

图中未显示部分

高容量蓄电池，给支架和电脑供电。数码单反相机用的额外的电池或外接电源。场地用桌子和椅子。图像处理软件。还有家里那位的许可！

313

在南十字星座下
使用佳能5D相机，35毫米镜片，肩负式拍摄这个经典星座图。在焦比f4, ISO400的情况下，需要5分钟曝光时间

安装背负式相机
很多视管上都带有1/4-20插销的端口，用于安装滚珠和承窝三脚架或是背负式相机。要确保三脚架的头足够坚固并能接合1/4-20螺栓。

不需要望远镜
针对非广角镜片的肩负式拍摄，没有导航器，所以也不需要望远镜，只需要一台能够进行极线校准并且能准确导向天空的支架就可以。

技巧四：肩负式拍摄

现在我们升级到长时间追踪式曝光方法，望远镜在这个过程中充当着一个数码相机和其镜片的平台的作用。这里将要介绍的肩负式拍摄简单易学，并且同样能够拍摄出相当出众的照片。由于相机始终都是对着天空的，光线在感应器上成形，使得相机能够拍摄下你肉眼都看不清的星星和星云，并且色彩缤纷。

最佳的肩负式拍摄的银河图片要求在没有月亮的黑夜进行。你在天亮之前拍摄的照片曝光时间越长效果越好。通常焦比为f/2.8 ISO800下曝光时间2～3分钟拍摄。

对于这个级别的图像，一个带有极线校准功能的赤道支架装置是必不可少的。尽管带有地平装置的GoTo望远镜可以观察到天空，但是实际上这个并不合适，由于天体运动的原因，会形成星星尾痕。因此必须在支架座上使用如Meade的ETX和Celestron的NexStars型号的望远镜，并且对准天空向上倾斜，这样极轴就能对准支撑点（详见本书第15章）。

另外必不可少的还有右侧上升轴上的一个电机，并且最好有速度控制功能。R.A.轴上带有极校准功能望远镜的支架同样也可以使得校准过程更加容易一些。用望远镜片拍摄，校准过程只需要几分钟便可轻松搞定。

望远镜的支架不需要太华丽。事实上，只需要一个像Kendrick AstroTrac

创新追踪器

精确度与一个小型赤道装置相同的导航装置支架只需要3英镑？是的，那就是AstroTrac，于2007年引进，是一个天空导航系统平台。只需要再添加一个稳固的相机三脚架就可以了。

15毫米 Lens

35毫米 Lens

135毫米 Lens

的精致配件安装在三脚架上，您便可轻松完成肩负式拍摄。然而，大部分人都会选择使用他们自己原有的支架。其实，如果使用短的聚焦镜（小于85毫米），可能完全不必去掉支架，让它自己运行即可。但是如果聚焦镜较长，你就可能会在图片中看到星星的尾痕了。对于支架来说，需要精准的极线校准，否则它的天空捕捉能力很可能不足以应付无人操作。

一种解决办法是使用望远镜作为导航镜，如对页图示，支架上装有一个带有瞄准功能的目镜。在曝光过程中，观察一颗较亮的星星，然后使用推动按钮控制器使其保持在十字准线之间。这个过程称为导航，当然手动进行这个操作相当困难。但是这也是降低成本的一种方法。

除了导航误差外，还有一些别的小细节会影响到肩负式拍摄。在左图中，我们使用了一个滚珠承窝将相机固定在支架上。对于轻质量的镜片，这种方

选择镜片

一个超宽镜片，如15毫米的鱼眼镜头，是全景扫视拍摄银河系的理想选择。一个35毫米（APS芯片相机上的"正常"镜片）镜头用于拍摄星座群非常完美。一个中等的摄远镜头，如135毫米镜片，是拍摄星星群和银河星云的最佳选择。

下图为安装好的一套设备（Borg77毫米，1/4望远镜，佳能20Da相机，SBIG ST-402自动导航CCD相机）。

这套设备曾经用于拍摄天鹅座北美和鹈鹕星云。上图为四张在ISO400曝光时间为8分钟的照片重叠平衡照片。

法还是可行的。但是对于大重量的镜片或者相机，可能在拍摄过程中会有缓慢偏移的情况，使得相片出现尾痕，曾经有人因为这样浪费了一半远赴澳大利亚拍摄的相片，教训惨痛。解决方法是用一个高压力的三脚架头Bogen/Manfrotto#410固定。那么这个问题就解决了。

露水、飞机、萤火虫等同样爱毁坏照片。另外，你还得准备备用电池。在寒冷的天气里，数码单反相机拍摄照片的噪点少了是好现象，但是与此同时，电池的使用寿命也缩短了。只拍摄几张照片电池的电就耗光了。

技巧五：深空主焦点

这就是天体摄影，很多人一开始就喜欢上它，因为能够近距离接触到星云和星系。看起来很简单，不是吗？然而，如果你能通过望远镜拍摄到月亮，那你为什么不能拍摄到猎户星座的星云或是仙女座星系呢？这难道不是因为曝光时间长短的缘故吗？是的，数码单反相机的拍摄能力的确能够在5～15分钟内捕捉到深空物体的主焦点。

但是，在你打开快门几分钟后，而且就算你有了赤道校准装置并且导向了天空，你还是会悲哀地发现你拍摄的星星只是模糊一片，效果令人绝望。通过望远镜进行长时间曝光拍摄恰好揭露了所有设备上的机械误差以及装置支架的校准误差。

为了避免这种情况，一些摄像者采用叠加法拍摄。他们连续拍摄很多30～60秒未经导航的照片，曝光时间很短，因此一些校准误差不会在照片中显现出来。但是图片却都严格经过曝光过程。所以他们使用软件用添加群组功能将这些图片叠加。在Photoshop CS3和Elements 6中，采用线性减淡混合（增加）模式。这种方法将图片叠加制作出相应的单张曝光时间较长的图片。

这种方法有效，但是我们并不赞成使用这种方法。根据CCD图像专家长期研究的结果，最佳拍摄效果的图片为那些曝光时间在5～20分钟的图片，然后通过平均叠加使得照片平滑。用数码单反相机拍摄的时候，在ISO400上经过长时间曝光（超过20分钟）拍摄的照片要好过在ISO800或1600下短时间曝光拍摄的照片。后者看起来能减少噪点数量，而事实并非如此，提高ISO速度而增加的噪点数量要比延长曝光时间而增加的噪点数量多很多。但是如果时间紧迫的话，用ISO800拍摄的效果也不错，跟ISO400效果相差不大，当然这是用我们平常用的佳能相机拍摄。

通过望远镜长时间曝光拍摄要求有一个相当不错的支架装置（我们之前已经推荐了一些），我们通过添加一个额外的导航工具来保持并提高支架装置本身的导航准确性。我们将在下一部分做介绍。如果你的支架装置可以安装自动导航仪，那么导航硬件的预算约为500～1500美元。请相信我，你会想配备一个自动导航仪的。通过望远镜进行深空天体摄影是一次探险，绝对不能掉以轻心。

短时间叠加还是长时间曝光

多次短时间曝光拍摄的照片叠加可以合成照片（如最左图示），但是不可避免的，与一次性长时间曝光拍摄的照片相比，这样合成的图片噪点比较多而照片中显示的细节也比较少（如左图示）。长时间曝光拍摄具有较好的信号与噪点转化控制比例。

是否暗帧

在寒冷的夜里，我们可以在数码相机没有任何暗帧的情况下拍摄出高清晰照片。但是这里（最左图示），我们可以看到在温暖的夜里拍摄的照片的效果：照片一片狼藉！如果使用暗场，这些斑斑点点的就都消除了（如左图）。

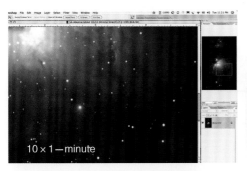

有些人想知道是否值得耗时耗力拍摄和处理RAW格式照片。答案是肯定的。RAW帧的图片比经过压缩的JPG格式图片要记录了更多的动态细节。这一点在深空摄影，比如星云拍摄方面尤为明显。

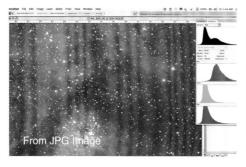

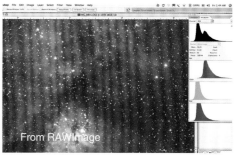

单拍还是连拍?

对于最清晰、噪点最少的照片，最好的拍摄方式是连续拍摄几张，每张的曝光时间在条件允许的情况下尽可能充足，然后将这些照片做叠加处理，使得照片平衡化。用这种方法可以消除很多噪点。将4张照片做叠加平衡处理后，可以使得背景噪点减少1/2，照片效果的差别显而易见。使用不同数量的照片，噪点数量呈递减的趋势。用9张照片可以将噪点减少到原来的1/3，用16张照片可以将噪点减少到原来的1/4。

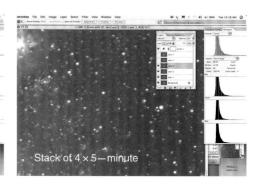

导航小窍门和技巧

机动化望远镜可以捕捉到天空景色，但是它们还需要其他的帮助以确保在长时间曝光时星星不会在帧内到处游走。为了避免明显的星星尾痕，星星移动不能超过2～3秒，这个要求很高。为了达到这个精确度，我们就得使用支架装置。

这个操作可以手动完成，安装一个夜光十字目镜即可（见下页上图）。这样，即使相机占据了主望远镜的观察口，拍摄者也可以用一个独立的导星镜或离轴导航仪进行观察。长期以来我们都喜欢使用导星镜，因为它可以使我们自由选择闪亮的导航星星。我们也曾一方面花会员费去学习几个小时的导星目镜，一方面想着再也不要去了。

其实还有一种选择，那就是让电脑来做这个导星的工作。它取代了导星镜的作用，一个小型的数码导航相机和一台运行自动导星软件的电脑即可。导星相机对准了一颗你目标附近的星星，并且检测出导航星的异常运动。当导航星跑出了镜头，软件就会向支架装置发送一个触发脉冲。这个过程足以使支架轻移保持将星星锁定在目标范围内。通过这种每隔几秒的矫正移动的方式，自动导星系统使得星星看起来是细小的点而不像蠕动的昆虫。

最早的自动导星器是由Santa Barbara工具公司出品的ST4，一个简单的独立式盒子，如今在市场上还能找到。它的后继者，是已经停产的STV，添加了更高感应度的相机，可通过显示屏看到导航相机上的图片并且可以一键搞定。我们还在用这个STV设备并且十分喜爱。但是当时这套设备的价格高达2000美元。现在市场上有了很多价格实惠的选择。

其中大部分是通过电脑上安装自动导航软件运行的。也可以使用网络相机（只对较亮的星星有用），更好一点的话就用CCD相机，可以有几秒长时间的曝光，能够拍摄到其他更为暗淡的星星。一些相机，如Orion的StarShoot AutoGuider有输出功能，可以直接与支架装置（支架装置需要有其中一个）上的自动导航端口相连接。这是一个耳机式插座，原为老式ST4上的标配。对于那些不带有ST4插座的相机，Shoestring Astronomy提供了GPUSB盒子，用来将电脑上USB端口上的导航脉冲转化到支架装置的自动导航座上。这种连接转化效果颇佳。

关于控制软件，我们使用的是Craig Stark的免费的PHD导航程序（兼容Windows或Mac OS X操作系统）。其名字代表Push Here Du毫米y，以其简单易操作而出名，并且运行起来相当不错。其他免费或低价的导航程序还有GuideDog，Guidemaster，K3CCD工具和MetaGuide（可以去谷歌搜索），高级的控制和图像处理软件有AstroArt，CCDSoft，Equinox Image和MaxDSLR等，这些程序都带有自动导航功能。

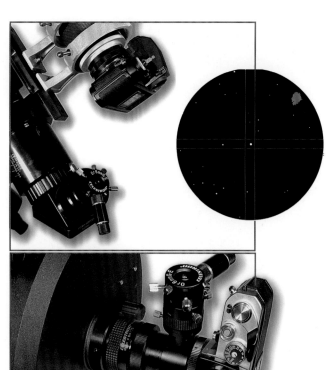

Prism

手动导航

导航目镜里的亮的十字可以帮助你把导航星锁定在正中间。通常导航目镜可以安装在导航望远镜或离轴导航器上，一般是与施密特–卡塞格林式折反射望远镜连用。下图中，一个小型菱镜将视图边角上的一个导航星拾取在图内了。

自动导航选件

Meade DSI camera coupled 与 Shoestring Astronomy GPUSB 连接器盒子以及免费的软件如 PHD导航器（如插图示），构成一个低成本的自动导航系统。价格更高一些的CCD相机，如SBIG的ST-402和e-Finder（右图），也相当不错，并且还有作为一个独立式成像相机的优势。

Meade DSI camera coupled 与Shoestring
Astronomy GPUSB连接器盒子

尽管我们有自动导航仪带来的奇迹，但是星星有时候会因为一个或两个方向的尾痕看起来有些异样。下面为一些常见的现象以及原因。

所有星星看起来有叠影

通常这种现象叫作 "鼻足双星"，这种图像是由于你的脚勾到三脚架，或手动导航中或曝光过程中你的鼻子碰到推动了导航目镜等，最常见的是你在拍摄过程中打瞌睡碰到它而导致的。

在赤经上有尾痕

如果导航星每隔一段时间会突然跳离，那么就是因为电机驱动出现了间断性机械故障。这个故障过于严重导致不能正常导航的话，唯一的解决方式是更换整个电机传动驱动装置或者买一个新的支架装置。如果星星往一个方向缓慢跳移的话，请检查驱动是否设定在恒定速率，并且在更换新的电源后重新运行。

在倾斜处有尾痕

有些支架装置在导航仪持续命令的作用下会南北方向晃动。减少自动导星装置的振幅，减少支架装置的后冲补偿力量或者在自动导星装置上，你校准导航的地方将导航速度值减少为一半。这些方法可以避免因任何视界波动而导致支架装置对着星星来回晃动。

绕着导航星旋转

你导航拍摄的图片中的星星是否有弧度式尾痕？如果有的话，说明你的望远镜的极点校准不够精确，导致星星在曝光过程中产生滑动偏差。用常用的方法对这种滑移进行矫正，确保拍摄出的星星图没有尾痕，并且帧上的其他轮廓也渐渐对准导航星。

无明显原因的差极点校准

如果你已经进行了精确的极点校准，而拍出来的星星还是有尾痕，那么可能你校准的是有极点十字准线的望远镜，而其十字准线没有居中，不能向上直接指向极点。要解决这个问题的调整方法请看下图。

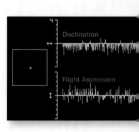

无明显原因的尾痕

如果你使用的是一个独立式的导航镜，那么在相对于主望远镜的时候可能会有滑移现象。请使用更加牢固的安装配件。在肩负式摄影中，望远镜在曝光过程中转变时可能会在其支点上产生偏移。用环形圈或卡箍固定前后的长摄影镜头透镜。在施密特—卡塞格林望远镜中，其主镜片本身会自动随着望远镜从天空的一边转向另外一边。避免拍摄跨越子午线的图像。

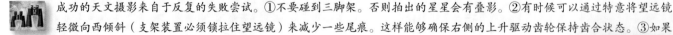

成功的天文摄影来自于反复的失败尝试。①不要碰到三脚架。否则拍出的星星会有叠影。②有时候可以通过特意将望远镜轻微向西倾斜（支架装置必须锁拉住望远镜）来减少一些尾痕。这样能够确保右侧的上升驱动齿轮保持齿合状态。③如果星星绕着导航星转，那么说明极点校准没有做好。这种现象在你观察靠近天极点的星星时更加明显。④如果你或者你的自动导航镜（如顶图自动导航仪数值读出所示）需要你反复在一个方向上进行纠偏，那么说明极点没有校准。用极轴镜（右图）上的小固定螺丝钉移动其十字准线，使其居中并且在望远镜上升轴转动的时候十字准线也能保持固定不动。

图像处理一：前期准备

在使用望远镜拍摄的过程中，其主要任务是拍摄高度聚焦，正确导航的图片，最理想的状态是在最合理的信号与噪点的比例内用尽可能长的曝光时间拍摄。为了进一步减少噪点，最可行的方法是不要只拍摄一张星体照片，而是拍摄两张或更多张照片。为了使这个过程自动化，我们使用佳能的内部计时器，从而避免了复杂而繁琐的电脑控制。

我们已经发现一个现象。那就是让相机减除每张照片的暗帧的效果要比手动拍下暗帧稍后再消除噪点的效果要好很多。是的，也许这种方法会降低你每晚拍摄的数量，但是这样拍摄的效果会比较好，一部分原因是由于每个暗帧的温度与噪点程度与每张照片是相匹配的。与冷的CCD相机不同，数码单反相机是不能随温度调节的，因此它们拍摄的噪点水平是随着夜间空气和相机温度的改变而改变的。

拍摄了一整夜之后，我们手头上就有一系列RAW格式文件。通常每个深空物体4~6张。首先我们要把这些图片格式转化为图像软件能够处理的格式。转化方式有很多种。每个数码单反相机都自带RAW格式转化器，并且一些天文软件如ImagesPlus和MaxDSLR等都能进行RAW格式转化。我们的选择是用一个工业标准的Adobe Camera Raw（ACR）以及一个插入式的Photoshop和Elements。如果你用的是新型号的数码单反相机，那么你就得使用最新版的ACR软件（老版的ACR软件不能识别新款相机的RAW格式图片）。虽然ACR软件是免费的，但是最新的ACR软件只与最新版本的Photoshop或者Elements兼容。所以在升级ACR软件的同时，你还得升级其他这些相应的程序。

ACR软件优于其他普通的转换软件的优势在于，它含有功能强大的锐化、噪点减少、曝光补足、高光复苏、色彩纠正、透镜偏差纠正以及由于光学渐晕引起的暗角补光等功能。这些操作均可以在原始的RAW数据中进行操作，并且保证数据丢失最少。能与Elements兼容的ACR软件的功能要少一些。

如何设置取决于你的设备和图像。但是我们已经发现进行ACR的缺省值锐化（达到15或20）度补偿可以避免星星周围碍眼的暗色光晕，并且提高亮度噪点减少的缺省值（达到40或者更高）可以让天空画面变得更加清晰，并且不会删除其中任何细节。要保持色彩噪点减弱值处于低值状态（20~30），要不然图片中的星星会消失不见。在转化图片的时候，记得要将工作流程选项设置为16-bit，300dpi，并且设定ProPhoto RGB色彩选项以保留更宽泛的色彩。

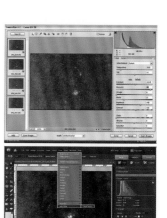

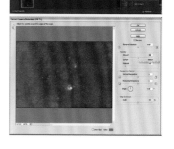

Photoshop Elements软件

作为成本的一小部分，Photoshop Elements（如V.6示）含有许多完整版的Photoshop的功能，包括"缩减版"的Adobe Camera Raw（顶图）。它的主要缺点是调节图层和较少的16-bit图像功能有限。还有一个免费的第三方插入式软件叫作SmartCurves增加了重要的曲线命令功能。Correct Camera Distortion功能（底图）对于镜片渐晕补偿有很好的效果。

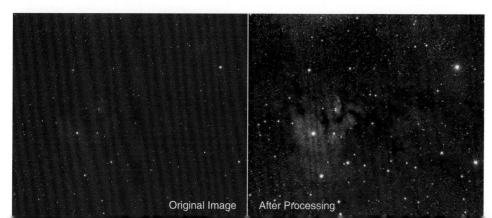

Original Image | After Processing

处理能力

好的图像处理能够从平淡色彩暗淡的原图中提炼出令人惊讶的细节。左图就是一个典型的图像恢复处理例子。

 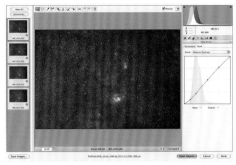

 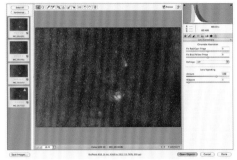

Adobe Camera Raw:
基础与色调曲线

打开ACR软件进行RAW图片处理，ACR是最好的RAW转换程序。在这个软件里，你可以进行基础的曝光纠正，高光复苏，对比度、色彩平衡和饱和度等设置。

Adobe Camera Raw:
细节与镜片纠正

这个层面上，ACR软件还可以进行噪点减少，图片锐化（只能调节一点！）以及色彩偏差纠正和镜片光圈引起的暗角纠正等操作。很棒！

Photoshop:图片叠加

选择最好的一张图片作为背景基础图层。选择并复制所有图片，然后将它们复制到基础图层中，合成一张多图层图片。然后混合，图层1为50%不透明度，图层2为33%不透明度，图层3为25%不透明度。

Photoshop：校准方法1
（自动）

在Photoshop CS3中，选择所有图层，然后点击自动对准图层。片刻之后，所有图片已经记录。在Elements中，使用新方法：图片接合全景命令，将这些图片与顶层图片校准。

Photoshop:校准方法2
（手动）

在Photoshop较早的版本中，只打开两个图层，点击顶端图层，设为100%不透明度。使用移动工具和用方向键轻移顶端图片，取消图片。对所有图层重复上述操作。

现在你手头上都是一些已经经过转化的图片，接下来的任务是将这些图片进行堆叠记录。专业的天文图像处理软件（如AIP4Win，AstroArt，Christian Buil的Iris，ImagesPlus 和MaxIm DL）能够达到很好的图片校准和堆叠甚至与之前记录的图片完全不同，看起来像是产自带有地平装置的望远镜。然而，我们发现通过在赤道装置上的望远镜拍摄一系列完美自动导航的图片，极少数需要通过处理来达到精确校准。只有那几张有点上下或者左右有一两个像素偏移的图片才需要处理。这在Photoshop中很容易处理。C3版本甚至还有自动校准图层功能。Elements 6有图像合并功能（Photomerge），全景命令可以分别将图片堆叠校准并且合并成全景图。

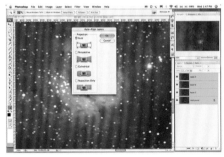

图片堆叠是为了将图片噪点达到平衡化。在Photoshop或者Elements中进行图片堆叠的时候，要达到最佳效果的方法是将背景图层设为100%不透明度。第二个图层（称为图层1）设置为50%不透明度，第三个图层设为33%不透明度，第四个图层设为25%不透明度，第五个图层设置为20%不透明度等，所有都为常规混合模式。

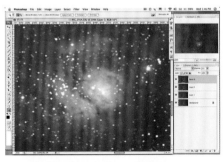

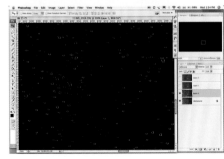

高级成像

　　为了最大限度地提高佳能数码单反相机的效果，在能够接受的支出范围内有多种不同设备与技术的选择。高端的天文摄影一般采用专门的天文摄影CCD相机，并且要求有一台电脑来操作和保存图片。为了消除噪点，CCD芯片用热电致冷器冷却到低于冰点的温度，还有一些相机采用的是水冷却。

　　经过冷却的单拍彩色相机效果不错，但是为了达到最佳的灵活性和感应性，一些热切的天文摄影者会选择使用装有色彩过滤轮的单色CCD相机。为了制作出彩色图片，他们拍摄分别经过红色、绿色和蓝色护目镜拍摄的图片，然后拍摄高分辨率的未过滤通道照片。将这些图片拼合便制成了四色"LRGB"图像。对于摄影者来说，为了拍摄最深刻丰富的图片而通宵拍摄，甚至是连续几个晚上拍摄是再平常不过的事情了。拍摄他们需要的图片来成就一个天体的一张最终照片，而几个小时内累计曝光时间拍摄成为一种不变的准则。

　　虽然1500美元以下也能买到好的冷却CCD相机，但是这些相机的芯片过下而且视野范围有限。尽管如此它们可以作为四色CCD成像的入门相机，并且是一个不错的自动导航器。

　　高端相机结合Kodak的大芯片——35～40毫米。这些相机（由Apogee Instruments，Finger Lakes Instruments，Santa Barbara Instruments和Yankee Robotics等公司出品的相机）的标价通常超过10000美元，所以它们只是针对于那些专注而执着的天文摄影者。这些相机在经验丰富的摄影者手上，能够在地球表面拍摄出最优秀的天文图片。

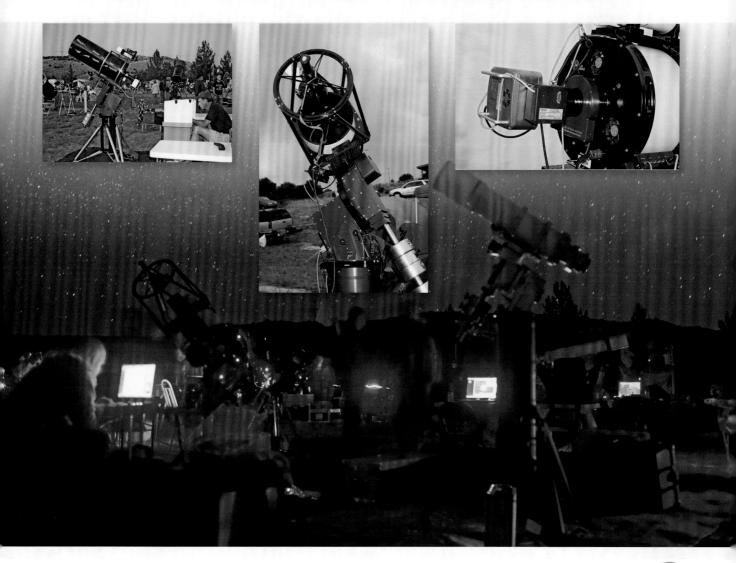

在黑色天空飨宴如得克萨斯州星空飨宴上，我们能看到一些高级的天文摄影者聚精会神的专注于电脑，欣赏着高端设备，其中以大型的Ritchey-Chrétien telescopes RC 望远镜，Software Bisque's Paramount ME赤道仪和大芯片CCD相机如Santa Barbara Instruments的STL11000为最。顶图的M42周围的星云全景图猎户座星云图尤为突出，由托尼和戴夫尼·哈拉斯拍摄。心脏心云，IC1805（上图），由伊·巴劳尔拍摄。

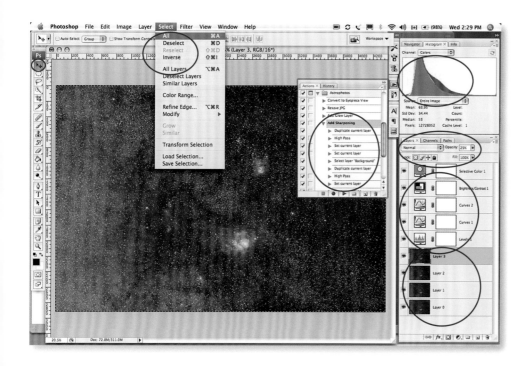

数字暗室

对于数码单反相机图片处理，我们用得最多的软件非Photoshop莫属。除了Photoshop其强大的功能外，我们发现Photoshop比起大部分天文图像处理程序来要容易操作得多。它具有非破坏性调整图层功能，多个层次的撤销功能，全帧预览功能，快速过滤和可记录操作功能等。该图中标出了一些主要功能区域并做介绍，在321～322页也有介绍。

图像处理二：印象处理与强化

这个步骤是创造奇迹的过程—为了展示图像处理的技巧，很多人选择使用专门的天文程序ImagesPlus和MaxDSLR，这是两个数码单反相机使用者最常用的软件。我们的流程是只采用Adobe Photoshop即可。下面为建议步骤。

根据之前所述将图片堆叠后，下一步是进一步去噪点。尽管Photoshop和Elements软件都有噪点减少护目镜，我们最常用的还是一个很优秀的第三方插入软件，叫作Noise Ninja（www.picturecode.com）。这个软件可以通过相应降低ISO速度的方式将噪点数量减少到1/2～1/4。Noise Ninja软件的秘诀在于可以恢复缺省值设置，从而避免过度设置制作出塑料光亮效果的图片。之所以要在流程前期就进行噪点减少操作，是因为我们之后做的每一步都会增加噪点的可见度。

从这一步开始，进行图层调整。照片叠在最顶层的图片能够影响下方的所有图层。就是从这一步开始，Photoshop Elements的局限性就开始显现出来了，比如一些滤镜功能和天文摄影中的一些理想化的功能不能与其调整功能那样体现出来。在Elements 6版本中还是没有曲线功能，但是其初略版中带有色彩调整功能：色彩曲线功能。SmartCurves是一个免费第三方软件，效果要好很多。可能在这些过程中，你需要将文件转化为8-bit格式，会丢失很多数据。（将图片保持在16-bit模式，保留更多的亮度级，避免图像对比度拉伸过程中的多色调分色的影响）。

325

图层调整的美好在于其非破坏性，你随时可以调回原态。先分批调整图层。这里，你可以进行主色彩纠正，调整好色彩偏差的天空或者将从调整过的相机里拍出的照片调成粉色调。下一步是使用去曲线功能。先调至最低处，然后调高到中间影调，保持图片亮区，在不减弱亮度的情况下突出暗淡的星云。观察好柱状图，别让猛力撞上左侧，这样会丢失数据。

在你进行色彩调整和对比度增强以后，将图片的图层合并为一个图层（保存多层模式）。现在提高图片尖锐度。复制图片图层，然后使用高通护目镜过滤一些像素点到复制的图片上。然后用柔光模式混合这个看起来怪异的图层。变化不透明度以更改强度，这是一种很好的非破坏性图片锐化方式。用运作命令记录下步骤，以便之后的图片处理。

清洁传感器

很多情况下，只有当我们发现图片上难看的斑点的时候才会想起要清洁传感器，这个传感器一般很难清理修整。最好的办法是在开始的时候就对传感器进行清洁。有些相机的传感器具有自我清洁功能。而对于那些没有这个功能的相机，可以用（自左向右）压缩空气枪、Arctic Fly抗起球刷、传感器拭擦棒和涂抹器等。

相机内图片VS后期处理暗帧

最左侧的图片为平均八张经过
处理后摄取的图片，左图为相
机摄取的暗帧。这个测试证明
了"相机内暗帧"的图片要比
不处理后摄取的图片清晰，因
此我们还是用相机摄取暗帧。

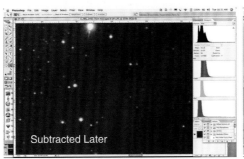

Noise Ninja

在进行进一步处理之前，我们
用Noise Ninja软件将所有图层
进行噪点减少操作。小心进行
操作，并可以返回默认值。

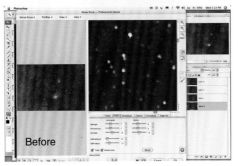
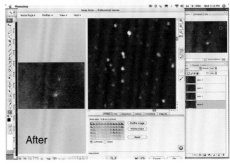

1 层次

层次调整图层功能可以纠正从
改装过的相机或是天空光亮引
起的色彩偏差。使用柱形图来
判断色彩平衡，调节RGB通
道。那三个顶峰应该重叠。但
是不要修短最底处。

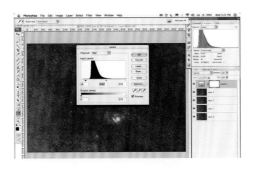
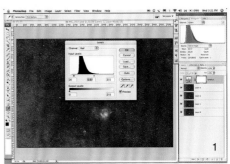

2 曲线

曲线功能可以突出暗淡的星云
并且暗化天空色彩。通常会需
要一些曲线图层。

3 选择色彩

该功能对于进行色彩平衡的微
调起到很好的作用。

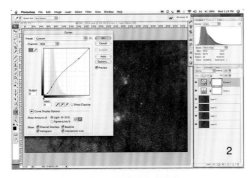
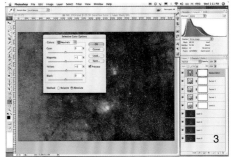

4 亮度与对比度

请谨慎使用，这个功能可以使
图片焕然一新，保存多层模
式，然后合并图层。

5 高通锐化

用高通护目镜将复制的图层进行
锐化，这是操作的最后一步。

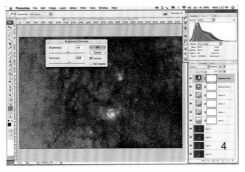
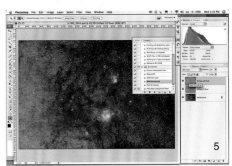

第14章 高科技天文学

传统上来说，天文学的高科技部分
对于爱好者来说是保留部分。
时至今日，虽然你可能对相机或CCD提不起什么兴趣，
但是我们却回避不了计算机。
它可以帮助我们了解天空，
计划观察日程以及为我们调整望远镜等。
通过网络，我们可以找到各种各样的资源
和志同道合的爱好者。
虽然他们承诺要让所谓的爱好对所有新手们更加诱人
更加平易近人，
但是事实上电脑控制的望远镜和相关的工具带来的困惑
远远多于其带来的便利。
通常新手都是从高科技工具开始的，当然并不是我们所有人，
他们就一直面对着无穷无尽的"错误"和"校准失败"提示，
或是到望远镜电池耗光了也还没看出个所以然来。
GoTo望远镜看到的不是星光而是个灰尘收集器。
这一章主要介绍如何在层出不穷的高科技设计中进行我们的业
余天文摄影事业。

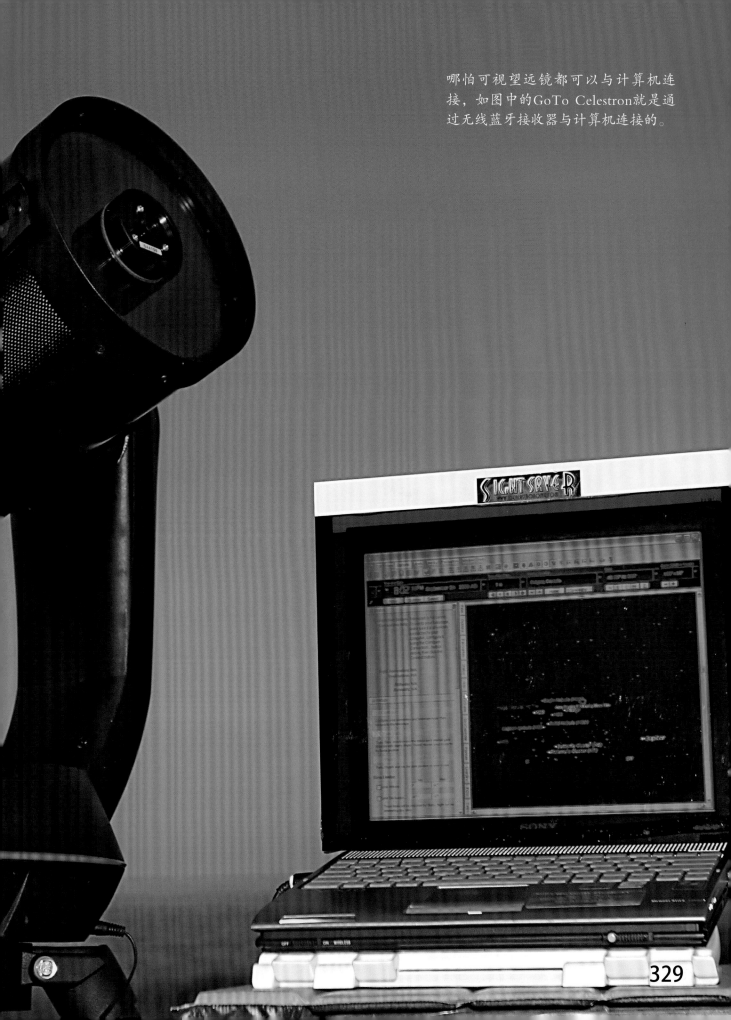

哪怕可视望远镜都可以与计算机连接，如图中的GoTo Celestron就是通过无线蓝牙接收器与计算机连接的。

高科技探测辅助

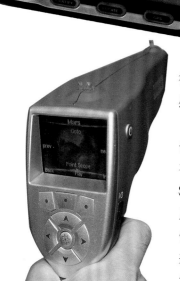

我们生活在一个令人叹为观止的时代。有这样一个设备，你只需要简单地往天空一对，它就能够告诉你你所看到的星星是如何神奇。是的，这就是Celestron SkyScout和Meade MySky的用途。这两款设备都是手持型的，可以识别闪亮的星体和星星、星座群和深空物体等。

这些设备不是望远镜，虽然通过他们你能用肉眼看到远处的天空。这两个设备都可以用于探索和识别未知的深空物体，或者你从数据库里找到某个星体，然后通过它们去找寻星体位置。

其神奇的功能来自于其内置的GPS接收器，可以通过轨道运行卫星定位你所在位置以及当地的位置；指南针可以检测出左右方向以及水平感应器，记录上下角度，读出该设备处在天空何处位置。它们非常灵巧。

任何研究天体的人，手上拿到这样一个设备都会为之震惊。连小孩子们也会爱上它。而那些父母总是习惯给孩子买游戏机，对于400美元标价也毫不吝惜。没错，一本8美元杂志的中间页地图几乎也能达到一样的目的，但是SkyScout和MySky这些小玩意的诱惑力不言而喻。这些小设备确实能起到作用，虽然其周围的金属会影响到其精度。在早期的MySky中指南针有误差，我们已经测试出其约有40%的时候不能正确识别天体。初入门者不了解其中的误差，也许还会很欣然地忽略了这个事实，把闪亮的星星群认为是白羊座，但其实是昴宿星群。

除了这些小漏洞之外，这些设备在一些夜晚观察天空还是很有意思的，但是对于天文爱好者来说这个设备很快就不能满足他们了。坦白地说，用于这些设备的钱还不如投资于星图介绍和双筒望远镜来得有长期价值。

重复我们在第3章的建议，我们强烈推荐你使用朴实的Dobsonian作为您第一个高价值望远镜。很多Dobs望远镜可以通过额外的数位式定位圈（DSCs，Digital setting circles）和轴编码器实现电子计算机化工作。Jim's Mobile公司出品了各种型号的零件。但是为了清楚起见，这些配件没有添加导航以及电机化GoTo能力。你只是将望远镜对准天空，直到DSC提醒你已经找到了目标。

目标与识别

对着天空的时候，Celestron SkyScout（见顶图）和Meade MySky（见下图）能够识别天体。

生产商将这些设备定位为天体探索领域的"游戏机"产品。

数位式定位圈

数位定位圈在Dobsonians望远镜中运用广泛。如图中南船座图，数位定位圈能够帮助用户找到他们所要的目标。他们只需要将望远镜对准天空，然后看其位置读出装置上的数值，当这个数值变为零的时候就是定位好目标了。

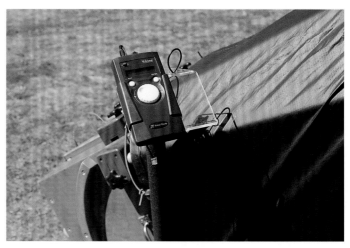

GoTo小贴士与技巧

在科技方面的进一步就是GoTo望远镜了，它带有快速瞄准电机，能够在成千上万颗星星中找出任意一颗星星。为了实现这个功能，GoTo望远镜在电脑芯片中含有一个虚拟的天空地图。为了使得这个虚拟的天空地图与实际的天空相对应，它必须知道它所在的位置、时间以及指向了哪里。大部分的GoTo望远镜需要一次性输入地点，电脑会记录下地点并且在启动时默认为该地点。有些型号的望远镜以时间为线索（或者从内置的GPS接收器上获取时间），另外还有一些望远镜则需要用户输入每晚的时间。

所有的GoTo望远镜都需要对两颗星星进行初期校准。这个过程很简单。对于大部分型号来说，望远镜都是放置在标准的起始位置的。在这个位置上，望远镜进行第一颗星星校准。你可以从电脑的星星清单中自行挑选一颗或是使用"自动"模式（大部分型号都有这个功能）让它为你挑选好。不可避免地，望远镜只会指出靠近的星星。这是正常现象。我们看到很多人拼命地花好几个小时进行精度校准，包括经度、纬度、正北方等，浪费大量时间来校准望远镜以精确定位第一颗星星。别浪费时间了，很难完全对准的。现在，你需要使用按钮控制即可，在目镜中将星星保持在中心位置，然后按下Enter或Align（校准）按钮即可。这个步骤可以让电脑测出星星的距离。（Celestron SkyAlign这个型号没有初始位置；你只需要用望远镜对准第一颗星星。）

精确的校准还要求你进行第二颗星星校准。这个也很难完全对准。跟第一颗一样的操作，用目镜将其锁定在中间位置，然后按Enter或Align（校准）按钮即可，第二颗星星校准就这么轻松完成了。（有些型号需要进行第三颗星星校准）。这样望远镜就知道了实际的天空与其虚拟地图的差距以及如何对准天空中的其他星体。

若屡屡失败

那就看说明书吧！通常常年被你压在箱底的手册能够解释为何你的望远镜不能正常运行。另外一个选择就是到网上去找该望远镜的用户群。可以去Yahoo部落或者像Mike Swanson的NextStar Resource 网站，Mike Weasner的Meade 高级产品用户群网站上可以找到。

优先极校准

大部分的德国赤道装置上都装有GoTo电脑，如Celestron的CG-5装置（最左图）和Vixen Sphinx（左图），要求在你进行2～3颗星星的GoTo校准前进行传统并且合理的极精确校准（详见本书第15章）。

Alt–Az VS 极校准

三脚座支撑的GoTo望远镜，如Meade的ETX系列，能够在地平模式下进行操作（最左图）或者在赤道装置上进行或者使用"极地"模式（左图）。后者要求进行两极校准。因为只是用于观察，所以不需要设定为赤道模式。

选择星星

若你看不到望远镜所要求的校准星星,那么请找清单上别的星星。在Meade(上面顶图)中,可以点击任何方向按钮或者下滑键。在Celestron(上面底图)中,可以按任何方向键来停止偏移,然后点取消。在SkyWatcher支架装置上,这样就可以点击ESC,然后退出校准吗?还不够,接着还要调向另外一颗星星。

Meade 起始点

在ETX-90和125型号中,带有机械阻停器,用朝向西方的控制板定位望远镜。松开方位角轴,然后逆时针转动望远镜直到其碰到止停处,对于LNT配置的望远镜,这样做就可以了。但是旧型号的望远镜,还要往回转大约1/3,直到标有数字刻度的叉杆超过控制盘。

极线原点

如果你用ETX望远镜作为极线赤道校准,将望远镜设在原点位置:设置90°倾斜,使得地盘转动,这样控制板就朝西了。

望远镜小贴士

● 如果你所在的城市不在望远镜清单之列,那么输入你的经度和纬度(你可以通过地图或谷歌地图找到)。最好能输入最近的半个度数,但是要仔细看信号和方向:负纬度在南半球;负经度在伦敦格林威治子午线的西侧,覆盖了北美和南美的所有地方。欧洲和澳大利亚的地点为格林威治以东的正数经度。

● 输入正确的时区。在北美地区,东方时间为格林尼治时间减去5分钟。不要去纠正夏令时。

● 如果有影响的话就选择夏令时(北美地区夏令时为3月中到11月初)。

● 三脚架应该经过合理校平,但是没有必要过分挑剔。

● 有些望远镜要求有一个尽量靠近北极点的初始位置。不要对向磁北极(指南针指向方向)。

● 星星校准错误(比如Castor,只偏差4.5°)会导致望远镜对目标的偏差很大。

● 选择天空中空旷处的星星做校准。靠近正北和正南方向的星星很容易被系统忽略。这个时候的望远镜可能已经校准准确,但是却搜索不到星体。如果出现这种情况,请选择别的星星重新校准。

● 确保所有添加的寻星镜或红外线装置等设备均与主镜体经过校准。

● 在校准过程中,只能通过望远镜的电动移动望远镜,不允许松开望远镜或手动移动望远镜或移动三脚架。

● 在听到提示鸣声后才按下动作按钮来校准星星。

● 几个星期未使用设备后一定要检查其电池有没有被腐蚀的现象。

● 若一直都校准不到月亮的话,请检查你是否输入了夏令时修正。

● 不用担心出现周期性误差纠正,这只是针对摄影而言,对校准精度没有影响。

● 不必担心需要更新手动控制固件。所有的问题都可能出现,但并非来自于老款的固件。

● 如果望远镜出现异常（视野极其不稳定或无法稳定下来），那么请检查电池。很多望远镜耗电很快，所以请务必配备外接电源，需要供应商提供供选电源线或交流电转化器。请准备。

● 总是使用供应商提供的电缆和电源；使用其他没有风险的零配件（相信我们，没错的！）

● 只有完全校准之后，地平式望远镜才能进行星星导航。

米德 AUTOSTAR

● 启动导航电机前，请确认望远镜已经对准目标。

● 在你购买望远镜时，望远镜的观察地点一般已经输入望远镜。请检查望远镜设定的观察地点，请设置地点，然后点击选择。如果你要选择新的地点，请点击添加。

空中再同步

为了提高在一片星空中的指向精度，需要在该区域内对一颗闪亮的星星进行重新校准。在米德 Autostar（顶图）中，转向另外一颗星星然后居中。按住Enter键2秒，然后再按Enter。在带有SynScan v.3版本或更高版本（中间图）的Sky-Watcher中，跟上面一样操作即可，但是还需要按住ESC键2秒，将屏幕进行再居中调整。在Celestron NexStar（底图）中，在目镜中将星星居中，然后在清单下选择星星，选择有名称的星星，然后按校准键。如果屏幕提示你需要替换之前校准的两颗星星中的一颗，选择最靠近新的校准星星的那颗，然后按下Enter就完成了。

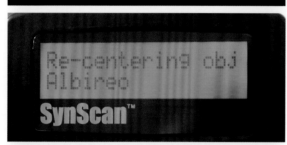

● ^{米德}建议你不要对着正上方或者靠近极点（北极星在北半球）的星星进行校准。

● 确保望远镜的轴都已经紧紧锁住，以免在控制下出现滑动和校准偏差等情况。

● 选择新目标时，在点击GoTo前先点击Enter（使得星体的名称在第一行显示）。

● 由于电池电量低引起问题后，有必要校准（在设置–望远镜下找）。如果问题还是存在，请根据手册说明进行调整。确保在望远镜极线模式或者经纬模式下进行驱动调整。

● 对于使用LNT望远镜，校平/寻找北极的过程可能会比较长一些。这是正常现象。

CELESTRON 星特朗

● 在菜单按钮下，设置导航为经纬模式，然后在模式选择中选择你的望远镜（滑到选项处，点击Enter）。

● 在1-2-3SkyAlign模式下，如果是为了能够正确识别校准目标的话，望远镜必须经过仔细校准。其他校准模式，比如自动2星校准，要求则没有那么严格了。

HEQ5,EQ–6支架装置和与其相似的Orion Sirius和Atlas支架装置都要求有初始位置，将支架直立，与极点校准并且使望远镜朝向正北方向。这个时候望远镜的光圈会与第一颗校准的星星很靠近。选配件GPS部件（如图示）自动输入地点与时间。

• 如果在你按下运动按钮后，望远镜的视野还是处在跑动或者向后拉动状态，那么请进入Anti–Backlash设置（在菜单下：视野设置）中，然后将每个轴的值设置为010～050，以确保有足够的后冲纠正。

• 当你按下一个方向按钮的时候，同时按住相反方向的按钮，暂时加快扭转速度到速率9，这是在校准时顺手可以完成的事情。

星达SKY–WATCHER

• 与Celestron CG装置相似，Sky–Watcher 德国赤道装置要求三星校准，控制器在西边校准两颗星星，东边一颗星星。这是正常操作。避免选择处在南北线上的星星。

• 时间必须设定为24小时制。

• 在进行初步校准的时候，加快回转速度，使其从默认值到一个更高的速度，使望远镜进行第一颗星星校准。

• 与Celestrons相似，如果在你按下运动按钮后，望远镜里视野还是不能稳定，那么请进入Alt Backlash和Az Backlash设置（在设置菜单下）中，然后设置值为00或者更低值。

• 升级到版本3或者更高级的SynScan 软件（这要求新的手控制器）会带来一些物超所值的特性与功能。

VIXEN STARBOOK

• 在使用Star–book–S的时候，首先开启电机的电源，然后开启Starbook–S。确保Starbook的电池电量充足。

• Starbook不会自动为你选出校准星星，但是要翻阅星星图表自己找又很麻烦。这里，你可以到图表模式，从星体清单中选择星星。

• 在西边选择两颗星星，再在东边选择一颗星星。

Vixen支架装置，与Sphinx和GP–D2图示一样，需要进行极线校准。望远镜必须朝向地平线正西方向作为初始位置，在这个位置上慢慢转到第一颗校准的星星上。你可以从星星地图上找，也可以在天空中闪亮的星中挑选要校准的星星。

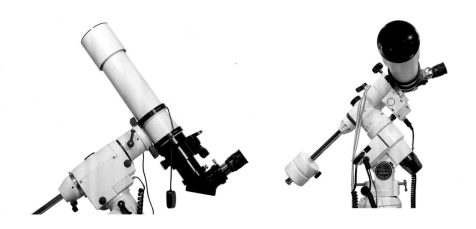

软件简要指南

在观察星体和摄影中，软件更是成为不可或缺的一个配件。通过软件模拟天空，它可以预测出将来某个时候的天体位置、接合与日月食等。软件可以帮助你如何用相机与镜片拍摄出最佳的照片，你还可以打印出星图和目标星星用于夜间观察。

我们将软件分为两类：天空模拟软件和星图软件。天空模拟软件可以满足大部分观察者的需求，而星图软件适用于小部分的执着的深空观察者。

天空模拟程序

天空模拟程序通常被称为天文馆程序，这种类型的软件的主要特征是能够真实描绘出夜，软件中带有风景、黄昏日光和月面等细节景色甚至还带有夜晚的声音。两个将天空模拟程序做到极致的软件分别是Starry Night（www.starrynightstore.com）和TheSky（www.bisque.com）。这两款软件都有三个级别并且兼容于Windows操作系统和MacOS。其高端软件可以控制望远镜并且具有高级星图功能。其低端和中端版本软件对于一般的观察者来说也足以满足了。这些软件的应用非常广泛，事实上，第11章中很多的星图都是用这些软件和其他一些软件包制作的。

同类型的软件还有Voyager（www.carinasoft.com），适用于MacOS和Windows系统；较为便宜的Equinox（www.microprojects.ca），这个软件只适用于MacOS系统；还有Redshift（www.redshift.de），只适用于Windows操作系统。

星图程序

这些程序对于模拟夜空实际景象的作用甚小。天空的地平线可能只是以一条直线显示，而月亮和天体可能只是以毫无特征可言的点和圆盘显示，这些软件可以探测到天空中所有可能看到的星体并且画出目镜和CCD的视野，这样你能准确拍摄到你在望远镜中看到的画面了。

这类软件中最好的程序当然非Guide（www.projectpluto.com）和MegaStar（www.willbell.com）莫属了。很多观察者除了在装有红色滤光镜的笔记本电脑上装Dob软件，用于在目镜中搜寻所有暗淡模糊的细节外，也会安装这个软件。

另外令人印象深刻的软件还有Earth Centered Universe（www.nova-astro.com）。这款软件加载有深空数据库，是一款绝佳的用于控制望远镜的低价软件。其他的软件还有Cartes du Ciel（在www.stargazing.net/astropc上免费）和SkyMap Pro（www.skymap.com）。

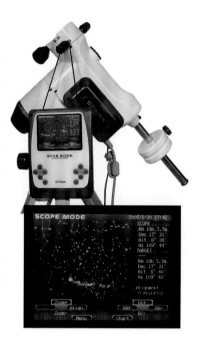

Vixen Starbook

Vixen支架装置上有一个GoTo控制器Starbook，里面带有星星地图。（小型的单色Star-book-S也有这个功能，但是其能显示的星星图数量比PDA或带有天文软件的智能手机显示的数量还要少。）

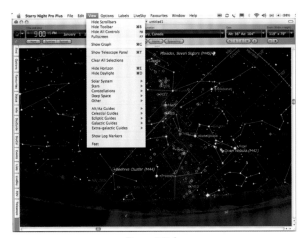

Starry Night · TheSky

天文馆程序

两个比较强大并且流行的真实天文程序是Starry Night和TheSky。这两款程序都有好几个可用版本，比如基础版和专业版等，适用于Windows和MacOS操作系统。高端版本的程序内带有完整广泛的数据，是一款能够为你提供细节的星图程序和望远镜控制软件。

🔭 专业程序

虽然这些软件的星图能力有限，但是他们的特长在于制造出天空星体的清单，可以经过分类和过滤，让你能够观察到深空的星体。其中比较常用的软件有Deep-Sky Planner（knightware.bix/dsp），Deepsky Astronomy Software（www.deepsky2000.com），这两款软件均只适用于Windows操作系统，还有AstroPlanner（www.ilangainc.com/astroplanner），适用于Mac和Windows操作系统。

由于人们对于月球观察的兴趣日益高涨，一些月球图程序的出现，用于模拟目镜景象，帮助使用识别月球特性。可以看一下Alister Ling的Lunar Calculator, Lunar Phase Pro（lunarphasepro.nightskyobserver.com）和优秀的免费软件Virtual Moon Atlas（www.astrosurf.com/avl）。这些软件均只兼容于Windows操作系统。

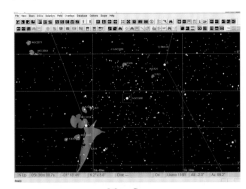

MegaStar

深空图

MegaStar，由Willmann-Bell出品，能够提供详尽的数据库。Earth Centered Universe，由Nova Astronomics出品，也是一款高性价比的软件。更有Cartes du Ciel，功能强大，而且免费使用。这些软件都只适用于Windows操作系统。

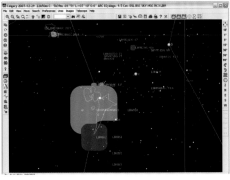

Earth Centered Universe · Cartes du Ciel

AstroPlanner

Deepsky Astronomy

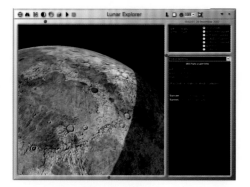

Lunar Phase Pro

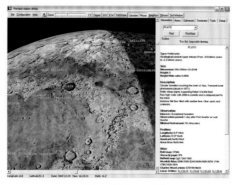

Virtual Moon Atlas

深空数据库

很多深空观察者找了一些深空数据库程序，如AstroPlanner，适用于Mac和Windows操作系统，还有Deepsky Astronomy软件，这些程序对于观察的前期准备工作十分有用。我们都还不是很习惯用这种软件。

月球地图

现在甚至连月球图都已经实现数字化了。使用软件如Lunar Phase Pro和免费的Virtual Moon Atlas即可，这两款软件均只兼容于Windows系统。数字化的地图可以显示出月亮明暗界线的天平角度和位置，使其与目镜景象精确匹配。

望远镜与计算机的连接

好了，现在你已经有了GoTo望远镜，并且电脑上也安装了相关软件。接下来自然是要把这两者相连接，这样电脑上就能显示望远镜在电子星图总的位置，并且通过鼠标点击使得望远镜对准目标星体。在连接过程中首先要解决的难题是，现在的电脑都是使用USB标准接口连接外部设备，而大部分望远镜要求老式的RS232系列接口，通常为电话式的RJ11或D型DB9接头。解决方法是改用USB——端口适配器（Keyspan出品的用于Macs， Belkin和其他厂家出品的用于电脑）。这些东西在电脑和办公用品店里一般都能找到，并且通常都配带了安装驱动盘。

安装并且连接好之后，电脑就能够识别适配器作为一个新的连接端口了。并且在你的天文软件中的望远镜安装目录下会有这个连接选项。一定要正确选择端口，这样你的电脑才能与望远镜相连接。

除了要选择正确的端口外，你还要选择好正确的望远镜型号，就算是同一个牌子并且型号相似的望远镜，它们的外部控制规则都有可能不一样。如果你使用的是一个新的望远镜，但是却用旧的天文软件，那么电脑可能无法识别你的望远镜。如果系统提示你"通信错误"，那么请选择另外的望远镜型号或者用另外的COM端口，你可能还应该升级一下软件。大部分Windows程序使用

PDA软件

尽管手持式个人数字助理如Palm Pilot很快会被通用的智能手机所取代，但是这两者都能运行天文软件。其中最好的天文软件是Astromist,能够兼容于Palm操作系统和Windows手机版操作系统。其性能和显示可以与电脑软件相匹敌。

有线连接

要将望远镜与型号较新的电脑相连接需要一个USB适配器和望远镜生产商提供的RS232序列端口电缆线。适配器作为一个虚拟端口在Windows中以COM端口出现（在设备管理器下确认COM号码）。

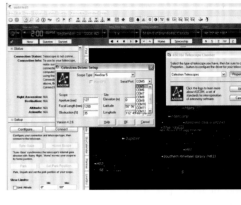

无线连接

要通过望远镜上的蓝牙接收器（如Orion的Bluestar）将其与电脑进行无线连接，我们需要在电脑上添加一个蓝牙适配器。与望远镜的接收器连上后，电脑上会显示出一个蓝牙装置提示，作为一个新的COM端口或是下拉菜单中一个设备，如图中Mac上所示。

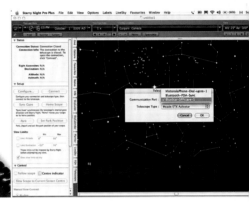

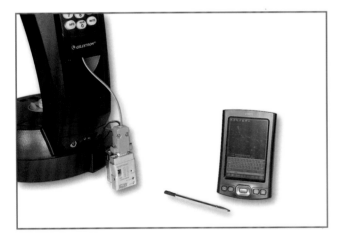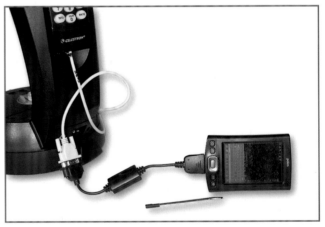

PDA连接

你可以通过电缆线（Serialio.com提供的资源不错）将PDA和智能手机与望远镜相连接（如上左图示），如果你的望远镜带有蓝牙（如上右图）和接收器，如图中的AirCable部件，那么可以通过Astromist或TheSky Pocket 版本等软件进行无线连接。

ASCOM标准的驱动。

另外一个关键点是使用合适的电缆线连接USB适配器（要用望远镜原产配置的电缆线，电缆线看起来相似，但是在连接上却有着很大差异。）

然后确认望远镜与电脑端口连接正确（看手册）。例如，Meade#497Autostars，串行线与手动控制器相连接而不是与望远镜连接。大部分望远镜在与电脑连接前必须事先经过校准好导航。

另外一种选择：无线连接。这种连接方法要求电脑必须有无线连接的功能。大部分Macs笔记本都有内置该功能，但是很多电脑需要一个插入式无线适配器。在望远镜方面，则需要安装一个接收器或者发射机，Orion/Starry Night的Bluestar就是选择之一，另外由AstroCables.com提供的AirCable配件也很实用。

在Bluestar测试过程中，只要我们按照说明手册通过Mac正确安装驱动软件，基本上不会有什么问题存在，因为Bluestar与笔记本电脑兼容，所以只要使这两者能够相互联通就可以了。但是望远镜与Windows相连的过程中会有一些问题，比如A D-Link DBT120适配器可以用，但是DBT122不能用。对于电脑，安装Orion的时候最好不要安装蓝牙适配器的驱动软件，而是安装Windows自带的驱动。测试Windows XP系统就已经够麻烦的了，所以我们没有精力再去研究Vista系统了。

远程连接

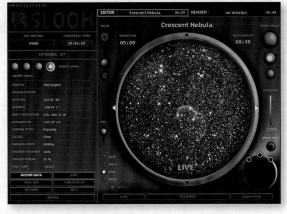

既然你能够在观察地通过电脑来控制望远镜，那么你为什么不能在家里通过电脑控制它呢？或者说为什么不能将望远镜放在远处天空清晰的地方，而它却能够在你安然睡觉的时候对望远镜进行远程自动控制呢？

现在这一切都已经变为可能。只需要给你的望远镜外接一条长长的USB线就可以在你的家里做一个控制装置了。更加专业一些的后院观察者的装置是在观察地放一台远程电脑，然后通过WiFi连接在家里的主机电脑上进行控制。当然，这样做是针对你只是想通过望远镜用CCD相机或低光视频相机拍摄图片，而没有兴趣通过望远镜自己看看实图。

下一步的复杂点在于通过网络连接控制远处的望远镜（以及其支架）。一些资深的观察者已经在一些超级暗的地点建立起了他们理想中的观察台，如新墨西哥天空，并且在他们居住在那里期间拍摄出了一些令人叹为观止的优秀图片，而他们却在光线差劲的北美东部工作。一些公司如Software Bisque专门生产这类远程控制的硬件设备和软件设备。当然，这些装备价格非常昂贵。等到我们能够买得起这类远程控制望远镜的时候，恐怕我们都已经退休，可以直接搬到那里去住了！位于亚利桑那的东南部的亚利桑那天空村，就是一个天文爱好者的退休社区，那些富有的婴儿潮时出生的人退休后也必然会搬到这里来居住。

 另外一个你可以负担得起的实现远程控制望远镜梦想的方法是按时间租赁他人设备。一些盈利机构如novice-oriented Slooh.com（上右图）按时间出售他们放置在世界级观察点的望远镜的镜头。价格从Slooh的1年100美元到一些专业的高端远程控制系统如Global Rent-a-Scope的每小时50～100美元不等。

第15章 极轴校准、瞄准与清洁

如果要用德国赤道装置（见右图）和带有楔子的三脚架望远镜设定赤道模式进行天体导航的话，必须要对它们进行极轴校准。在绝大多数情况下，极轴校准基本上跟把望远镜调到对准目标方向一样容易。右图显示了如何校准，在北半球，装置上的固定轴指向北边，与北极星十分靠近。对望远镜进行极线校准，不需要指南针、GPS接收器、磁偏计算器或恒星时等设备，你只需将极轴对准北极星就搞定了。在北半球的观察者校准非常简单，因为他们有明亮的北极星作为对准目标。但是在南半球可没有如此方便的"南极星"。

这一章主要介绍极轴校准的细节。在本章的后面部分，我们主要介绍反射镜使用者经常要做的事情：瞄准。这个过程涉及了调节镜片的倾斜度，可以使光线调整进入轴上

的主镜片，在目镜的正中间成像。如果镜片没有经过瞄准，那么视野中间的星星看上去就会像一边有拖痕的彗星，甚至图片根本没有焦点可言。

不可避免地，经过一整个寒冷之夜的观察，你带回家的设备上难免会有一些雾气。为了避免这些雾气，这里有一个好办法。首先盖好主镜片然后将望远镜和目镜打包装入盒中，然后拿起内部受保护的镜片使其慢慢暖起来。这么做可以防止镜片上雾气冷凝而导致外表形成稀薄的残留物。

然而，镜片上的灰层和污垢终难避免，这就要求你了解如何清洁镜片。但是其中的规则是，除非真的有必要才进行镜片清洁。擦拭时用力过大会导致镜片和涂层刮痕，这比镜片原来的灰层和污垢还要糟糕。

当天空随着夜的变迁而旋转，它始终围绕北极星。北极星是始终不动的。极轴校准只要把支架装置的极轴对准这颗星星就可以了。

图中黄色箭头穿过德国赤道装置。轴应该设定在与你在地面的纬度一样的角度处，然后在夜间朝向正北方向对准北极星（如果你在南半球的话就朝向正南方向。）

快速校准

只有高级的天文摄影才需要耗时的精确的极轴校准。对于一般的天空观测和月亮拍摄或是广角拍摄而言，一两度以内的天极校准就已经足够了。这个校准的过程只要通过调整三脚架使其极轴对准北极星，越近越好。

施密特－卡塞格林望远镜只需要将其三脚架的一边往上调，然后通过升高或降低三脚架来完成其极轴校准。对于一般的拍摄观察而言，过于精确的校准实在是浪费时间。德国赤道装置只需要用肉眼将其极轴对准北极星就可以了（见左图及上页图示）。

更加精确的方法

对于进一步应用的要求，特别是对天文摄影望远镜的极轴应该在靠近天极的5弧分角度以内。北天极恰好与北极星接近。更精确地说，实际的天极在北斗七星方向距北极星0.9°处，该星是北斗七星的最后一颗。

如果你在南半球进行观察，那么要对准南天极就要稍微困难一些了。它位于离南极星座的5.4级星1°的位置，用肉眼看只是一颗暗淡的星星而已。

本章里的寻星图能够帮助你找到南北极点。用这张图，第一步便是将望远镜的极轴对准极点。

图中施密特－卡塞格林望远镜设置为90°倾斜，这样三脚架和主要视管就朝向了极点。望远镜经这样设定后，用楔子的精度和方位调整（或调整三脚架的腿）使得寻星镜对准极轴。这一点非常重要，只有这样寻星镜与望远镜的主镜片在天空中所对的位置才能完全一致。注意，如果你想拍摄长时间曝光的天文照片，对GoTo三脚架望远镜进行这样的校准是必不可少的。

To Celestial Pole

北斗七星的指极星对准北极星。寻星图能够帮助将望远镜的极轴精确对准北天极位置。记住，对于大部分可视观察而言，将北极星保持在中间位置的精确度已经足够了。

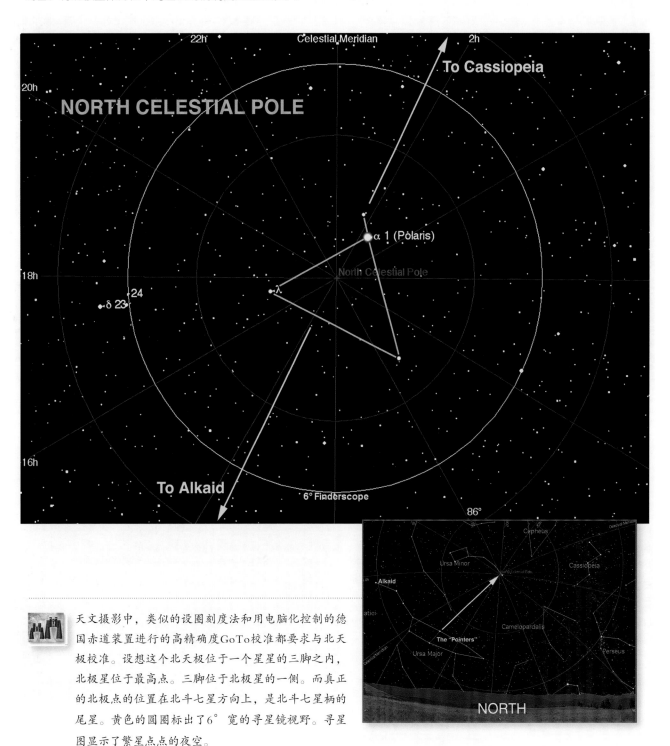

天文摄影中，类似的设圈刻度法和用电脑化控制的德国赤道装置进行的高精确度GoTo校准都要求与北天极校准。设想这个北天极位于一个星星的三脚之内，北极星位于最高点。三脚位于北极星的一侧。而真正的北极点的位置在北斗七星方向上，是北斗七星柄的尾星。黄色的圆圈标出了6°宽的寻星镜视野。寻星图显示了繁星点点的夜空。

三脚架望远镜极轴校准

　　哪一个是极轴呢？在三脚架望远镜如施密特－卡塞格林望远镜中，极轴就是三脚架的转动轴。其他在架臂上使管子上下运动的部位是赤纬轴。要进行极轴校准，它必须对准极点。这就要求你配备GoTo型号的楔子。

　　1.首先，调整楔子上的纬度使得其与你所在纬度一致。如果你身处北纬40°，那么设置楔子的纬度为40°。这个可以在任何时候完成，甚至在室内也可以。

　　2.在观察地点，放置望远镜，使其三脚架朝向北方。你只需要大致上对三脚架进行调整就可以了，没有必要进行精确校正。

　　3.转动管子，当管子一侧的圆盘上读数90°倾斜时停下，并将其锁定在该位置。这样应该能使管子与三脚架平行了。对于没有圆盘的GoTo望远镜，你可以用一个控制器对准望远镜使其倾斜度为90°。

　　4.将望远镜左右移动，使得极点在寻星镜中居中（只是进行大致校准，将北极星居中就够了）。可以通过移动整个三脚架或用楔子上的方位蝶调整。不要改变望远镜视管的倾斜度或赤经度。

　　5.将望远镜上下移动，使得极点在寻星镜中居中。（在这之前，寻星镜必须经过校准，只有这样望远镜的主镜片才能对准）。这个过程意味着可能还要上下升降三脚支架的脚（最好将其中一个脚朝向北边）或用楔子上的方位蝶调整。不要移动倾斜轴。

　　6.你可能会发现很有必要多进行几次方位和纬度的调整，使得目标点更加准确。根据经验，一般这个过程耗时5～10分钟。为使其对准北天极，你得移动整个望远镜，这样寻星镜十字准线才能在一条直线上与北极星相差0.9°。如果看不见星星，那么将北极星与Epsilon(ε)Cassiopeia（独特的W形上的第一颗星星）连接在一条线上。

校正赤纬圈

为了在寻星镜中锁定极点，首先赤纬圈的读数必须精确。换言之，当望远镜设定在90°倾斜时，其管必须与极轴对准的是同一个点。赤纬圈会滑动，所以当你设定在90°时，可能事实上并不是精确的90°。调整三脚架上的望远镜，使其与支架尽量平行。关于德国赤道装置，移动设备使其管子与极轴平行。在低功率状态观察主望远镜上的目镜，观察星星（任何星星都可以），然后绕着极轴旋转望远镜。这些星星是否围绕在视野中间？如果望远镜真的设定在了90°倾斜，就应该这样的。如果没有，试着缓慢调整望远镜能够的倾斜度，看情况是否有所改善。调整倾斜度，直到设备在赤经上转动时星星绕着同心圆转动。现在放松经纬圈（本身可以转动），并将其设定在刻度90度处。一旦锁紧，经纬圈就不再需要进行校正了。

要定位南天极确实是一个挑战。因为它位于天空最空旷的位置，并且附近也没有闪亮的"南极星"。Alpha和Beta Centauri（称为指极星）指向南十字星座，而南十字星座正指向极点。

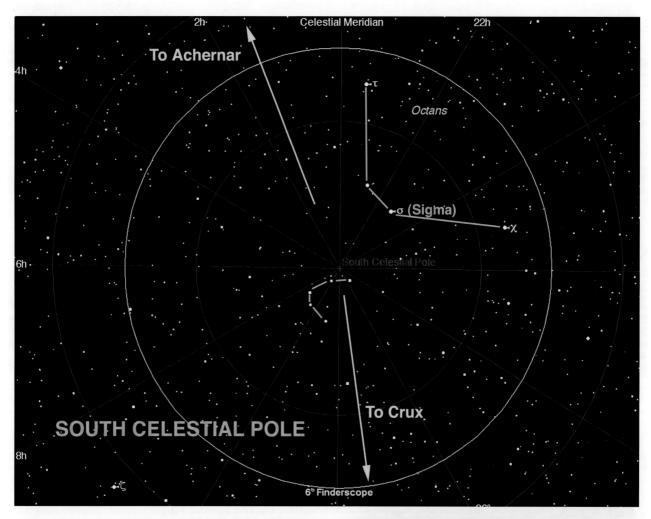

在定位南天极的过程中，来自水委一星和船底星座的 α 星的导向线能够帮你，你可以想象极点与大小麦哲伦星系形成了三脚。这个区域位于南极星座三脚形的一侧。第五等级南极星是极点周围最亮的星星。在南极星周围找一个星星的半圆形。其附近的一个更小更暗淡的小圈就是精确的极点位置了。图中黄色的圈标出了6°广角寻星镜的视野区域。寻星图显示了繁星点点的夜空。

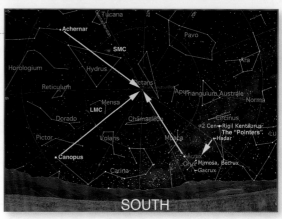

使用这种方法的主要问题是很难找到准确的极点位置，因为极点位于天空空旷区域。而且，极星所要求的数量很容易向错误方向偏移。在直流寻星镜中，天空的影像是颠倒着呈现的，在直角寻星镜中，天空是下面朝上、左右相反的。大部分的寻星镜的视野约为6°宽，也就是说当真的极点出现在其正中间时，极星（北极星或南极星）大约处在从中间到视野的1/3位置处。

德国式极轴校准赤道装置

上述利用寻星镜进行极点校准的方法适用于所有德国赤道装置上的望远镜。该支架装置的赤纬轴上的一端装着望远镜，另一端挂着秤锤。极轴上带有赤纬轴，支架装置上的极轴必须与极点对准。

首先，利用赤道装置底座上的调节器将极轴的弯角设置为你当前所在的纬度，通常为一个带有0°～90°的刻度盘的大螺栓。但是需要格外小心，因为当这个螺栓松开时，整个装置会向下滑。如果望远镜有刻度盘，那么设置好纬度锁紧螺栓。这个调节操作只需要在刚购买的时候做一次就可以了，除非望远镜在南北方向上发生搬移导致了纬度变化（在东南方向上纬度不会变化）。如果你的赤道装置上没有当地纬度设置的刻度盘，那么请按下文操作，如果有就跳过。

纬度调整：在观察地点放置望远镜，用目测的方法使其极轴指向尽可能靠近北极星。调节三脚架的腿来调节支架装置的底座。（支架装置必须经过水平调整。有些支架装置有专门用于调整水平用的水准仪）。调节管子，直到赤纬圈（在管子或秤锤最近的地方）上的读数为90°。这个时候管子与极轴相平行，并且指向相同方向。锁定这两个轴。小心松开夹住倾斜极轴的螺栓，慢慢调节，直到北极星出现在寻星镜的中间位置（中间位置就可以，不需要正中间）。现在锁紧螺栓，这样就算是设定好了纬度弯度。这个过程也只要进行一次就可以了。

极视镜配件

很多中高档的德国赤道装置如图中的中国制造的EQ-3型号望远镜都带有极轴视图镜，这是一个很值得拥有的配件（低价入门级的支架装置没有极轴）。虽然你也许可以对极轴进行粗略的极点校准，但是像这样的一个极轴视图镜可以很轻松地进行极点校准。图中看到的螺栓可以将支架装置上下移动，必要时还可以改变纬度。

纬度调节和望远镜水平调节完以后，如果极轴对准了北极星方向，那么极轴的弯角也应该是正确的了。在接下来的设置中，将管子设定在90°，利用支架装置上的高度和方位精密调节器来上下左右移动望远镜，使得极区域居于寻星镜的正中间。若你的望远镜上没有精密调节功能，那么就调节指向南边方向的三脚架腿并且左右推动三脚架。

大部分带有GoTo电脑的德国赤道装置也需要进行极校准，以便其能准确找到星体。这个可以用原来的方法进行（将极轴向上升）。然而，利用软件程序可以自动将望远镜对准北极星。然后你可以利用装置上的高度和方向调节器来使北极星居中。

极校准望远镜内有十字线，可以显示出北极星与实际天极点中间的偏差（其他标记可以帮助南天极点排线）。这是一款望远镜的样式，其他的望远镜基本上也是大同小异。它对准了主要的"导航星"或十字准线，可以看到来自北斗七星的线穿过了北极星，直到北极，最后到达仙后座。不必劳烦地输入恒星，只需要转动极视镜或整个极轴使北斗七星到极点的线或导航星槽与实际天空保持一致即可。请注意，尽管中间掩模图样与肉眼所看到的一样，轴视镜上出现的画面是反转的，这是正常现象。

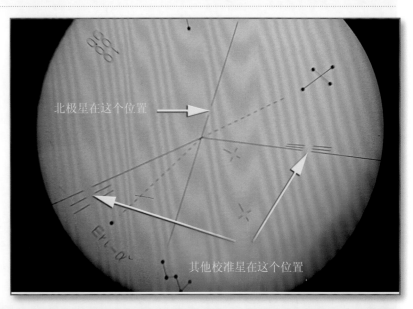

北极星在这个位置

其他校准星在这个位置

高精度方法

一些态度认真的天文摄影者要求星星保持在他们设定目标的几角秒范围内。这就需要更加高精度的校准了。

🔭 单星法

经过实践证明，这种丹尼·迪·西扣于1986年12月发表于《天空和望远镜》的方法只需要10分钟。首先，参照之前章节提到过的方法校准支架装置与天极。然后用望远镜对准靠近天赤道（我们知道其赤经）的一颗闪亮的星星，最好与当前保持一致（看对页表）。

星星在目镜的正中间以后，转动赤经设置环，这样就显示出了星星的赤经。然后调节望远镜，直到环上显示与北极星的坐标为2008：R.A.2h 40.6m Dec.+89°18′。先调节赤经，然后设置纬度偏角。在你设置望远镜的纬度偏角时，确保将其停止在第一个89°标记处。不要超90°标记到达另外一边的89°标记。锁紧支架装置的赤经和纬度偏角。不用担心北极星是否在视野之内。

使用支架装置的精确高度和方位调节，直到北极星出现在中功率目镜视野的正中间。不要移动纬度偏角和赤经。一旦北极星出现在正中间，松开望远镜，将其移回定标星。若有必要的话再次调节赤经。重复上述操作。每次重复操作需要调节的部分越来越少。如果起点位置非常接近，只需要重复几次就能在极上找到零点。迪·西扣指出，这个方法同样也适用于有南极星座的南半球。其坐标为2008：R.A.21h 16.3m Dec.-88°55′。

如果要频繁使用这个方法，请你务必在旅行日志中做好相关的坐标记录。如果望远镜每天晚上都是放在同一个点上，那么在那个位置做上标记，以便望远镜支架找到原来的定位方向。

改变纬度

基于这些的调整和大部分赤道装置都适合于与焦点校准一样的精确定位。经过大致上纬度南北方向的调整后，你可能还需要松开用于上下调节装置的纬度轴上的主螺栓来调节新的纬度。在东西方向上迁移但是纬度没有改变的话对支架装置调节没有影响。入门者望远镜操作和基础设置详见本书第6章。

🔭 两星法

虽然这种方法很耗时间，但这是完美主义者的选择。同时，这也是在安装永久性观察地点或后院观察点支架装置取得最终精确校准的最好方法。

首先还是用简单一些的方法进行极校准，然后将望远镜对准正南方向天赤道上的一颗星星。有可能的话在望远镜的目镜上安装照明十字线导星目镜，并且校准十字线，使其与赤经和纬度偏角平行。确保驱动运行。现在仔细观察星星。忽视赤经线上东西方向的偏移，但是要注意找出纬度上，也就是南北方向的偏移。可能需要几分钟才会显现出来。

- 如果星星向北偏离，那么是极轴太偏向西边了（也就是在北半球其偏向实际极点的左边）。

- 如果星星向南偏离，那么是极轴太偏向东边了（偏向了实际极点的右边）。

要小心。确保你知道目镜中哪边是北边。在大概方向调节支架装置的方

星	名称	R. A.	(2008)	12月	Sky
α仙女座Andromedae	仙女座α星Alpheratz	00h 08.8米	+29°08′		北半球夏季
α牡羊座Arietis	三颗星α Hamal	02h 07.6米	+23°30′		北半球夏季
α金牛座Tauri	毕宿五Aldebaran	04h36.4米	+16°31′		北半球冬季
α小犬座Canis Minori	小犬α星Procyon	07h39.7米	+05°12′		北半球冬季
α狮子座Leonis	轩辕十四 Regulus	10h08.8米	+11°56′		北半球冬季
α牧夫座Boötis	大角星Arcturus	14h16.0米	+19°09′		北半球冬季
α天蝎座Scorpii	天蝎座α星 Antares	16h29.9米	-26°27′		北半球夏季
α天鹰座Aquilae	牛郎星 Altair	19h51.1米	+08°53′		北半球夏季
α波江座Eridani	水委一Achernar	01h38.0米	-57°12′		南半球
α船底座Carinae	老人星Canopus	06h24.1米	-52°42′		南半球
α南十字座Cruxis	十字架二Acrux	12h27.0米	-63°08′		南半球
α半人马座Centauri A	南门二Rigel Kentaurus	14h40.1米	-60°52′		南半球
α南鱼座Piscis Austrini	北落师门Fomalhaut	22h58.1米	-29°35′		南半球

位，然后再观察星星位置。偏差情况是否有所改进？要保证20分钟后也没有偏差的情况出现。

这一步做到满意后，将望远镜对准天赤道上的另一颗星星，要是刚从东边升起的星星。观察一段时间，并且忽视任何赤经线上的偏移。

◆如果星星向北偏移，那么是极轴指向位置过高（高于极点）。

◆如果星星向南偏移，那么是极轴指向位置过低（低于极点）。

相应地调节极轴高度。如果首次安装够好的话，只需要进行微小的调整就可以了。然后再转回东边的星星，再次观察。偏移的状况应该会有所改进。重复上述步骤。在南半球，重复上述在北半球的做法。这些繁琐的调整过程效果可以永久性保持。

校准，GoTo样式

一些电脑控制的GoTo望远镜如三脚架装置的型号不需要极点校准来发现和导航星体。但是最开始的时候望远镜必须对准两颗星星，这个过程也称为"校准"。德国赤道装置上的GoTo望远镜如Meade的LXD-75和Celestron的CGE以及高级系列确实需要至少粗略的极轴到极点的校准以便能够精确定位和导航星体。Meade的Autostar，Celestron的NexStar和来自其他生产商的望远镜都带有协助极点校准的软件。上页提到的"单星法"的电脑化版本，能够自动指向北极星所在方向。

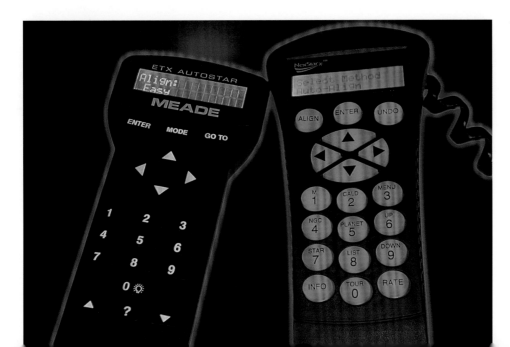

望远镜光学部件清洁

　　光学部件护理的第一条规则就是避免镜片上沾染灰层和手指印。不用的时候务必给光学部件盖好盖子！在光学部件上的灰层还未堆积起来之前及时进行清洁，避免夜间拍摄时雾气导致这些灰层变成泥浆。

　　最好的方法是调好你自己的清洁液：用50：50的蒸馏水和异丙基擦拭（最便宜并且最少芳香类混合物）。再加入几滴碗碟清洁剂（不是洗碗剂），只要能消除表面张力即可，这种张力会引起水和酒精的混合物在磨光玻璃上形成小水珠。这是一种非常有效的清洁剂，适用于任何抗反射层，并且对镜片表面磨挂最少。

目镜和镜片清洁

　　目镜是所有光学部件中最需要清洁的部位。目镜镜片上会沾染眼睫毛和夜间不小心手指误碰的油脂。在折射透镜和反射镜中，前方的镜片或修正片会沾染聚集灰尘。如果再在这些表面沾染露珠的话，会形成一片朦胧的污渍。

　　1.首先，吹掉松散的表面灰尘，橡皮球挤压喷射刷或空气压缩罐除去外部镜片表面的灰尘。要小心使用灌装压缩空气：如果你倾斜管子，一些里料可能会喷射出来使光学部件上沾染化学药品污点。

　　2.接下来，用柔软的毛刷和很轻的笔除去松散的污点。接下来清除其他剩余的污渍时有可能刮伤镜片。

　　3.对于目镜，用几滴上面提到的混合液沾湿棉签，对于大一些的镜片用棉球。

　　4.轻轻擦拭。不要用力按。如果污渍比较顽固，换了新棉签或棉球再次擦拭。有时候轻轻在镜片上哈气可以帮助去除污渍。

　　5.用干燥的棉签或棉球对潮湿区域做最后清洁，再用空气喷气，吹走镜片上残留的纸巾的小尘粒。可能这个时候还会有一些小污点，但是最后用你哈气在镜片上的小结晶擦拭会让镜片干净如新。

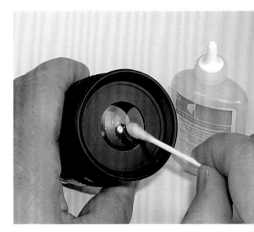

　　对于施密特-卡塞格林望远镜，前面的矫正片和附着的次镜可以从前面的管子上移开。但是一定要格外小心操作，因为矫正片非常薄。如果望远镜内部沾染了灰层或潮气，就需要对矫正片的内部表面进行清洁了。

　　重要提示：矫正片和次镜必须严格按照你拆开的顺序装回。

镜片清洁小提示

不要用清洁眼镜的溶液或擦布清洁镜片。这些东西会在镜片表面形成稀薄的污渍层。

清洁相机镜片的清洁剂可以用于小范围擦拭目镜，但是不适合大范围擦拭。最好用自制的清洗液。

不要直接将液体倒在镜片上，因为液体会流入镜片槽和目镜内部。用湿的棉签清洁目镜（见右上图）。

不要将目镜镜片从其镜槽中拆开。你可能装不回去。

在一些反射镜中，可能可以移开前面的镜片（见右下图）。这样你就可以清洁到后面镜片。但是不要一次拆下两三块镜片或从镜片座上拿下来。更换你能找到的管子上相同定向的镜片槽。

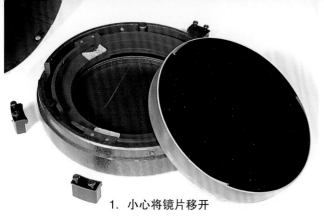

1. 小心将镜片移开

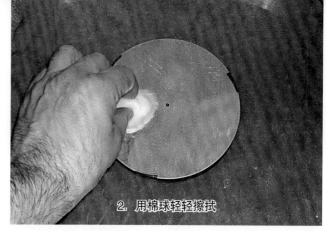

2. 用棉球轻轻擦拭

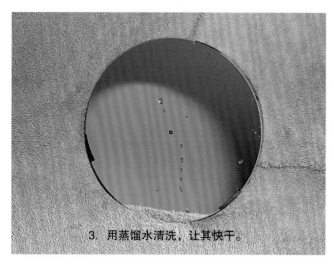

3. 用蒸馏水清洗，让其快干。

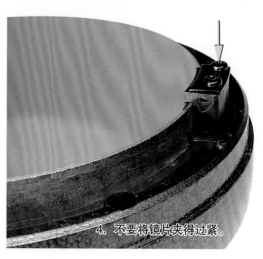

4. 不要将镜片夹得过紧。

🔭 清洁反射镜片

主镜片和次镜片只需要偶尔用压缩空气罐和柔软的毛刷清洁即可。其铝制的表面很容易刮伤。有细小刮痕的镜片比沾一些灰尘的镜片要糟糕得多。只有在积了厚厚的灰层和污渍的情况下才对镜片进行清洁。具体步骤如下：

1.移开管子端口处的小盖子，这可是需要耐心的任务。然后松开3个架子，将镜片从其槽中拆下。

2.将镜片从槽上拆下并且安装放置在桌面后，用吹气扇和刷子尽量去除其灰尘。

3.将镜片放在折叠毛巾的沟槽处，防止镜片滑动。

4.在镜片前面用冷水冲洗，去除更多脏污。不用担心，这样不会去除铝的喷塑。

5.然后在槽中倒入温水，加入几滴柔性的液体皂。

6.将镜片在槽中的毛巾上平放，在水平上浮出半寸。用消毒棉球轻轻擦拭镜片。以直线方式擦拭镜片不要转圆圈擦拭镜片，用新的棉球重新反复擦拭。

7.倒空槽，用冷水冲洗。

8.用瓶装蒸馏水做最后冲洗，水龙头的水可能会留下污点。

9.让镜片自然风干。镜片只需要几年清洁一次。

清洗镜片

将镜片从镜片座中取出（见左上图），要求镜片不受硅胶粘连。将镜片放在槽中的毛巾上。擦洗镜片时不要佩戴戒指，避免刮伤镜片。用棉球轻轻擦拭镜片（右顶图）。用蒸馏水冲洗镜片，并且将镜片立起风干，这样镜片上就不会有污点残留（见左下图）。在镜片重新放回镜片座的时候（见右下图），将弹夹锁在刚好与镜片碰到位置即可，不要锁得过紧，以免镜片受压变形导致散光。然后进行重新校准。

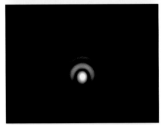

好、差与糟糕

上图分别为在施密特-卡塞格
林望远镜中高能量下的星星
图：微小校准偏差导致的1/4
波长晕圈。

较差校准导致的1/2波长晕圈。

严重校准误差导致的1波长晕圈。

望远镜拍出的下面两张图片是
没有焦距并且模糊不清的。

校准卡塞格林望远镜

在校准卡塞格林望远镜的时候
应注意两点：

不要将螺丝锁得过紧。如果压
迫到镜片，拍出的星星图会有
散光现象。

有一些镜片座有中心螺丝（图
中这个没有）。不要松开中间
螺丝，它用于固定镜片。

校准光学部件

看是否精确瞄准，只需要慢慢调节在焦点上的星星就可以测试出来。如果在星星周围晕开的圆盘不是对称的，那么说明有问题存在。在反射镜中，这个测试尤为简单，因为其中间由于次镜片投射而成的暗阴影处在非正常聚焦的模糊圈的情况下应该是一个死角。

经济型的反射透镜和马克苏托夫镜片一般都是在出厂前校准好的，并且通常用户是不能再调节的。如果实在需要重新校准的话，这些镜片必须返回厂家校准。

但是如果你用的是牛顿反射望远镜或施密特-卡塞格林望远镜的话，光学校准问题应该在你的考虑范围之内。望远镜出厂后也需要校准。因为反复的旅途颠簸、夜间温度变化等都会降低镜片的校准精度。

校准施密特-卡塞格林望远镜

施密特-卡塞格林望远镜是最容易校准的。只需要严格使用次镜片上的三个小螺丝进行调整就可以了。这3个螺丝是相同规格的，上面用塑料盖封住。所以必须撬开塑料盖才能看到这几个调节螺丝。其原理是利用调节这几个螺丝来调节次镜片的倾斜度，使其将光束直接投射到望远镜的中间。大部分的施密特-卡塞格林望远镜中，次镜片将聚焦长度放大五倍，因此其校准尤其重要。哪怕是一点小小的校准误差也会影响到其性能。

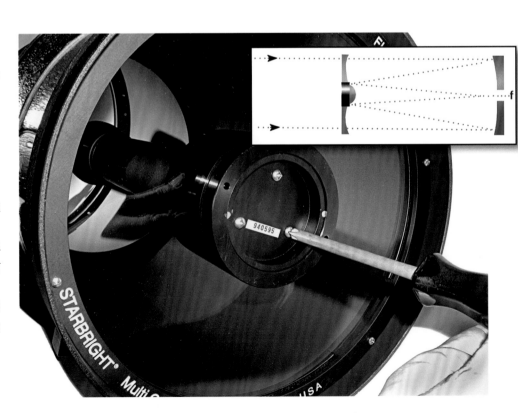

校准步骤

1.在一个星星明朗的夜晚，安装好望远镜，然后将其放置在室外空气中冷却。这个过程非常重要，大概需要1小时，因为热烟流的影响会导致校准误差。

2.将望远镜对准高于地平线之上的一颗二级星星。北极星是不错的选择，因为其在整个过程中不大会移动。用中级能量目镜观察，但是如果可能的话，不要使用天顶棱镜（star diagonal），因为其本身就会有校准问题存在。

3.将星星锁定在正中间，然后慢慢调开聚焦点，直到其变为一个较大的圆斑。如果望远镜没有精确校准，次镜片在正中间的阴影会偏移。

4.用慢动作移动望远镜，使得星星慢慢从中间位置偏移。将望远镜往中间阴影更加居中的方向移动。

5.现在调节校准螺丝，使得外对焦的星星慢慢返回到中间位置。这个过程需要慢慢微小的调整。

6.如果图像不对称，那么重复第4，第5步骤。只调节一个螺丝是不够的，一般至少需要调节两个螺丝。如果一个螺丝锁得过紧，那么松开其他两个螺丝，使其一致。在整个调节步骤的最后，三个螺丝都应该用手锁紧。

7.在中级能量下完成上述步骤后，再调至高级能量（200× ~ 300×）。这时在第6步以后遗留的校准误差都会显现出来，特别是你将焦点从星星移开的时候。重复第4，第5步，做更精确的校准。

你可以在日间做上述操作，并且也能达到一定的精确度。通过一个远距离隔热器或镀铬装潢件观察。找一个太阳光的反射点作为"人造"星星用。做最后的调整，就用晚上的星星进行校准。

校准目镜

切西尔（Cheshire）目镜上有一个小的窥视孔（顶图）和用于照亮次镜的直角反射镜。这个型号的目镜还有用于协助校准光学部件的十字准线。供应商如Orion有提供这些工具。要了解更多牛顿望远镜校准的详情，请看2002年6月份的天空&望远镜或访问S&T网页：www.skyandtelescope.com/howto/diy

353

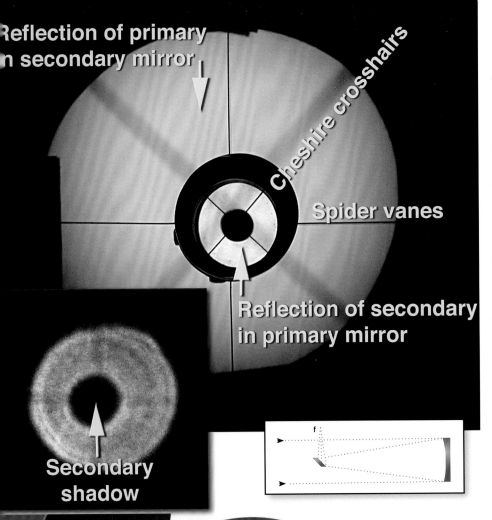

Reflection of primary in secondary mirror

Cheshire crosshairs

Spider vanes

Reflection of secondary in primary mirror

Secondary shadow

圆中圆

透过切西尔目镜观察时，其十字准线与次镜的辐射形叶片应该会在反射时交叉（顶图）。图中的这个望远镜还需要调整，从图中看，这个散焦的星星未居于次镜片阴影的正中间。在主镜片的精确正中间点一个小墨点对于校准调正光学部件非常有帮助。

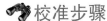

校准步骤

1. 第一步要将次镜和对角镜居中校准。镜片应该在管子的中间并且直接在聚焦装置的下方。为了将镜片调节在中间位置，调节辐射形叶片使其长度一样，这非常简单.一般新的商业镜片都不必要进行这样的操作。

2. (a) 调节次镜片座上的螺杆，使得次镜片在聚焦装置的正下方。这个调节可以使次镜片在管子中上下移动。透过你校准的目镜看聚焦镜，观察次镜片是否在聚焦镜孔处居中。不用担心对角镜上的非聚焦反射，只需要将镜片定位好就可以了。

(b) 旋转对焦镜片座直到镜片座的顶部在聚焦镜的正下方，这样对角镜就不会从聚焦管偏移开了，很容易用肉眼观察到。大部分商业望远镜中，第1步，第2步基本上是不需要的。但是国产的或二手的望远镜中会有很多校准问题。

3. 调节次镜片的倾斜度。大部分的牛顿望远镜使用者需要从这一步开始操作。调节角座上的3个校准螺丝，直到主镜片放射精确位于对角镜片的正中间。这个时候可以忽略其他的反射和次镜片，只需要集中精力将主镜片外框与次镜片外框对齐。到这里为止，你还没有触碰过主镜片。这是下一步的事情。

4. 这个时候，可能主镜片的蛛网反射与对焦镜座看起来没有对齐。要使他们在一条直线上，你需要调节主镜片座上的3个调节螺丝。对焦镜的暗轮廓居于主镜片反射的正中间就可以了，主镜片也在次镜片中居中。

5. 这些粗略的机械调整完成以后，在夜间搬出望远镜然后看望远镜中未对焦的星星图看起来是否对称。等望远镜冷却，然后根据之前校准卡塞格林望远镜的步骤进行操作，但是有一个不同点：调节主镜片座上的3个校准螺丝来做最后对放大星星的校准。不要调节次镜片。以后，你可能经常要对主镜片做调整。

校准牛顿望远镜

左边图例描述了典型的牛顿望远镜的聚焦装置校准过程。

1.观察情况。在这个极端的情况下，镜片没有校准，甚至次镜片没有正对聚焦镜。

2.调节次镜的位置。调节其辐射形叶片的长度，然后转动对角镜使其在正对聚焦光圈的中间。

3.调节次镜片的3个倾斜螺丝（见左底图）。这里可能要用到一公制尺寸的内六角扳手或螺丝刀。其目的是调正主镜片的反射状况，使其看起来如左图那样。

4.调节主镜片上的3个倾斜螺丝。至少需要松开2个螺丝，然后可以拧紧第3个螺丝来调节镜片的倾斜度。这样做的目的是使次镜片的放射图在主镜片的反射图中居中，如左所示。在底右边图中的望远镜中，你会看到要校准螺丝在一个板的后面，要先移开板子才能进行调整。

校准前

- Bottom end of eyepiece tube
- Edge of diagonal mirror
- Reflection of primary mirror
- Primary mirror clip
- Reflection of diagonal holder with four spider vanes
- Diagonal mirror holder

次镜的位置

调整次镜，使之与主镜对称

调整主镜，使之与次镜对称

355

用星星测试光学部件

做好最后校准以后通常还要求在高功率状态下对星星做一下测试，包括聚焦状态和非聚焦状态。这是一项敏感的测试，同时也能发现光学镜片上的一些缺陷和不足，是检测光学镜片品质的非常有效的方式。

对焦衍射图

在高功率状态下，星星看起来就如同一个一系列同心圆包围的明晰的光斑，其内层的圆环最为明亮和清晰。这个图称为衍射图样。中间位置的圆斑称为"艾利斑"。所有号称是"衍射极限"的望远镜都必须能够形成这样的图案。可能你的望远镜不能形成如我们图中清如牛眼的图案。事实上很少有望远镜能够做到。要看到完美的衍射图案，你可以将望远镜调至1～2寸的光圈。然后用100×～150×的放大比例将望远镜聚焦于高于地平线的一颗亮星。这样你应该就可以看到经典的衍射图案了，在测试望远镜时做为标准来对比。

未对焦衍射图

将望远镜的光圈缩小，慢慢从星星上移开聚焦。你会看到星星周围一圈圈圆环膨胀开来的图案。慢慢放开聚焦，直到4～6个圆环出现。除了最外圈的大圆环外，其他圆环之间的光亮应该是差不多的。然后将焦点移到焦点另外一边的同一位置。形成的图案应该是相同的，圆环内的光均匀散播。

在无遮挡望远镜如折射望远镜中，其未聚焦衍射图是填充满的。无遮挡望远镜（带有次镜片的折射望远镜）的未聚焦衍射图看起来像一个炸面圈。仔细观察未聚焦星的图案，无论它多么不聚焦我们都称之为焦外图，这是星星测试的精华部分所在。

完美图案
这里我们对两种流行的望远镜进行了比较：

4寸反射望远镜
当对着一颗亮星星聚焦时，无遮挡望远镜中出现了闪亮的"艾利斑点"，边上环绕着暗淡的内部衍射光环（假定为最完美的光学部件）。在未对星星聚焦时，这个图案放大一个已感光的衍射圆盘，在聚焦内部和外部看起来相同。

8寸施密-卡塞格林望远镜
施密特-卡塞格林望远镜的光圈比较大，所以它在聚焦情况下星的图案要小一些，但是其第一衍射光环要亮一些，这是由于受阻光圈的影响。尽管看起来还是相同的，但是两张未聚焦图片看起来更像是炸面包圈。

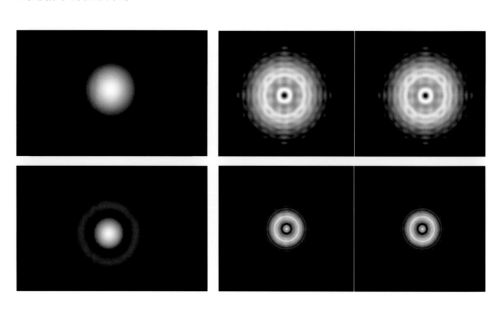

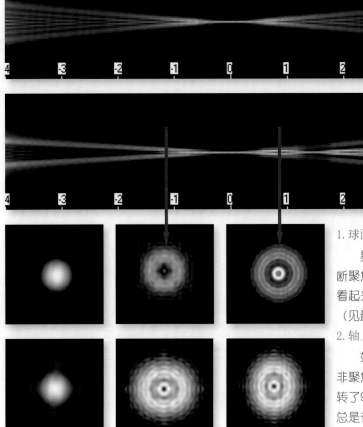

完美聚焦

在完美光学部件中，其汇聚和发散的光线形成的锥体中（见左图）含有相同并且均匀的光束。光汇聚成一个尖锐的聚焦点。

非完美聚焦

在球面像差中，透过透镜或者镜片边缘的光线不能像通过镜片中间的光线那样不在同一点上聚焦。结果见左图示，光线形成一个不对称锥体和一个模糊不清的聚焦点。

1. 球面像差

星星测试的基础是观察未聚焦星星的图案，有效地割断聚焦点两侧的光线。在球面像差的情况下，图案的一侧看起来模糊不清，而另外一侧则过于清晰。在聚焦情况下（见最左图），其第一个衍射圆环看起来更加亮。

2. 轴上像散

如果镜片或透镜受到挤压，其形成非圆形对称图案，非聚焦衍射圆盘可能会是椭圆的。其轴从聚焦点的一侧翻转了90°到另外一侧。在聚焦状态下，星星的图案看起来总是有模糊的交叉十字线。光学部件受到过度挤压也会产生类似的效果。

3. 色差（纵向）

这种色差的情况只出现在折射望远镜中，是由于不是所有的颜色都到达同一个聚焦点而产生的。右图显示了透过4寸f/8的折射望远镜在0.6波长（右一图）观察到的聚焦星星以及在1波长（右二图）的聚焦星星的色差图。后者为典型的标准f/6～f/8消色差折射式望远镜。尽管图中看有蓝色光晕，但是这种色差不会像别的瑕疵点那样影响图片质量。

4. 轴外彗差

彗差是很多折射式望远镜固有的像差，导致星星在视野内不能居中并且看起来一侧是开放式的。与视野中间离得越远，像差就越大。在快速光学部件中，这种彗差问题更加严重。f/4～f/5镜片的牛顿望远镜比f/8镜片的彗差范围要小得多。正因为这样，对快速牛顿望远镜进行精确校准非常重要，要不然拍出来的照片很可能都是模糊不清的。

上面列举的"四大"像差代表了业余天文摄影者最可能碰到的主要光学瑕疵。本章中所有星星测试模拟图都是用一款叫作Aberrator的免费软件制作的，这款软件由Cor Berrevoet出品，能够兼容Windows操作系统，在http://aberrator.astronomy.net有售。

你可能看到的

有一点很重要，那就是你必须记住你所拍摄的星星图片能够被拍摄过程的任何一个因素所毁坏而不是你光学部件的质量或是你抱怨的望远镜其本身不存在的缺点。进行星星测试的时候，打开望远镜的整个光圈，并且用高质量的目镜如普罗素目镜或无畸变目镜。确保你测试的星星图在视野的正中间。如果可以的话，请拆除所有的星对角线，这样你就能直接透过望远镜观察了，记得便宜的对角线会影响校准哦。

注意：在对页以及之前页面的图片和下页图片中，聚焦的艾利斑图片要比未聚焦的图片放大了更多倍。聚焦和非聚焦的图片是以不同比例显示的。

望远镜校准

未校准的望远镜无法进行星星测试。未聚焦的图片看起来会有斑纹，其尖锐一端呈倾斜的锥形。如果你的望远镜显示的图片很糟糕，那么很有可能是望远镜没有校准好。所以在进行星星测试之前，请按照之前章节的介绍进行望远镜校准。很多时候不是望远镜光学部件的问题，而是校准的问题。

大气湍流

在可见度不好的夜晚，大气流在望远镜上方搅动不止，这样会导致望远镜中的图像一片混乱。在这种情况下，不需要麻烦地去进行测试或校准。大型望远镜比小型望远镜更加容易受到这种因素的影响，因为大型望远镜与空气的接触面更大。所以要为大型望远镜找到合适进行测试的夜晚。尽管如此，虽然在可见度不好的夜晚用小型的望远镜看起来可能比较清晰一些，但是如果在同等情况下跟大型望远镜相比的话，还是用大型望远镜观察到的要具体一些。

管流

在望远镜内部缓缓移动的热空气流会对望远镜的镜片造成损，使得衍射图片看起来暗淡模糊或是变形。这种图片扭曲气流通常发生在将望远镜从温暖的房间移到夜间露天中或是太阳落山后空气迅速冷却的时候。在进行星星测试时，请将望远镜、目镜甚至是星星对角线冷却。将一个温暖的目镜插入一个冰冷的望远镜中就会形成热气流。最好过1~2小时等其冷却，特别是在寒冷的夜晚。

受挤压的镜片

镜片安装不当会形成非常奇怪的衍射图片，会让你大吃一惊。牛顿望远镜中最常见的是六边尖锐或平坦模糊（取决于你的焦点在哪一侧）的三脚形状。这是由于镜片在镜片座上夹

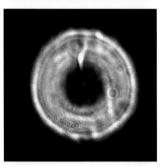

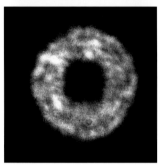

设定完好

有效的星星测试需在一个可见度好的夜晚进行。如果有空气流，未聚焦衍射图会出现变形和模糊等情况（见上顶图）。如果在望远镜视管中有热空气流，会使星星图像变形（上中图）。但是一旦望远镜设定好以后，望远镜中就能呈现出清晰一致的未对焦星星衍射圆饼图（见上底图）。以上上图片为未对焦图片的实际图像。

需要校准

未校准好的望远镜（右图为牛顿反射望远镜）看未对焦星星的图像会出现偏斜现象。

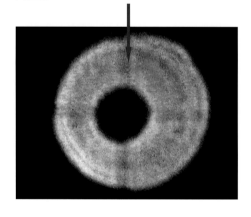

得过紧导致的，解决方式是将镜片松开一些，这样做需要将镜片从管子上的镜片座上移开。黏在镜片座上的次镜片和星星对角线也有可能受到过度挤压。只需要将夹次镜片的螺栓松开一些就可以了。

下面一组图显示了非镜片问题可能导致的图像模糊等其他一系列问题。左图为聚焦星星的放大图。右图为非聚焦情况下在焦点两侧观察到的图片。

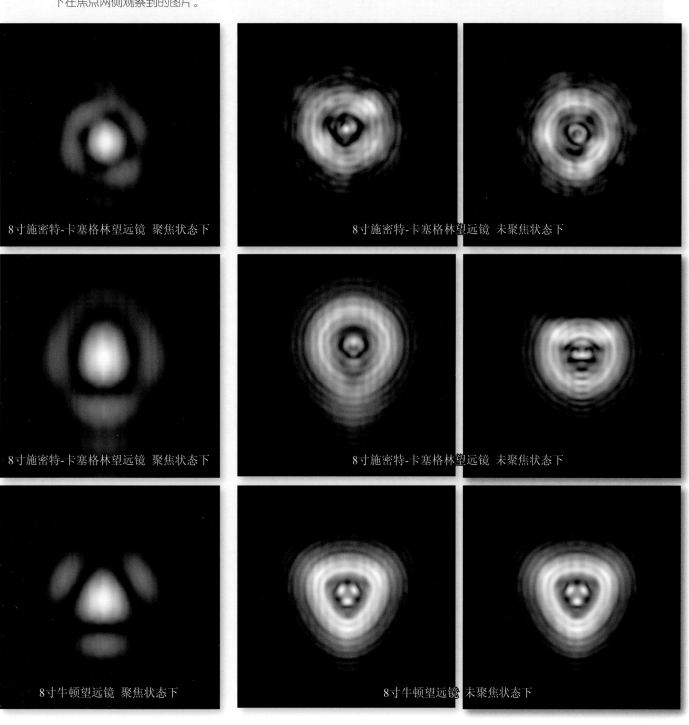

8寸施密特-卡塞格林望远镜 聚焦状态下　　8寸施密特-卡塞格林望远镜 未聚焦状态下

8寸施密特-卡塞格林望远镜 聚焦状态下　　8寸施密特-卡塞格林望远镜 未聚焦状态下

8寸牛顿望远镜 聚焦状态下　　8寸牛顿望远镜 未聚焦状态下

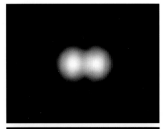

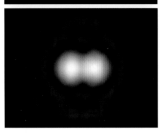

双星的秘密

一个一直以来都存在的秘密是如何将靠近的双星分开，这是一项很好的镜片测试。上图为4寸的反射望远镜；下图为8寸施密特-卡塞格林望远镜。在每组图中，上面的图表示完好的镜片，下图表示同一个望远镜的坏的球面像差图。请注意，双星还是靠得很近，但是差的镜片中星星周围都是模糊的光线，并且，艾利圆盘图不清晰。

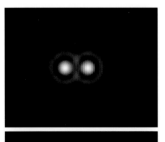

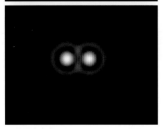

你不希望看到的

接下来介绍如何判断是否为镜片本身的问题。镜片表面的问题主要分为两类。你看到的可能是这两者的结合或者更多毛病。但是一定程度上除了最好的镜片外所有的镜片都存在的问题是球面镜差。要避免这个问题就购买速度较慢的f/8牛顿镜片，f/11或f/15的反射镜片，因为快速的透镜或镜片是出了名的难调。这个就是那句古话或者说是神话"拍摄行星最好的是慢速焦比望远镜"的起源。这个曾经是一个非常好的拇指法则，但是对于今天来说，各种焦比的高级望远镜都可以找到。其实决定望远镜合适性的是镜片的质量问题，而非镜片本身焦比的问题。因为镜片最重要的任务是捕捉星体最微妙的细节。

环形区

镜片上的环形区属于小的计算误差，通常是由于粗糙的机械加工导致的。大部分商用镜片在一定程度上都有环形区的情况存在。在环形区严重的状况下会明显降低图片质量。为了检查环形区，在星星测试中要多对图片进行非聚焦。在聚焦的一侧或者另外一侧，你可能会注意到一个或更多的圆环看起来很暗淡。

在使用折射望远镜时，要注意在任何星星测试中都不要被次镜片的中心阴影所迷惑。重点在于聚焦两侧的图形应该是一样的。

粗糙的表面

这种缺陷一般出现在大批量生产的镜片中。它可以减弱圆环与其尖锐附属物的对比度。不要将辐射型叶片的衍射与这些网状物相混淆，辐射型叶片的衍射是规则分布的。丝般顺滑的环形系统可以保证你的望远镜没有表面粗糙的情况。

球面像差

球面像差是最常见的镜片瑕疵。当镜片或者透镜没有得到充分校准的情况下会出现球面像差，这是由于来自聚焦点边线的光线比来自焦点中心的光线更加接近。在焦点中间，衍射图上有一个特别亮的外环；在焦点外的时候，这个外环比较暗淡并且模糊不清。对面的图中焦点内为一个清晰的亮点，焦点外为一个炸面圈状光环，这是由于镜片或者透镜过调所致。这些误差都会导致图像模糊，星星和星体无法聚焦，并且星体圆盘看起来暗淡不清。

散光

经过不对称强化的镜片会使得星星图像看起来像是一条粗短的线条或是右角翻起的椭圆，那是因为你将一侧的聚焦点转到了另外一侧。最佳的聚焦点看起来是一个模糊的十字形状。检测是否散光最好的方式是快速将聚焦装置前后移动。轻微的散光是使星体图像柔化并使星星艾利圆盘图模糊。同样，这也没有别的捷径，只能慢慢耐心地调整聚焦点。在折射望远镜中有时候会有这样的误差。

下图显示了由于镜片本身原因而导致的球面像差图。左图为聚焦状态下星星的放大图片。右图为过度聚焦下在焦点两侧的图片。

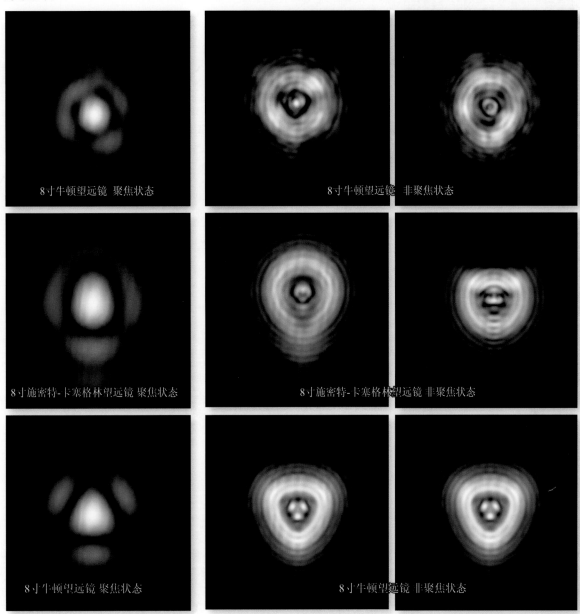

8寸牛顿望远镜 聚焦状态

8寸牛顿望远镜 非聚焦状态

8寸施密特-卡塞格林望远镜 聚焦状态

8寸施密特-卡塞格林望远镜 非聚焦状态

8寸牛顿望远镜 聚焦状态

8寸牛顿望远镜 非聚焦状态

混合像差

望远镜中更加常见的状况是混合式的问题，即混合像差。这些图像中混和了管道空气流、彗差、球面像差和散光等误差。请根据于1990年在天文学杂志上"测试驱动你的望远镜"的说明进行测试。更多详情，你可以参考哈罗德的星星测试"圣经"《天文望远镜星星测试》（威廉姆·贝尔，1994年）。

银河系图集

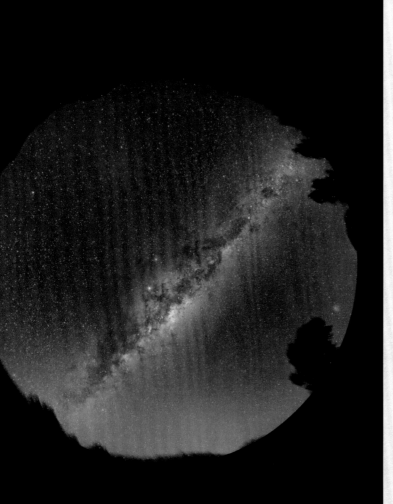

从这张来自澳大利亚的鱼眼镜片图中我们可以观赏到天空银河系最丰富多彩的一面。这个银河图集始于银河系的中心地带（图中的顶端位置），然后向左侧扩张。由艾伦·戴尔摄

格伦·莱德鲁 摄

本文专门为此版《天空的魔力》而作。这幅9级银河图集包含了大部分能够观察到的深空星体。

在没有月亮的完美天空下，可能除了附近的大小麦哲伦星云外，你用肉眼可以看到的银河系细节与你用最大的望远镜可以观察到的外部银河系细节一样多。低端的双筒望远镜使得用肉眼看到的星体更加清晰：银河系的带上是成千上万的星星云，暗淡的尘埃带、绵薄的星云和闪亮明显的星星群。事实上，绝大部分有趣的深空星体都可以在银河系或其附近找到。

此图集的图片主要展示了一个经验丰富的观察者用双筒望远镜或小型望远镜可能在深空中观察到的图像。星星的色彩稍微有一些夸张，主要是为了显示这些图像之间的微妙差别。在九级范围内包含了在最偏远的郊外用50毫米双筒望远镜中能观察到的星星或是在农村地区用35毫米双筒望远镜可以观察到的星星。

星云类型

最暗淡的深空天体显示为第8～第9级，这取决于天体的类型和大小。开放式的星星群有着跟银河系一样的淡蓝色，但是在古代，高度进化的球形星群是黄颜色的。用小型望远镜能够观察到大部分经过鉴定的星云，但是有一小部分需要加上一个窄带星云滤镜才能完全看清楚。对于大于30弧分的星云来说，其亮度要用来观察根本毫无意义。当然，其表面亮度和天空环境质量是决定性因素。一些非常大而暗淡发散性的星

云，比如在猎户座头上的星云和巨大的甘姆星云等，基本上不可能看得到，但是基于其在宽角度照片中的突出位置，在这里仍然包括在内，因为他们本身非常有意思。这些图片中还展示了很多暗色星云，但是只有一部分能够经常被观察到的或是做了标注知名的星云。这些标注直接位于星体的中间位置。

星云色彩

这些图片的实际出发点显然在于其星云色彩。只有很少比例的所谓闪亮的星云（为了与暗星云区别开来的名称）能够亮到在目镜当中呈现出可见的色彩，并且只有发散型的星云才会有颜色，通常为绿色或者灰绿色；所有反射星云都是苍白的灰色。然而这里为了在天文图片中区分这些形态过于相似的星云，发散型星云（包括超新星遗迹）这里特意用红色或粉红色标记，反射星云用蓝色标记。作为发散型星云的可见度区分，颜色越红表示其表面的亮度越亮，因为星云的亮度会受到尘云的影响。同样星云越亮绿色越明显，在图中用这种方法区分大小相似的星星。

OB星协

这个图集中还有一个独一无二的特色是包含了大部分众所周知的OB星协，即在过去的几百年中，在银河的旋臂内新生的相对年轻的松散星星群。在历史上，它们一直都没被观察到也没有出现在天体图集中，可能是因为他们过于庞大，并且任意散落在天空中，然而其附近的星星却很亮很明显并且可以用双筒望远镜甚至肉眼观察到。没有万有引力的限制，这些年轻的星体群在几千年内会在天空中任意散开来。

古德带

图集中做出标记的还有3000万～6000万年之久的古德带。它们由一系列相关的星星形成的显著的平坦层面，并且气体向银道有近20°的倾斜，大部分约在2000光年内。OB星协属于古德带，并且大部分图中都有标明其扩张边缘线，还有很多新的星体有待探索。

银经

因为我们位于靠近银河系圆盘的中间地带，这样就形成了一个很好的定义银道的圆环。经度的零点就在银河系中间的方向上，其本身掩藏于星尘后射手座上的大裂缝，经度90°在天鹅座上天津四星的附近，与银河系自转的方向一致。银河中心的相反点在金牛座–御夫子座方向上，这是银河系最暗淡的部分，主要是因为银河系外围的星星数量较少。

图标在银道上45°宽、56°高。中间经度从0°开始，并且按照每36°分开，每幅图截取一部分，因为每张图中都包含了相关的星座和银河特征。在每张图表的周边都有9°的重叠，这样在图片的边上找星体位置会比较容易一些。总的来看，这些图集包含了近整个天空的一半。

射手座，天蝎座，巨蛇座

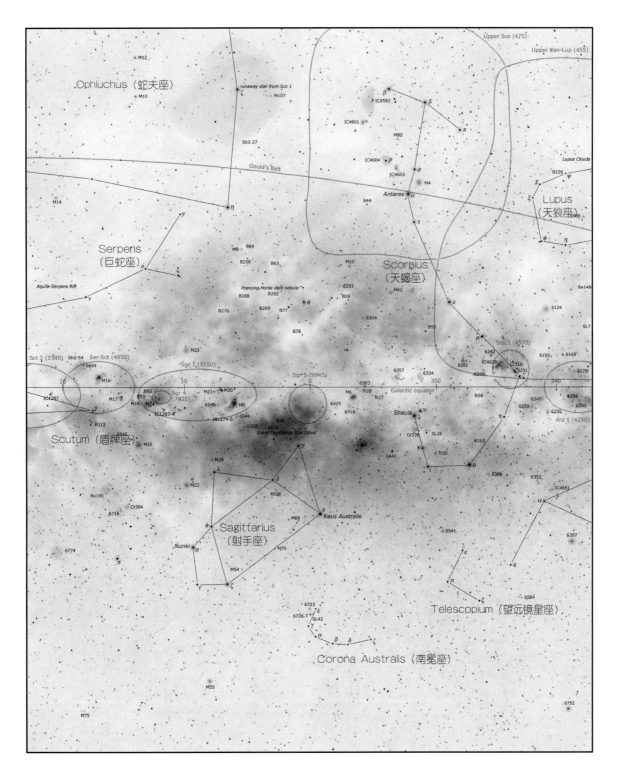

银河系图集

图1

天鹰座，盾牌座，巨蛇座

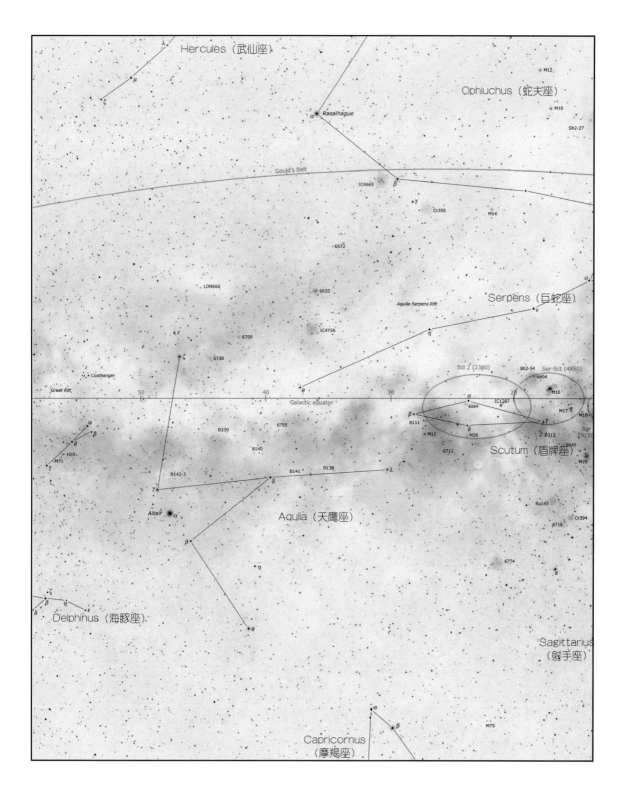

银河图集

图2

天鹅座，天琴座，狐狸座，天箭座

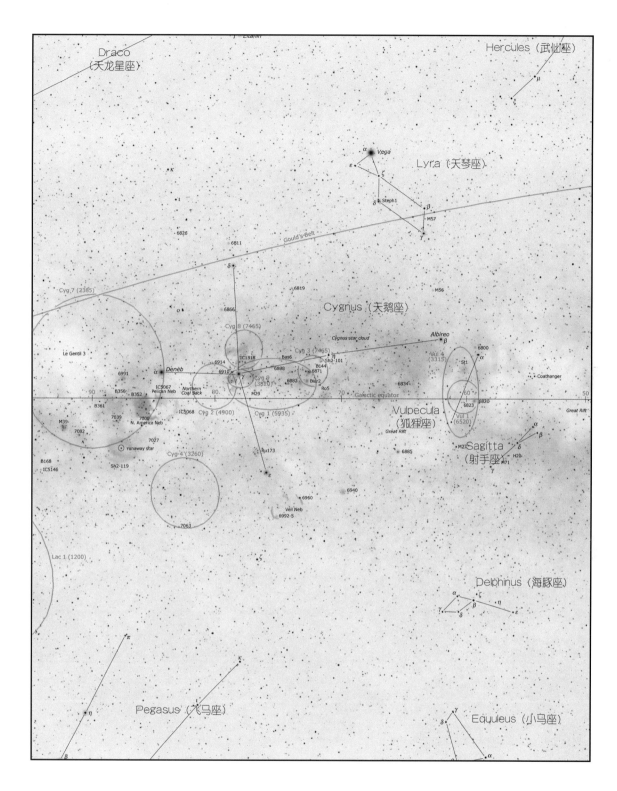

银河图集

图3

仙王座，仙后座，天鹅座

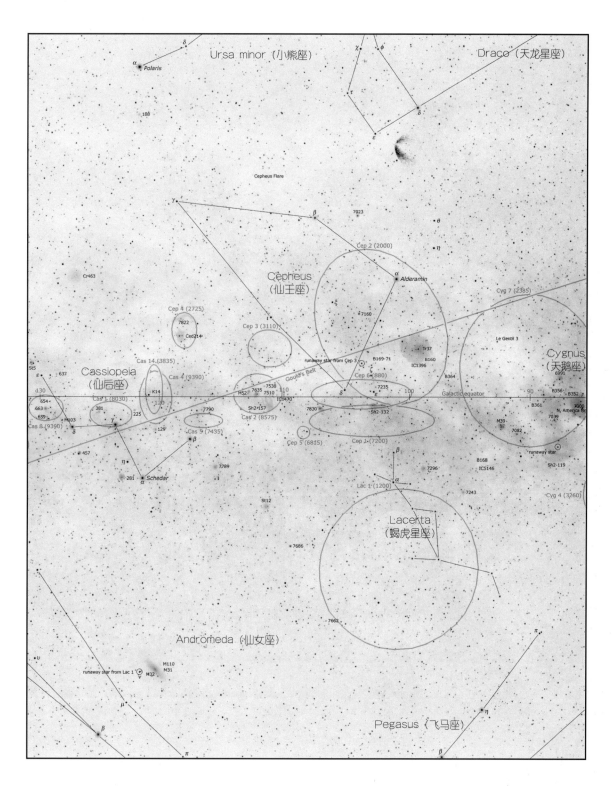

英仙座，仙后座，鹿豹座

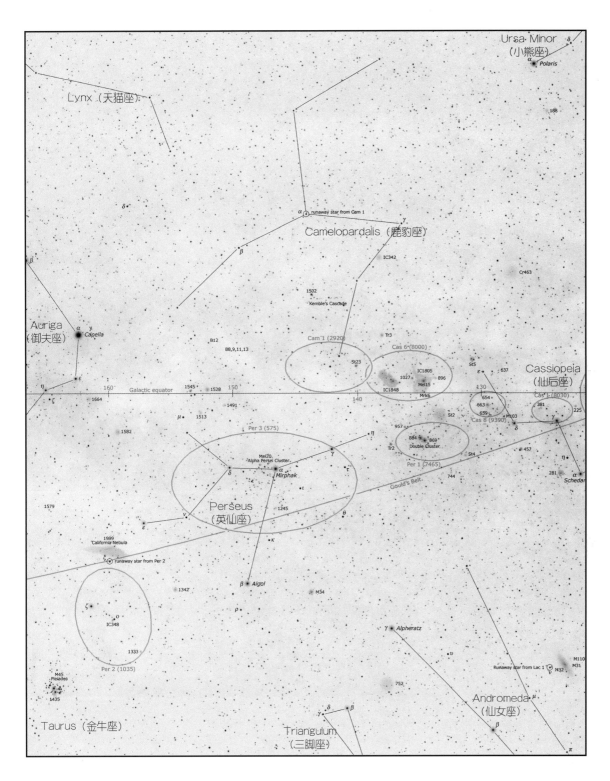

银河图集

图5

御夫座，双子座，金牛座

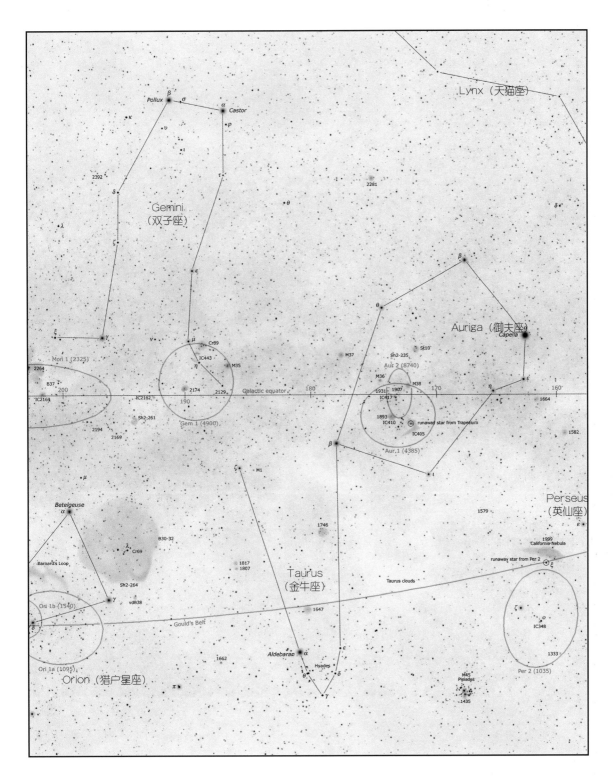

Lynx（天猫座）

β Pollux σ
α Castor
κ ν ρ
ι τ
2392
δ
Gemini.
（双子座）
λ
ζ
ε
ξ γ
ν μ Cr89
IC443 M35
η
2174 2129
Galactic equator 180
190
Gem 1 (4900)
Sh2-261
2194
2169

2281

θ

β

θ

Auriga（御夫座）
Capella

M37 St10
Sh2-235
Aur 2 (8740)
M36
1931 1907 M38
IC417 170
1893 η
IC410 ζ 1664
IC405
runaway star from Trapezium
Aur.1 (4385) ι

1582

Mon 1 (2325)
2264
B37 200
IC2169 IC2162
μ
ζ M1

Betelgeuse
α
λ B30-32
Cr69
Barnard's Loop
Sh2-264
γ vdB38
Ori 1b (1540)
δ
Gould's Belt
Ori 1a (1095)
Orion（猎户星座）
π

1746

1817
1807

Taurus
（金牛座）

1647

1662 Aldebaran α
Hyades
θ δ
γ

Perseus
（英仙座）
ε
1579
1999
California Nebula
runaway star from Per 2
ξ
Taurus clouds

ζ ο
IC348
1333
Per 2 (1035)

ε

M45
Pleiades
1435

银河图集

图6

猎户星座，大（小）犬座，麒麟座

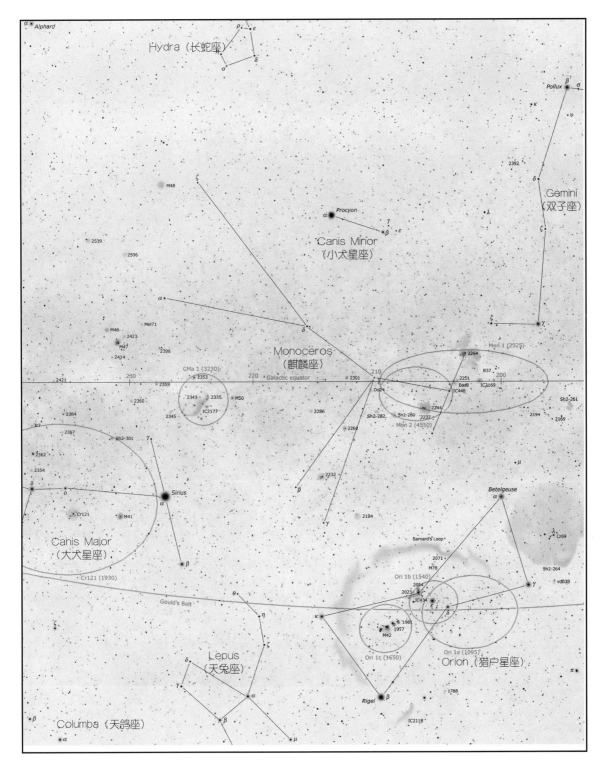

银河图集

图7

船尾座，罗盘座，船帆座，大犬座

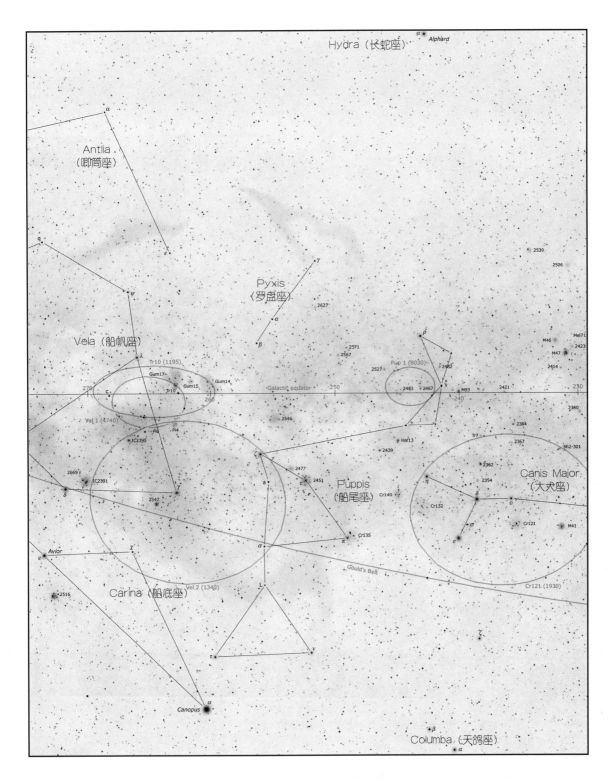

Hydra（长蛇座）   α ⊛ *Alphard*

Antlia
（唧筒座）

α

q

ε

ψ

γ

Pyxis
（罗盘座）

2627

α

β

2539

2506

Vela（船帆座）

λ

Tr10 (1195)

Gum17

Gum15   Gum14

c

Tr10

270

260

Vel 1 (4740)

PI6   PI4

IC2395

2669

IC2391

δ

γ

2547

χ

Avior

ε

2516

Carina（船底座）

Vel 2 (1340)

L

σ

ε

τ

ν

Canopus

α

2571

2567

2527

Galactic equator   250

2546

240

Pup 1 (8030)

2483   2467

ζ

a

ξ

2477

2451

c

π

σ

Har13

2439

Puppis
（船尾座）

Cr140

Cr135

Gould's Belt

ρ

ξ

2462

M93

230

2421

2360

2384

2367

Tr7

2362

2354

η

σ

Cr132

ε

Cr121 (1930)

M46   Mel71

2423

M47

2414

Sh2-301

Canis Major
（大犬座）

δ

σ

Cr121

M41

ζ

Columba（天鸽座）

β

α

银河图集

· ·

图8

379

南十字座，人马座，船底座，船帆座

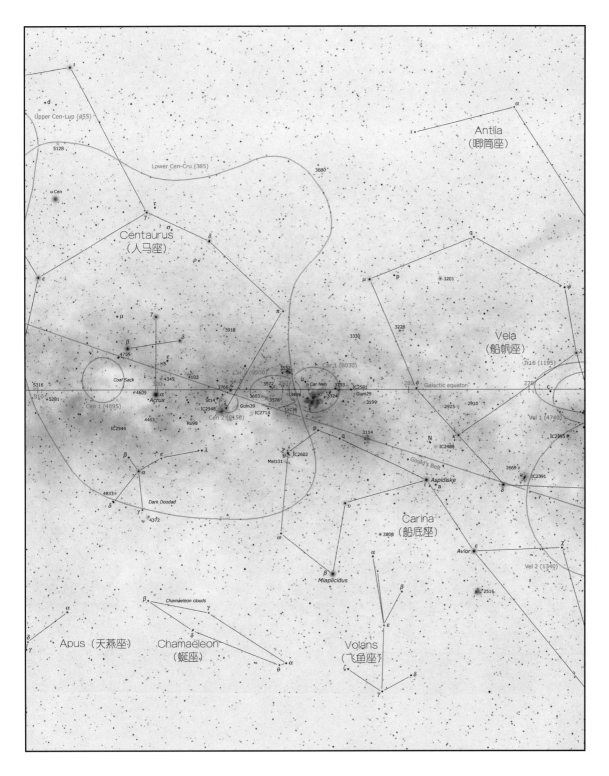

Antlia
（唧筒座）

Upper Cen-Lup (455)

5128

Lower Cen-Cru (385)

3680

ωCen

Centaurus
（人马座）

σ
δ
ρ
π

3918

3330

3228

q

μ
ρ
3201

ψ

Vela
（船帆座）

Tr10 (1195)

Galactic equator

Car 1 (8030)

Car 1 (8500)
η Car Neb
2293
IC2581
Gum29
3199

270

c

μ
γ
β
4795
δ
ε
H5
4349
4103
3766
5114
3603
3576
3572
3498
3324
2925
2910

Vel 1 (4740)

5316
510
5281
α
4609
Acrux
Coal Sack
Cen 1 (4895)

IC2948
Gum39
IC2714
Cr236

IC2944
4463
Ru98
Cen 2 (8450)

ρ
q
3114
N
IC2488
2669

IC2395

IC2391

β
ε
λ
α
θ
IC2602
Mel101

Gould's Belt

Aspidiske
a

2808

Carina
（船底座）

4833
δ
4372
Dark Doodad
υ

ω

Avior
ε
χ

2516

Vel 2 (1340)

β
Miaplicidus

α

β
δ
ε

β
γ
Chamaeleon clouds

α
δ
γ

Apus（天燕座）

Chamaeleon
（蜓座）

δ
α
θ

ζ

γ

δ

Volans
（飞鱼座）

银河图集

图9

人马座，矩尺座，天坛星座，天狼座

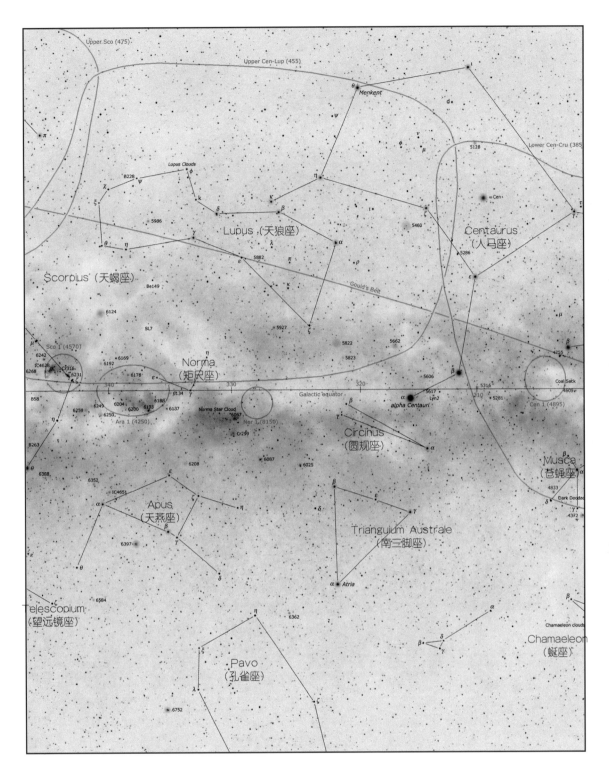

银河图集

图10

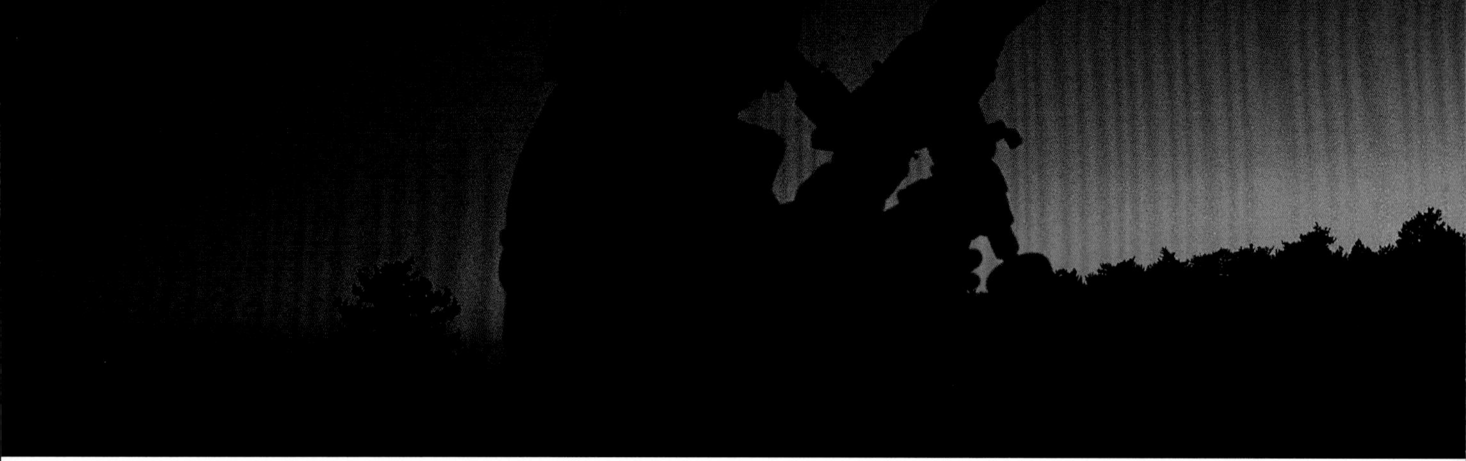

尾声

　　每年8月，会有一群天文爱好者不远千里辗转跋涉12.5英里来到英属哥伦比亚科保山星空聚会，寻找最完美的天空。有时候，他们能够达成所愿。如果天气很合作，天空就像一块黑色的帆布，上面绘上了一抹突出的银河。但是在有的年份里，原本干燥的夏日天气突然变了脸，异常糟糕。这群观察者们孤孤单单地待在5000英尺的山顶上，不得不耐心等待雷声隆隆的倾盆大雨过去，寄希望于明天或者下一个小时会有星星展露笑脸。

　　在天气转冷并且干燥的时候，所有人都离开了保山星空聚会，互相说着"明年再会"道别。他们知道他们来年一定还会回来。因此周而复始，每年都会有这样的聚会，这些天文爱好者们都会在这里聚集。当一位业余天文学家的美妙之处在于你可以将你的后院无限延伸。这里有庞大的志趣相投的天文爱好者社区。也许在你醉心于自己对天空星星的爱好的同时，你会发现你已经成为这个社区的成员之一。你还会发现一个像是科保或施特拉菲深空飨宴或其他很多世界各地涌现的深空观察的圣地。

　　另一方面，也许你的个人的观察点只是在你的后院而已，而且和你一起观察的追随者也只局限于几个人。但是这样并没有关系，无论你在哪里仰望天空，我们头顶上都是一样无垠的天空，我们希望这本书能够对你的深空探索有所帮助。

📡 宇宙在等待

综观本书，我们主要强调并指出了几个常为别的指南书所掩盖的几个方面。比如，我们在书中详细说明了使用的设备的规格和品牌。我们这么做是因为我们收到很多入门爱好者的咨询信，他们普遍都问了同一个问题：我应该买什么？我们对于设备的强调可能会让很多天文爱好者认为业余天文摄影者不过是收集设备而已。事实上，对于有些人确实如此。这些收集者很少能够执着于他们对于自己爱好的热忱。这样我们就得出了总结性的观点：为什么人们会对天文学逐渐失去了兴趣。

在第1章中，你不能用金钱购买到天文入门之路。但是很多新手们还是这么做了。他们在市场上花大价钱购买了最好最顶级的设备，却从来不知花一些时间去学习如何正确使用这些设备。他们算是业余天文学者吗？在我们看来，这完全不算。即使是在计算机化控制望远镜的时代里，一个真正的宇宙爱好者不可能对于天空寻物技能和天空运作规律一无所知。这些技能只有通过本着好奇的心手持星星地图在星空下花时间和精力钻研才能获得。

自此书从1991年第一版出版以来，业余天文的设备以惊人的速度在更新着。高科技非常诱人。但是我们的建议还是同一个：人们对天文学失去兴趣的主要原因是我们为设备所吸引，却忽视了最重要的星星。天空从来都不会突然变得那么亲切随和。天空里还是那些无名的星星群，天空中吸引人的天体位置还是不得而知。过于复杂的设备使得其安装过程异常烦琐。如何让这种业余爱好成为一种终生的兴趣呢？我们见过很多这种事例，这也是为什么我们建议很多首次购买者在开始的时候先用双筒望远镜观察星星，而不是一开始就用高级望远镜。

人们对天文学失去兴趣的原因有很多。很多人在还没学会游泳的时候就急着去潜水了，在除了拍过几张月亮的照片外还没拍过别的照片的时候就急于开始使用高端的天文成像设备和那一样。但是事实情况是，很多初入门的业余天文爱好者感兴趣的是天文摄影。这就是为什么本书大篇幅地介绍成像技术。虽然在最开始的时候我们都是热切的天文摄影爱好者，但是我们后来都放弃了。我们发现我们为所谓的结果花费了太多精力和金钱。所以有10年的时间我们回到了目视天文学的时代，直到20世纪80年代末期天文设备和胶卷技术得到发展和提高以后，我们又慢慢尝试着进入天文摄影学（现在已经进入了数码相机成像时代）。由这些经验得出，我们建议爱好者们还是从最简单的开始然后再慢慢深入了解为好。

📡 做好规划

要提高星星观察水平需要很多时间，比很多人想的还要多。似乎人们拥有的闲余时间越多，他们应该学会的东西就越多，而这些事情并不悠闲。在我们看来，肯花时间在星空下，这更多的显示了一种态度而不仅仅是计划。对我们而言，我们在追逐自己兴趣爱好的时间是转瞬飞逝的人生中最静谧的时光。而且业余天文爱好者也完全不必独自去追求这种爱好，他们可以跟家人一起探索和观察，让在星空下的时光变得意义非凡。

最开始的新奇感渐渐消磨之后，一些业余爱好者开始放弃他们的爱好，因为缺乏目的性。想要重新点燃这种爱好激情，他们可以参加一些项目或者定制一些目标，比如观察完所有的梅西尔天体，勾勒出星星或是拍摄所有的星座。或者也可以计划下次旅行，到暗空地花几个夜晚去观察。

时不时地，我们需要拍摄一些照片来自我振奋一下，给自己充一下电。有时候，哪怕是偶尔一次观察到星星接合或一个异常清晰干净的夜晚，都会足以让我们感到天空是如此令人兴奋不已。我们的天文爱好已经持续了40多年了，但是每当有新的景象与发现的时候我们还是吃惊不已，希望天空就算不能每天至少每年都能给我们呈现一次这样的美景。了解天空中的最新状况对于保持你的兴趣并让你觉得自己是一个真正的夜晚博学者非常重要。

另外，鼓舞也可以来自于团体理论研讨会议，比如星空飨宴，俱乐部里令人振奋的讲座或是与天文爱好者朋友交流等。但是有一个对于网络的提醒。通常这些虚拟社区是由一些特殊兴趣的新闻团体和聊天室爱好者创建的，而不是由真的业余天文爱好者社区的人提供的。事实上，主要是为了给一些特定的问题提供有用的答案。但是我们发现很多网络上的天文团体提供了很多错误的信息和一些不成熟的观点，我们应该拒绝采纳。

与其他所有的休闲爱好一样，对于天文学你可以认真对待，也可以随性而为。这完全取决于你自己。我们的任务是为你提供一些工具和天空观察技巧入门上的建议。有了这些建议的辅助，你就可以开始你的深空探索之旅了，它将给你带来一生的惊奇与乐趣。欢迎来到业余天文学的世界！

扩展阅读

· 本书第11章中对星图有详细的描述。
· 我们的网站（www.backyardastronomy.com）还为天文爱好者提供了很多另外的兴趣信息。

第1章　普通观察者的天文指导书

《夜观星空：天文观测实践指南》（*Night Watch*），作者特伦斯·迪金森［萤火虫图书（Firefly Books）；理查德曼山，安大略湖；第四版；2006］。此书为世界上最畅销的入门天文爱好者指导手册之一。此书为《夜观星空》的高级续篇。

《夏日星空凝视》（*Summer Stargazing*），作者特伦斯·迪金森（萤火虫图书（Firefly Books）；理查德曼山，安大略湖；1996）。夏日星座群和深空星体的观察指南，含有丰富图集。

《天空图案》（*Patterns in the Sky*），作者肯·海威怀特（天空出版社；剑桥 MA；2006）。星座群以及其神秘性的优秀指南。强烈推荐给入门者。

《后院星星观察者》（*The Backyard Stargazer*），作者帕特·布莱斯（采石图书（Quarry Books）；贝弗利，MA；2005）。这本书你可以推荐给任何刚刚开始天文学研究和星星观察的爱好者。

《星星观察的秘密》（*Secrets of Stargazing*），作者白克丽·马洛韦斯奇（天空出版社；剑桥 MA；2007）。精悍但是丰富的业余天文观察的贴士和技巧。

《星光之夜：星星观察者的探险之旅》（*Starlight Nights: The Adventures of a Star-Gazer*），作者雷思丽·C.皮尔特（天空出版社；剑桥，MA；1999）。此书由20世纪最具天赋的业余天文学家所著，记录了一个人在业余天文学上妙趣横生的探险之旅。对为何天文学有如此大的吸引力持有怀疑态度，成就了这本有趣的书。

《仰望天空》（*Skywatching*），作者戴维·李维（自然公司/时代生活，圣弗兰西斯科；1994）。此书图文并茂地详细介绍了天文学作为一种科学一种爱好。优质的每月星星图以及独立的星座地图。

《高级深空观察》（*Advanced Skywatching*），作者罗伯特·伯韩，艾伦·戴尔，罗伯特·噶菲克，马汀·乔治和杰夫·卡尼（自然公司/时代生活，圣弗兰西斯科，1997）。此书是《仰望星空》续集，书中有更多的爱好信息和接触的星星图集。

《天文学：权威指南》（*Astronomy: The Definitive Guide*），作者罗伯特·伯韩，艾伦·戴尔，杰

夫·卡尼（威尔顿·欧文；悉尼；2002）。对天文学进行图文并茂的描写，并有星星分类图和星星图集。

《夜空观察》（*Seeing in the Dark*），作者蒂莫西·费里斯［西门和史查特，纽约；2002］，一流的科学作家通过此书定义了科学业余天文学家的入门线。

《宇宙与其之外》（*The Universe and Beyond*），作者特伦斯·迪金森［萤火虫图书（Firefly Books）；理查德曼山，安大略湖；第四版；2004］。图文并茂地描绘了丰富的当今天文学知识以及一些"神秘"的话题，比如黑洞和宇宙学等。

《宇宙中生活的一年》（*A Year in the Life of the Universe*），作者罗伯特·查得勒（天空出版社；剑桥，MA；2007）。丰富的图文描绘了深空奇迹，并且配有世界上最顶级的天文学摄影学家拍摄的图片。知识丰富并极具启发性。

第2章　双筒望远镜指导手册

《双筒望远镜聚焦：双筒望远镜用户的99个星系图景》（*Binocular Highlights: 99 Celestial Sights for Binocular Users*），作者盖瑞·斯洛尼克（天空出版社；剑桥，MA；2006）。本书详细介绍了各种顶级双筒望远镜观察的实用指南。

《双筒望远镜天文学》（*Binocular Astronomy*），作者卡格·理查德曼和威尔特兰（威尔曼－贝尔；理查德曼，VA；1992）。是一本介绍双筒望远镜观察到的深空星体指南书（包括星图集）。

《双筒望远镜的宇宙旅行》（*Touring the Universe Through Binoculars*），作者菲利普·哈灵顿（约翰维勒和桑斯；纽约；1990）。此书中没有图标，但是书中有很多有趣实用的知识。

第3章、第4章、第5章　望远镜与爱好硬件

《星星用品》（*Star Ware*），作者菲利普·哈灵顿（约翰维勒和桑斯；纽约；第四版；2007）。一个经验丰富的使用者推荐了大量翔实具体的望远镜和配件。

《选择与使用施密特－卡塞格林望远镜》（*Choosing and Using a Schmidt-Cassegrain Telescope*），作者罗德·莫里斯（斯柏林－福格；伦敦；2001）。是一本施密特－卡塞格林望远镜和马克苏托夫望远镜的用户指南手册，书中有很多具体规格的小贴士和说明。

望远镜制作

《打造你自己的望远镜》（*Build Your Own Telescope*），作者理查德·贝利（威尔曼－贝尔；理查德

曼，VA；2002），本书介绍了五种简单的各种尺寸与规格的望远镜，包括杜宾森和赤道仪等。

《杜宾森望远镜》（*The Dobsonian Telescope*），作者理查德·贝利和戴维德·科林格（威尔曼-贝尔；理查德曼，VA；1997）。两大望远镜制造专家为高级望远镜使用者提供了详尽的架构计划。

第7章　裸眼天文学指南

《注视天空》（*Seeing the Sky*），作者弗莱德·斯卡福（约翰维勒和桑斯；纽约；1990），用裸眼观察天空的权威作品。

《万花筒天空》（*Kaleidoscope Sky*），作者提姆·赫德（阿伯兰斯出版社，纽约，2007），书中展示了令人叹为观止的日间和夜间天空美景图。

《最佳天文学50景并如何观察》（*The 50 Best Sights in Astronomy and How to See Them*），作者弗莱德·斯卡福（维勒；纽约；2007）。本书展示了瑰丽的天空50美景图，甚至有一些连天文老手都不曾见过。

大气环境

《大自然的色彩与光线》（*Color and Light in Nature*），作者戴维德·K.林奇和威廉·李维斯顿（剑桥大学出版社；剑桥；1995）。书中有很多精美的天空环境图像。

《白天天空探索》（*Exploring the Sky by Day*），作者特伦斯·迪金森 [萤火虫图书（Firefly Books）；理查德曼山，安大略湖；1988]。介绍了白天天空环境景象，适合各个年龄段的人阅读。

《户外的光与色》（*Light and Color in the Outdoors*），作者马克尔·米纳特（斯柏林格-罗格；伦敦；1993）。一部经典作品改编，包含了所有光学天空现象。

《皮特森的环境田野指南》（*Peterson's Field Guide to the Atmosphere*），作者维森特·J.斯卡福和约翰A.德（哈顿·米福林；纽约；1981）。天气与星云的口袋参考书。

《彩虹，日晕和光》（*Rainbows, Haloes, and Glories*），作者罗伯特·格林纳（剑桥大学出版社；剑桥；1980）。同样也是关于大气环境的绝对参考书。

《日落，黄昏和夜晚的天空》（*Sunsets, Twilights' and Evening Skies*），作者艾登和马杰里·梅内尔（剑桥大学出版社；剑桥；1993）。《彩虹，日晕和光》的姊妹书籍。

曙光

《曙光:神秘的北极光》（*Aurora: The Mysterious Northern Lights*），作者卡德斯·塞维奇（格林斯敦书籍；温哥华；1994）。是一本很流行的关于曙光的书籍。

流星与流星雨

《流星雨剑桥百科全书》（*Cambridge Encyclopedia of Meteorites*），作者欧·理查德·诺顿（剑桥大学出版社；剑桥；2002）。关于各类流星雨的详细深入注解，以及流星雨的滑落与发现。

《流星》（*Meteors*），作者内尔·伯尼（天空出版社；剑桥大学，MA；1992）。科学观察流星的指南书。

第9章　星星、月亮和彗星指南

《月亮图集》（*Atlas of the Moon*），作者安东尼·卢克（天空出版社；剑桥，MA；2002）。完整的月亮观察者图集，并配有相应图表。相当不错。

《月亮新图集》（*New Atlas of the Moon*），作者瑞瑞·李高特和瑟格·布莱纳 [萤火虫图书（Firefly Books）；理查德曼山，安大略湖；2006]。高清晰月亮图集，设计精美易于阅读。从法语翻译而来。

《华美的月亮》（*Epic Moon*），作者威廉·P.慈航和罗宾森 A.杜宾森（威尔曼－贝尔；理查德曼，VA；2002）。此书介绍了望远镜探索月亮的历史。

《世纪彗星》（*Comet of the Century*），作者弗莱德·斯卡福（康柏木克斯；纽约；1997）。此书是最好的介绍彗星的书籍之一，被称为是"彗星之书"。

《彗星：观察、科学、神秘以及民俗历史》（*Comets: A Chronological History of Observation, Science, Myth, and Folklore*），作者唐纳德·K.伊曼斯（维勒；纽约；1991）。书如其名。全书485页完美展现了所有信息。

日月食

《日月食2005～2017》（*Eclipses 2005～2017*），作者沃夫甘·海尔德（弗洛里斯图书；爱丁堡；2005）。预测了直到2017年的日月食，并配有彩色路径地图和总阴暗图标以及环形日月食和全日月食。

《日月食！》（*Eclipse!*），作者菲利普·哈灵顿（约翰维勒和桑斯；纽约；1997）。预测了所有将要发生的日月食，配有路径、时间和天气预测。

《日食的五十年规则》（*Fifty Year Canon of Solar Eclipses*）和《月食的五十年规则》（*Fifty Year Canon of Lunar Eclipses*）（NASA参考出版社/天空出版社；剑桥）。将要发生的日月食的准确技术信息。

《汇总：太阳的日月食》（*Totality：Eclipses of the Sun*），作者马克·利特曼，肯·威克斯和弗莱德·埃斯伯纳科（牛津大学出版社；纽约；1999）。介绍了所有日月食以及为什么人们满世界追着看。

👀 穿越

《2004年6月8日：金星凌日》（*June8, 2004：Venus in Transit*），作者埃利·马尔（普林斯顿大学出版社；普林斯顿；2002）。完整记录了所有穿越观察历史。

《穿越：当星球越过太阳》（*Transit：When Planets Cross the Sun*），作者迈克尔·马德和帕特里克·摩尔（斯柏林格-福格；伦敦；2002）。是一本关于穿越历史和过程的指导书。

👀 第10章　星体观察

《新太阳系》（*The New Solar System*），作者比特，皮特森和查克合著（天空出版社/剑桥大学出版社；剑桥；1999）。此书是对我们所了解的太阳系知识的一个汇总。

《火星：红色星球的诱惑》（*Mars：The Lure of the Red Planet*），作者威廉·史汗和史蒂芬·詹姆斯·奥米拉（普罗米纳斯出版社；纽约；2001）。介绍了我们所了解的火星的神秘历史。

👀 第11章　天文学指导书

年度相关作品

《观察者手册》（*Observer's Handbook*），（加拿大皇家天文学会；多伦多）。两位作者介绍了年度天文盛会，不可或缺。全世界通用。

《天文日历》（*Astronomical Calendar*），作者盖·奥特维尔（宇宙工场；米德尔堡；VA）；图文并茂地详细描述了各个年度天空盛宴，强力推荐。天空出版社有售。

👀 牵星指导手册

《业余天文学家的牵星法》（*Star Hopping for Backyard Astronomers*），作者阿兰·M.麦克罗伯特（天空出版社；剑桥,MA；1993）。书中精美的图表带你领略选定天空区域内的14个牵星之旅。书中有大量实用小贴士。

《猎户座左转》（Turn Left at Orion），作者盖·卡索马格诺和丹·M.戴维斯（剑桥大学出版社；剑桥；2000）。此书是天空最佳100天体的牵星指南手册，书中有取景图和天体在目镜中的轮廓。

《观察者的天空图集》（*The Observers' Sky Atlas*），作者埃利奇·卡克斯奇卡（斯柏林格弗格；纽约；1998）。此书是一本优秀的星空星群目标寻找指南手册。

《星星与行星：观察者指南》（*Stars and Planets: A Viewer's Guide*），作者冈特·罗斯（斯特灵出版社；纽约；1998）。用图集选择深空星体的优秀指南。

《牵星：你走向宇宙的通行证》（*Star Hopping: Your Visa to Viewing the Universe*），作者罗伯特·加菲克（剑桥大学出版社；剑桥；1994）。作者为望远镜使用者提供了14个牵星场景。

🔭 第12章　深空参考

入门作品

《科林斯·甘：星星》（*Collins Gem: Stars*），作者兰·利多帕斯和威尔·特伦（哈勃科林斯；伦敦；2005）。口袋袖珍星座指南书，是一本精致的小型书。

《目击手册：星星与行星》（*Eyewitness Handbooks: Stars and Planets*）。作者兰·利多帕斯（多林·肯德斯勒；伦敦；1998）。是最好的星座指南书籍之一，命名为星星与行星。

《皮特森菲尔德田野观察星星与行星指南》（*Peterson Field Guide to the Stars and Planets*）。作者吉·M.帕萨奇夫（哈顿·米福林；纽约；2000）。一本丰富的袖珍的星星与行星口袋书。

《夜空星图集》（*Atlas of the Night Sky*）。作者斯顿·多罗（哈勃科林斯；伦敦；2005）。用一个七级星图逐个观察星座，书中还有月亮图集和行星指南。

🔭 高级作品

《夜空观察者指南》（*The Night Sky Observer's Guide*），作者乔治·罗伯特和格兰·W.桑纳（威尔曼·贝尔；理查蒙德，VA；1998）。此书用图标、描述、照片和素描等方式展示了成千上万的星体。是一本具有纪念意义的重要作品。

《伯韩的星系手册》（*Burnham's Celestial Handbook*），作者罗伯特·伯韩（多芬出版社；纽约；1978）。作者用毕生时间著作了这本包含所有最美深空星体的神秘、诗集、科学等信息的作品。这是一本极具代表性的作品，是任何星空观察书库不可或缺的一部作品。

《深空奇迹》（*Deep-Sky Wonders*），作者沃尔特·斯考特·豪斯顿（天空出版社；剑桥，MA；2001）。此书是深空观察者写成的一本出色的手记文集。

《星系样本》（*Celestial Sampler*），作者苏·弗朗奇（天空出版社；剑桥，MA；2006）。书以精美的图像缓缓展示了一年四季深空中最美的物体。此书是从原来作者在《天空与望远镜》杂志的一个优秀的专栏翻印而来。

《梅西尔天体》（*The Messier Objects*），作者史蒂芬·詹姆斯·奥米拉（剑桥大学出版社；剑桥；1998）。此书展示了通过一个小型望远镜观察到的梅西尔天体的寻星图以及其详细信息。而且同一作者和出版者所著的优秀作品中还包括：《天王星400观察指南》，《考德维尔天体》和《隐藏的宝藏》等，后者还被称为奥米拉的个人109深空星体精选，不属于梅西尔天体也不属于考德维尔天体，用4寸望远镜可以观察到。

《深空天体》（*Deep Sky Objects*），作者戴维·H.李维（普罗米修斯图书；阿莫斯特，N.Y.；2005）。此书有378个最佳深空星体清单，并配有具体描述，此书由著名的彗星寻找者编译。

《全年梅西尔马拉松》（*The Year-Round Messier Marathon*），作者哈维·C.潘宁顿（威尔曼-贝尔；理查蒙德，VA；1997）。此书是一本相当优秀的所有梅西尔图集指南；无论你是否计划进行一夜梅西尔马拉松都十分有用处。

《星星名称：内涵与意义》（*Star Names: Their Lore and Meaning*），作者理查德·韩克雷·艾伦（多芬出版社；纽约；1963）。原始星星名字的权威指导手册。

南天空参考

《南边天空指南》（*The Southern Sky Guide*），作者戴维德·艾亚德和维特隆（剑桥大学出版社；剑桥；2001）。本书提供了清洗、设计精美的肉眼和小型望远镜用的入门级星星图表。

《漫步南部天空》（*A Walk Through the Southern Sky*），作者弥尔顿·D.赫兹和维特隆（剑桥大学出版社；剑桥；2007）。是一本出色的介绍南部星星以及星座的肉眼观察手册。

《南夜空图集》（*Atlas of the Southern Night Sky*），作者斯蒂夫·马西和斯蒂夫·奎格（新荷兰出版社；查特伍德，MSW，澳大利亚；2007）。非常优秀的南半球天空星座与星座之间指南书籍。

第13章 天文学摄影指导书

《数码天文学摄影：捕捉宇宙指南》（*Digital Astrophotography: A Guide to Capturing the Cosmos*），作者施特芬·希伯（岩石角落出版社；2008）。图文并茂地准确介绍了一些点对景拍摄、网络摄像头拍摄、数码单反相机拍摄和高级CCD拍摄的必要技巧。可能是目前市场上最好的天文学摄影指南，虽然可能存在一些翻译上的瑕疵。

《数码单反相机进行天文摄影指南》（*A Guide to Astrophotography with Digital SLR Cameras*），作者杰里·罗格斯（奥斯皮克斯 LLC，2006）。书自带有CD，用HTML网页格式为你展示拍摄方法，然后用Photoshop（在作者早先的CD中有；专门用于天文学摄影）处理数码单反相机图片。

《天文学图像处理》（*Photoshop Astronomy*），作者斯考特·艾兰德（威尔曼−贝尔；理查蒙德，VA；1997）。书本包括了从低级Photoshop入门指南到高级图像处理方法。书带有样图DVD。

《成就每个像素点》（*Making Every Pixel Count*），作者亚当·布洛克（雕具星座天文台）。带有一系列DVD，有详细的图像处理教学，主要针对于高级三原色CCD图像处理。

《数码单反相机天文学摄影》（*Digital SLR Astrophotography*），作者迈克尔·A.科维顿（剑桥大学出版社；2007）。是一本数码单反相机使用方法指南，虽然其图像都是黑白色的。其中有一个章节介绍了用MaxDSLR软件处理图像的方法。

CCD成像

《新CCD天文学》（*The New CCD Astronomy*），作者隆·沃达斯科（新天文学出版社；杜瓦尔，WA；2002）。由作者本人出版，这本书是最全面的天文学CCD成像书。可以登录网站www.wodaski.com访问此书网站，并可下载部分样本章节。

《天文学图像处理手册》（*The Handbook of Astronomical Image Processing*），作者理查德·贝利（威尔曼−贝尔；理查蒙德，VA；2005）。此书介绍了图像处理技巧和技术。并配有图像和兼容AIP4Win软件程序的CD,可配合教学使用。

第15章　光学部件测试

《星星测试天文学望远镜》（*Star Testing Astronomical Telescopes*），作者哈罗德·理查德·斯特（威尔曼−贝尔；理查蒙德，VA；1994）。此书介绍了一些用星星测试望远镜光学部件的小技巧。

十大网站

在成千上万个关于天空与天文学的网站中，以下一些是访问频度最高的网站：
当今天天文学现状
antwrp.gsfc.nasa.gov/apod/astropix.html
各方面都相当全面突出，是一个很优秀的天文网站。

Heavens−Above.com

各卫星和铱辐射经过预测。

黑夜中的世界：www.twanight.org
网站展示了来自世界各地的令人叹为观止的夜晚天空景象。

SpaceRef.com；SpaceDaily.com；Spaceflight.com
天空探索与天文学的日常信息。

HubbleSite.org和spacetelescope.org
是美国和欧洲哈勃中心的网站；可以下载图片和动画等。

喷气推进实验室（www.jpl.nasa.gov）和行星图片日志（photojournal.jpl.nasa.gov）。
可以下载星星探索和天空望远镜相关的图片和音箱等。

Spaceweather.com
预测太阳系和极光活动，以及天空环境的银河系读者图片等。

清晰天空钟表：www.cleardarksky.com/csk
传统星云预测，在北非成千上百个点上的湿度、可见度和清晰度等预测。

CloudyNights.com
主要介绍望远镜其配件等以及其存档文件。

dpreview.com
非天文学网站，但是是一个了解最新数码相机情况的好去处。

📷 最受欢迎的杂志

下列是我们推荐的一些主要的英文杂志。

《天空与望远镜》（*Sky and Telescope*）：www.skyandtelescope.com。关于天文学爱好的一本主要的月刊杂志。

《天文学》（*Astronomy*）：www.astronomy.com
关于天文学以及其他研究特性，以及针对初入门爱好者的一些爱好特征。

《天空信息》（*SkyNews*）：www.skynewsmagzine.com
加拿大双月刊。我们出版的，强烈推荐！

《夜晚天空》（*The Sky at Night*）:www.skyatnightmagazine.com
该杂志是帕特里克·摩尔的长篇BBC节目秀，精致月刊。

《今日天文学》（*Astronomy Now*）:www.astronomynow.com
是一本历史悠久的英国天文学爱好者杂志。

《澳大利亚天空与望远镜》（*Australian Sky & Telescope*）：austskyandtel.com.au
杂志提供了优秀的南半球的天文学天空与望远镜内容。

🔭 国内出版杂志

有些杂志是印刷作品，有些则只是以PDF的格式下载观看；这些杂志都需要订阅。

《业余天文学》（*Amateur Astronomy*）：www.amateurastronomy.com,是一本季度杂志，含有各种美好的爱好特性，采访以及星星聚会传说。

《天文图像观察》（*Astrophoto Insight*）：www.astrophotoinsight.com,该杂志为PDF格式，向世界各地天文学摄影爱好者发布。

《今日天文学技术》（*Astronomy Technology Today*）：www.astronomytechnologytoday.com,该杂志有印刷版本和PDF版本，主要介绍各种天文学硬件以及软件技术，在当今工业技术上具有很高的影响力。

作者介绍

特伦斯·迪金森

特伦斯·迪金森是加拿大国家天文杂志《天空新闻》的编辑。在20世纪60年代和70年代，他曾在两个主要的天文馆做专职天文学家，从那个时候开始，他就著有14本天文学书籍以及1000多篇天文学文章。自从他5岁在家门口的路边看到了壮丽的流星开始，就展开了其对天文学毕生的执着与追求。15岁的时候，他从父母那里收到了他第一个望远镜，作为圣诞礼物。

迪金森获得过很多国内外奖项。其中有纽约科学院的年度最佳图书奖，因其公共天文学交流而获得太平洋天文学学会的Klumpke–Roberts奖。小行星5272就是以其名字命名的。1995年他被授予加拿大奖章，这是加拿大最高的公民荣誉。他和他的妻子苏珊（同时也是他所有书籍的生产经理和出版编辑）现在居住在夜空宽阔黑暗的东安大略湖的郊区。

艾伦·戴尔

艾伦·戴尔是一个作家和多媒体天文节目的制作人，这些节目的影响遍及加拿大以及整个南美洲。曾为天文学杂志的副编辑，目前任天空新闻杂志的副编辑以及天空与望远镜杂志的特约编辑。

艾伦·戴尔被公认为商用望远镜的权威，其对于天文设备的看法与评论频繁出现在这些杂志上。他著作了或与人合著了好几本书籍，有《高级深空观察》、《天文学：权威指南》、《探路者》和《空间》，其中《空间》是一本儿童天文读物。行星78434是以其名字命名的。

据戴尔回忆，他还是小孩子的时候就经常请求父母允许其在天空下待到深夜来观察天空的星星。他14岁的时候，用自己送报纸赚到的钱买了第一个望远镜——411.43厘米牛顿反射望远镜。他收集的望远镜已经占满他在艾伯茨乡间的整个房子。

特别鸣谢

我们要感谢《天空的魔力》之前两版的读者，他们提出的问题和评论为我们第三版的改进和提高有非常重要的作用。如此高水平的作品同样也是离不开一个非常专业的团队的。我们要向图像设计师罗伯特·库克致谢，他还设计了之前版本的图片；还有麦克·韦伯，感谢他们对这个放大的新版本所作出的贡献。特别感谢我们敬业的生产经理苏珊·狄金生，她一丝不苟的工作精神令人钦佩，还有图书出版社编辑特蕾西·C.路德，她为此书解决了不少疑难问题。甄妮丝·马科雷在我们需要帮助的时候给我们大力支持。还要感谢格伦·莱德鲁能为我们制作精美绝伦的银河图集表。艾伦·戴尔还要向天空与望远镜的丹尼·迪·西扣，卡尔加里科学作品的西门·汉姆，德斯波里全星望远镜的肯·夫姆，万奇特电子的沃特·麦克当娜，DonHladiuk和卡尔加里中心/RASC（绝好的日食观察点）表示感谢，克里斯汀，感谢她来自南半球的热切帮助；约翰·萨肯森，斯蒂芬·李，克里斯·里玛琪，多纳·波顿和弗莱德·肯奇和3RF基金会等，感谢他们弥足珍贵的帮助与指导；同时还要感谢比尔·皮特斯，布拉德·斯奇博和TELUS科学–卡尔加里对我们一如既往的支持。